Wöltje (Hrsg.) ▪ Bilanzen

Bilanzen

lesen, verstehen, gestalten

von
Professor Dr. Jörg Wöltje (Hrsg.)
BBA Lorena Präg
BBA Carmen Müller
Dipl. Wirtsch.-Ing. (FH) Maximilian Lingenfelder

Haufe Mediengruppe
Freiburg · Berlin · München

Bibliographische Information Der Deutschen Nationalbibliothek

Die Deutsche Nationalbibliothek verzeichnet diese Publikation in der Deutschen Nationalbibliografie; detaillierte bibliografische Daten sind im Internet über http://dnb.d-nb.de abrufbar.

ISBN 978-3-648-00292-6 Bestell-Nr. 01133-0010

10. Auflage 2011

Redaktionsanschrift: Fraunhoferstraße 5, 82152 Planegg/München
Telefon: (089) 895 17-0,
Telefax: (089) 895 17-290
www.haufe-lexware.com
online@haufe-lexware.com
Lektorat: Dipl.-Kffr. Kathrin Menzel-Salpietro

Redaktion und Desktop-Publishing: Helmut Haunreiter, 84533 Marktl am Inn
Umschlag: Kienle Visuelle Kommunikation, Stuttgart
Druck: Bosch-Druck GmbH, 84030 Ergolding

Zur Herstellung dieses Buches wurde alterungsbeständiges Papier verwendet.

Vorwort

„Nichts ist so beständig wie der Wandel"[1], bemerkte Heraklit von Ephesos schon 400 Jahre vor Christi Geburt. Wie recht er damit behalten sollte, zeigt u. a. ein Blick auf die Entwicklung der Bilanzierung der vergangenen Jahrzehnte. Geprägt von Diskontinuitäten und einer sich daraus entwickelnden, kaum fassbaren Dynamik sowie aufgrund komplexer werdender Strukturen stehen die Mitarbeiter des Rechnungswesens und die Bilanzierenden vor völlig neuen Herausforderungen.

Die deutsche Rechnungslegung erlebte mit dem Bilanzrechtsmodernisierungsgesetz (BilMoG) die größte Reform seit dem Bilanzrichtliniengesetz von 1985. Ziel des Gesetzgebers war es, die Aussagekraft des HGB-Abschlusses zu erhöhen und eine Alternative zu der internationalen Rechnungslegung nach „IFRS" für Einzelunternehmen und nicht kapitalmarktorientierte Konzerne zu schaffen.

Eine Bilanz zu analysieren und zu verstehen, ist immer etwas Besonderes. Sie zu lesen, ist häufig noch viel spannender als einen Krimi zu sehen, denn in einer Bilanz ist regelmäßig das eine oder andere interessante Element versteckt, das es zu entdecken und vor allem zu verstehen gilt. Auf die Lösung kommt man in der Regel, wenn man systematisch vorgeht und die einschlägigen Bilanzierungs- und Bewertungsregeln sowie Tricks kennt.

Doch darüber hinaus: Warum sollten Sie Bilanzen lesen können? Nur wenn Sie eine Bilanz richtig lesen, erhalten Sie einen wahren Einblick in die wirtschaftliche Lage des Unternehmens, d. h., das Vermögen, das Kapital, die Finanzierung und die Ertragslage eines Unternehmens werden sichtbar. Zur Kreditwürdigkeitsprüfung analysieren z. B. alle Banken die Bilanz. Diese Analyse stellt die Grundlage für eine spätere Kreditvergabeentscheidung dar.

In diesem Buch werden Sie mit den Grundlagen der Bilanzierung und Bewertung vertraut gemacht, erfahren etwas darüber, wie eine Bilanz aufgebaut ist,

[1] Aphorismus des vorsokratischen Philosophen Heraklit von Ephesos (*520 v. Chr.; † um 460 v. Chr.)

wie die einzelnen Posten zu interpretieren sind und wie die Bewertung der Aktiva und Passiva der Bilanz erfolgt.
Auf diesen Grundlagen aufbauend lernen Sie die Möglichkeiten der Bilanzpolitik und der Bilanzanalyse kennen. Damit der optimale Praxisbezug gewährleistet ist, werden die beschriebenen Sachverhalte beispielhaft anhand eines ausgewählten SDAX-Unternehmens erläutert. Sie werden erkennen, dass Gewinn nicht gleich Gewinn ist, sondern, dass das Unternehmensergebnis auf vielfältigste Art und Weise beeinflusst und gesteuert werden kann.
Das vorliegende Buch, das aus drei Teilen besteht, ermöglicht Ihnen einen systematischen, schnellen Einstieg in die komplexe Materie der Bilanzierung (Teil A), der Bilanzpolitik (Teil B) und der Bilanzanalyse (Teil C). Zahlreiche Beispiele, Tipps und Übersichten werden Sie bei diesem Einstieg unterstützen. Sie können alle drei Teile des Buchs unabhängig voneinander lesen.
Für Anregungen und Hinweise sind wir jederzeit sehr dankbar. Ihr Feedback nehmen wir gerne unter joerg.woeltje@t-online.de entgegen. Das Autorenteam wünscht Ihnen viel Freude und Erfolg beim Lesen des Buches.

J. Wöltje, L. Präg, C. Müller und M. Lingenfelder

Inhaltsverzeichnis

Teil B: Bilanzpolitik

Teil C: Jahresabschlussanalyse

Einführung

Im Jahr 2009 wurde das Bilanzrechtsmodernisierungsgesetz (BilMoG) verabschiedet, wodurch das langjährig bewährte HGB grundlegend reformiert wurde. Das neue HGB sollte durch das BilMoG zu einem vollwertigeren, einfacheren und kostengünstigeren Rechnungslegungsgesetz weiterentwickelt und an die internationalen Rechnungslegungsstandards angepasst werden. Die durch das BilMoG hervorgerufenen Erneuerungen verändern die deutsche Bilanzierungslandschaft erheblich. Diese Veränderungen beziehen sich sowohl auf den Einzel- als auch auf den Konzernabschluss. Mit dem BilMoG sollen die Aussagekraft, die Vergleichbarkeit und die Transparenz des handelsrechtlichen Jahresabschlusses verbessert werden.

Das BilMoG zielt insbesondere auf eine Änderung zentraler Ansatz-, Bewertungs- und Konsolidierungsvorschriften ab. So sind beispielsweise einige Bilanzansatzwahlrechte gestrichen und durch Ansatzverbote ersetzt worden. Ebenso wurden zahlreiche Bewertungswahlrechte abgeschafft. Die bisher jahrelang bewährten Bilanzierungs- und Bewertungsmethoden gelten nun teilweise nicht mehr.

Durch das BilMoG entfällt auch das Prinzip der **„umgekehrten Maßgeblichkeit“**: Steuerrechtliche Sondervorschriften dürfen nicht mehr in die handelsrechtliche Bilanzierung und Bewertung einwirken. Auch durch diese Änderung wurde das neue HGB an die international üblichen Rechnungslegungsstandards angepasst.

Das vorliegende Buch besteht aus drei Teilen:

- In Teil A werden die grundlegenden Vorschriften für den Jahresabschluss der Kapitalgesellschaften erläutert. Zum handelsrechtlichen Jahresabschluss gehören die Bilanz, die Gewinn- und Verlustrechnung sowie der Anhang. Der Fokus wird in diesem Buch auf die Bilanz gelegt.
- In Teil B werden verschiedene Möglichkeiten und Varianten der Bilanzpolitik sowie deren Auswirkungen beschrieben.
- In Teil C wird anhand eines Fallbeispiels Schritt für Schritt eine Jahresabschlussanalyse durchgeführt.

Teil A: Grundlagen der Bilanzierung

1 Einführung in die Grundlagen des Jahresabschlusses

Gemäß § 238 Abs. 1 HGB ist jeder Kaufmann verpflichtet, Bücher zu führen und darin seine Handelsgeschäfte und die Lage seines Vermögens nach den Grundsätzen ordnungsmäßiger Buchführung zu dokumentieren. Kaufleute im Sinne dieser Vorschrift sind auch alle Handelsgesellschaften,[2] unabhängig davon, ob sie Kapitalgesellschaften oder Personengesellschaften sind.

Die Buchführungspflicht und alle weiteren Vorschriften der §§ 238 ff. HGB gelten daher u. a. für folgende Handelsgesellschaften:

- die offene Handelsgesellschaft (OHG),
- die Kommanditgesellschaft (KG),
- die Aktiengesellschaft (AG),
- die Kommanditgesellschaft auf Aktien (KGaA),
- die Gesellschaft mit beschränkter Haftung (GmbH).

Eine wesentliche Voraussetzung für die Ordnungsmäßigkeit der Buchführung ist die Durchführung einer körperlichen und buchmäßigen Bestandsaufnahme aller Vermögensgegenstände und Schulden eines Unternehmens nach Art, Menge und Wert zu einem bestimmten Zeitpunkt (Inventur) und als Ergebnis die Erstellung eines entsprechenden Bestandsverzeichnisses (Inventar). Die Pflicht zur Aufstellung des Inventars ergibt sich aus § 240 HGB.
Die Inventur und das sich daraus ergebende Inventar müssen bei Eröffnung oder Übernahme eines Unternehmens, am Ende eines jeden Geschäftsjahres[3] und bei der Veräußerung oder Auflösung des Unternehmens durchgeführt bzw. aufgestellt werden. Das HGB stellt daher grundsätzlich auf die Stichtagsinventur ab, lässt aber unter den Voraussetzungen des § 241 HGB Verfahren zur Inventurvereinfachung zu, mit denen die Inventur organisatorisch verein-

---

[2] Handelsgesellschaften werden als „Formkaufleute" bezeichnet, weil sie kraft Gesetzes aufgrund ihrer Rechtsform Kaufleute sind (vgl. z. B. § 6 Abs. 1 HGB in Verbindung mit § 3 Abs. 1 Aktiengesetz oder § 13 Abs. 3 GmbH-Gesetz).

[3] Die Dauer eines Geschäftsjahres darf 12 Monate nicht überschreiten (§ 240 Abs. 2 Satz 2 HGB); ein Geschäftsjahr ist nicht an das Kalenderjahr gebunden.

facht und damit wirtschaftlicher gestaltet werden kann. Hierzu zählen die zeitlich verlegte Inventur, die permanente Inventur und die Stichprobeninventur.
Neben der Buchführungspflicht und der Pflicht zur Aufstellung des Inventars bestimmt das HGB folgerichtig, dass ein Jahresabschluss erstellt werden muss. Gemäß § 242 Abs. 3 HGB bilden die Bilanz und die Gewinn- und Verlustrechnung zusammen den Jahresabschluss.
Die Bilanz wird aus dem Inventar und aus den Aufzeichnungen der Buchführung entwickelt. Sie stellt das Verhältnis des Vermögens und der Schulden dar und wird bei der Eröffnung oder Übernahme eines Unternehmens sowie zum Schluss eines jeden Geschäftsjahres und bei der Veräußerung oder Auflösung des Unternehmens aufgestellt. Die Gewinn- und Verlustrechnung beinhaltet sämtliche Erträge und Aufwendungen[4] des jeweiligen Geschäftsjahres und wird zum Schluss eines jeden Geschäftsjahres aufgestellt.
Unter bestimmten Voraussetzungen räumt das HGB **Einzelkaufleuten** ein Wahlrecht hinsichtlich der Pflicht zur Buchführung, zur Aufstellung des Inventars und des Jahresabschlusses ein. Nach § 241a HGB i. V. m. § 242 Abs. 4 HGB brauchen Einzelkaufleute, deren Geschäftstätigkeit in zwei aufeinanderfolgenden Geschäftsjahren:

- 500.000 € Umsatzerlöse und
- 50.000 € Jahresüberschuss

nicht überschreitet, die §§ 238 bis 241 HGB nicht anzuwenden und sind somit von der Pflicht zur Aufstellung eines Jahresabschlusses befreit.

Bei der Neugründung eines Unternehmens tritt die Befreiungsmöglichkeit schon ein, wenn die genannten Wertgrenzen am Ende des ersten Geschäftsjahres nicht überschritten werden.
Weiterhin wurden rückwirkend für Geschäftsjahre, die nach dem 31.12.2007 begannen, die Schwellenwerte für die Größeneinteilung von Kapitalgesellschaften und diesen nach § 264a HGB gleichgestellten Personenhandelsgesellschaften in § 267 Abs. 1 HGB um rund 20 % erhöht. Die Grenzwerte sind in der folgenden Tabelle dargestellt.

[4] Für detaillierte Ausführungen zu den Grundbegriffen des betrieblichen Rechnungswesens wie z. B. „Ertrag" und „Aufwand" siehe Wöhe, G.: Einführung in die Allgemeine BWL, 2008, S. 692 ff.

Kapitalgesellschaften	Bilanzsumme	Umsatzerlöse	Arbeitnehmer
kleine	bis 4.084.000 €	bis 9.680.000 €	bis 50
mittelgroße	über 4.084.000 € bis 19.250.000 €	über 9.680.000 € bis 38.500.000 €	über 50 bis 250
große	über 19.250.000 €	über 38.500.000 €	über 250

Tab. 1: Größenklassendefinitionen nach § 267 HGB (seit 2008)

Die Zugehörigkeit zu einer der drei Größenklassen (kleine, mittelgroße oder große Kapitalgesellschaft) bestimmt sich danach, ob die Gesellschaft an zwei aufeinanderfolgenden Abschlussstichtagen jeweils mindestens zwei der drei dargestellten Grenzwerte überschreitet.
Nach dem Publizitätsgesetz sind große Unternehmen unabhängig von der Rechtsform zur Veröffentlichung ihrer Jahresabschlüsse verpflichtet, wenn jeweils zwei der drei folgenden Merkmale an zwei aufeinanderfolgenden Bilanzstichtagen erfüllt sind:

Merkmale	
Kriterien	**Größe**
Bilanzsumme	größer 65 Mio. €
Umsatzerlöse	größer 130 Mio. €
Arbeitnehmer	größer 5.000 Mitarbeiter

Tab. 2: Merkmale der großen Unternehmen

Je nach Einordnung in eine der Größenklassen werden unterschiedliche Anforderungen an den Jahresabschluss gestellt. Die Aufstellungs-, Prüfungs- und Offenlegungspflichten der Kapitalgesellschaften und Personenhandelsgesellschaften (i. S. d. § 264a HGB) sind von der Größe des Unternehmens abhängig.

Größe	Aufstellungs-pflicht	Prüfungs-pflicht	Offenlegungs-pflicht	Frist	
				Aufstellung	Offenlegung
kleine	Bilanz, GuV, Anhang	keine	verkürzte Version von Bilanz und Anhang, aber ohne GuV	6 Monate	12 Monate
mittel-große	Bilanz, GuV, Anhang und Lagebericht	ja	verkürzte Version von Bilanz, GuV, Anhang und Lagebericht	3 Monate	12 Monate
große	Bilanz, GuV, Anhang und Lagebericht	ja	Bilanz, GuV, Anhang und Lagebericht	3 Monate	12 Monate

Tab. 3: Aufstellungs-, Prüfungs- und Offenlegungspflicht

Für die Buchführung als solche sowie für die Aufstellung des Jahresabschlusses und des Inventars gelten die Grundsätze ordnungsmäßiger Buchführung (GoB)[5], vgl. § 243 Abs. 1 HGB. Hierzu gehören beispielsweise der Grundsatz der Überprüfbarkeit der Buchführung sowie der Grundsatz der Vollständigkeit, Richtigkeit und Klarheit.
Die Abbildung zeigt die Komponenten des handelsrechtlichen Jahresabschlusses von Kapitalgesellschaften:

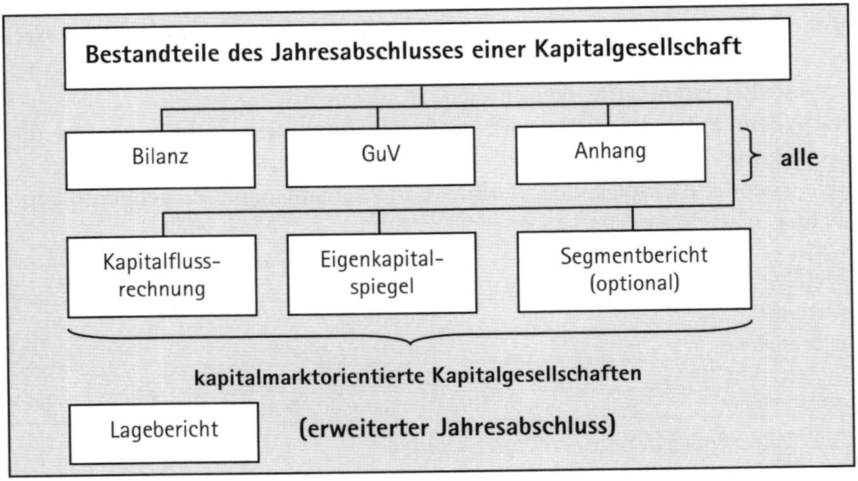

Abb. 1: Bestandteile des handelsrechtlichen Jahresabschlusses einer Kapitalgesellschaft

Die folgenden Kapitel erläutern den Jahresabschluss insbesondere für große und mittelgroße Kapitalgesellschaften.

---

[5] Die GoB sind anerkannte Regeln für die Buchführung und den Jahresabschluss. Der Gesetzgeber hat diese Regeln nirgends abschließend definiert – sie werden insbesondere im Dritten Buch des HGB an mehreren Stellen umschrieben und ergeben sich auch aus dem Sinn und Zweck des Gesetzes (vgl. z. B. §§ 238 Abs. 1, 239, 243 Abs. 2 und 3, 246 Abs. 1 Satz 1 und 257 HGB).

2 Der Jahresabschluss im Detail – die Bilanz

Die Bilanz ist eine Gegenüberstellung von Vermögen und Kapital eines Unternehmens.

Das **Vermögen** stellt die Aktivseite der Bilanz (Aktiva) dar; es setzt sich aus allen Vermögensgegenständen und Geldmitteln zusammen, die im Betrieb eingesetzt werden. Vermögensgegenstände sind in der Bilanz des wirtschaftlichen Eigentümers (246 Abs. 1 Satz 1 HGB) auszuweisen.

Das **Kapital** wird auf der Passivseite der Bilanz (Passiva) ausgewiesen. Es ist die Summe aller vom Unternehmer bzw. von den Anteilseignern zur Verfügung gestellten Mittel (Eigenkapital) und aller von Dritten überlassenen Mittel (Fremdkapital).

Beide Seiten der Bilanz – die Aktiva und die Passiva – sind ein Ausdruck für dieselbe Wertgesamtheit. Die Aktivseite zeigt die Verwendung der Mittel, wohingegen die Passivseite die Mittelherkunft anzeigt. Außerdem werden sowohl auf der Aktivseite als auch auf der Passivseite Rechnungsabgrenzungsposten (RAP) ausgewiesen, deren Aufgabe darin besteht, den Erfolg eines Geschäftsjahres von dem Erfolg einer späteren Periode abzugrenzen. Das folgende Schaubild zeigt den Mindestinhalt der Bilanz gemäß § 247 Abs. 1 HGB.

Aktiva	Bilanz Passiva
Anlagevermögen	Eigenkapital
Umlaufvermögen	Fremdkapital
aktive RAP	passive RAP

Tab. 4: Grundstruktur der Bilanz gemäß § 247 HGB[6]

Bilanzen können in verschiedene Arten eingeteilt werden. Die wichtigste Art der Bilanz ist die Jahresbilanz, die zusammen mit der Erfolgsrechnung (Gewinn- und Verlustrechnung) den Jahresabschluss – ggf. ergänzt durch einen Anhang und einen Lagebericht – bildet. Jahresbilanzen lassen sich ferner in Handelsbilanzen und Steuerbilanzen einteilen, die sich an außerhalb des Un-

[6] Die Bilanzpositionen der Aktiva werden nach ihrer Flüssigkeit (d. h. nach dem Grad der Liquidität) und die der Passiva nach deren Fälligkeit geordnet.

ternehmens stehende Personen richten. Die Adressaten der Handelsbilanz sind beispielsweise Gesellschafter, Gläubiger oder Kreditgeber. Die Steuerbilanz ist dagegen ausschließlich für das Finanzamt von Interesse.
Für Kapitalgesellschaften (AG, KGaA, GmbH) sowie für bestimmte Personenhandelsgesellschaften (GmbH & Co. KG) gelten für den Jahresabschluss ergänzend die speziellen Vorschriften der §§ 264 ff. HGB. Für diese Unternehmen[7] hat der Gesetzgeber in § 266 HGB folgende detaillierte Bilanzgliederung vorgegeben:

Aktiva		
A.	**Anlagevermögen**	
I	Immaterielle Vermögensgegenstände	
	1.	selbst geschaffene gewerbliche Schutzrechte und ähnliche Rechte und Werte
	2.	entgeltlich erworbene Konzessionen, gewerbliche Schutzrechte und ähnliche Rechte und Werte sowie Lizenzen an solchen Rechten und Werten
	3.	Geschäfts- oder Firmenwert
	4.	geleistete Anzahlungen
II	Sachanlagen	
	1.	Grundstücke, grundstücksgleiche Rechte und Bauten einschließlich der Bauten auf fremden Grundstücken
	2.	technische Anlagen und Maschinen
	3.	andere Anlagen, Betriebs- und Geschäftsausstattung
	4.	geleistete Anzahlungen und Anlagen im Bau
III	Finanzanlagen	
	1.	Anteile an verbundenen Unternehmen
	2.	Ausleihungen an verbundene Unternehmen
	3.	Beteiligungen
	4.	Ausleihungen an Unternehmen, mit denen ein Beteiligungsverhältnis besteht
	5.	Wertpapiere des Anlagevermögens
	6.	sonstige Ausleihungen

[7] Die Gliederung der Bilanz ist von der Rechtsform des Unternehmens abhängig. § 266 HGB bezieht sich dem Wortlaut nach auf „Kapitalgesellschaften“. Unter den Voraussetzungen des § 264a HGB sind die §§ 264 ff. jedoch auch auf bestimme Personenhandelsgesellschaften (haftungsbeschränkte OHG oder KG) anzuwenden. Vgl. dazu ferner auch die §§ 264b und 264c HGB.

B. Umlaufvermögen
I Vorräte 1. Roh-, Hilfs- und Betriebsstoffe 2. unfertige Erzeugnisse, unfertige Leistungen 3. fertige Erzeugnisse und Waren 4. geleistete Anzahlungen
II Forderungen und sonstige Vermögensgegenstände 1. Forderungen aus Lieferungen und Leistungen 2. Forderungen gegen verbundene Unternehmen 3. Forderungen gegen Unternehmen, mit denen ein Beteiligungsverhältnis besteht 4. sonstige Vermögensgegenstände
III Wertpapiere 1. Anteile an verbundenen Unternehmen 2. sonstige Wertpapiere
IV Kassenbestand, Bundesbankguthaben, Guthaben bei Kreditinstituten und Schecks
C. Rechnungsabgrenzungsposten
D. Aktive latente Steuern
E. Aktiver Unterschiedsbetrag aus der Vermögensverrechnung

Tab. 5: Bilanzgliederung der Aktiva nach § 266 Abs. 2 HGB

Passiva	
A	**Eigenkapital**
I	Gezeichnetes Kapital
II	Kapitalrücklage
III	Gewinnrücklagen 1. gesetzliche Rücklage 2. Rücklage für Anteile an einem herrschenden oder mehrheitlich beteiligten Unternehmen 3. satzungsmäßige Rücklage 4. andere Gewinnrücklagen
IV	Gewinnvortrag/Verlustvortrag
V	Jahresüberschuss/Jahresfehlbetrag
B	**Rückstellungen** 1. Rückstellungen für Pensionen und ähnliche Verpflichtungen 2. Steuerrückstellungen 3. sonstige Rückstellungen
C	**Verbindlichkeiten**
	1. Anleihen, - davon konvertibel 2. Verbindlichkeiten gegenüber Kreditinstituten 3. erhaltene Anzahlungen aus Bestellungen 4. Verbindlichkeiten aus Lieferungen und Leistungen 5. Verbindlichkeiten aus der Annahme gezogener Wechsel und der Ausstellung eigener Wechsel 6. Verbindlichkeiten gegenüber verbundenen Unternehmen 7. Verbindlichkeiten gegenüber Unternehmen, mit denen ein Beteiligungsverhältnis besteht 8. sonstige Verbindlichkeiten, - davon aus Steuern, - davon im Rahmen der sozialen Sicherheit
D	**Rechnungsabgrenzungsposten**
E	**Passive latente Steuern**

Tab. 6: Bilanzgliederung der Passiva nach § 266 Abs. 3 HGB

Die aufgezeigte Bilanzgliederung ist in dieser Form nur für *mittelgroße* und *große* Kapitalgesellschaften relevant. Kleine Kapitalgesellschaften haben lediglich eine „verkürzte Bilanz" aufzustellen, in die nur diejenigen Bilanzposten aufgenommen werden, die in den oben dargestellten Abbildungen mit Buchstaben und römischen Zahlen bezeichnet sind.
Ein Praxisbeispiel für eine Bilanz (Deutz AG) finden Sie in Kapitel 16.1.

Bilanzierungsgrundsätze

Der Jahresabschluss ist gemäß §§ 243, 265 HGB nach den GoB aufzustellen: Er muss klar und übersichtlich sein und innerhalb der einem ordnungsmäßigen Geschäftsgang entsprechenden Zeit aufgestellt werden. Die Aufstellung hat bei mittelgroßen und großen Kapitalgesellschaften spätestens drei Monate, bei kleinen Kapitalgesellschaften spätestens sechs Monate nach Ablauf des Geschäftsjahres zu erfolgen.[8] Das Ziel ist hierbei, ein „den tatsächlichen Verhältnissen entsprechendes Bild der Vermögens-, Finanz- und Ertragslage der Kapitalgesellschaft zu vermitteln."[9] Zu den GoB zählt u. a. die Bilanzierung dem Grunde und die Bilanzierung der Höhe nach.

Bilanzierung dem Grunde nach

Nach § 246 Abs. 1 Satz 1 HGB hat der Jahresabschluss „sämtliche Vermögensgegenstände, Schulden, Rechnungsabgrenzungsposten, Aufwendungen und Erträge auszuweisen, soweit gesetzlich nichts anderes bestimmt ist." Bei der Bilanzierung dem Grunde nach wird festgestellt, welche Posten in die Bilanz aufgenommen werden dürfen bzw. müssen. In Abhängigkeit von der betreffenden Seite der Bilanz gibt es:

- Aktivierungs- und Passivierungsgebote,
- Aktivierungs- und Passivierungswahlrechte,
- Aktivierungs- und Passivierungsverbote.

So dürfen laut § 248 HGB beispielsweise Aufwendungen für die Gründung eines Unternehmens **nicht** als Aktivposten in die Bilanz aufgenommen werden (Aktivierungsverbot). Zudem muss das Prinzip der wirtschaftlichen Betrachtungsweise beachtet werden, welches sich aus § 246 Abs. 1 Satz 2 HGB ableitet. Demnach sind Vermögensgegenstände in der Bilanz des wirtschaftlichen Ei-

[8] Vgl. § 264 Abs. 1 Sätze 3 und 4 HGB.
[9] Vgl. § 264 Abs. 2 HGB.

gentümers auszuweisen. Nach heutigem Verständnis bzw. nach herrschender Meinung ist derjenige wirtschaftlicher Eigentümer eines Vermögensgegenstandes, „dem dauerhaft, d. h. für die wirtschaftliche Nutzungsdauer, Besitz, Gefahr, Nutzungen und Lasten zustehen. Der wirtschaftliche Eigentümer verfügt über das Verwertungsrecht, kommt in den Genuss von Wertsteigerungen und trägt das Risiko der Wertminderung bzw. des Verlusts."[10]

Bilanzierung der Höhe nach

Bei der Bilanzierung der Höhe nach sind die in die Bilanz aufzunehmenden Posten (Bilanzierungsgebote und -wahlrechte) monetär zu bewerten. Hierbei wird zwischen

- Bewertungsgeboten,
- Bewertungswahlrechten und
- Ermessensspielräumen

unterschieden.

Bei den Bewertungswahlrechten ist die Wahl zwischen mindestens zwei gesetzlich zulässigen Wertansätzen gegeben. Dagegen ergeben sich Ermessensspielräume bei der Bewertung dadurch, dass der Gesetzgeber verschiedene Methoden für die Wertermittlung zur Verfügung gestellt hat.[11]

> **Achtung: Maßgeblichkeitsgrundsatz**
>
> Der Maßgeblichkeitsgrundsatz der Handelsbilanz für die Steuerbilanz gilt weiterhin auch nach dem BilMoG sowohl für die Aktivierung und Passivierung als auch für die Bewertung. Die handelsrechtlichen Bilanzierungs- und Bewertungsgrundsätze sind nur dann steuerlich nicht zu befolgen, wenn es entgegenstehende steuerliche Vorschriften gibt (z. B. § 5 Abs. 1a, Satz 1, Abs. 2, Abs. 2a bis 4b, Abs. 6, § 6, § 6a EStG).

Ferner wird bei der Bilanzierung der Höhe nach zwischen der Erst- und Folgebewertung[12] unterschieden. Die Erstbewertung ist der erstmalige Wertansatz eines Vermögensgegenstandes in der Bilanz. Die Folgebewertung berücksichtigt dagegen Wertänderungen, die im Zeitverlauf entstehen können.

---

[10] Vgl. Küting, K. et al.: Das neue deutsche Bilanzrecht, 2009, S. 185 f.

[11] Vgl. Wöhe, G.: Einführung in die Allgemeine BWL, 2005, S. 997.

[12] Vgl. § 253 HGB. Bei den folgenden Ausführungen werden diese beiden Begriffe bei den jeweiligen Bilanzpositionen näher erläutert.

Die folgende Tabelle fasst die **allgemeinen Bewertungsgrundsätze** zusammen:

Grundsatz	Beschreibung	§ 252 HGB
Bilanzidentität	Wertmäßige Übereinstimmung der Ansätze in der Eröffnungsbilanz und der vorangegangenen Schlussbilanz.	Abs. 1 Nr. 1
Unternehmensfortführung	Bewertung unter dem Gesichtspunkt der Weiterführung des Unternehmens.	Abs. 1 Nr. 2
Einzelbewertung	Vermögensgegenstände und Schulden sind einzeln zu bewerten, soweit nicht Ausnahmen zulässig sind.	Abs. 1 Nr. 3
Vorsichtsprinzip	Es ist vorsichtig zu bewerten. Alle vorhersehbaren Risiken und Verluste, die bis zum Bilanzstichtag entstanden sind, müssen berücksichtigt werden, auch wenn sie erst nach dem Bilanzstichtag, aber vor der Bilanzerstellung bekannt geworden sind (**Wertaufhellungsprinzip**). **Realisationsprinzip** für Gewinne: kein Ausweis von noch nicht realisierten Gewinnen. **Imparitätsprinzip** für Verluste: noch nicht eingetretene Verluste müssen ausgewiesen werden.	Abs. 1 Nr. 4
Periodenabgrenzung	Aufwendungen und Erträge des Geschäftsjahres sind unabhängig von den Zeitpunkten der entsprechenden Zahlungen im Jahresabschluss zu berücksichtigen.	Abs. 1 Nr. 5
Bewertungsstetigkeit	Die auf den vorhergehenden Jahresabschluss angewandten Bewertungsmethoden sind beizubehalten.	Abs. 1 Nr. 6
Ausnahmen		Abs. 2

Tab. 7: Allgemeine Bewertungsgrundsätze

Das Vorsichtsprinzip

Das Vorsichtsprinzip mit seinen beiden Ausprägungen, dem Realisationsprinzip und dem Imparitätsprinzip, ist einer der wesentlichen Bewertungsgrundsätze des HGB. Die folgende Abbildung zeigt die Ausprägungen des Vorsichtsprinzips.

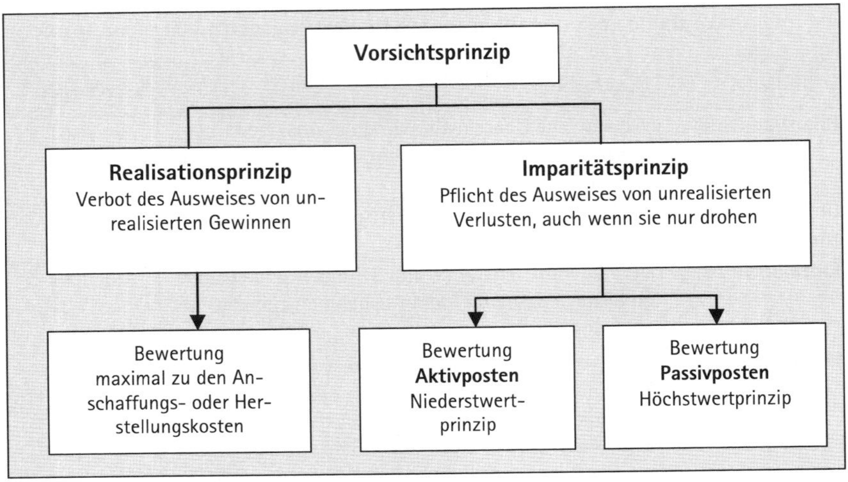

Abb. 2: Vorsichtsprinzip

Weiterhin sind bei der Bewertung gemäß dem **Wertaufhellungsprinzip** zusätzlich Risiken und Verluste zu berücksichtigen, die

- bis zum Bilanzstichtag entstanden sind,
- auch wenn sie erst bis zum Tag der Aufstellung des Jahresabschlusses bekannt geworden sind.

Nach der Rechtsprechung ist wie folgt zu unterscheiden:

Unterscheidung: Wertaufhellung – Wertbeeinflussung	
wertaufhellende Tatsachen	**wertbeeinflussende Tatsachen**
Sie zeigen die für den Wert maßgebenden Verhältnisse so, wie sie am Bilanzstichtag objektiv bestanden.	Sie beziehen sich auf Gegebenheiten, die sich erst nach dem Bilanzstichtag ereignet haben. Sie verändern die für den Wert maßgeblichen Verhältnisse.
Bei der Bewertung zum Bilanzstichtag des ablaufenden Geschäftsjahrs zu berücksichtigen.	Bei der Bewertung erst zum folgenden Bilanzstichtag zu berücksichtigen.

Tab. 8: Wertaufhellungsprinzip[13]

[13] Schmidt, H.: Bilanztraining, 2002, S. 263.

Sehen Sie zum Wertaufhellungsprinzip folgendes Beispiel:

Beispiel: Wertaufhellung

Ein Unternehmen hat gegen seinen Kunden Müller eine Forderung in Höhe von 50.000 € zum Bilanzstichtag am 31.12.2010. Anfang Februar des Jahres 2011 meldet der Kunde Insolvenz an. Den Jahresabschluss stellt das Unternehmen zum 31.03.2011 auf.

Fall a: Der Kunde Müller befand sich schon am 31.12.2010 in einer sehr schlechten wirtschaftlichen Situation. In diesem Fall handelt es sich um eine wertaufhellende Tatsache, d. h., sie muss bei der Bewertung der Forderung zum 31.12.2010 berücksichtigt werden.

Fall b: Der Kunde Müller wurde zahlungsunfähig aufgrund von Umständen, die am Bilanzstichtag weder bestanden noch vorhersehbar waren. In diesem Fall handelt es sich um eine wertbeeinflussende Tatsache, die erst nach dem Bilanzstichtag eintrat und somit bei der Bewertung zum 31.12.2010 nicht berücksichtigt werden darf.

Die nächste Abbildung veranschaulicht die Bewertung des Vermögens. Die Aktivposten werden nach dem Niederstwertprinzip bewertet. Dabei sind zwei Ausnahmen zu beachten:

- Fremdwährungsforderungen mit einer Restlaufzeit von weniger als einem Jahr sind gemäß § 256 a HGB mit dem Devisenkassamittelkurs (Stichtagskurs) am Bilanzstichtag umzurechnen, d. h., es kann eventuell zu unrealisierten Gewinnen kommen.
- Für Kreditinstitute und Finanzdienstleistungsinstitute gilt für Finanzinstrumente des Handelsbestands die Bewertung zum beizulegenden Zeitwert abzüglich eines Risikoabschlags (§ 340e Abs. 3 HGB).

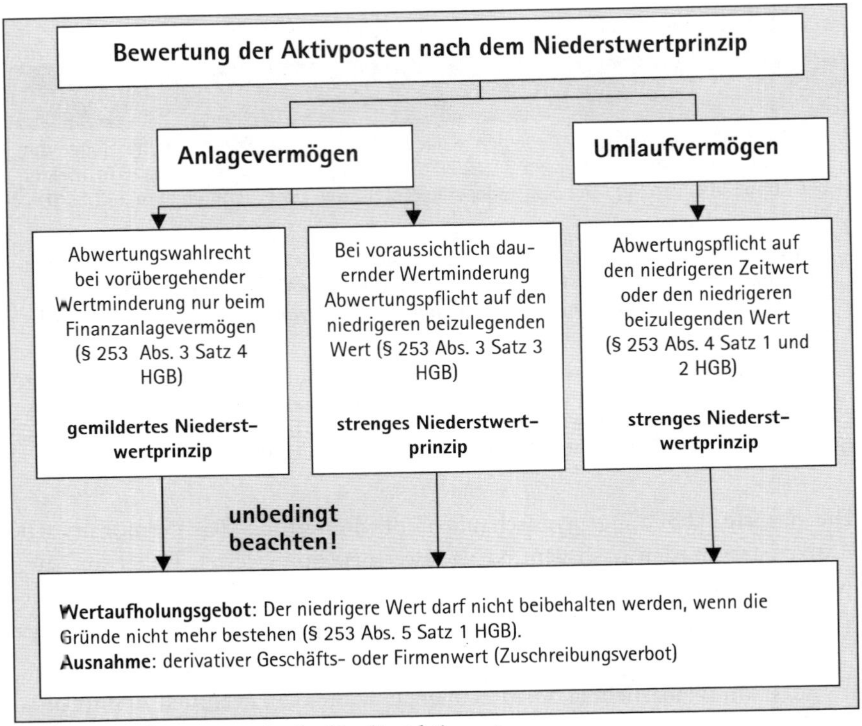

Abb. 3: Niederstwertprinzip für die Aktivposten

2.1 Anlagevermögen

Das Anlagevermögen ist die erste große Bilanzposition der Aktiva und umfasst Vermögensgegenstände, die dem Unternehmen auf Dauer zur Verfügung stehen und weder zur Verarbeitung noch zum Verkauf bestimmt sind.[14] Diese Vermögensgegenstände bilden die Grundlage für die Betriebsbereitschaft und werden in die drei folgenden Bilanzpositionen untergliedert:

- immaterielle Vermögensgegenstände,
- Sachanlagen und
- Finanzanlagen.

[14] Vgl. § 247 Abs. 2 HGB.

Innerhalb dieser Positionen werden die Vermögensgegenstände nach ihrer Abnutzung eingeteilt in:

- Vermögensgegenstände, deren Nutzung zeitlich begrenzt ist, da mit der Zeit eine laufende Wertminderung eintritt. Hierzu zählen z. B. Gebäude, technische Anlagen und Maschinen.
- Vermögensgegenstände, deren Nutzung **nicht** zeitlich begrenzt ist, da keine Wertminderung mit der Zeit eintritt. Typische Beispiele hierfür sind Grundstücke und Finanzanlagen.

Die Bestandteile des Anlagevermögens zeigt die folgende Übersicht:

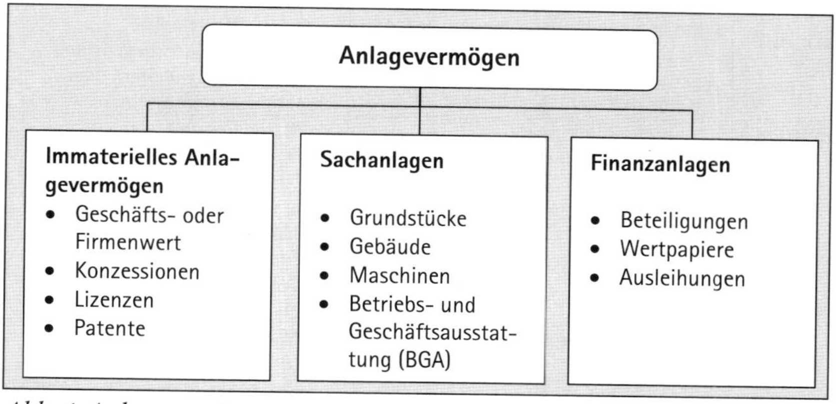

Abb. 4: Anlagevermögen

Im Folgenden werden sowohl für die Erst- als auch die Folgebewertung die Bewertungsgrundsätze für das Anlagevermögen gelten, näher erläutert.

Erstbewertung

Die Erstbewertung ist der erstmalige Wertansatz für einen Vermögensgegenstand. Bevor sie durchgeführt werden kann, muss festgestellt werden, ob die Nutzung des Vermögensgegenstands zeitlich begrenzt ist. Gegenstände des Anlagevermögens, deren Nutzung zeitlich begrenzt ist, dürfen höchstens zu den Anschaffungs- oder Herstellungskosten, vermindert um die planmäßigen Abschreibungen, bewertet werden.[15] Gegenstände des Anlagevermögens, deren Nutzung zeitlich unbegrenzt ist, dürfen dagegen nur mit den Anschaffungs- oder Herstellungskosten angesetzt werden.

[15] Vgl. § 253 Abs. 1 Satz 1 i. V. m. § 253 Abs. 3 Satz 1 HGB.

Die Anschaffungs- oder Herstellungskosten sind der grundlegende Wertmaßstab für die Obergrenze der Bewertung der Vermögensgegenstände. In der folgenden Tabelle werden die Anschaffungs- oder Herstellungskosten voneinander abgegrenzt.

	Anschaffungskosten	Herstellungskosten
Rechtliche Grundlage	§ 255 Abs. 1 HGB	§ 255 Abs. 2 HGB
Definition nach HGB	Aufwendungen, die geleistet werden, um ▪ einen Vermögensgegenstand zu erwerben und ▪ ihn in einen betriebsbereiten Zustand zu versetzen (soweit sie dem Vermögensgegenstand einzeln zugeordnet werden können).	Aufwendungen, die entstehen durch ▪ den Verbrauch von Gütern und ▪ die Inanspruchnahme von Diensten, um einen Vermögensgegenstand herzustellen, zu erweitern oder wesentlich zu verbessern.
Ermittlung	Anschaffungspreis + Anschaffungsnebenkosten + nachträgliche Anschaffungskosten ./. Anschaffungspreisminderungen	Materialeinzelkosten + Fertigungseinzelkosten + Sondereinzelkosten der Fertigung + Materialgemeinkosten + Fertigungsgemeinkosten + Werteverzehr des Anlagevermögens
	= **Anschaffungskosten**	= **Mindest-Herstellungskosten** (Aktivierungs**gebot**) + Kosten der allgemeinen Verwaltung + Aufwendungen für: – soziale Einrichtungen – soziale Leistungen – betriebliche Altersversorgung + Zinsen für Fremdkapital[16]
		= **Höchst-Herstellungskosten** (Aktivierungs**wahlrecht**)
Verbot	Zinsen für Fremdkapital	Forschungs- und Vertriebskosten

Tab. 9: Abgrenzung Anschaffungs- und Herstellungskosten

[16] Zinsen für Fremdkapital gehören grundsätzlich nicht zu den Herstellungskosten. Zinsen für Fremdkapital, das zur Finanzierung der Herstellung eines Vermögensgegenstands verwendet wird, dürfen angesetzt werden, soweit sie auf den Zeitraum der Herstellung entfallen; in diesem Falle gelten sie als Herstellungskosten des Vermögensgegenstands (§ 255 Abs. 3 Satz 2 HGB).

Folgebewertung

Die erstmals angesetzten Anschaffungs- oder Herstellungskosten werden für die Bilanzstichtage der folgenden Geschäftsjahre fortentwickelt. Der Werteverzehr einzelner Vermögensgegenstände wird durch **Abschreibungen** und eine eventuelle Wertzunahme durch **Zuschreibungen** berücksichtigt. Bei den Abschreibungen unterscheidet das Handelsrecht zwischen folgenden Abschreibungsarten:

- planmäßige Abschreibung (§ 253 Abs. 3 Sätze 1 und 2 HGB) und
- außerplanmäßige Abschreibung (§ 253 Abs. 3 Satz 3 HGB).

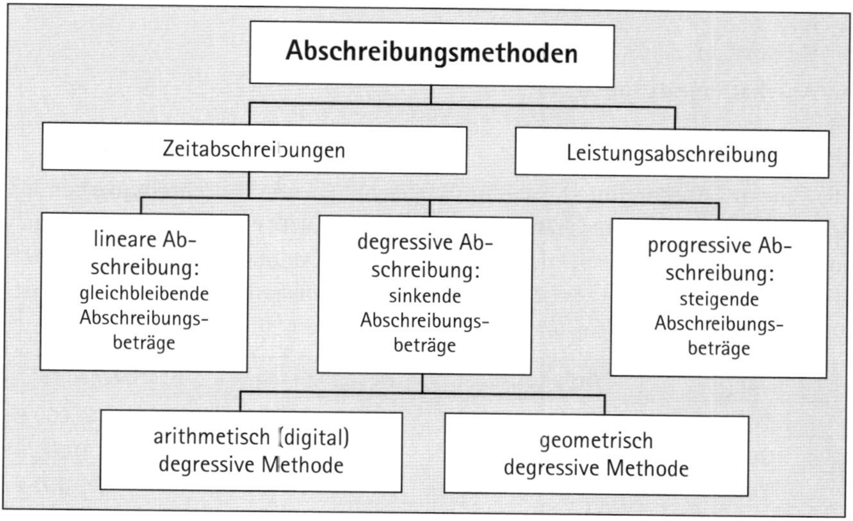

Abb. 5: Planmäßige Abschreibungsverfahren

Das Ziel der **planmäßigen Abschreibung** besteht darin, die Anschaffungs- oder Herstellungskosten als Abschreibungsaufwand auf die voraussichtliche Nutzungsdauer zu verteilen und einen richtigen Ausweis des Restbuchwertes des Anlagevermögens zu ermitteln.[17] Eine planmäßige Abschreibung darf nur bei

[17] Gemäß § 253 Abs. 3 Satz 2 HGB werden die Anschaffungs- oder Herstellungskosten auf die Geschäftsjahre verteilt, in denen der Vermögensgegenstand voraussichtlich genutzt werden kann. Die jeweilige Nutzungsdauer ist vom HGB nicht vorgegeben, sondern ist aus entsprechenden Abschreibungstabellen zu entnehmen bzw. unternehmensindividuell – z. B. durch Erfahrungswerte – zu bestimmen.

Vermögensgegenständen vorgenommen werden, deren Nutzung zeitlich begrenzt ist. Sie wird ab dem Zeitpunkt durchgeführt, ab dem der Gegenstand betriebsbereit ist und genutzt werden kann. Der planmäßigen Abschreibung können verschiedene Abschreibungsmethoden zugrunde gelegt werden.
Mithilfe des folgenden Beispiels werden verschiedene Abschreibungsmethoden[18] erläutert:[19]

Anschaffung Klein-Lkw:

- Anschaffungskosten: 50.000 €
- geschätzte Nutzungsdauer: 5 Jahre
- Gesamtfahrleistung: 100.000 km
- Anschaffungsdatum: 02.01.2010

Lineare Abschreibung

Die lineare Abschreibung ist durch gleichbleibende Abschreibungsbeträge gekennzeichnet. Die Anschaffungskosten von 50.000 € werden auf die Nutzungsdauer von 5 Jahren gleichmäßig verteilt. Demnach werden jedes Jahr 10.000 € abgeschrieben. Sobald das Anlagegut vollständig abgeschrieben ist, bleibt in der Bilanz ein sogenannter Erinnerungswert von 1,- € stehen.

Jahr	Anfangswert	Abschreibung	Restbuchwert
2010	50.000 €	10.000 €	40.000 €
2011	40.000 €	10.000 €	30.000 €
2012	30.000 €	10.000 €	20.000 €
2013	20.000 €	10.000 €	10.000 €
2014	10.000 €	9.999 €	1 €

Tab. 10: Lineare Abschreibung

[18] Das Handelsrecht enthält keine Detailvorschriften dazu, welche Abschreibungsverfahren bei der bilanziellen Abschreibung angewendet werden dürfen. Es sind diesbezüglich somit die GoB zu beachten. Das Steuerrecht lässt insbesondere folgende Abschreibungsmethoden zu: lineare Abschreibung (Absetzung für Abnutzung in gleichen Jahresbeträgen, § 7 Abs. 1 Satz 1 EStG), geometrisch-degressive Abschreibung (Absetzung für Abnutzung in fallenden Jahresbeträgen, § 7 Abs. 2 EStG), Abschreibung nach Leistung (Absetzung für Abnutzung nach Maßgabe der Leistung, § 7 Abs. 1 Satz 6 EStG), kombinierte Abschreibung (zunächst degressiv, anschließend linear, § 7 Abs. 3 EStG).

[19] In Anlehnung an: Probst, H.: Bilanzen lesen leicht gemacht, 2008, S. 33 ff.

Geometrisch-degressive Abschreibung

Bei der geometrisch-degressiven Abschreibung werden jährlich unterschiedlich hohe Beträge abgeschrieben. Es wird der steuerlich gültige Abschreibungsprozentsatz von 25 % gemäß § 7 Abs. 2 EStG des Jahres 2010 unterstellt. Die am 02.01.2010 angefallenen Anschaffungskosten in Höhe von 50.000 € werden im ersten Jahr mit 25 % vom Anschaffungswert und in den Folgejahren mit 25 % vom jeweiligen Restwert abgeschrieben.

Jahr	Anfangswert i	Abschreibung	Restbuchwert
2010	50.000 €	12.500 €	37.500 €
2011	37.500 €	9.375 €	28.125 €
2012	28.125 €	7.031 €	21.094 €
2013	21.094 €	5.274 €	15.820 €
2014	15.820 €	3.955 €	11.865 €

Tab. 11: Degressive Abschreibung

Der Restwert nach Ablauf der Nutzungsdauer in Höhe von 11.865 € wird in der Praxis komplett abgeschrieben. Der Abschreibungsbetrag in diesem Beispiel ist im Vergleich zur linearen Abschreibung im ersten Jahr höher. Dadurch wird der Gewinn geschmälert und das Unternehmen muss weniger Steuern auf den Gewinn entrichten. Jedoch ist ab dem zweiten Jahr die degressive Abschreibung geringer als die lineare, folglich ist der Gewinn höher und die Steuerlast steigt. Um die Steuerlast weiterhin gering zu halten, kann ein Unternehmen von der degressiven auf die lineare Abschreibung umstellen und damit eine Kombination der degressiven und linearen Abschreibung wählen.

Kombination der degressiven und linearen Abschreibung

Bei der Kombination der degressiven und linearen Abschreibung muss immer mit der degressiven Abschreibung begonnen werden. Eine Umstellung von linear auf degressiv ist unzulässig (7 Abs. 3 Satz 3 EStG). Es wird in dem Jahr auf die lineare Abschreibung umgestellt, in dem der degressive Abschreibungsbetrag erstmals geringer ist als der lineare Abschreibungsbetrag. Zur Ermittlung des linearen Abschreibungsbetrags muss jedes Jahr der Restwert durch die noch ausstehenden Nutzungsjahre geteilt werden.

Rechnerisch lässt sich der Übergangszeitpunkt ($t^{ü}$) wie folgt berechnen:

$$t^{ü} = 1 + n - \frac{100}{p} = 1 + 5 - \frac{100}{25} = 2 \text{ Jahre}$$

p = degressiver Abschreibungsprozentsatz

Der optimale Übergangszeitpunkt befindet sich am Ende des zweiten Jahres.

Jahr	Anfangswert	Abschreibung	Restbuchwert
1	50.000 €	12.500 €	37.500 €
2	37.500 €	9.375 €	28.125 €
3	28.125 €	9.375 €	18.750 €
4	18.750 €	9.375 €	9.375 €
5	9.375 €	9.374 €	1 €

Tab. 12: Kombination der degressiven und linearen Abschreibung

Leistungsbezogene Abschreibung

Bei dieser Abschreibungsmethode wird der Werteverzehr abhängig von der Leistung entsprechend der tatsächlichen Inanspruchnahme verrechnet. Die Anschaffungskosten in Höhe von 50.000 € müssen durch die Gesamtleistung dividiert werden (50.000 € : 100.000 km = 0,50 €/km). Mit diesem Satz wird jedes Jahr je nach Jahresleistung der Abschreibungswert ermittelt.

Jahr	Anfangswert	Jahresleistung	Abschreibung	Restbuchwert
2010	50.000 €	20.000 km	10.000 €	40.000 €
2011	40.000 €	30.000 km	15.000 €	25.000 €
2012	25.000 €	25.000 km	12.500 €	12.500 €
2013	12.500 €	10.000 km	5.000 €	7.500 €
2014	7.500 €	15.000 km	7.499 €	1 €

Tab. 13: Leistungsbezogene Abschreibung

Außerplanmäßige Abschreibungen

Außerplanmäßige Abschreibungen sind bei allen Gegenständen des Anlagevermögens mit jeweils zeitlich begrenzter oder zeitlich unbegrenzter Nutzung zulässig und geboten, wenn eine **voraussichtlich dauernde Wertminderung** eintritt. Diese Abnutzung ist nicht betriebsbedingt; sie wird i. d. R. durch außergewöhnliche Ereignisse, z. B. durch Brand, Unwetter, Explosion oder technischen Fortschritt, verursacht.

Bei **Finanzanlagen** können außerplanmäßige Abschreibungen auch bei **voraussichtlich nicht dauernder Wertminderung** vorgenommen werden, vgl. § 253 Abs. 3 Satz 4 HGB. Insoweit haben alle Unternehmen ein Abschreibungswahlrecht, falls eine „nur" vorübergehende Wertminderung im Finanzanlagevermögen eintritt.

Das Handelsrecht verlangt, zu jedem Abschlussstichtag eine außerplanmäßige Abschreibung für jeden Vermögensgegenstand des Anlagevermögens gesondert zu prüfen. Stellt sich dabei heraus, dass der Zeitwert eines Gegenstandes unter seinem Buchwert liegt, besteht bei dauernder Wertminderung eine Pflicht (bei vorübergehender Wertminderung nur im Finanzanlagevermögen ein Wahlrecht), eine außerplanmäßige Abschreibung auf den niedrigeren Zeitwert vorzunehmen.

Zuschreibungen

Sofern die Gründe für eine außerplanmäßige Abschreibung in einem späteren Geschäftsjahr ganz oder teilweise wegfallen, muss zugeschrieben werden. Dies folgt aus § 253 Abs. 5 Satz 1 HGB; danach darf „ein niedrigerer Wertansatz [...] nicht beibehalten werden, wenn die Gründe dafür nicht mehr bestehen."[20] Mit dieser rechtsformunabhängigen Zuschreibungspflicht besteht zu jedem Bilanzstichtag die Verpflichtung, die Voraussetzungen für eine Wertaufholung zu prüfen.

Die folgende Abbildung fasst die Bewertung des Anlagevermögens zusammen:

[20] Ein niedrigerer Wertansatz eines entgeltlich erworbenen Geschäfts- oder Firmenwertes muss jedoch beibehalten werden, siehe § 253 Abs. 5 Satz 2 HGB.

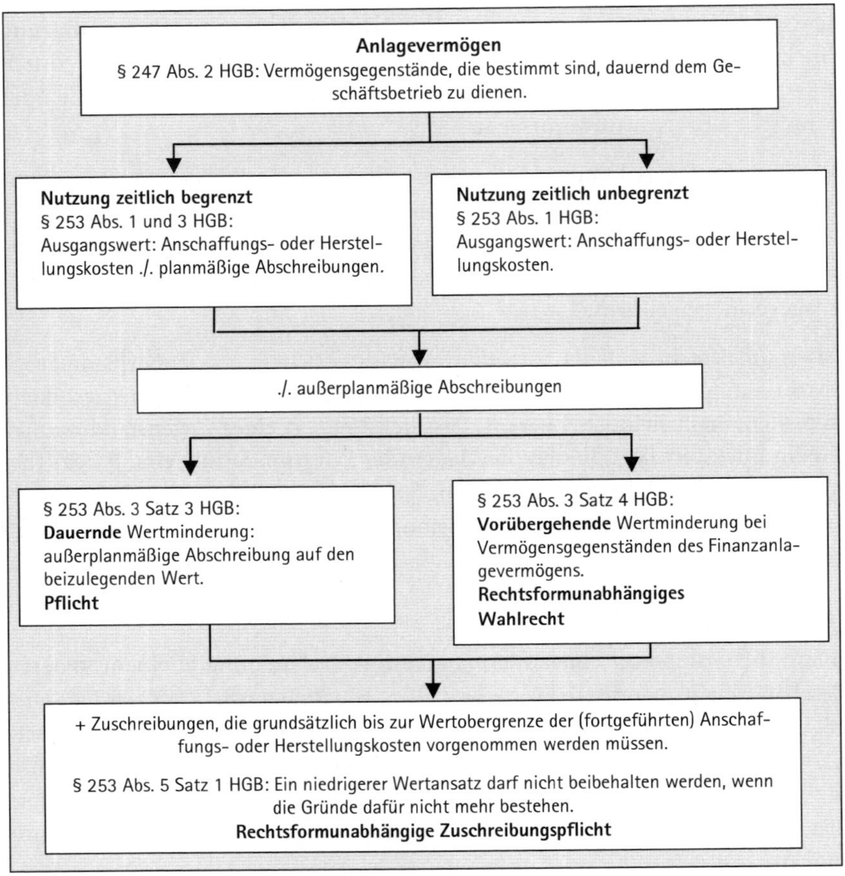

Abb. 6: Bewertung des Anlagevermögens[21]

2.1.1 Immaterielle Vermögensgegenstände

Bei den immateriellen Vermögensgegenständen handelt es sich um nicht körperliche, d. h. nicht greifbare Anlagegegenstände. Demnach sind sie nicht messbar und in ihrer Werthaltigkeit oft unbestimmt. Zu diesen Gegenständen gehören:

[21] In Anlehnung an Küting, K. et al.: Das neue deutsche Bilanzrecht, 2009, S. 104.

- selbst geschaffene gewerbliche Schutzrechte und ähnliche Rechte und Werte,
- entgeltlich erworbene Konzessionen, gewerbliche Schutzrechte und ähnliche Rechte und Werte sowie Lizenzen an solchen Rechten und Werten,
- Geschäfts- oder Firmenwert,
- geleistete Anzahlungen.

Selbst geschaffene gewerbliche Schutzrechte und ähnliche Rechte und Werte

Ein **Schutzrecht** schützt wissenschaftliche, künstlerische oder wirtschaftliche Leistungen vor einem Eingriff Dritter. Zu den gewerblichen Schutzrechten zählen z. B. Patente, Gebrauchsmuster, Urheberrechte, Computersoftware oder Webseiten. **Ähnliche Rechte** sind Rechtspositionen wie beispielsweise Nutzungsberechtigungen, Belieferungsrechte und Vertriebsrechte. Zu den **ähnlichen Werten** zählen ungeschützte Erfindungen, Rezepte und spezielles Know-how.[22]
Gemäß § 248 Abs. 2 Satz 1 HGB besteht für selbst geschaffene immaterielle Vermögensgegenstände des Anlagevermögens ein Aktivierungs**wahlrecht.**[23]

Tipp: Aktivierungswahlrecht

Insbesondere innovative Unternehmen erhalten durch das Aktivierungswahlrecht für selbst geschaffene immaterielle Vermögensgegenstände des Anlagevermögens die Möglichkeit, ihre Außendarstellung zu verbessern. Dies ist insofern von großem Wert, als sich deutsche Unternehmen immer mehr von produktions- zu wissensbasierten Unternehmen hin entwickeln.

Die aktivierten, selbst geschaffenen immateriellen Vermögensgegenstände des Anlagevermögens unterliegen einer Ausschüttungssperre (§ 268 Abs. 8 HGB). Von der Aktivierung ausgenommen sind jedoch „selbst geschaffene Marken, Drucktitel, Verlagsrechte, Kundenlisten oder vergleichbare immaterielle Vermögensgegenstände des Anlagevermögens“ (§ 248 Abs. 2 Satz 2 HGB). Für diese immateriellen Werte besteht daher ein Aktivierungs**verbot.**

---

[22] Vgl. Theile, C.: Bilanzrechtsmodernisierungsgesetz, 2008, S. 28.

[23] Im Fall der Aktivierung nach § 248 Abs. 2 HGB ist im Anhang der Gesamtbetrag der Forschungs- und Entwicklungskosten des Geschäftsjahres sowie der davon auf die selbst geschaffenen immateriellen Vermögensgegenstände entfallende Betrag anzugeben, § 285 Nr. 22 HGB.

Die **selbst geschaffenen immateriellen Vermögensgegenstände** werden im Rahmen der Erstbewertung in Höhe der angefallenen Herstellungskosten aktiviert, vgl. § 255 Abs. 2a Satz 1 HGB. Diese Herstellungskosten umfassen die bei der Entwicklung anfallenden Aufwendungen, jedoch nicht die Aufwendungen aus der Forschungsphase. Infolgedessen müssen die Entwicklungs- und Forschungsphasen klar voneinander abgegrenzt werden, da andernfalls eine Aktivierung ausgeschlossen ist.[24]

Das Handelsrecht definiert die beide Begriffe „Entwicklung" und „Forschung" folgendermaßen:

Abgrenzung: Entwicklung – Forschung	
Entwicklung: „Anwendung von Forschungsergebnissen für: ▪ die Neuentwicklung von Gütern oder Verfahren, ▪ die Weiterentwicklung von Gütern oder Verfahren mittels wesentlicher Änderungen."	**Forschung:** „Eigenständige und planmäßige Suche nach: ▪ neuen wissenschaftlichen oder technischen Erkenntnissen, ▪ Erfahrungen allgemeiner Art, über deren technische Verwertbarkeit und wirtschaftliche Erfolgsaussichten grundsätzlich keine Aussagen gemacht werden können."

Tab. 14: Trennung von Entwicklung und Forschung gemäß § 255 Abs. 2a HGB

Mit dem Eintritt in die Entwicklungsphase werden die in der Forschungsphase gewonnenen Erkenntnisse umgesetzt. Ab diesem Zeitpunkt unternimmt das Unternehmen gezielt Anstrengungen, die Forschungsergebnisse praktisch anzuwenden. Zu den Entwicklungsaktivitäten gehören beispielsweise der Entwurf und die Konstruktion eines Prototyps vor Aufnahme der eigentlichen Produktion. Dagegen sind das Formulieren, der Entwurf sowie die Abschätzung und endgültige Auswahl von möglichen Alternativen für neue Produkte, Verfahren oder Systeme den Forschungsaktivitäten zuzuordnen.[25]

Das HGB sieht keine gesonderten Regelungen für die Folgebewertung von selbst geschaffenen immateriellen Vermögensgegenständen des Anlagevermögens vor. Sie unterliegen somit den normalen Vorschriften der Folgebewertung. Bei einer

[24] Vgl. § 255 Abs. 2a Satz 4 i. V. m. § 255 Abs. 2 Satz 4 HGB.

[25] Vgl. Küting, K. et al.: Das neue deutsche Bilanzrecht, 2009, S. 270 f.

zeitlich begrenzten Nutzung sind die Anlagegüter planmäßig abzuschreiben. Im Übrigen ist bei einer dauernden Wertminderung eine außerplanmäßige Abschreibung auf den niedrigeren, beizulegenden Wert vorzunehmen.

> **Achtung: Selbst erstellte immaterielle Vermögensgegenstände**
> Voraussetzung für die Aktivierung ist die Einzelverwertbarkeit des selbst erstellten immateriellen Vermögensgegenstandes.

Entgeltlich erworbene Konzessionen, gewerbliche Schutzrechte und ähnliche Rechte und Werte sowie Lizenzen an solchen Rechten und Werten

Diese Bilanzposition stellt erworbene immaterielle Anlagegüter dar. Eine **Konzession** ist ein Nutzungsrecht an einer öffentlichen Sache, z. B. ein Wege- oder Wassernutzungsrecht. Eine **Lizenz** ist eine Erlaubnis, gewerbliche Schutzrechte wie Patente, Gebrauchsmuster und Computersoftware zu nutzen. Ähnliche Rechte sind Nutzungsrechte (Nießbrauch). Die Konzessionen, gewerblichen Schutzrechte sowie Lizenzen werden zu den Anschaffungskosten aktiviert und nach Vorgabe von § 253 Abs. 3 HGB abgeschrieben.

Geschäfts- oder Firmenwert

Beim Geschäfts- oder Firmenwert muss zwischen dem **entgeltlich erworbenen (derivativen)** und dem **selbst geschaffenen (originären) Firmenwert** unterschieden werden. Entsprechend § 246 Abs. 1 Satz 4 HGB wird ein derivativer Geschäfts- oder Firmenwert als „zeitlich begrenzt nutzbarer Vermögensgegenstand“ definiert und gilt dadurch als **aktivierungspflichtiges Anlagegut**. Dieser Wert ergibt sich als Differenz zwischen dem Betrag, den der Erwerber eines Unternehmens aufwendet (Kaufpreiszahlung), und der Summe der Zeitwerte aller vorhandenen Aktiva abzüglich der Schulden (= Nettovermögen).
Der Geschäfts- oder Firmenwert beinhaltet vor allem den guten Namen des Unternehmens, den Kundenstamm und die Vertriebsorganisation. Resultierend aus dem Aktivierungsgebot des derivativen Firmenwertes als abnutzbares Anlagegut ist dieser planmäßig abzuschreiben. Die Nutzungsdauer[26] ist hierbei vom Unternehmen individuell abzuschätzen. Hierfür werden beispielsweise folgende Anhaltspunkte berücksichtigt:

[26] Wird für die planmäßige Abschreibung eine Nutzungsdauer von mehr als fünf Jahren zugrunde gelegt, so sind nach § 285 Nr. 13 HGB im Anhang die Gründe hierfür zu nennen.

- die Art und die voraussichtliche Bestandsdauer des erworbenen Unternehmens,
- der Lebenszyklus der Produkte des erworbenen Unternehmens,
- die Stabilität und Bestandsdauer der Branche.[27]

Neben den planmäßigen Abschreibungen sind bei dauernder Wertminderung auch außerplanmäßige Abschreibungen auf den erworbenen Geschäfts- oder Firmenwert vorzunehmen. Ein aus einer außerplanmäßigen Abschreibung resultierender niedrigerer Wertansatz ist nach § 253 Abs. 5 Satz 2 HGB jedoch beizubehalten. Für den Geschäfts- oder Firmenwert besteht ein explizites **Wertaufholungsverbot**.
Ein **selbst geschaffener (originärer) Firmenwert** setzt sich aus Werten zusammen, die nicht in der Bilanz erscheinen, aber dennoch maßgeblich am Erfolg beteiligt sein können, z. B. der Wert des guten Rufes des Unternehmens, der Wert der Organisation, des Kundenstamms oder eines Markennamens. Derartige immaterielle Werte dürfen nicht aktiviert werden, d. h., der **originäre Firmenwert** unterliegt einem generellen **Aktivierungsverbot** (§ 248 Abs. 2 Satz 2 HGB).

Die folgende Tabelle stellt beide Firmenwerte einander gegenüber:

	derivativer Firmenwert	**originärer Firmenwert**
Definition	Kaufpreis ./. Zeitwert des Vermögens + Zeitwert der Schulden = Geschäfts- oder Firmenwert	nicht objektivierbare selbst geschaffene Werte wie: – Kundenstamm – Markennamen – Organisation
Bilanzierungsansatz	Aktivierungspflicht	Aktivierungsverbot
Abschreibung	planmäßige und ggf. außerplanmäßige Abschreibung	___
Wertaufholung	explizites Wertaufholungsverbot	___

Tab. 15: Unterschied zwischen entgeltlich erworbenem und selbst geschaffenem Geschäfts- oder Firmenwert

[27] Vgl. Küting, K. et al.: Das neue deutsche Bilanzrecht, 2009, S. 286.

Geleistete Anzahlungen

Eine geleistete Anzahlung stellt eine Forderung gegenüber einem Lieferanten bzw. Auftragnehmer dar, der noch keine Lieferung bzw. Leistung erbracht hat. Eine Anzahlung auf einen aktivierungspflichtigen immateriellen Gegenstand muss unter dem entsprechenden Bilanzposten „geleistete Anzahlungen" aktiviert werden. Geleistete Anzahlungen sind ein Sonderfall der Forderungen und werden aufgrund des Einzelwertprinzips gesondert ausgewiesen. Anzahlungen können nicht planmäßig abgeschrieben werden.

2.1.2 Sachanlagen

Sachanlagen sind – abgesehen von wenigen Ausnahmen – materielle, d. h. körperlich greifbare Anlagegegenstände, die ein Unternehmen zur Herstellung bzw. Lieferung von Gütern und Dienstleistungen benötigt. Sie umfassen vier aktivierungspflichtige Posten:

- Grundstücke, grundstücksgleiche Rechte und Bauten einschließlich der Bauten auf fremden Grundstücken,
- technische Anlagen und Maschinen,
- andere Anlagen, Betriebs- und Geschäftsausstattung,
- geleistete Anzahlungen und Anlagen im Bau.

Grundstücke, grundstücksgleiche Rechte und Bauten einschließlich der Bauten auf fremden Grundstücken

Ein **Grundstück** ist ein räumlich abgegrenzter Teil der Erdoberfläche. Im Gegensatz zu den Bauten ist ein Grundstück ein nicht abnutzbarer Vermögensgegenstand und unterliegt daher keiner planmäßigen Abschreibung.[28] **Grundstücksgleiche Rechte** sind dingliche Rechte.[29] Hierzu gehören z. B. Abbaurechte und Erbbaurechte. Soweit ihre Nutzungsdauer begrenzt ist, sind sie planmäßig oder bei Vorliegen der Voraussetzungen außerplanmäßig abzuschreiben. **Bauten** sind Gebäude, die sich unmittelbar auf einem Grundstück befinden. Dazu

[28] Da Grundstücke häufig Preissteigerungen unterliegen, entstehen nicht selten sogenannte „stille Reserven". Die stillen Reserven kennzeichnen den Unterschiedsbetrag zwischen dem tatsächlichen Wert eines Gegenstandes und seinem Bilanzwert. Aktivische stille Reserven entstehen, wenn der Buchwert der Aktiva niedriger ist als der Zeitwert.

[29] Ein dingliches Recht ist das Recht einer Person zur unmittelbaren Herrschaft über eine Sache mit Wirkung gegenüber jedermann.

gehören beispielsweise Werks- und Produktionshallen, Lagerräume und Meisterbüros sowie Gebäude, die sich unter der Erde befinden, z. B. Tiefgaragen oder Lagerkeller. **Bauten auf fremden Grundstücken** sind Gebäude, die wirtschaftlich dem Unternehmen zuzuschreiben sind, sich jedoch auf betriebsfremden Grundstücken befinden. Bauten werden planmäßig abgeschrieben.

Technische Anlagen und Maschinen

Technische Anlagen und Maschinen sind Anlagegüter, mit denen ein Gewerbebetrieb unmittelbar betrieben wird. Zu den **technischen Anlagen** gehören beispielsweise Hochöfen, Tiefkühlräume, Transportanlagen oder Lastenaufzüge. Unter die Rubrik **Maschinen** fallen u. a. die Werkzeugmaschinen, wie z. B. Bohr-, Dreh- und Fräsmaschinen oder Abfüll- und Verpackungsanlagen.

Andere Anlagen, Betriebs- und Geschäftsausstattung

Der Begriff **andere Anlagen** umfasst insbesondere Einrichtungsgegenstände wie z. B. Werkstatteinrichtungen und Ausstattungsgegenstände, die der Betriebsbereitschaft eines Unternehmens dienen. Dazu gehören auch Fahrzeuge. Unter die **Betriebs- und Geschäftsausstattung** fallen Gegenstände wie z. B. Büromöbel und Computer.

Geleistete Anzahlungen und Anlagen im Bau

Eine **geleistete Anzahlung** auf ein aktivierungspflichtiges materielles Anlagegut stellt eine Forderung gegenüber einem Lieferanten bzw. Auftragnehmer dar, der noch keine Lieferung bzw. Leistung erbracht hat. Anzahlungen können planmäßig nicht abgeschrieben werden. **Anlagen im Bau** sind noch nicht fertiggestellte Anlagen. Die darauf anfallenden Aufwendungen (z. B. Löhne, Gehälter, Materialverbrauch) werden auf dieses Konto aktiviert, bis die Fertigstellung der Anlage erfolgt; erst dann ist eine entsprechende Umbuchung auf das betreffende Anlagenkonto möglich. Da die Bemessungsgrundlage für eine Abschreibung erst mit der Fertigstellung eines Vermögensgegenstandes feststeht, können Anlagen im Bau nicht planmäßig abgeschrieben werden.

2.1.3 Finanzanlagen

Finanzanlagen sind monetäre Vermögensgegenstände. Hierbei wird langfristig außerhalb des Unternehmens Kapital eingesetzt; folglich investiert ein Unternehmen in ein anderes Unternehmen. Finanzanlagen können generell nicht planmäßig abgeschrieben werden. Eine außerplanmäßige Abschreibung **kann**

jedoch – anders als bei den immateriellen Vermögensgegenständen und den Sachanlagen – gemäß § 253 Abs. 3 Satz 4 HGB auch dann erfolgen, wenn eine „nur“ **vorübergehende Wertminderung** vorliegt.
Nach dem Grad der möglichen Einflussnahme, die sich aus der Investitionsart ergibt, werden Finanzanlagen unterteilt in:

- Anteile an verbundenen Unternehmen,
- Ausleihungen an verbundene Unternehmen,
- Beteiligungen,
- Ausleihungen an Unternehmen, mit denen ein Beteiligungsverhältnis besteht,
- Wertpapiere des Anlagevermögens,
- sonstige Ausleihungen.

Anteile an verbundenen Unternehmen

Verbundene Unternehmen sind gemäß § 271 Abs. 2 i. V. m. § 290 HGB „solche Unternehmen, die als Mutter- oder Tochterunternehmen in den Konzernabschluss eines Mutterunternehmens [...] einzubeziehen sind.“ Dabei ist ein Unternehmen als Muttergesellschaft anzusehen, wenn es unmittelbar oder mittelbar einen beherrschenden Einfluss auf andere Unternehmen (Tochterunternehmen) ausüben kann. Von einem beherrschenden Einfluss geht der Gesetzgeber beispielsweise dann aus, wenn der Muttergesellschaft bei einem anderen Unternehmen die Mehrheit der Stimmrechte der Gesellschafter zusteht.[30] Die Bilanzposition (Eigenkapital-)Anteile an verbundenen Unternehmen kommt demzufolge nur in Konzernen vor.

Ausleihungen an verbundene Unternehmen

Dieser Posten kann nur bestehen, wenn Anteile an verbundenen Unternehmen ausgewiesen werden. Das bilanzierende Unternehmen stellt z. B. als Konzernmuttergesellschaft seinem Tochterunternehmen finanzielle Mittel zur Verfügung. Die Konzernmuttergesellschaft hat insofern unter dieser Position Finanz- bzw. Kapitalforderungen auszuweisen.

[30] Vgl. § 290 Abs. 2 HGB; dort werden insgesamt vier Kriterien genannt, wann ein beherrschender Einfluss eines Mutterunternehmens besteht.

Beteiligungen

Der Gesetzgeber definiert Beteiligungen in § 271 Abs. 1 Satz 1 HGB als „Anteile an anderen Unternehmen, die bestimmt sind, dem eigenen Geschäftsbetrieb durch Herstellung einer dauernden Verbindung zu jenen Unternehmen zu dienen." Zielsetzung ist, Teilhaber des Unternehmens zu werden (Miteigentum), um dessen Geschäftspolitik und seine Wirtschaftsführung zu beeinflussen (Mitbestimmung). In § 271 Abs. 1 Satz 3 HGB wird die gesetzliche Vermutung geäußert, dass eine Beteiligung dann besteht, wenn die Anteile an einer Kapitalgesellschaft insgesamt 20 % des Nennkapitals dieser Gesellschaft überschreiten. Die Mitgliedschaft in einer eingetragenen Genossenschaft gilt nicht als Beteiligung.

Ausleihungen an Unternehmen, mit denen ein Beteiligungsverhältnis besteht

Darunter fallen Finanz- bzw. Kapitalforderungen gegenüber Unternehmen, mit denen ein Beteiligungsverhältnis besteht. Es lassen sich zwei Arten von Ausleihungen unterscheiden: zum einen die Ausleihungen an Unternehmen, an denen eine Beteiligung gehalten wird, und zum anderen Ausleihungen an Unternehmen, die die Beteiligung halten.

Wertpapiere des Anlagevermögens

Die Wertpapiere des Anlagevermögens sollten langfristigen Charakter haben, d. h., sie befinden sich i. d. R. im Dauerbesitz des Unternehmens. Hierbei steht die Gewinnerzielung im Vordergrund und nicht etwa eine Einflussnahme auf ein Unternehmen. Zu den Wertpapieren gehören beispielsweise Staatsanleihen, Industrieobligationen, Aktien und Pfandbriefe.

Sonstige Ausleihungen

Die Position sonstige Ausleihungen ist ein Sammelposten für solche dauerhaften Ausleihungen, die nicht an verbundene Unternehmen oder Beteiligungsunternehmen gegeben werden. Das können z. B. Darlehen an Betriebsangehörige, Mitarbeiter und Geschäftsfreunde sein. Hierher gehören auch eventuelle Genossenschaftsanteile.

2.1.4 Anlagenspiegel

Laut § 268 Abs. 2 Satz 1 HGB ist in der Bilanz oder im Anhang die Entwicklung der einzelnen Posten des Anlagevermögens darzustellen. Im Anhang findet diese Darstellung in Form eines **Anlagenspiegels** bzw. **Anlagengitters** statt. Der Anlagenspiegel ist eine Ergänzung zur Bilanz und enthält sämtliche Veränderungen der Vermögensgegenstände des Anlagevermögens bezogen auf ein Geschäftsjahr. Die immateriellen Vermögensgegenstände sowie die Sach- und Finanzanlagen werden dort nochmals separat aufgelistet. Der Vorteil eines Anlagenspiegels gegenüber der Bilanz besteht in seiner besseren Übersichtlichkeit und Klarheit.

Ausgehend von den historischen Anschaffungs- oder Herstellungskosten müssen sämtliche Zugänge, Abgänge, Umbuchungen, Zuschreibungen und Abschreibungen eines jeden Geschäftsjahres in ihrer gesamten Höhe gesondert aufgeführt werden, vgl. § 268 Abs. 2 Satz 2 HGB. Die folgende Tabelle fasst diese Vorgänge ausgehend von den Anschaffungs- oder Herstellungskosten zusammen:

Ermittlung des Bestands am Ende des Geschäftsjahres	
	Anfangsbestand zu Beginn des Geschäftsjahres
+	Zugänge
-	Abgänge
+/-	Umbuchungen
+	Zuschreibungen
-	Abschreibungen
=	Endbestand am Ende des Geschäftsjahres

Tab. 16: Ermittlung des Endbestandes am Geschäftsjahresende

Ein Anlagenspiegel hat beispielsweise vereinfacht folgenden Grundaufbau:

Beispiel: Anlagenspiegel

Bilanzposten (in Tsd. €)	Ansch./Herstellungskosten	Zugänge/Abgänge	Umbuchungen	Abschreibungen (kumuliert)	Zuschreibungen	Buchwert am Jahresbeginn	Buchwert am Jahresende	Abschreibungen des Jahres
I. Immaterielle VG	160	50	0	130	0	45	80	15
II. Sachanlagen								
Grundstücke	1.200	0	0	0	0	1.200	1.200	0
Gebäude	500	50	100	400	0	10	110	250
Maschinen	650	50	0	530	15	105	120	50
Pkw/Lkw	158	76	0	102	0	106	132	50
Betriebsausstattung	96	-16		44	0	66	36	14
Büroausstattung	25	41		30	0	11	36	16
Anlagen in Bau	100		-100			100	0	
III. Finanzanlagen	240	-100		40		200	100	
Summe	3.129	151	0	1.276	15	1.843	1.814	395

Erläuterungen zu den einzelnen Spalten des Anlagenspiegels:

- **Spalte 1 „Anschaffungs- oder Herstellungskosten“:** Hier werden die historischen Werte aller zu Beginn des Geschäftsjahres vorhandenen Anlagegüter erfasst. Die Anschaffungs- oder Herstellungskosten des Geschäftsjahres werden wie folgt ermittelt:

Ermittlung der Anschaffungs- und Herstellungskosten	
	Anschaffungs- oder Herstellungskosten zu Beginn des vorangegangenen Geschäftsjahres
+	Zugänge des vorangegangenen Geschäftsjahres zu AK/HK
-	Abgänge des vorangegangenen Geschäftsjahres zu AK/HK
+/-	Umbuchungen zu AK/HK im vorangegangenen Geschäftsjahr
=	**Anschaffungs- oder Herstellungskosten zu Beginn des Geschäftsjahres**

Tab. 17: Ermittlung der Anschaffungs- und Herstellungskosten

- **Spalte 2 „Zugänge“:** Ein Zugang liegt vor, wenn ein Anlagegegenstand in das (wirtschaftliche) Eigentum des Unternehmens übergeht oder bei selbst erstellten Anlagevermögen endgültig fertiggestellt wurde.
- **Spalte 2 „Abgänge“:** Es werden sämtliche Vermögensgegenstände erfasst, die durch Verkauf, Tausch, Entnahme, Untergang aufgrund höherer Gewalt (z. B. Unwetter) oder Verschrottung aus dem Betriebsvermögen ausscheiden. Die Bewertung der abgehenden Vermögensgegenstände erfolgt zu den historischen Anschaffungs- oder Herstellungskosten. Außerdem müssen die auf die ausgeschiedenen Vermögensgegenstände entfallenden bisher kumulierten Abschreibungen im Jahr des Abgangs aus der entsprechenden Spalte des Anlagenspiegels entfernt, d. h. auf null gestellt werden.
- **Spalte 3 „Umbuchungen“:** Sie zeigen die Ausweisänderungen innerhalb des Anlagenspiegels. Umbuchungen werden vor allem bei den Positionen „geleistete Anzahlungen“ und „Anlagen in Bau“ notwendig.
- **Spalte 4 „kumulierte Abschreibungen“:** Sie umfassen sämtliche, in den vorhergehenden und im aktuellen Geschäftsjahr angefallenen planmäßigen und außerplanmäßigen Abschreibungen auf Vermögensgegenstände, die sich zum Bilanzstichtag noch im Betriebsvermögen befinden, d. h., die ausgeschiedenen Anlagegüter sind herauszurechnen. Die kumulierten Abschreibungen können wie folgt berechnet werden:

Berechnung der kumulierten Abschreibungen	
	kumulierte Abschreibungen des Vorjahrs
-	Zuschreibungen des aktuellen Geschäftsjahres
+	Abschreibungen des aktuellen Geschäftsjahres
-	auf Abgänge entfallende kumulierte Abschreibungen
+/-	auf Umbuchungen entfallende kumulierte Abschreibungen
=	**kumulierte Abschreibungen des Geschäftsjahres**

Tab. 18: Ermittlung der kumulierten Abschreibungen

- **Spalte 5 „Zuschreibungen“:** Es sind nur die Zuschreibungen des aktuellen Geschäftsjahres auszuweisen. Diese Zuschreibungen des laufenden Geschäftsjahres sind im Folgejahr von den kumulierten Abschreibungen abzusetzen.
- **Spalte 6 „Buchwerte zu Beginn des Geschäftsjahres“:** Es werden die Buchwerte des Vorjahres ausgewiesen.
- **Spalte 7 „Buchwerte am Ende des Geschäftsjahres“:** Für die Vermögensgegenstände, die am Schluss des Geschäftsjahres noch zum Betriebsvermögen gehören, kann der Buchwert wie folgt errechnet werden:

Berechnung des Buchwerts	
	Buchwert am Schluss des Vorjahres
+	Zuschreibungen im laufenden Geschäftsjahr
-	Abschreibungen im laufenden Geschäftsjahr
+/-	Umbuchungen im laufenden Geschäftsjahr
=	**Buchwert am Ende des Geschäftsjahres**

Tab. 19: Berechnung des Buchwerts

- **Spalte 8 „Abschreibungen des laufenden Geschäftsjahres“:** Es sind nur die Abschreibungen des laufenden Geschäftsjahres aufzunehmen. In der Spalte kumulierte Abschreibungen sind sie enthalten.

2.2 Umlaufvermögen

Das Umlaufvermögen ist die zweite große Bilanzposition der Aktiva. Im Gegensatz zum Anlagevermögen umfasst es Vermögensgegenstände, die dem Unternehmen **nicht** auf Dauer, sondern nur **vorübergehend** zur Verfügung stehen.[31] Hier steht die kurzfristige Verwertung im Vordergrund. Die Gegenstände

[31] Umkehrschluss aus § 247 Abs. 2 HGB.

des Umlaufvermögens sind hauptsächlich für die Verarbeitung, zum Verbrauch innerhalb des Unternehmens oder zur Veräußerung an Dritte bestimmt.

Zum Umlaufvermögen gehören vier untergeordnete Bilanzposten:

- Vorräte,
- Forderungen und sonstige Vermögensgegenstände,
- Wertpapiere sowie
- die Posten Kassenbestand, Bundesbankguthaben, Guthaben bei Kreditinstituten und Schecks.

Erstbewertung

Im Rahmen der Erstbewertung sind für die Vermögensgegenstände des Umlaufvermögens gemäß § 253 Abs. 1 HGB die Anschaffungs- oder Herstellungskosten der maßgebliche Wertansatz. Da sich keine Unterschiede zum Bilanzansatz der Anschaffungs- oder Herstellungskosten des Anlagevermögens ergeben, wird auf die entsprechenden Ausführungen des Kapitels 2.1 „Anlagevermögen" sowie auf § 255 HGB verwiesen. Planmäßige Abschreibungen kommen für die Vermögensgegenstände des Umlaufvermögens nicht in Betracht.

Folgebewertung

Die Folgebewertung richtet sich nach dem **strengen Niederstwertprinzip**, wonach der niedrigere von zwei Werten anzusetzen ist. Am Bilanzstichtag werden die Buchwerte der Vermögensgegenstände des Umlaufvermögens mit dem Börsen- oder Marktpreis verglichen, § 253 Abs. 4 Satz 1 HGB. Der Börsenpreis ist hierbei der an einer amtlich anerkannten Börse festgelegte Kurs, wohingegen sich der Marktpreis aus dem regelmäßigen Umsatz von Gütern einer bestimmten Art an Handelsplätzen ergibt.[32]

Falls der Börsen- oder Marktpreis einen geringeren Wert aufweist als der Buchwert eines Vermögensgegenstandes des Umlaufvermögens, ist eine außerplanmäßige Abschreibung auf diesen niedrigeren Wert vorzunehmen. Auf die Dauerhaftigkeit der Wertminderung kommt es, anders als beim Anlagevermögen, nicht an. Lässt sich jedoch kein Börsen- oder Marktpreis feststellen, muss der Buchwert mit dem beizulegenden Wert verglichen werden. Sollte der beizulegende Wert geringer sein, ist eine außerplanmäßige Abschreibung auf

---

[32] Siehe Zickgraf, U (1).: Bilanzierung des Umlaufvermögens, 2009, S. 56.

diesen Wert vorzunehmen.[33] Dieser Vergleichswert kann aus stichtagsnahen Ein- oder Verkäufen gewonnen werden.
Auch beim Umlaufvermögen besteht eine rechtsformunabhängige Zuschreibungspflicht, falls die Gründe für die Beibehaltung eines niedrigeren Wertansatzes – bedingt durch eine außerplanmäßige Abschreibung – nicht mehr bestehen.

Die folgende Abbildung veranschaulicht die Bewertung des Umlaufvermögens:

Umlaufvermögen

Umkehrschluss aus § 247 Abs. 2 HGB: Zum Umlaufvermögen zählen Vermögensgegenstände, die am Abschlussstichtag dazu bestimmt sind, **nicht dauernd** dem Geschäftsbetrieb zu dienen.

§ 253 Abs. 1 Satz 1 HGB:

Ausgangswert:

Anschaffungs- oder Herstellungskosten

↓

./. außerplanmäßige Abschreibungen

§ 253 Abs. 4 Sätze 1 und 2 HGB:

Abschreibungspflicht auf niedrigeren:

- Börsenkurs oder
- Marktpreis oder
- beizulegenden Wert

↓

+ Zuschreibungen

§ 253 Abs. 5 Satz 1 HGB:

Rechtsformunabhängige Zuschreibungspflicht

Ein niedrigerer Wertansatz darf nicht beibehalten werden, wenn die Gründe dafür nicht mehr bestehen.

Abb. 7: Bewertung des Umlaufvermögens[34]

---

[33] Vgl. § 253 Abs. 4 Satz 2 HGB.

2.2.1 Vorräte

Vorräte sind Vermögensgegenstände des Umlaufvermögens, die sich eine Zeit lang im Lager befinden. Sie werden aus dem Lager entnommen, wenn sie in der Produktion eingesetzt bzw. verbraucht oder weiterveräußert werden. Die Vorräte untergliedern sich in vier Bilanzpositionen:

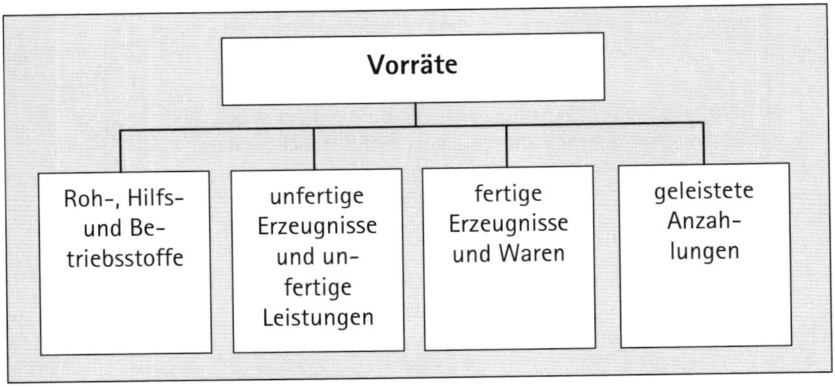

Abb. 8: Zusammensetzung der Vorräte

Roh-, Hilfs- und Betriebsstoffe

Rohstoffe gehen als Hauptbestandteil unmittelbar in das Produkt ein, z. B. Holz, Kupfer oder Stahl. **Hilfsstoffe** haben dagegen lediglich eine Hilfsfunktion. Sie gehen zwar auch in das Produkt ein, haben jedoch einen mengen- und wertmäßig kleinen Anteil daran. Dazu gehören z. B. Schrauben, Nägel, Leim oder Lacke. **Betriebsstoffe** – wie Kraftstoffe, Reinigungsmaterial und Schmiermittel – sind nicht Bestandteile der Produkte, sondern werden bei der Produktion verbraucht.

Unfertige Erzeugnisse, unfertige Leistungen

Unter „unfertige Erzeugnisse“ und „unfertige Leistungen“ werden die Produkte und Leistungen zusammengefasst, die noch nicht fertiggestellt sind. Bei den unfertigen Erzeugnissen ist dies der Fall, wenn bereits ein erster Arbeitsschritt an den Rohstoffen vollzogen worden ist, jedoch der letzte Arbeitsschritt noch

[34] In Anlehnung an Küting, K. et al.: Das neue deutsche Bilanzrecht, 2009, S. 110.

fehlt.[35] Sobald Roh-, Hilfs- oder Betriebsstoffe be- oder verarbeitet werden, sind sie als **unfertige Erzeugnisse** auszuweisen, bis die Fertigstellung abgeschlossen ist. Bei Dienstleistungen fallen analog **unfertige Leistungen** an. Eine Leistung ist, solange sie nicht vom Kunden abgenommen worden ist, als unfertig auszuweisen und zu bewerten.

Fertige Erzeugnisse und Waren

Fertige Erzeugnisse sind verkaufsfertige Produkte. Die Fertigstellung des Erzeugnisses ist bereits abgeschlossen und es steht kurz vor seiner Veräußerung an einen Kunden. **Waren** – auch bekannt als Handelswaren – sind Produkte, die unverändert weitergegeben werden. Sie werden so weiterverkauft, wie sie eingekauft wurden.

Geleistete Anzahlungen

Geleistete Anzahlungen sind Zahlungen des Unternehmens auf die Posten der Vorräte – hauptsächlich jedoch Anzahlungen auf Roh-, Hilfs- und Betriebsstoffe sowie Waren. Die Anzahlungen resultieren aus abgeschlossenen Verträgen, deren Lieferung und Leistung noch offen sind.

Bewertung der Vorräte

Eine Einzelbewertung[36] von Vorräten ist aufgrund ihrer physischen Beschaffenheit oft nahezu unmöglich. Bei der Lagerung, Bearbeitung und Produktion von Vorräten kommt es häufig zu einer Vermischung dieser Gegenstände, die teilweise zu unterschiedlichen Preisen angeschafft bzw. hergestellt wurden. Deshalb hat der Gesetzgeber **Bewertungsvereinfachungsverfahren** zugelassen. Diese dienen der vereinfachten Ermittlung der Anschaffungs- oder Herstellungskosten und sollen entsprechend dem Grundsatz der Einzelbewertung ein möglichst annäherndes Bewertungsergebnis erzielen.

Erstbewertung

Prinzipiell werden Roh-, Hilfs- und Betriebsstoffe sowie Waren – sofern sie erworben werden – mit den Anschaffungskosten bewertet und aktiviert. Bei den unfertigen Erzeugnissen und unfertigen Leistungen wie auch später bei den fertigen Erzeugnissen fallen zusätzlich Herstellungskosten an. Um die Anschaffungs-

---

[35] Vgl. Zickgraf, U.: Bilanzierung des Umlaufvermögens, 2009, S. 9.

[36] Vgl. § 252 Abs. 1 Nr. 3 HGB. Das Prinzip der Einzelbewertung gilt grundsätzlich für alle Vermögensgegenstände und Schulden.

oder Herstellungskosten zu ermitteln, sind handelsrechtlich laut § 256 HGB i. V. m. § 240 Abs. 3 und 4 HGB folgende Bewertungsmethoden erlaubt:

- für Roh-, Hilfs- und Betriebsstoffe (sowie für Vermögensgegenstände des Sachanlagevermögens) die **Festbewertung**,
- für gleichartige Vermögensgegenstände des Vorratsvermögens (sowie andere gleichartige bewegliche Vermögensgegenstände und Schulden) die **Gruppenbewertung**,
- für gleichartige Vermögensgegenstände des Vorratsvermögens die Verbrauchsfolgeverfahren **Lifo** (last in, first out) und **Fifo** (first in, first out).

Die folgende Übersicht fasst diese Verfahren tabellarisch zusammen:

Merkmale	Festbewertung	Gruppenbewertung	Verbrauchs-folgebewertung
Gesetzliche Grundlage	§ 256 Satz 2 i. V. m. § 240 Abs. 3 HGB	§ 256 Satz 2 i. V. m. § 240 Abs. 4 HGB	§ 256 Satz 1 HGB
Anwendungs-bereich	▪ Sachanlagen sowie ▪ Roh-, Hilfs- und Betriebsstoffe, wenn sie regelmäßig ersetzt werden und ihr Gesamtwert von nachrangiger Bedeutung ist **und** sofern ihr Bestand in seiner Größe, seinem Wert und seiner Zusammensetzung nur geringen Veränderungen unterliegt.	▪ Gleichartige Vermögensgegenstände des Vorratsvermögens, ▪ andere gleichartige oder annähernd gleichwertige bewegliche Vermögensgegenstände und Schulden.	Gleichartige Vermögensgegenstände des Vorratsvermögens. Gleichartig sind Vermögensgegenstände dann, wenn sie derselben Warengattung angehören und annähernd preisgleich sind. Die Reihenfolge des buchtechnischen Verbrauchs oder Verkaufs der Gegenstände ist entscheidend.
Wertansatz	Festwert, d. h. zu einem gleich bleibenden Wert	Gewogener Durchschnittswert	Wert gemäß Verbrauchsfolgeverfahren Lifo und Fifo
Anwendungs-beispiele	Werkzeuge, Hotelgeschirr und -besteck, Gerüst- und Schalungsteile, Stanzen, Formen, Modelle, Verpackungsmaterial	Schrauben, Socken, Unterhemden, Traubenmost bei der Weinherstellung	Lager mit großen Beständen und einer Vielzahl von verschiedenen Einzelbeständen mit jeweils für die Unternehmensgröße geringerem Wert
Ziel des Verfahrens	Vereinfachung der Bestandsaufnahme	Ermittlung fiktiver Anschaffungskosten	

Tab. 20: Bewertungsvereinfachungsverfahren im Überblick

Die **Lifo-Methode** (last in, first out) unterstellt, dass die zuletzt beschafften Vermögensgegenstände des Vorratsvermögens stets zuerst verbraucht bzw. veräußert werden (buchungstechnisch, nicht gegenständlich). Die zuerst gekauften Gegenstände verbleiben als Endbestand, der folglich mit deren Anschaffungskosten bewertet wird. Die **Fifo-Methode** (first in, first out) unterstellt dagegen, dass die zuerst beschafften Vermögensgegenstände des Vorratsvermögens buchungstechnisch stets auch zuerst verbraucht bzw. veräußert werden. Der Endbestand wird daher mit den Anschaffungskosten der zuletzt beschafften Güter bewertet.

Folgebewertung

Die vereinfachten Bewertungsmethoden werden auch bei der Folgebewertung der Vorräte angewandt. Zudem muss der so ermittelte Buchwert der Vorräte am Bilanzstichtag mit dem Börsen- oder Marktpreis oder dem beizulegenden Wert verglichen werden. Im Falle einer Wertminderung muss eine außerplanmäßige Abschreibung auf den niedrigeren Wert erfolgen. Entfallen später die Gründe für eine außerplanmäßige Abschreibung, hat eine Zuschreibung zu erfolgen.

2.2.2 Forderungen und sonstige Vermögensgegenstände

Im handelsrechtlichen Sinne sind Forderungen Ansprüche des Unternehmens auf eine Leistung (Geldleistung oder sonstige Leistung). Die Forderungen sollten dabei kurzfristiger Art sein; i. d. R. haben sie eine Dauer von höchstens zwölf Monaten.[37]

Der Bilanzposten Forderungen und sonstige Vermögensgegenstände wird in die folgenden drei verschiedenen Forderungspositionen und in die sogenannten sonstigen Vermögensgegenstände unterteilt:

Forderungen aus Lieferungen und Leistungen

Forderungen aus Lieferungen und Leistungen sind Geldansprüche, die durch die Veräußerung von Produkten bzw. Dienstleistungen entstehen. Das bilanzierende Unternehmen hat seine Vertragspflichten aus einem gegenseitigen

[37] Falls einzelne Forderungen eine Restlaufzeit von mehr als einem Jahr aufweisen, ist der Betrag dieser Forderungen bei dem entsprechenden Forderungsposten zu vermerken, vgl. § 268 Abs. 4 Satz 1 HGB.

Vertrag (beispielsweise einem Kauf-, Werk- oder Dienstleistungsvertrag) erfüllt, indem es die Ware geliefert bzw. die Leistung erbracht hat. Der Vertragspartner hat dabei die Ware bzw. Leistung abgenommen, ist jedoch seiner Zahlungspflicht noch nicht nachgegangen.

Forderungen gegen verbundene Unternehmen

Forderungen gegen verbundene Unternehmen sind Finanz- bzw. Kapitalforderungen gegenüber Unternehmen, mit denen ein Mutter-Tochter-Verhältnis im Sinne von § 271 Abs. 2 i. V. m. § 290 HGB besteht. Unter diesen Forderungen werden sowohl Forderungen aus Lieferungen und Leistungen als auch aus dem Finanzverkehr, aus den Beteiligungserträgen und Unternehmensverträgen sowie den Gewinnansprüchen ausgewiesen.

Forderungen gegen Unternehmen, mit denen ein Beteiligungsverhältnis besteht

Unter dieser Bilanzposition werden alle kurzfristigen Forderungen gegen Unternehmen, mit denen ein Beteiligungsverhältnis besteht, ausgewiesen. Beteiligungen an anderen Unternehmen liegen dann vor, wenn Anteile an Unternehmen gehalten werden, die dazu bestimmt sind, dem eigenen Geschäftsbetrieb durch Herstellung einer dauerhaften Verbindung zu dienen (§ 271 Abs. 1 HGB).

Sonstige Vermögensgegenstände

Zu dem Sammelposten „sonstige Vermögensgegenstände" für alle nicht gesondert ausgewiesenen Posten des Umlaufvermögens zählen z. B.:[38]

- Personaldarlehen,
- Forderungen aus Vorschüssen,
- Kautionen,
- Ansprüche auf Schadensersatzleistungen,
- Steuererstattungsansprüche,
- Ansprüche auf finanzielle Zuwendungen der öffentlichen Hand,
- Ansprüche auf Boni und Warenrückvergütungen,

[38] Scherrer, G.: Rechnungslegung nach dem neuen HGB, 2010, S. 173.

- Erwerb von Kauf- und Verkaufsoptionen,
- Forderungen gegenüber Lieferanten (debitorische Kreditoren).

Darüber hinaus ist bei der periodengerechten Erfolgsermittlung ein Ertrag für eine bereits im abgelaufenen Geschäftsjahr erbrachte Leistung dann als **sonstiger Vermögensgegenstand** zu bilanzieren, wenn er in dem Jahr, zu dem er wirtschaftlich gehört, noch nicht zu einer Einnahme (genauer Einzahlung) geführt hat, sondern erst nach dem Abschlussstichtag (antizipativer Vorgang).

Beispiel: Antizipativer Vorgang

Ein Unternehmen vermietet Büroräume. Mieter X hat die zum 01.12. fällige Dezembermiete bis zum Jahresabschluss (31.12.) noch nicht bezahlt. Er überweist sie erst im Januar des Folgejahres. Zum Bilanzstichtag hat das Unternehmen einen sonstigen Vermögensgegenstand (sonstige Forderung) auszuweisen, da unabhängig von der Einnahme im neuen Jahr der Mietertrag wirtschaftlich dem alten Geschäftsjahr zuzurechnen ist.

Bewertung von Forderungen

Für die Forderungen gilt – ebenso wie für alle anderen Vermögensgegenstände des Umlaufvermögens – das **strenge Niederstwertprinzip**. Forderungen sind im Rahmen der Erstbewertung höchstens zu den Anschaffungskosten anzusetzen. Die Anschaffungskosten entsprechen grundsätzlich dem Nennwert. Im Rahmen der Folgebewertung werden die Forderungen zusätzlich hinsichtlich ihrer Werthaltigkeit überprüft.

Überprüfung der Werthaltigkeit von Forderungen

Da die Forderungen erst in der Zukunft zu realisierende und deshalb mit Unsicherheit behaftete Vermögenswerte darstellen, werden diese im Rahmen der Folgebewertung zusätzlich in drei Wertkategorien eingeteilt: **vollwertige, zweifelhafte** und **uneinbringliche Forderungen**. Jede einzelne Forderung wird hierbei im Rahmen einer Einzelwertberichtigung hinsichtlich der Zahlungsfähigkeit und Zahlungswilligkeit des Schuldners untersucht. Die folgende Tabelle charakterisiert diese Wertkategorien.

Wertkategorien von Forderungen	
vollwertige Forderungen	Einwandfreie, sichere Forderungen; es besteht kein Zweifel, dass der Schuldner die Forderung bei Fälligkeit bezahlt.
zweifelhafte Forderungen	Die Forderung scheint gefährdet, da z. B.: ▪ der Schuldner trotz **mehrfacher** Mahnung nicht zahlt, ▪ negative Auskünfte über die Finanzverhältnisse bzw. über die Liquidität des Schuldners vorliegen, ▪ Informationen vorliegen, dass dem Schuldner ein Insolvenzverfahren droht.
uneinbringliche Forderungen	Am Bilanzstichtag steht fest, dass eine Bezahlung nicht erreicht und die Forderung in voller Höhe ausfallen wird, da z. B.: ▪ ein Insolvenzverfahren des Schuldners eingestellt wurde, ▪ eine Zwangsvollstreckung fruchtlos verlief, ▪ der Schuldner verstorben, verzogen oder ausgewandert ist, ohne Vermögenswerte zu hinterlassen.

Tab. 21: Kategorisierung von Forderungen

Eine **vollwertige Forderung** ist grundsätzlich mit dem Nennwert zu bewerten und zu aktivieren, da kein Zweifel besteht, dass die Forderung beglichen wird. **Zweifelhafte Forderungen** werden zunächst von den übrigen Forderungen buch- und bilanzmäßig getrennt. Zum Bilanzstichtag wird in Höhe des erwarteten Forderungsausfalls eine außerplanmäßige Abschreibung durchgeführt. Die **uneinbringlichen Forderungen** werden dagegen zum Bilanzstichtag in voller Höhe außerplanmäßig abgeschrieben und die darin enthaltene Umsatzsteuer wird korrigiert.[39]

Das Prinzip der Einzelbewertung stößt bei der Forderungsbewertung oft auf Schwierigkeiten, da ein Unternehmen beispielsweise bei einem großen Kundenkreis meist nicht die finanzielle und wirtschaftliche Lage der einzelnen Kunden kennt. In diesem Fall ist eine **Pauschalbewertung** zugelassen. Aufgrund allgemeiner betrieblicher Erfahrungswerte werden die voraussichtlichen Forderungsausfälle geschätzt und außerplanmäßig abgeschrieben.[40]

---

39 Die Wertberichtigung für das Ausfallrisiko ist immer auf den Nettobetrag der Forderung zu berechnen; der Forderungsausfall führt immer zu einer Umsatzsteuerverkürzung.

40 Dem Problem des Forderungsausfalls können die Unternehmen entgehen, wenn sie ihre Forderungen z. B. an eine Factoring-Gesellschaft verkaufen. Beim sogenannten „echten Factoring“ ist die Delkredere-Funktion mit eingeschlossen, d. h., das Forderungsausfallrisiko trägt die Factoring-Gesellschaft.

Bewertung von Fremdwährungsforderungen

Die Fremdwährungsforderungen sind am Zugangszeitpunkt zum Kurs des Zugangstages und am Bilanzstichtag zum Devisenkassamittelkurs zu bewerten.

- Bei Vermögensgegenständen und Verbindlichkeiten mit einer Restlaufzeit von mehr als einem Jahr sind das Realisations- und Imparitätsprinzip (§ 252 Abs. 1 Nr. 4 HGB) und das Anschaffungskostenprinzip (§ 253 Abs. 1 Satz 1 HGB) zu beachten.
- Bei einer Restlaufzeit von weniger als einem Jahr hat die Umrechnung ohne die genannten Einschränkungen mit dem Devisenkassamittelkurs zu erfolgen, d. h., es können unrealisierte Gewinne ausgewiesen werden.

Beispiel: Währungsforderung

Die Karlsruher Maschinen GmbH verkauft in der Schweiz eine Maschine für 200.000 CHF.

Variante 1:

Die Restlaufzeit der Forderung aLuL beträgt am Bilanzstichtag **mehr als ein Jahr**. Die Fremdwährungsforderung wurde beim Abnahmezeitpunkt mit 142.857,14 € (Kurs = 1,40 CHF/€) eingebucht. Der Kurs sank zum Bilanzstichtag auf 1,32 CHF/€.

Lösung Variante 1:

Die Forderung wurde beim Zugang mit 142.857,14 € bewertet. Am Bilanzstichtag hat die Forderung einen Wert von 151.515,15 € (Kurs = 1,32 CHF/€). Für langfristige Forderungen (länger als 1 Jahr) gilt das Anschaffungskostenprinzip, d. h., die Forderung wird mit 142.857,14 € bewertet.

Variante 2:

Die Restlaufzeit der Forderung aLuL beträgt am Bilanzstichtag **weniger als ein Jahr**. Die Fremdwährungsforderung wurde beim Abnahmezeitpunkt mit 142.857,14 € (Kurs = 1,40 CHF/€) eingebucht. Der Kurs sank zum Bilanzstichtag auf 1,32 CHF/€.

Lösung Variante 2:

Die Forderung wurde beim Zugang mit 142.857,14 € bewertet. Am Bilanzstichtag hat die Forderung einen Wert von 151.515,15 € (Kurs = 1,32 CHF/€). Für kurzfristige Forderungen (kürzer als 1 Jahr) ist gemäß § 256a das Anschaffungskostenprinzip außer Kraft gesetzt, d. h., die Forderung wird mit 151.515,15 € aktiviert. Damit verbunden ist eine erfolgswirksame Zuschreibung der Forderung in Höhe von 8.658,01 €.

Variante 3:

Die Fremdwährungsforderung wurde beim Abnahmezeitpunkt mit 142.857,14 € (Kurs = 1,40 CHF/€) eingebucht. Der Kurs erhöhte sich zum Bilanzstichtag auf 1,50 CHF/€.

Lösung Variante 3:

Die Forderung wurde beim Zugang mit 142.857,14 € bewertet. Am Bilanzstichtag hat die Forderung einen Wert von 133.333,33 € (Kurs = 1,50 CHF/€). Für die Forderung gilt das Imparitätsprinzip (noch nicht realisierte Verluste müssen berücksichtigt werden), d. h., die Forderung wird mit 133.333,33 € aktiviert. Damit verbunden ist eine außerplanmäßige Abschreibung der Forderung in Höhe von 9.523,81 €.

Achtung: Währungsumrechnung

Bei Fremdwährungsforderungen mit einer Restlaufzeit bis zu einem Jahr sind unrealisierte Gewinne in der Handelsbilanz erfolgswirksam zu erfassen. In der Steuerbilanz gilt das Imparitätsprinzip. Dies bedeutet, dass passive latente Steuern zu bilden sind. Des Weiteren besteht eine Ausschüttungssperre in Höhe der Differenz aus den unrealisierten Gewinnen und den passiven latenten Steuern.

2.2.3 Wertpapiere

Im Gegensatz zu den Wertpapieren des Anlagevermögens sind die Wertpapiere des Umlaufvermögens nur **vorübergehend** im Unternehmen und jederzeit zur Veräußerung bereitgestellt. Sie dienen als Liquiditätsreserve. Die Wertpapiere sind grundsätzlich mit ihren Anschaffungskosten zu aktivieren. Im Rahmen der Folgebewertung ist für sie das strenge Niederstwertprinzip zu beachten. Demnach sind sie am Bilanzstichtag mit dem Börsen- bzw. Marktpreis oder dem beizulegenden Wert zu vergleichen und stets zum niedrigsten Wert anzusetzen. Das Handelsrecht differenziert beim Umlaufvermögen zwischen zwei Arten von Wertpapieren:

- den Anteilen an verbundenen Unternehmen und
- den sonstigen Wertpapieren.

Anteile an verbundenen Unternehmen

Die Bilanzposition „Anteile an verbundenen Unternehmen“ weist solche Eigenkapitalanteile an Unternehmen auf, die nur kurzfristig ausgelegt sind. **Verbundene Unternehmen** sind gemäß § 271 Abs. 2 i. V. m. § 290 HGB „solche

Unternehmen, die als Mutter- oder Tochterunternehmen in den Konzernabschluss eines Mutterunternehmens [...] einzubeziehen sind." Dabei ist ein Unternehmen als Muttergesellschaft anzusehen, wenn es unmittelbar oder mittelbar einen beherrschenden Einfluss auf andere Unternehmen (Tochterunternehmen) ausüben kann.

Sonstige Wertpapiere

Unter den sonstigen Wertpapieren werden alle Wertpapiere erfasst, die weder dem Anlagevermögen noch den oben genannten Anteilen an verbundenen Unternehmen zuzuordnen sind. Das können beispielsweise Aktien, Genussscheine, Anleihen und Pfandbriefe sein.

2.2.4 Kassenbestand, Bundesbankguthaben, Guthaben bei Kreditinstituten und Schecks

Diese Bilanzposition stellt die höchste Liquidität des Unternehmens dar, da sie Zahlungsmittel beinhaltet, die unmittelbar zur Erfüllung von Zahlungsverpflichtungen dienen. Die einzelnen Bestandteile dieser Bilanzposition sind dabei nur aufzuführen, falls sie auch tatsächlich im Unternehmen vorhanden sind.

Zum **Kassenbestand** gehören alle Bestände an Geld, d. h. inländische sowie ausländische Geldsorten. Auch Wertmarken wie Steuer-, Beitrags- und Briefmarken können unter dem Kassenbestand ausgewiesen werden. Das **Bundesbankguthaben** beinhaltet die Sichtguthaben bei ausländischen Kreditinstituten, Sparkassen und Zentralbanken. Dazu zählen auch die Guthaben bei den Landeszentralbanken.

Guthaben bei Kreditinstituten sind alle Forderungen (täglich fällige Gelder einschließlich der gutgeschriebenen Zinsen) gegenüber inländischen oder ausländischen Banken und Sparkassen. Ein **Scheck** ist eine Anweisung an ein Kreditinstitut, zulasten des Kontos des Ausstellers einen bestimmten Betrag an den berechtigten Scheckeinreicher zu zahlen.

2.3 Aktive Rechnungsabgrenzungsposten

Ein Rechnungsabgrenzungsposten dient der periodengerechten Erfolgsermittlung. Aktive Rechnungsabgrenzungsposten werden für Auszahlungen gebildet, die vor dem Bilanzstichtag für eine bestimmte Zeit nach dem Bilanzstichtag geleistet wurden, wie z. B. für:

- Mietvorauszahlungen,
- vorausbezahlte Kraftfahrzeugsteuer oder Versicherungsprämien,
- Diskontspesen und -zinsen für über die den Bilanzstichtag hinausgehende Laufzeiten von Wechseln,
- ein Disagio (Unterschiedsbetrag zwischen dem Auszahlungsbetrag und dem höheren Rückzahlungsbetrag eines Darlehens). Für das Disagio besteht beim Darlehensnehmer ein Aktivierungswahlrecht.

Mithilfe des aktiven Rechnungsabgrenzungspostens werden alle Aufwendungen aus der Gewinn- und Verlustrechnung des laufenden Geschäftsjahres herausgerechnet, die wirtschaftlich zum nachfolgenden Geschäftsjahr gehören. In der Bilanz werden solche Leistungsforderungen als aktive Rechnungsabgrenzungsposten erfasst und ins nachfolgende Geschäftsjahr verschoben.
Da der Aufwand in das nächste Geschäftsjahr hineinreicht, muss er teilweise aktiviert werden, um auf der Vermögensseite der Bilanz einen Ersatz für die zu stark verminderte Bestandsgröße zu schaffen. Die Auflösung des Rechnungsabgrenzungspostens im nächsten Geschäftsjahr ist erfolgswirksam.

Die folgenden Beispiele veranschaulichen dies:

Beispiel: Aktive Rechnungsabgrenzungsposten

- Ein Unternehmen zahlt Anfang Dezember für angemietete Büroräume 15.000 € Miete für die Monate Dezember, Januar und Februar im Voraus. Der Bilanzstichtag ist der 31.12. Das Unternehmen grenzt zum 31.12. den Mietaufwand in Höhe von 10.000 € ab und bildet einen aktiven Rechnungsabgrenzungsposten. Der Buchungssatz lautet:

Aktiver RAP	10.000	an	Mietaufwand	10.000

- Ein Kreditinstitut gibt einem Unternehmen ein endfälliges Darlehen in Höhe von 100.000 € mit einem Disagio von 5 %. Das Unternehmen aktiviert den Differenzbetrag zwischen Rückzahlungs- und Auszahlungsbetrag in Höhe von 5.000 € als aktiven Rechnungsabgrenzungsposten (Aktivierungswahlrecht).

Bank	95.000			
Aktiver RAP	5.000	an	Darlehen	100.000

Achtung: Änderung beim Aktivierungswahlrecht „aktiver RAP"
Es besteht seit 2010 ein Aktivierungsverbot für als Aufwand berücksichtigte Zölle und Verbrauchsteuern sowie als Aufwand berücksichtigte Umsatzsteuer auf Anzahlungen.

2.4 Aktive latente Steuern

Die Handels- und Steuerbilanzen unterliegen unterschiedlichen Bilanzierungs- und Bewertungsprinzipien. Dies hat einen Einfluss auf die Ermittlung der Steuerlast, da es durch die verschiedenen Ansätze und Bewertungen zu erheblichen Differenzen zwischen der Handelsbilanz- und der Steuerbilanz kommen kann. Die Aufgabe der latenten (verborgenen) Steuern besteht darin, einen erklärbaren Zusammenhang zwischen den Abweichungen der Handelsbilanz und der Steuerbilanz herzustellen. Die Abgrenzung zwischen den Wertansätzen der Handels- und Steuerbilanz findet dabei durch das bilanzorientierte **„Temporary-Konzept"** statt, welches zeitlich begrenzte und quasi permanente Differenzen berücksichtigt.

Aktive latente Steuern stellen weder einen Vermögensgegenstand noch einen Rechnungsabgrenzungsposten dar, sondern vielmehr einen **„Sonderposten eigener Art"** der Bilanz. Laut § 274 Abs. 1 HGB besteht für aktive latente Steuern ein Aktivierungswahlrecht: „Bestehen zwischen den handelsrechtlichen Wertansätzen von Vermögensgegenständen, Schulden und Rechnungsabgrenzungsposten und ihren steuerlichen Wertansätzen Differenzen, die sich in späteren Geschäftsjahren voraussichtlich abbauen, [...] kann eine sich daraus insgesamt ergebende Steuerentlastung als aktive latente Steuern in der Bilanz angesetzt werden." Die aktiven latenten Steuern sind aufzulösen, wenn die Steuerentlastung eintritt oder mit ihr nicht mehr zu rechnen ist, § 274 Abs. 2 Satz 2 HGB.

Tipp: Nettoausweis – Bruttoausweis
Laut § 274 Abs. 1 Sätze 1, 2 HGB können aktive und passive latente Steuern miteinander verrechnet werden (Nettoausweis), wobei ein Ansatzwahlrecht für den aktivischen Überhang besteht. Gemäß § 274 Abs. 1 Satz 3 HGB dürfen die Steuern jedoch auch getrennt angesetzt werden (Bruttoausweis).

Die folgende Abbildung zeigt, in welchen Fällen aktive latente Steuern entstehen:

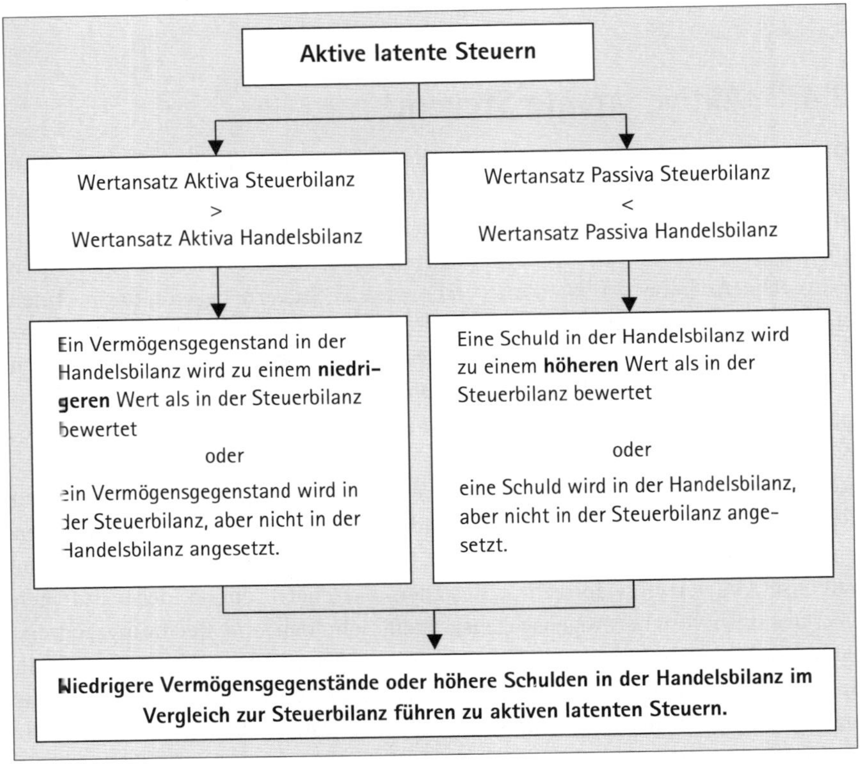

Abb. 9: Aktive latente Steuern

Latente Steuern auf Verlustvorträge

§ 274 Abs. 1 Satz 4 HGB regelt, dass „steuerliche Verlustvorträge bei der Berechnung aktiver latenter Steuern in Höhe der innerhalb der nächsten fünf Jahre zu erwartenden Verlustverrechnung zu berücksichtigen sind.“ Der Verlustvortrag[41] ist ein Bestandteil des Eigenkapitals. Es handelt sich hierbei um

[41] § 285 Nr. 29 HGB schreibt vor, dass im Anhang anzugeben ist, auf welchen Differenzen oder steuerlichen Verlustvorträgen die latenten Steuern beruhen und mit welchen Steuersätzen die Bewertung erfolgt ist.

einen Bilanzverlust des Vorjahres, der nicht ausgeglichen worden ist. Durch den Verlustvortrag, der den Bilanzgewinn mindert, ergeben sich steuerliche Vorteile. Er führt nicht unmittelbar zu einer Steuererstattung, aber durch die Möglichkeit, die Gewinne künftiger Perioden zu mindern, können zukünftige Steuerbelastungen gesenkt werden.[42]

Werden in der Bilanz aktive latente Steuern ausgewiesen, ist gemäß § 268 Abs. 8 Satz 2 HGB der Überhang der aktiven über die passiven latenten Steuern unabhängig davon, ob in der Bilanz ein Netto- oder Bruttoausweis erfolgt, ausschüttungsgesperrt. D. h., der aktive Überhang geht in die Beträge ein, die insgesamt ausschüttungsgesperrt sind. Die Ausschüttungssperre stellt eine obere Begrenzung der Gewinnausschüttung an die Anteilseigner einer Kapitalgesellschaft dar.[43]

Beispiel: Aktive latente Steuern

Entstehungsmöglichkeiten für aktive latente Steuern:

- Degressive Abschreibung auf abnutzbares Anlagevermögen in der Handelsbilanz, aber lineare Abschreibung in der Steuerbilanz.
- Niedrigerer Wertansatz eines Vermögensgegenstandes in der Handelsbilanz als in der Steuerbilanz.
- Verbuchung eines Disagios in der Handelsbilanz als Aufwand, aber in der Steuerbilanz muss es als aktiver Rechnungsabgrenzungsposten aktiviert werden.
- Unterstellung einer niedrigeren Nutzungsdauer für den Geschäfts- oder Firmenwert in der Handelsbilanz als in der Steuerbilanz.
- Ansatz einer Drohverlustrückstellung in der Handelsbilanz, in der Steuerbilanz besteht ein Passivierungsverbot.
- Höherer Ansatz der Pensionsrückstellung in der Handelsbilanz als in der Steuerbilanz.
- Höherer Ansatz der Verbindlichkeitsrückstellungen in der Handelsbilanz im Vergleich zur Steuerbilanz.
- Aktivierung von steuerlichen Verlustvorträgen.

[42] Vgl. Zickgraf, U.: Latente Steuern, 2009, S. 17 ff.

[43] Hahn, K.: BilMoG kompakt, 2009, S. 67.

2.5 Aktiver Unterschiedsbetrag aus der Vermögensverrechnung

Grundsätzlich dürfen laut dem Handelsrecht die Posten der Aktivseite nicht mit den Posten der Passivseite verrechnet werden.[44] Dieses Saldierungsverbot gilt jedoch nicht für Vermögensgegenstände, die ausschließlich der Erfüllung von bestimmten, langfristig fälligen Schulden, insbesondere Altersversorgungsverpflichtungen dienen. So müssen nach § 246 Abs. 2 Satz 2 HGB Vermögensgegenstände mit Schulden verrechnet werden, wenn diese Vermögensgegenstände folgende Kriterien erfüllen:

- Sie müssen dem Zugriff aller übrigen Gläubiger entzogen sein und
- sie müssen ausschließlich der Erfüllung von Schulden aus Altersversorgungsverpflichtungen (z. B. Pensionszusagen) oder aus vergleichbaren langfristig fälligen Verpflichtungen (z. B. Altersteilzeitverträge, Lebensarbeitszeitkontenmodelle) bestehen.

Die Vermögensgegenstände sind mit ihrem beizulegenden Zeitwert zu bewerten und schließlich mit der Schuld zu verrechnen. Übersteigt der beizulegende Zeitwert[45] der Vermögensgegenstände den Betrag der Schulden, ist der übersteigende Betrag als Posten „aktiver Unterschiedsbetrag aus der Vermögensverrechnung" zu aktivieren. Der „aktive Unterschiedsbetrag aus der Vermögensrechnung" stellt im handelsrechtlichen Sinne keinen Vermögensgegenstand, sondern einen Verrechnungsposten dar, der nach § 268 Abs. 8 ausschüttungsgesperrt ist.[46]

> **Achtung: Saldierung von Schulden mit Planvermögen**
> Im Falle der Verrechnung sind im Anhang die Anschaffungskosten und der beizulegende Zeitwert der verrechneten Vermögensgegenstände, der Erfüllungsbetrag der verrechneten Schulden sowie die verrechneten Aufwendungen und Erträge anzugeben.

Zur Veranschaulichung dient folgendes Beispiel:

---

[44] Vgl. § 246 Abs. 2 Satz 1 HGB.
[45] Vgl. § 253 Abs. 1 Satz 4 i. V. m. § 246 Abs. 2 Satz 3 HGB.
[46] Beck´scher Bilanzkommentar, 7. Auflage 2009, S. 888.

Beispiel: Aktiver Unterschiedsbetrag aus der Vermögensverrechnung

Zum 31.12.2010 beläuft sich die Pensionsverpflichtung auf 3 Mio. €. Ein Fehlbetrag aus der Erstanwendung der neuen Bewertungsvorschriften nach BilMoG besteht nicht. Zur Absicherung der Verpflichtung bringt das Unternehmen Vermögensgegenstände mit Anschaffungskosten in Höhe von 2,8 Mio. € in einen Treuhandfonds ein. Der beizulegende Zeitwert beträgt 3,5 Mio. €. Gemäß § 246 Abs. 2 Satz 3 HGB i. V. mit § 266 Abs. 2 HGB ist der die Verpflichtung übersteigende Betrag von 0,5 Mio. € auf der Aktivseite in einem gesonderten Posten auszuweisen. Da der beizulegende Zeitwert die Anschaffungskosten übersteigt, kommt es außerdem zu einer Ausschüttungssperre gemäß § 268 Abs. 8 Satz 3 HGB.

2.6 Eigenkapital

Das Eigenkapital als Reinvermögen des Unternehmens stellt auf der Passivseite eine Bilanzposition eigener Art dar, da es keiner eigenen Ansatz- und Bewertungsvorschriften bedarf.[47] Es ist vielmehr eine veränderliche Saldogröße, die sich aus der folgenden Gleichung ergibt:

Eigenkapital = Vermögen der Aktiva ./. Fremdkapital

Daneben kann das Eigenkapital alternativ als Summe aus dem Anfangsbestand des Eigenkapitals zu Beginn und den Veränderungen der einzelnen Eigenkapitalbestandteile während der betrachteten Periode bestimmt werden. Zu den Bestandteilen des Eigenkapitals gehören:

Bestandteile des Eigenkapitals	
I.	Gezeichnetes Kapital
II.	Kapitalrücklage
III.	Gewinnrücklagen: 1. gesetzliche Rücklage 2. Rücklage für Anteile an einem herrschenden oder mehrheitlich beteiligten Unternehmen 3. satzungsmäßige Rücklage 4. andere Gewinnrücklagen
IV.	Gewinnvortrag/Verlustvortrag
V.	Jahresüberschuss/Jahresfehlbetrag

Tab. 22: Bestandteile des Eigenkapitals

[47] Vgl. Küting, K. et al.: Das neue deutsche Bilanzrecht, 2009, S. 296.

Alle Eigenkapitalbestandteile sind Mittel, die dem Unternehmen ohne zeitliche Begrenzung zur Verfügung gestellt werden. Diese Gelder können „von außen" oder „von innen" zugeführt werden. Die nächste Abbildung verdeutlicht die Unterschiede dieser beiden Begriffe.

Unterscheidung: Außen- und Innenfinanzierung	
von außen:	Die finanziellen Mittel, d. h. die Einlagen, werden vom Unternehmer selbst oder von den Gesellschaftern eingebracht.
von innen:	Die vom Unternehmen selbst erwirtschafteten Gewinne werden nicht ausgeschüttet, sondern verbleiben im Unternehmen.

Tab. 23: Differenzierung zwischen Außen- und Innenfinanzierung

Ist das Eigenkapital durch Verluste aufgebraucht und weisen die Passivposten in ihrer Summe einen höheren Betrag auf als die Aktivposten, wird die Differenz am Schluss der Bilanz auf der Aktivseite gesondert unter der Bezeichnung „**Nicht durch Eigenkapital gedeckter Fehlbetrag** ausgewiesen".[48] Ein negatives Eigenkapital ist auf der Passivseite nicht zu bilanzieren.
Die einzelnen Gliederungsbestandteile des Eigenkapitals, deren Begriffsbestimmungen in § 272 HGB definiert sind, werden in den folgenden Abschnitten näher erläutert.

2.6.1 Gezeichnetes Kapital

Das gezeichnete Kapital ist das Kapital, auf das die Haftung der Gesellschafter für die Verbindlichkeiten des Unternehmens gegenüber den Gläubigern beschränkt ist. Es ist zum Nennbetrag anzusetzen.[49] Somit ist es der Teil des Eigenkapitals, zu dessen Einzahlung „von außen" sich die Gesellschafter des Unternehmens verpflichtet haben. Dem gezeichneten Kapital entsprechen bei der AG das **Grundkapital,** bei der GmbH das **Stammkapital** und bei einer Genossenschaft das **Geschäftsguthaben** der Genossen.
Das HGB schreibt außerdem vor, dass die noch **nicht eingeforderten ausstehenden Einlagen** auf das gezeichnete Kapital von dem Posten „gezeichnetes Kapital" offen abzusetzen sind, das bedeutet, dass diese vom „gezeichneten

[48] Vgl. § 268 Abs. 3 HGB.
[49] Vgl. § 272 Abs. 1 Sätze 1 und 2 HGB.

Kapital“ abgezogen werden.[50] Der verbleibende Betrag ist als Posten „Eingefordertes Kapital“ in der Hauptspalte der Passivseite auszuweisen. Demgegenüber sind **eingeforderte, aber noch nicht eingezahlte Beträge** auf der Aktivseite unter den Forderungen gesondert auszuweisen. Ist das gezeichnete Kapital dagegen voll einbezahlt, so ist es in der Hauptspalte der Passivseite unter dem Posten „Gezeichnetes Kapital“ in voller Höhe zum Nennbetrag auszuweisen. Zur Veranschaulichung dient folgendes Beispiel:[51]

Beispiel: Ausstehende Einlagen

Das Grundkapital einer AG beträgt 1 Mio. €. Hiervon sind zum ersten Bilanzstichtag 600 T€ einbezahlt. Von den noch ausstehenden Einlagen in Höhe von 400 T€ wurden 100 T€ eingefordert, sodass ein Betrag von 300 T€ an noch nicht eingeforderten ausstehenden Einlagen verbleibt. Dieser Sachverhalt wird nachfolgend unter Anwendung von § 272 Abs. 1 Satz 3 HGB dargestellt.

Bilanz				
Aktiva				Passiva
B. Umlaufvermögen		A. Eigenkapital		
...				
Forderungen	300	**gezeichnetes Kapital**	1.000	
davon:		./. nicht eingeforderte		
eingeforderte, aber noch nicht		Einlagen	300	
eingezahlte Einlagen auf das		= eingefordertes Kapital		700
gez. Kapital	100			
Kasse, Bankguthaben	400			
Bilanzsumme	**700**	**Bilanzsumme**		**700**

Tab. 24: Ausstehende Einlagen auf das gezeichnete Kapital

[50] Vgl. § 272 Abs. 1 Satz 3 HGB.

[51] Verändert entnommen aus Küting, K. et al.: Das neue deutsche Bilanzrecht, 2009, S. 314.

Achtung: Nicht eingeforderte ausstehende Einlagen

Nicht eingeforderte **ausstehende Einlagen auf das gezeichnete Kapital** sind offen von dem Posten „gezeichnetes Kapital" abzusetzen **(Nettoausweis)**.

Bilanzierung eigener Anteile

Die Bilanzierung eigener Anteile ist in § 272 Abs. 1a HGB geregelt. Eigene Anteile bzw. eigene Aktien, die vom Unternehmen erworben werden, sind unabhängig vom Erwerbszweck als Korrekturposten zum Eigenkapital auszuweisen. Dazu ist der Nennbetrag bzw. der rechnerische Wert von erworbenen eigenen Anteilen offen vom gezeichneten Kapital abzusetzen. Ein sich ergebender Unterschiedsbetrag zwischen den Anschaffungskosten[52] (Kaufpreis) und dem Nennbetrag (bzw. dem rechnerischen Nennwert der Anteile) ist mit den frei verfügbaren Rücklagen zu verrechnen. Nach heutigem Verständnis sind unter den frei verfügbaren Rücklagen solche Beträge von Kapital- und Gewinnrücklagen zu verstehen, die nicht nach gesetzlichen oder satzungsmäßigen Vorschriften gebunden bzw. entsprechend für eine Ausschüttung gesperrt sind.

Beispiel: Kauf eigener Anteile

Ein Unternehmen kauft im Geschäftsjahr 01 für seine Mitarbeiter 20.000 eigene Aktien mit einem Nennwert von 5 €/Aktie zu je 18 €/Aktie. Drei Jahre später erfolgt die Ausgabe der Belegschaftsaktien an die Mitarbeiter. Aus Vereinfachungsgründen fallen keine Anschaffungsnebenkosten an.

Der Nennbetrag 100.000 € der erworbenen eigenen Aktien ist in der Vorspalte offen vom Posten „gezeichnetes Kapital" abzusetzen. Der Unterschiedsbetrag 260.000 € zwischen dem Nennbetrag und den Anschaffungskosten der eigenen Anteile ist mit den frei verfügbaren Rücklagen zu verrechnen. Es sind folgende vereinfachte Buchungen vorzunehmen:

gezeichnetes Kapital	100 T€			
andere Gewinnrücklagen	260 T€	an	Bank	360 T€

Das Eigenkapital hat sich bei dem Unternehmen um 360.000 € vermindert.

[52] Anschaffungsnebenkosten sind unmittelbar als Aufwand in der Gewinn- und Verlustrechnung zu berücksichtigen. Vgl. § 272 Abs. 1a Satz 3 HGB.

Achtung: Eigene Anteile

Die Anschaffungsnebenkosten beim Kauf von eigenen Aktien sind als Aufwand des Geschäftsjahres zu erfassen.

Veräußerung eigener Anteile

Die Veräußerung eigener Anteile ist in § 272 Abs. 1b HGB geregelt. Bei der Veräußerung eigener Anteile verkauft das Unternehmen die erworbenen eigenen Anteile bzw. Aktien zu einem Verkaufspreis, der (meist) über dem ursprünglichen Kaufpreis liegt. Es findet demnach eine Kapitalerhöhung statt. Der (Wieder-)Verkauf führt unter der Prämisse, dass der Verkaufspreis den ursprünglichen Kaufpreis übersteigt, dazu, dass die beim Erwerb der Anteile erfolgten Buchungen vollständig rückgängig gemacht werden. Der die ursprünglichen Anschaffungskosten (Kaufpreis) übersteigende Differenzbetrag ist in die Kapitalrücklage einzustellen. Eventuelle Nebenkosten der Veräußerung sind als Aufwand in der Gewinn- und Verlustrechnung zu berücksichtigen.

Beispiel: Verkauf eigener Anteile

Ein Unternehmen verkauft im Geschäftsjahr 03 die 20.000 eigenen Aktien zu einem Verkaufspreis von 30 €/Aktie mit einem Nennwert von 5 €/Aktie. Vor zwei Jahren wurden die Aktien zu je 18 €/Aktie gekauft.

Es sind folgende Buchungen vorzunehmen:

- Rückgängigmachung des Erwerbs der eigenen Anteile, d. h., Zuführung von 100.000 € in das „gezeichnete Kapital" und Zuführung von 260.000 € in die „Gewinnrücklagen"
- Erfassung des Verkaufgewinns [Verkaufspreis (600.000 €) – Kaufpreis (360.000 €)] in der Kapitalrücklage (240.000 €)

Die Buchungssätze lauten:

Bank	600 T€	an	Gezeichnetes Kapital	100 T€
		an	andere Gewinnrücklagen	260 T€
		an	Kapitalrücklage	240 T€

Das Eigenkapital des Unternehmens hat sich um 600.000 € erhöht.

2.6.2 Kapitalrücklage

Zur Kapitalrücklage gehören u. a. Teile des Eigenkapitals, die von den Gesellschaftern einer Kapitalgesellschaft „von außen“ zugeführt werden, ohne dass dadurch auf das gezeichnete Kapital geleistet wird.

Die Kapitalrücklage umfasst laut § 272 Abs. 2 HGB:

- das Aufgeld bzw. Agio bei der Aktienausgabe, d. h. die Differenz zwischen Verkaufserlös und Nennbetrag einer Aktie,
- das Agio bei Wandel- bzw. Optionsanleihen,[53]
- die Zuzahlungen von Gesellschaftern für Vorzugsrechte,
- andere Zuzahlungen, die Gesellschafter in das Eigenkapital leisten.

Beispiel: Kapitalrücklage

Die Kapitalrücklage ergibt sich aus der Differenz zwischen dem Nennwert der Aktien (z. B. 5 €/Aktie) und dem Erstkurs (z. B. 12 €/Aktie) oder der Erstnotierung an der Börse. Falls 100.000 Aktien ausgegeben wurden, so beträgt die Kapitalrücklage 700.000 € (= 100.000 x [12 – 5]) unter Vernachlässigung der Emissionskosten.

2.6.3 Gewinnrücklagen

Der § 272 Abs. 3 HGB definiert Gewinnrücklagen als Beträge, die im laufenden und/oder in einem früheren Geschäftsjahr aus dem Gewinn gebildet worden sind. Das HGB unterscheidet vier verschiedenen Arten von Gewinnrücklagen.

Gesetzliche Rücklage

Die gesetzliche Rücklage ist für die AG und die KGaA vorgesehen. In die gesetzliche Rücklage einer AG sind gegebenenfalls jährlich 5 % „des um einen Verlustvortrag geminderten Jahresüberschusses einzustellen, bis die gesetzliche Rücklage und die Kapitalrücklage zusammen 10 % des Grundkapitals erreichen.“[54]

[53] Wandel- bzw. Optionsanleihen sind festverzinsliche Wertpapiere, die neben dem Forderungsrecht (Zins- und Rückzahlungsanspruch) ein Bezugsrecht auf Aktien verbriefen.

[54] Vgl. § 150 Abs. 1 und 2 AktG.

Rücklage für Anteile an einem herrschenden oder mehrheitlich beteiligten Unternehmen

Diese Art der Rücklagen ist dann zu bilden, wenn auf der Aktivseite der Bilanz Anteile an einer Muttergesellschaft (einem herrschenden Unternehmen) oder an einem verbundenen Unternehmen (einer mehrheitlich beteiligten Tochtergesellschaft) aktiviert worden sind. Gemäß § 272 Abs. 4 Satz 2 HGB ist in die Rücklage „ein Betrag einzustellen, der dem auf der Aktivseite der Bilanz für die Anteile an dem herrschenden oder mit Mehrheit beteiligten Unternehmen angesetzten Betrag entspricht." Die Rücklage darf hierbei aus frei verfügbaren Rücklagen gebildet werden. Sie ist aufzulösen, „soweit die Anteile an dem herrschenden oder mit Mehrheit beteiligten Unternehmen veräußert, ausgegeben oder eingezogen werden oder auf der Aktivseite ein niedrigerer Betrag angesetzt wird."[55] Der Zweck dieser Rücklage ist eine Ausschüttungssperre. Damit soll sichergestellt werden, dass der Erwerb dieser Anteile nicht zur (mittelbaren) Rückzahlung von Grund- oder Stammkapital bzw. satzungsmäßigen oder zweckbestimmten Rücklagen führt.

Satzungsmäßige Rücklagen

Die satzungsmäßigen Rücklagen sind Gewinnrücklagen, deren Bildung und Auflösung satzungsmäßig, beispielsweise im Gesellschaftsvertrag, festgelegt sind. Von dieser Möglichkeit wird vor allem bei der GmbH Gebrauch gemacht.

Andere Gewinnrücklagen

Andere Gewinnrücklagen sind ein Sammelposten, in welchem alle nicht ausgeschütteten, d. h. thesaurierten Gewinne einzustellen sind, die keiner anderen Art von Gewinnrücklagen zugerechnet werden können.

2.6.4 Gewinnvortrag/Verlustvortrag

Der Gewinnvortrag stammt aus früheren Berichtsjahren, der nicht ausgeschüttet und nicht in die bisher erwähnten Rücklagen zugeführt wurde. Der Verlustvortrag ist dagegen ein möglicher Bilanzverlust des **Vorjahres**, der nicht durch eine Rücklagenauflösung ausgeglichen worden ist.

[55] Vgl. § 272 Abs. 4 Satz 4 HGB.

2.6.5 Jahresüberschuss/Jahresfehlbetrag

Die beiden Begriffe Jahresüberschuss und Jahresfehlbetrag leiten sich vom Jahresergebnis ab, welches in der Gewinn- und Verlustrechnung als Saldo aller Erträge und Aufwendungen der Periode ermittelt wird. Ein **Jahresüberschuss** (oder Periodengewinn) entsteht, wenn die Erträge größer sind als die Aufwendungen. Im umgekehrten Fall entsteht ein **Jahresfehlbetrag** (bzw. Periodenverlust), wenn die Aufwendungen überwiegen.
Ein Jahresüberschuss wird in der Bilanz ausgewiesen, wenn eine Entscheidung über die Gewinnverwendung noch nicht erfolgt ist.
Der Jahresüberschuss bzw. Jahresfehlbetrag wird in der Bilanz unter dem Eigenkapital vor Abzug der Einstellungen in die Gewinnrücklagen und eines Verlustvortrages **und** vor Hinzurechnung der Entnahmen aus den Kapital- und Gewinnrücklagen und eines Gewinnvortrages ausgewiesen.

2.6.6 Bilanzgewinn/Bilanzverlust

Wenn eine Bilanz nach teilweiser Ergebnisverwendung aufgestellt wird, so tritt gemäß § 268 Abs. 1 Satz 2 HGB anstelle der Posten „Jahresüberschuss/Jahresfehlbetrag“ und „Gewinnvortrag/Verlustvortrag“ der Posten „Bilanzgewinn/Bilanzverlust“. Der Bilanzgewinn ist vom Jahresüberschuss/-fehlbetrag abgeleitet und berücksichtigt Gewinn- und Verlustvorträge, Einstellungen und Entnahmen in die Rücklagen. Der Bilanzgewinn wird wie folgt ermittelt:

Ermittlung des Bilanzgewinns	
	Jahresüberschuss/-fehlbetrag
+	Gewinnvortrag aus dem Vorjahr
-	Verlustvortrag aus dem Vorjahr
+	Entnahme aus der Kapitalrücklage
+	Entnahme aus den Gewinnrücklagen
-	Einstellung in die Gewinnrücklagen
=	**Bilanzgewinn/Bilanzverlust**

Tab. 25: Ermittlung des Bilanzgewinns

Der Bilanzgewinn weist den Betrag aus, über den bei einer AG die Hauptversammlung verfügen kann (§ 59 Abs. 4 AktG), d. h., der ausgeschüttet werden kann.

Beispiel: Jahresüberschuss und Bilanzgewinn

Eine GmbH erstellt den Jahresabschluss. Die GmbH weist vor Gewinnverwendung folgende Posten des Eigenkapitals aus:

Gezeichnetes Kapital	1.000.000 €
Gewinnrücklage	700.000 €
Verlustvortrag	250.000 €
Jahresüberschuss	630.000 €

Es wird beschlossen, dass der Jahresüberschuss in Höhe von 15 % des gezeichneten Kapitals der Gewinnrücklage zugeführt werden soll, der Rest soll ausgeschüttet werden. Zunächst wird der Jahresüberschuss um den Verlustvortrag gemindert. Ansonsten müsste zur Ausschüttung die Gewinnrücklage aufgelöst werden. Es wurde aber beschlossen, die Gewinnrücklage zu erhöhen.

Jahresüberschuss	630.000 €
- Verlustvortrag	- 250.000 €
- Zuführung zur Gewinnrücklage	- 150.000 €
= Bilanzgewinn	= 230.000 €

Die GmbH weist nach Gewinnverwendung folgende Posten des Eigenkapitals aus:

Gezeichnetes Kapital	1.000.000 €
Gewinnrücklage	850.000 €
Bilanzgewinn	230.000 €

2.7 Rückstellungen

Rückstellungen sind Verpflichtungen des Unternehmens, die am Abschlussstichtag dem Grunde und/oder der Höhe nach ungewiss sind. Die Bildung von Rückstellungen führt zu einem Aufwand im betreffenden Geschäftsjahr und somit zu einer Minderung des Ergebnisses. Sie dienen der periodengerechten Erfolgsermittlung. Rückstellungen führen erst in einem späteren Geschäftsjahr zu Auszahlungen, d. h. zu einem Abfluss liquider Mittel. Ebenso wie Verbindlichkeiten sind Rückstellungen Schulden im bilanzrechtlichen Sinne[56] und werden daher dem Fremdkapital zugeordnet.

Die Rückstellungen lassen sich in zwei wesentliche Kategorien einteilen, die durch unterschiedliche Typen der Verpflichtung charakterisiert sind:

- **Verbindlichkeitsrückstellungen** sind Rückstellungen aufgrund einer Verpflichtung gegenüber Dritten (Außenverpflichtung).

[56] Vgl. Baetge, J. et al.: Bilanzen, 2009, S. 405.

- **Aufwandsrückstellungen** sind Rückstellungen ohne konkrete Verpflichtung gegenüber Dritten, sondern aufgrund einer wirtschaftlichen Verpflichtung gegenüber sich selbst.

Folgende Gruppen von Rückstellungen lassen sich unterscheiden:

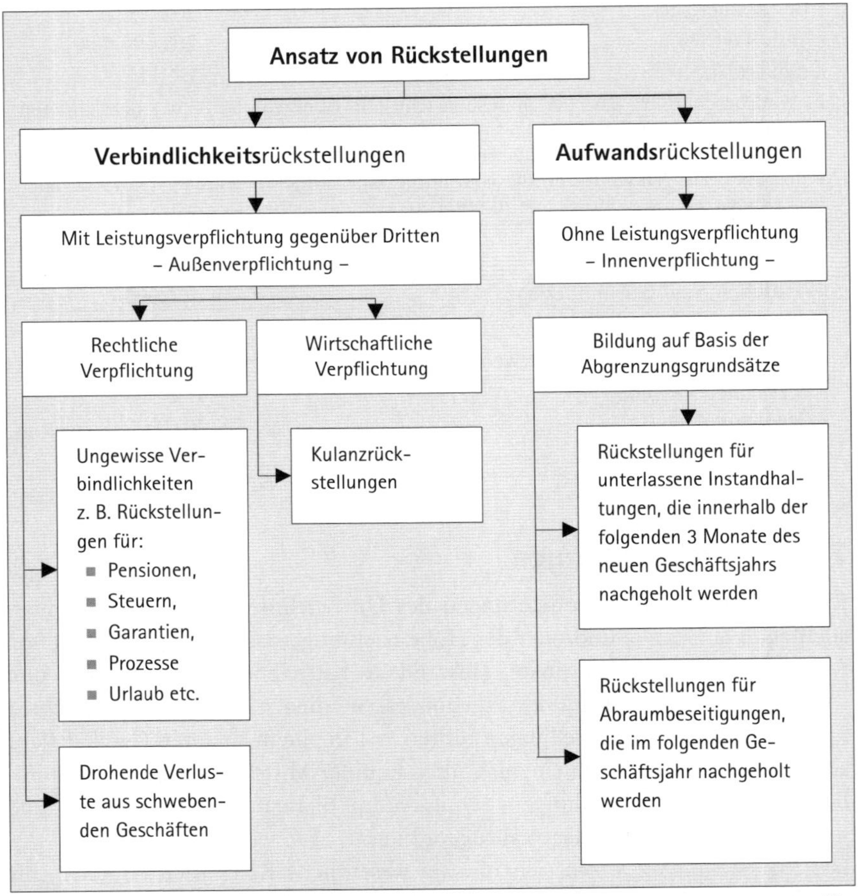

Abb. 10: Systematisierung der Rückstellungen nach Verbindlichkeitscharakters[57]

[57] Vgl. Coenenberg et al.: Einführung in das Rechnungswesen, 2009, S. 422 und Baetge et al.: Bilanzen, 2009, S. 407.

Verbindlichkeitsrückstellungen

Rückstellungen für ungewisse Verbindlichkeiten sind dann zu bilden, wenn am Bilanzstichtag eine wirtschaftlich belastende und in ihrer Höhe quantifizierbare Verpflichtung gegenüber Dritten wahrscheinlich, aber nicht sicher ist. „Dritte" sind Vertragspartner des Unternehmens wie z. B. Mitarbeiter, Kunden, Lieferanten und Behörden. Bei der Verbindlichkeitsrückstellung handelt es sich demnach um eine **Außenverpflichtung**. Voraussetzung ist, dass vor dem Bilanzstichtag die Ursache für eine wirtschaftliche Belastung entstanden ist, die erst in der Zukunft zu einer wahrscheinlichen Inanspruchnahme führt. Eine wirtschaftliche Belastung liegt vor, wenn das Unternehmen zur Erfüllung der Verpflichtung einen Teil seines Vermögens aufwenden muss. Die hinreichende Wahrscheinlichkeit der Inanspruchnahme ist gegeben, wenn mit ihr ernsthaft zu rechnen ist, d. h., es müssen mehr Gründe für als gegen die Inanspruchnahme sprechen.

Aufwandsrückstellungen

Unter dem Begriff Aufwandsrückstellungen werden gemäß § 249 Abs. 1 Satz 2 Nr. 1 HGB im Geschäftsjahr unterlassene Aufwendungen für Instandhaltung (sofern die Instandhaltung innerhalb von drei Monaten des Folgejahres nachgeholt wird) oder für Abraumbeseitigung (sofern die Nachholung im neuen Geschäftsjahr erfolgt) zusammengefasst. Bei den Aufwandsrückstellungen handelt es sich um Innenverpflichtungen, d. h. um eine Verpflichtung des Unternehmens mit sich selbst. Obwohl für Aufwandsrückstellungen eine Passivierungspflicht besteht, werden sie im Rechtssinne nicht als Schulden betrachtet.

Allgemeine Bewertung der Rückstellungen

Grundsätzlich werden Rückstellungen in Höhe des Erfüllungsbetrages angesetzt, der nach vernünftiger kaufmännischer Beurteilung notwendig ist.[58] Der Erfüllungsbetrag muss dabei einer bestmöglichen Schätzung unterliegen und sämtliche Ausgaben berücksichtigen, die zur Erfüllung der gegenwärtigen Verpflichtung am Bilanzstichtag erforderlich wären. In diese künftigen Ausgaben müssen mögliche Gehalts-, Preis- und Kostensteigerungen einbezogen werden.[59] Könnten mehrere mögliche Beträge für eine Rückstellung angesetzt wer-

---

[58] Vgl. § 253 Abs. 1 Satz 2 HGB.

[59] Siehe Scherfer, A.: Bilanzierung von Pensionsverpflichtungen und Rückstellungen, 2009, S. 37.

den, ist stets der höchste Wert zu nehmen. Diese Regelung folgt aus dem Höchstwertprinzip für die Passivseite der Bilanz. Demzufolge sind die Posten der Passiva zum höchstmöglichen Betrag zu bewerten.

Die Rückstellungen beinhalten über Jahre hinweg gebundene Finanzmittel, mit denen sich das Unternehmen finanzieren kann, da die Auszahlungen erst zu einem späteren Zeitpunkt erfolgen. Daher sind Rückstellungen mit einer Restlaufzeit von mehr als einem Jahr nach § 253 Abs. 2 Satz 1 HGB „mit dem ihrer Restlaufzeit entsprechenden durchschnittlichen Marktzinssatz der vergangenen sieben Geschäftsjahre abzuzinsen." Der Abzinsungszinssatz wird von der Deutschen Bundesbank nach Maßgabe einer Rechtsverordnung ermittelt und monatlich bekannt gegeben.[60] Im Umkehrschluss sind Rückstellungen mit einer Restlaufzeit von einem Jahr und weniger nicht abzuzinsen.

Rückstellungen sind an jedem Bilanzstichtag daraufhin zu prüfen, ob der Grund, für den sie ursprünglich gebildet wurden, noch besteht und wie sie unter Berücksichtigung neuester Informationen einzuschätzen sind. Sofern der Grund für die ursprüngliche Rückstellungsbildung nicht mehr vorliegt, ist die Rückstellung erfolgswirksam aufzulösen (vgl. § 249 Abs. 2 Satz 2 HGB).

Bilanzausweis

Gemäß § 266 Abs. 3 HGB werden Rückstellungen folgendermaßen untergliedert:

- Rückstellungen für Pensionen und ähnliche Verpflichtungen,
- Steuerrückstellungen und
- sonstige Rückstellungen.

2.7.1 Rückstellungen für Pensionen und ähnliche Verpflichtungen

Rückstellungen für Pensionen sind Verpflichtungen gegenüber Mitarbeitern. Eine Pension ist eine Versorgungsleistung, die vom Unternehmen für einen befristeten Zeitraum oder bis zum Lebensende an den Berechtigten entrichtet wird.

Für die Unternehmen bieten sich folgende Formen der betrieblichen Altersversorgung an:

[60] Vgl. § 253 Abs. 2 Satz 4 HGB.

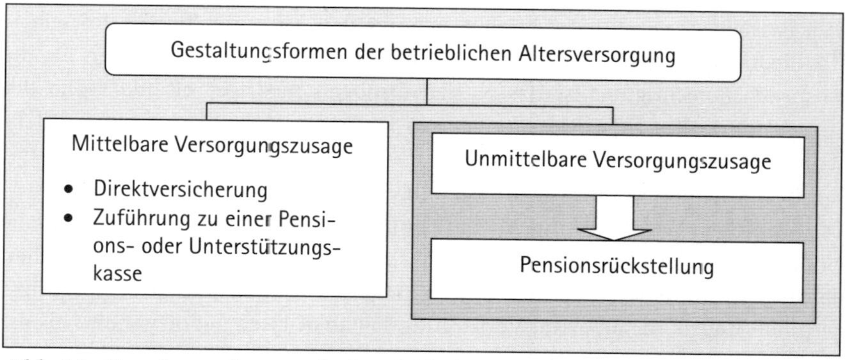

Abb. 11: Gestaltungsformen der betrieblichen Altersversorgung

Zu den Pensionen zählen sowohl Bezüge (z. B. Renten) als auch Einmalzahlungen. Die Verpflichtung zur Versorgungsleistung kann in zwei Arten unterteilt werden:

- **Mittelbare Pensionsverpflichtung:** Das Unternehmen beauftragt einen selbstständigen Rechtsträger (beispielsweise eine Versicherungsgesellschaft oder eine Pensions- bzw. Unterstützungskasse) damit, die zu leistenden Versorgungsaufwendungen zu erbringen.
- **Unmittelbare Pensionsverpflichtung** (d. h. Direktzusage): Das Unternehmen verpflichtet sich, im Versorgungsfall die Leistungen zur Altersversorgung gegenüber dem Arbeitnehmer direkt zu erbringen.

Für **Direktzusagen** hat das Unternehmen eine Rückstellung für Pensionen zu bilden (Passivierungspflicht), da die vorliegende Schuld aufgrund ihrer Ungewissheit hinsichtlich der Zahlungsdauer, Zahlungshöhe und dem Eintrittszeitpunkt des Versorgungsfalls unsicher ist.[61] Für **mittelbare Pensionsverpflichtungen** besteht ein Passivierungswahlrecht, wenn eine Unterdeckung des Versorgungsträgers zu erwarten ist (d. h. die Höhe der Leistungen des Versorgungsträgers liegt vermutlich unterhalb des ursprünglich zugesagten Betrags) und das Unternehmen für die Fehlbeträge einstehen muss.[62]

[61] Eingeschränkt wird die Passivierungspflicht durch Art. 28 Abs. 1 EGHGB, wonach unmittelbare Pensionsverpflichtungen, bei denen der Rechtsanspruch vor dem 01.01.1987 (Altzusagen) erworben wurde, passiviert werden dürfen.

[62] Vgl. Art. 28 Abs. 1 Satz 2 EGHGB.

Das Passivierungswahlrecht bezieht sich auf den Kassenfehlbetrag des selbstständigen Rechtsträgers und den zugesicherten Versorgungsleistungen für die Anspruchsberechtigten. Ist das Kassenvermögen niedriger als die Höhe der zugesicherten Versorgungsleistungen, so kann das Unternehmen eine Rückstellung bilden, da die Pensions- oder Unterstützungskassen auf diesen Differenzbetrag keinen Rechtsanspruch gewähren.[63]

Die **ähnlichen Verpflichtungen** werden durch den Gesetzgeber an keiner Stelle eindeutig definiert. Laut herrschender Meinung in der gängigen Literatur fallen darunter unmittelbare und mittelbare Zusagen zu vergleichbaren Versorgungsverpflichtungen, die an einen Versorgungsfall anknüpfen, jedoch anders als die üblichen Pensionsverpflichtungen gestaltet sind. Für ähnliche Verpflichtungen besteht ein Passivierungswahlrecht nach Art. 28 Abs. 1 Satz 2 EGHGB.

Bewertung von Pensionsrückstellungen

Pensionsrückstellungen sind nach § 253 Abs. 1 Satz 2 HGB in Höhe des nach vernünftiger kaufmännischer Beurteilung notwendigen Erfüllungsbetrages anzusetzen. Dies bedeutet, dass Kostensteigerungen (z. B. Rentenanpassungen) im Wertansatz berücksichtigt werden müssen. Pensionsrückstellungen mit einer Restlaufzeit von mehr als einem Jahr sind mit dem ihrer Restlaufzeit entsprechenden durchschnittlichen Marktzinssatz (Sieben-Jahres-Durchschnitt) abzuzinsen, der sich bei einer angenommenen Restlaufzeit von 15 Jahren ergibt.[64]

Für den Fall, dass vonseiten des Pensionsempfängers im Rahmen seines aktiven Arbeitsverhältnisses noch Gegenleistungen zu erbringen sind, enthält § 253 HGB keine explizite Bewertungsvorschrift. Um in diesen Fällen den Barwert der Rückstellung zu ermitteln, sind verschiedene Verfahren zugelassen. Die gebräuchlichsten Verfahren sind das Teilwertverfahren und das Gegenwartswertverfahren, bei denen die Ansammlung der Pensionsrückstellung auf Basis einer jährlichen Annuität erfolgt. Beim **Gegenwartswertverfahren** wird die Annuität in Abhängigkeit vom Zeitpunkt der Erteilung der Pensionszusage bis zum Eintritt des Versorgungszeitpunktes ermittelt. Beim **Teilwertverfahren** wird die Annuität vom Eintrittszeitpunkt in das Unternehmen bis zum Eintritt des Versorgungszeitpunktes angesammelt.

[63] Vgl. Quick, R. et al.: Bilanzierung in Fällen, 2009, S. 115, und § 1b Abs. 4 Satz 1 BetrAVG.

[64] Vgl. § 253 Abs. 2 Satz 2 HGB i. V. m. Quick, R. et al.: Bilanzierung in Fällen, 2009, S. 115.

Die Pensionsrückstellungen wurden bis 2009 mit dem damals anwendbaren ertragssteuerlichen Teilwertverfahren[65] bewertet. Dabei wurden die Pensionsrückstellungen i. d. R. mit einem Zinssatz von 6 % diskontiert. Der Zinssatz in Höhe von 6 % war sowohl handelsrechtlich als auch steuerrechtlich anerkannt. Um die Aussagefähigkeit des Abschlusses zu verbessern, wurde der Abzinsungsanteil als Zinsaufwand erfasst.
Liegen wertpapiergebundene Pensionsverpflichtungen vor, bestimmt sich der Erfüllungsbetrag nach dem beizulegenden Zeitwert der Wertpapiere zum Bilanzstichtag, soweit er einen ggf. garantierten Mindestbetrag übersteigt. Deckt der beizulegende Zeitwert des Wertpapieres nicht die ggf. garantierte Mindestversorgung, ist der Mindestbetrag anzusetzen.[66]

Das folgende Beispiel veranschaulicht diesen Sachverhalt:

Beispiel: Pensionszusage

Ein Unternehmen gewährt einem Mitarbeiter eine wertpapiergebundene Pensionszusage. Die Höhe der späteren Versorgungsleistung bemisst sich nach den eingezahlten Beiträgen zuzüglich der Wertentwicklung eines Aktienfonds, mindestens aber in Höhe der eingezahlten Beiträge. Zum Bilanzstichtag sind Beiträge im Wert von 30 T€ einbezahlt, der Wertpapierwert beträgt 20 T€. Da der beizulegende Zeitwert geringer als die Summe der einbezahlten Beträge ist, muss die Pensionsrückstellung zum garantierten Mindestbetrag von 30 T€ bewertet werden. Da die Pensionszusage erst mit dem Renteneintrittsalter zu erbringen ist, muss sie gemäß § 253 Abs. 2 HGB abgezinst und mit ihrem Barwert angesetzt werden.[67]

Saldierungsgebot von Pensionsvermögen und Vermögensgegenständen

Wenn bestimmte Voraussetzungen vorliegen, ist eine Verrechnung von Altersversorgungsverpflichtungen oder vergleichbaren langfristig fälligen Verpflichtungen mit gegenüberstehenden Vermögensgegenständen geboten.[68] Entspre-

[65] Das steuerlich vorgeschriebene Teilwertverfahren nach § 6a EStG ist handelsrechtlich für Abschlüsse, die nach dem 31.12.2009 beginnen (Art. 66 Abs. 3 EGHGB), nicht mehr zulässig, da es künftige Gehalts- und Rententrends nicht berücksichtigt. Ein den handelsrechtlichen Ansprüchen angepasstes Teilwertverfahren ist indes zulässig. Vgl. Baetge, J. et al.: Bilanzen, 2009, S. 432.

[66] Siehe Bertram, K. et al.: HGB Kommentar, 2009, S. 571.

[67] Verändert entnommen aus Bertram, K. et al.: HGB Kommentar, 2009, S. 570 f.

[68] Vgl. § 246 Abs. 2 Satz 2 i. V. m. § 253 Abs. 1 Satz 4 HGB.

chende Vermögensgegenstände müssen zum einen dem Zugriff aller Gläubiger – mit Ausnahme des Arbeitnehmers – entzogen sein und sie müssen zum anderen ausschließlich zur Erfüllung von Schulden aus Altersversorgungsverpflichtungen gegenüber dem Arbeitnehmer dienen.
Mit dem **Verrechnungsgebot** soll erreicht werden, dass nur diejenige Belastung ausgewiesen wird, die das Unternehmen tatsächlich wirtschaftlich trifft. Die wirtschaftliche Belastung ergibt sich durch Saldierung der bestehenden Verpflichtungen (in Höhe des Erfüllungsbetrages) mit den zu deren Erfüllung bestimmten Vermögensgegenständen (in Höhe des beizulegenden Zeitwertes).[69] Übersteigt dabei der beizulegende Zeitwert des Vermögensgegenstandes den Betrag der Verpflichtung, ist die Differenz unter dem aktiven Posten „aktiver Unterschiedsbetrag aus der Vermögensverrechnung" gesondert auszuweisen.

Achtung: Verrechnung des Planvermögens
Bei der Verrechnung von Vermögensgegenständen und Schulden sind gemäß § 246 Abs. 2 HGB im Anhang anzugeben:
- die Anschaffungskosten und
- der beizulegende Zeitwert der verrechneten Vermögensgegenstände,
- der Erfüllungsbetrag der verrechneten Schulden sowie
- die verrechneten Aufwendungen und Erträge.

2.7.2 Steuerrückstellungen

Steuerrückstellungen sind Rückstellungen für Steueraufwendungen, deren Höhe und Fälligkeit am Bilanzstichtag noch nicht endgültig feststehen, da die Steuerveranlagung durch die zuständige Finanzbehörde noch nicht stattgefunden hat.
Bei Kapitalgesellschaften wird grundsätzlich zwischen der Körperschaftsteuer und der Gewerbesteuer unterschieden. Die **Körperschaftsteuer** ist eine Steuer auf das Einkommen eines Unternehmens. Der Körperschaftsteuersatz beträgt laut § 23 Abs. 1 Körperschaftsteuergesetz (KStG) zurzeit 15 % bezogen auf das zu versteuernde Einkommen. Die **Gewerbesteuer** ist dagegen eine Steuer auf den Gewerbeertrag des Unternehmens. Deren Berechnung wird im Gewerbesteuergesetz (GewStG) geregelt.

---

[69] Siehe Bertram, K. et al.: Haufe HGB Kommentar, 2009, S. 268.

Zu berücksichtigen sind ferner Rückstellungen für die Grundsteuer für Betriebsgrundstücke (nach dem Grundsteuergesetz) und für die Verbrauchsteuern (z. B. Mineralölsteuer, Tabaksteuer, Biersteuer, Branntweinsteuer). Daneben sind Steuerrückstellungen für das Betriebsprüfungsrisiko zu bilden; darunter fallen Steuern, die aufgrund einer erwarteten Nachveranlagung nach einer Betriebsprüfung wahrscheinlich geschuldet werden.[70]

Beispiel: Steuerrückstellungen, Deutz AG 2009[71]

in T€	31.12.2009	31.12.2008
Steuerrückstellungen	6.556	1.942

Aufgrund einer steuerlichen Außenprüfung, die im Jahr 2009 abgeschlossen wurde, hat die Deutz AG im Abschluss eine entsprechende Risikovorsorge in Form einer erhöhten Steuerrückstellung vorgenommen.

Achtung: Steuerrückstellungen

Unternehmen müssen als Steuerschuldner alle ungewissen Verbindlichkeiten aus Steuern erfassen. Die Steuerschulden (Körperschaftssteuer, Solidaritätszuschlag, Gewerbesteuer) sind unter Abzug der Vorauszahlungen bis zum Erlass des Steuerbescheides als Rückstellung auszuweisen.

2.7.3 Sonstige Rückstellungen

Unter den sonstigen Rückstellungen werden die restlichen bisher noch nicht erwähnten Rückstellungen erfasst, wie beispielsweise:

- Rückstellungen für Gewährleistungs- und Garantieverpflichtungen,
- Prozesskostenrückstellungen,
- Rückstellungen für drohende Verluste aus schwebenden Geschäften,
- Gewährleistungsrückstellungen, die ohne rechtliche Verpflichtung erbracht werden (Kulanzrückstellungen),

[70] Vgl. Baetge, J. et al.: Bilanzen, 2009, S. 424.
[71] Deutz AG, Geschäftsbericht 2009, S. 34.

- Rückstellungen für Abschlusskosten,
- Rückstellungen für Urlaubsverpflichtungen, Überstunden und Abfindungszahlungen,
- Rückstellungen für unterlassene Instandhaltungen, die innerhalb der ersten drei Monate des folgenden Geschäftsjahres nachgeholt werden,
- Rückstellungen für Abraumbeseitigung, die im folgenden Geschäftsjahr nachgeholt werden.

Für die Bildung einer Rückstellung muss eine ungewisse Schuld am Bilanzstichtag rechtlich entstanden oder wirtschaftlich verursacht worden sein. Im Folgenden werden zwei Rückstellungsarten beschrieben.

Rückstellungen für Gewährleistungs- und Garantieverpflichtungen

Gesetzliche Gewährleistungsverpflichtungen aus Kauf- oder Werkverträgen sind im BGB geregelt, dagegen handelt es sich bei einer Garantie um eine vertragliche Vereinbarung. Garantierückstellungen dürfen nur für einen garantiepflichtigen Umsatz gebildet werden.[72]
Für spezifizierte Einzelfälle während der Garantiezeit ist der jeweilige Erfüllungsbetrag der Verpflichtung zurückzustellen. Beispielsweise sind für kostenlose Nacharbeiten, Ersatzteile sowie für die Kosten der Mängelbehebung aber auch für eventuelle Schadensersatzleistungen angemessene Rückstellungen zu bilden.
Rückstellungen für Gewährleistungen, die ohne rechtliche Verpflichtung erbracht werden, bezeichnet man auch als „Kulanzrückstellungen“. Kulanzleistungen sind folglich freiwillige Leistungen an ehemalige Abnehmer (Außenverpflichtung) zur Beseitigung von Mängeln. Um Gewährleistungsrückstellungen zu bilden, kommen solche Kulanzleistungen in Betracht, die nach Ablauf von vereinbarten bzw. gesetzlichen Gewährleistungs-/Garantiefristen erbracht werden oder über das gesetzliche/vertragliche Maß hinausgehen.[73]

Drohverlustrückstellungen

Drohverlustrückstellungen sind Rückstellungen für drohende Verluste aus schwebenden Geschäften. Ein schwebendes Geschäft liegt vor, wenn ein Ver-

---

[72] Endriss, H.W.: Bilanzbuchhalter-Handbuch, 2009, S. 210
[73] Vgl. Quick, R. et al.: Bilanzierung in Fällen, 2009, S. 112.

pflichtungsgeschäft (Außenverpflichtung) rechtlich zustande kommt, aber noch keiner der beiden Vertragsparteien eine Leistung erbracht hat. Falls bei schwebenden Geschäften ernsthaft mit dem Eintritt eines Verlustes zu rechnen ist, d. h. der Wert der Leistungsverpflichtung des Bilanzierenden den Wert eines Gegenleistungsanspruchs (z. B. Verkaufspreis) voraussichtlich übersteigt, muss in Höhe des drohenden Verlustes eine Drohverlustrückstellung gebildet werden. In der Handelsbilanz besteht für die Drohverlustrückstellungen eine Passivierungspflicht, während in der Steuerbilanz ein Passivierungsverbot gilt.

2.8 Verbindlichkeiten

Verbindlichkeiten sind Verpflichtungen des Unternehmens gegenüber Dritten, die am Abschlussstichtag sowohl dem Grunde als auch der Höhe nach **sicher** feststehen. Im bilanziellen Sinne ist eine Verbindlichkeit eine erzwingbare, eindeutig quantifizierbare wirtschaftliche Belastung eines Unternehmens. Zusammen mit den Rückstellungen bilden die Verbindlichkeiten das Fremdkapital, wobei die Verbindlichkeiten i. d. R. den wertmäßig größeren Posten ausmachen. Das Fremdkapital steht im Gegensatz zum Eigenkapital dem Unternehmen nur befristet zur Verfügung.
Die Verbindlichkeiten sind zu ihrem Erfüllungsbetrag[74] anzusetzen. Der Erfüllungsbetrag ist der Betrag, der aufgebracht werden muss, um der Verpflichtung zum Erfüllungszeitpunkt nachkommen zu können. Dabei kann es sich um einen reinen Geldbetrag oder auch um eine in Geldeinheiten bewertete Sach- oder Dienstleistung handeln. Bei der Folgebewertung der Verbindlichkeiten ist das Höchstwertprinzip zu beachten. Danach ist eine Verbindlichkeit grundsätzlich mit dem höheren Bilanzstichtagswert anzusetzen, falls die aus der Verbindlichkeit resultierende Belastung über dem bisher angesetzten Erfüllungsbetrag liegt. Eine Verminderung ist jedoch nur zulässig, solange der erstmalig angesetzte Erfüllungsbetrag nicht unterschritten wird.[75]

Entsprechend § 266 Abs. 3 HGB erfolgt eine Gliederung der Verbindlichkeiten in:

[74] Vgl. § 253 Abs. 1 Satz 2 HGB.
[75] Siehe Baetge, J. et al.: Bilanzen, 2009, S. 383.

1. Anleihen,
   – davon konvertibel,
2. Verbindlichkeiten gegenüber Kreditinstituten,
3. erhaltene Anzahlungen auf Bestellungen,
4. Verbindlichkeiten aus Lieferungen und Leistungen,
5. Verbindlichkeiten aus der Annahme gezogener Wechsel und der Ausstellung eigener Wechsel,
6. Verbindlichkeiten gegenüber verbundenen Unternehmen,
7. Verbindlichkeiten gegenüber Unternehmen, mit denen ein Beteiligungsverhältnis besteht,
8. sonstige Verbindlichkeiten,
   – davon aus Steuern,
   – davon im Rahmen der sozialen Sicherheit.

Bei kurzfristigen Verbindlichkeiten, d. h. Verbindlichkeiten mit einer Restlaufzeit bis zu einem Jahr, ist der Betrag bei jedem gesondert ausgewiesenen Posten zu vermerken. Die einzelnen Verbindlichkeitsarten werden im Folgenden näher beschrieben.

2.8.1 Anleihen

Unter einer Anleihe versteht man die langfristige Kapitalaufnahme am Kapitalmarkt zur Deckung eines hohen Kapitalbedarfs. Ein Kapitalmarkt ist ein Finanzmarkt für mittel- und langfristige Kapitalbeschaffung und dient dem Unternehmen zur Finanzierung von Investitionen. Unter die Anleihen fallen u. a. Schuldverschreibungen, Wandelobligationen, Optionsanleihen und Gewinnschuldverschreibungen. Anleihen sind dann konvertibel, wenn deren Inhaber Umtausch- oder Bezugsrechte auf Aktien besitzen. Konvertible Anleihen sind als „davon-Vermerk“ in einem eigenen Unterposten auszuweisen. Die gesamten Anleihen sind generell mit ihrem Nominalbetrag, d. h. mit dem zu verzinsenden Schuldbetrag zu passivieren.

2.8.2 Verbindlichkeiten gegenüber Kreditinstituten

Unter den Verbindlichkeiten gegenüber Kreditinstituten sind sämtliche Schulden – inklusive der zu leistenden Zinsen – bei den Banken anzusetzen. Dabei spielt weder die Rest- oder Gesamtlaufzeit der Schuld noch der Standort der Bank (In- oder Ausland) eine Rolle. Die Verbindlichkeiten gegenüber Kreditinstituten werden mit ihrem Nennbetrag, der sich aus den Saldenmitteilungen der Kreditinstitute ergibt, angesetzt.

2.8.3 Erhaltene Anzahlungen auf Bestellungen

Erhaltene Anzahlungen auf Bestellungen sind gemäß § 268 Abs. 5 Satz 2 HGB unter den Verbindlichkeiten gesondert auszuweisen, soweit Anzahlungen auf Vorräte nicht vom Posten „Vorräte" offen abgesetzt werden. Bei den erhaltenen Anzahlungen hat das Unternehmen von seinen Kunden Anzahlungen auf Bestellungen erhalten, wobei i. d. R. zuvor ein Kauf-, Werk- oder Dienstleistungsvertrag abgeschlossen wird. Lieferung und Leistung durch das Unternehmen stehen dabei noch aus.

2.8.4 Verbindlichkeiten aus Lieferungen und Leistungen

Bei den Verbindlichkeiten aus Lieferungen und Leistungen hat der Lieferant des Unternehmens seine Lieferungs- und Leistungspflicht aus einem gegenseitigen Vertrag bereits erfüllt. Das Unternehmen ist seiner Zahlungspflicht jedoch noch nicht nachgekommen und hat demnach eine (Geld-)Schuld bei seinem Lieferanten. Die Verbindlichkeiten sind meist kurzfristiger Art; die Laufzeit liegt dabei regelmäßig unter einem Jahr. Verbindlichkeiten aus Lieferungen und Leistungen werden mit ihrem Rechnungsbetrag (Erfüllungsbetrag), vermindert um eventuelle Preisnachlässe, bewertet.

2.8.5 Verbindlichkeiten aus der Annahme gezogener Wechsel und der Ausstellung eigener Wechsel

Innerhalb dieses Postens sind alle als Schuldwechsel gezogenen Wechsel, die das Unternehmen als Bezogener akzeptiert hat, auszuweisen.[76] Der Lieferant kann beispielsweise bei einem Warenwechsel statt einer sofortigen Zahlung auch einen Wechsel auf den Kunden ziehen. Der vom Kunden angenommene Wechsel ist ein Versprechen, bei Fälligkeit des Wechsels zu zahlen. Durch die Akzeptanz des Wechsels folgt für den Kunden (Schuldner), dass er z. B. statt einer Verbindlichkeit aus Lieferungen und Leistungen eine **Verbindlichkeit aus der Annahme gezogener Wechsel** auszuweisen hat.

---

[76] Gibt im Wechsel der Aussteller dem Bezogenen (Wechselschuldner) die Anweisung, die Wechselsumme an einen Dritten zu zahlen, liegt ein „gezogener" Wechsel vor.

Verpflichtet sich der Aussteller des Wechsels, die Wechselsumme selbst zu zahlen, so liegt ein „eigener" Wechsel vor. Bei Wechseln, die ein Schuldner einem Gläubiger nur zur Sicherheit gibt, handelt es sich um sogenannte Kautions-, Sicherungs- oder Depotwechsel. Hieraus darf der Gläubiger den Wechsel erst in Anspruch nehmen, wenn die mit dem Wechsel gesicherte Forderung fällig ist und keine andere Möglichkeit zu einer erfolgreichen Lösung/Gegenleistung geführt hat.[77]

2.8.6 Verbindlichkeiten gegenüber verbundenen Unternehmen

Verbindlichkeiten gegenüber verbundenen Unternehmen sind alle Verbindlichkeiten aus dem Waren-, Leistungs- oder Finanzverkehr oder aus Unternehmensverträgen gegenüber Unternehmen, mit denen ein Mutter-Tochterverhältnis gemäß § 271 Abs. 2 i. V. m. § 290 HGB besteht. Als verbundene Unternehmen zählen auch alle Tochterunternehmen untereinander. Diese Bilanzposition bildet das Gegenstück zu der Bilanzposition der Aktiva „Forderungen gegen verbundene Unternehmen".

2.8.7 Verbindlichkeiten gegenüber Unternehmen, mit denen ein Beteiligungsverhältnis besteht

Beteiligungen an anderen Unternehmen liegen laut § 271 Abs. 1 HGB vor, wenn Anteile an anderen Unternehmen gehalten werden, die dazu bestimmt sind, „dem eigenen Geschäftsbetrieb durch Herstellung einer dauernden Verbindung zu jenem Unternehmen zu dienen." Unter den Verbindlichkeiten gegenüber Unternehmen, mit denen ein Beteiligungsverhältnis besteht, werden alle Verbindlichkeiten ausgewiesen, unabhängig davon, ob sie aus Warengeschäften oder aus dem Leistungs- und Finanzverkehr herrühren. Die Gegenposition auf der Aktivseite ist die Position „Forderungen gegen Unternehmen, mit denen ein Beteiligungsverhältnis besteht."

2.8.8 Sonstige Verbindlichkeiten

Nach dem Grundsatz der periodengerechten Gewinnermittlung sind Aufwendungen und Erträge im Geschäftsjahr ihrer Entstehung zu berücksichtigen.

[77] Vgl. Bertram, K. et al.: Haufe HGB Kommentar, 2009, S. 981.

Allerdings können die entsprechenden Zahlungen in einem davon abweichenden Geschäftsjahr tatsächlich veranlasst werden. Erfolgt bei einem Ertrag oder Aufwand eines Geschäftsjahres die entsprechende (Geld-)Zahlung erst **nach** dem Abschlussstichtag, liegt ein sogenannter antizipativer Vorgang vor.
Unter dem Posten **„sonstige Verbindlichkeiten"** sind Aufwendungen zu erfassen, die wirtschaftlich dem gegenwärtigen Geschäftsjahr angehören, jedoch erst im folgenden Geschäftsjahr zu einer Ausgabe bzw. Auszahlung führen. Sehen Sie zur Veranschaulichung folgendes Beispiel:

Beispiel: Sonstige Verbindlichkeiten

Ein Unternehmen zahlt für seine Büroräume die Dezembermiete erst im Januar des folgenden Geschäftsjahres. Zum Bilanzstichtag (31.12.) hat das Unternehmen in Höhe der fälligen Miete eine sonstige Verbindlichkeit auszuweisen, da unabhängig von der Auszahlung der Miete im neuen Jahr der Mietaufwand wirtschaftlich dem alten Geschäftsjahr zuzurechnen ist.

Ferner ist die Position **sonstige Verbindlichkeiten** ein Sammelposten für alle Schulden, die keiner anderen Bilanzposition zugeordnet werden können.[78]
Darunter fallen zwei „davon-Vermerke". Unter dem (Unter-)Posten „davon aus Steuern" sind sämtliche Steuerschulden an das Finanzamt auszuweisen, z. B. Körperschaft-, Gewerbe- und Lohnsteuer. Auch die monatlich abzurechnende Umsatzsteuer ist unter dieser Position zu vermerken.
Der Vermerk „davon im Rahmen der sozialen Sicherheit" weist sämtliche Schulden aus den einbehaltenen Sozialabgaben aus. Dazu zählen die Beiträge zur Kranken-, Pflege-, Renten- und Arbeitslosenversicherungen. Diese sollten eigentlich zum drittletzten Bankarbeitstag des aktuellen Monats abgeführt worden sein. Weiterhin zählen dazu beispielsweise noch:

- Verbindlichkeiten aus Sozialplänen,
- Verbindlichkeiten aus Zusagen im Rahmen der betrieblichen Altersversorgung,
- Berufsgenossenschaftsbeiträge und
- Altersteilzeitverpflichtungen.

[78] Gemäß § 285 Nr. 1 Buchstabe a) HGB ist im Anhang der Gesamtbetrag der Verbindlichkeiten mit einer Restlaufzeit von mehr als fünf Jahren gesondert anzugeben.

2.8.9 Fremdwährungsverbindlichkeiten

Fremdwährungsverbindlichkeiten unterliegen i. d. R. Wertschwankungen. Falls sich die Wechselkurse zum Abschlussstichtag im Vergleich zum Einbuchungszeitpunkt erhöht haben, so muss die Verbindlichkeit erfolgswirksam erhöht werden, da der Erfüllungsbetrag gestiegen ist. Falls der Wechselkurs zum nächsten Abschlussstichtag wieder sinkt, so besteht das Gebot, den niedrigeren Kurs erfolgswirksam zu korrigieren (Abschreibungsgebot). Dabei ist aber unbedingt zu beachten, dass bei längerfristigen Verbindlichkeiten (> 1 Jahr) die Erstbewertung nicht unterschritten werden darf, da ansonsten das Realisationsprinzip nicht eingehalten würde.

Beispiel: Langfristige Fremdwährungsverbindlichkeiten

Ein Unternehmen hat zum Ende des Geschäftsjahres ein Fremdwährungsdarlehen in Höhe von 100.000 US-$ mit einer Laufzeit von vier Jahren aufgenommen. Der Kurswert zum Zeitpunkt der Aufnahme war: 1 US$ = 1,50 €. Der Wechselkurs entwickelt sich wie folgt:

- Fall a: Im nächsten Geschäftsjahr sinkt der Kurs auf 1,30 €.
- Fall b: Im nächsten Geschäftsjahr steigt der Kurs auf 1,80 €.
- Fall c: Im übernächsten Geschäftsjahr beträgt der Kurs 1,60 € nach einem Kurswert von 1,80 € am vorangegangenen Geschäftsjahr (Fall b).

Beurteilung der drei Fälle in der Handelsbilanz:

Fall a:

Im Zeitpunkt der Aufnahme betrug die Fremdwährungsverbindlichkeit 150.000 € (= 100.000 US-$ x 1,50 €/US-$).

Eine Abwertung der Verbindlichkeit zum Bilanzstichtag auf 130.000 € würde zu einem unrealisierten Gewinnausweis führen und gegen das Realisationsprinzip verstoßen. Daher erfolgt die Bewertung weiterhin mit **150.000 €.**

Fall b:

Da es sich um einen Passivposten handelt, gilt das strenge Höchstwertprinzip, d. h., es muss der höhere beizulegende Wert am Bilanzstichtag in Höhe von **180.000 €** (= 100.000 US-$ x 1,80 €/US-$) angesetzt werden. Es kommt zu einer sonstigen betrieblichen Aufwendung in Höhe von 30.000 €.

Fall c:

Aufgrund des Wertaufholungsgebots muss die Fremdwährungsverbindlichkeit mit 160.000 € (= 100.000 US-$ x 1,60 €/US-$) angesetzt werden. Es kommt zu einem sonstigen betrieblichen Ertrag in Höhe von 20.000 €.

Bei Fremdwährungsverbindlichkeiten mit einer Restlaufzeit von einem Jahr oder weniger erfolgt die Umrechnung immer zum Devisenkassamittelkurs. Die sich aus der Währungsumrechnung ergebenden Differenzen im handelsrechtlichen Jahresabschluss sind erfolgswirksam unter den „sonstigen betrieblichen Erträgen“ oder den „sonstigen betrieblichen Aufwendungen“ gemäß § 277 Abs. 5 Satz 2 HGB zu erfassen.

Beispiel: Valuta-Verbindlichkeit zum Devisenkassamittelkurs

Ein Unternehmen hat während des Geschäftsjahres eine kurzfristige Verbindlichkeit in Höhe von 1.408.451 € (= 2 000.000 US-$: 1,42 US-$/€) für den Kauf von Rohstoffen eingebucht. Am Geschäftsjahresende ist die Verbindlichkeit mit dem Devisenkassamittelkurs zu bewerten. Die Verbindlichkeit hat jetzt einen Wert von 1.348.451 €, da der US-$ abgewertet wurde. Der unrealisierte Währungsgewinn in Höhe von 60.000 € ist erfolgswirksam als „sonstiger betrieblicher Ertrag" zu erfassen. Des Weiteren sind noch passive latente Steuern (Steuersatz = 30 %) in Höhe von 18.000 € (= 60.000 € x 0,3) abzugrenzen. Es sind folgende Buchungen vorzunehmen:

Vorräte	1.408.451 €	an	Verbindl. aLuL	1.408.451 €
Verbindl. aLuL	60.000 €	an	sonst. betr. Erträge	60.000 €
latenter Steueraufwand	18.000 €	an	passive latente Steuern	18.000 €

2.9 Passive Rechnungsabgrenzungsposten

Aufwendungen und Erträge eines Geschäftsjahres sind unabhängig von den Zeitpunkten der entsprechenden Zahlungen im Jahresabschluss zu berücksichtigen. Werden **vor** dem Bilanzstichtag Zahlungen (Ein- bzw. Auszahlungen) getätigt, die wirtschaftlich dem Folgejahr ganz oder teilweise angehören, liegen transitorische Vorgänge vor. Die Aufgabe der Rechnungsabgrenzungsposten ist es, diese Vorgänge periodengerecht zu erfassen.

Passive Rechnungsabgrenzungsposten sind keine Schulden, sondern reine **Verrechnungsposten**. Die passiven Rechnungsabgrenzungsposten sind gemäß § 250 Abs. 2 HGB für Einnahmen zu bilden, die bis zum Bilanzstichtag zahlungstechnisch eingehen, aber einen Ertrag für eine bestimmte Zeit nach diesem Tag darstellen. Die Einnahme (Einzahlung), die aufgrund eines Miet-, Pacht- oder Leasingvertrags von einem Dritten im Voraus getätigt wird, liegt

z. B. vor dem Bilanzstichtag. Der dazugehörige Ertrag ist jedoch ganz oder teilweise dem folgenden Geschäftsjahr wirtschaftlich zuzurechnen.

Zur Veranschaulichung dient folgendes Beispiel:

Beispiel: Passiver Rechnungsabgrenzungsposten

Die Hubert AG vermietet ein Verwaltungsgebäude für 25.000 € pro Monat. Mit dem Mieter (Breitenbach GmbH) wurde vereinbart, dass bei einer Vorauszahlung von vier Monatsmieten ein Rabatt von 5 Prozent vom monatlichen Mietzins möglich ist. Die Zahlungstermine sind festgelegt auf den 01.03., 01.07. und 01.11. eines jeden Jahres. Da die Breitenbach GmbH einen hohen Liquiditätsüberschuss aufweist, entschließt sie sich, die Vorauszahlung der vier Monatsmieten in Anspruch zu nehmen.

Die Vorauszahlung der Miete am 01.11. betrifft zwei Monate des laufenden Jahres und zwei Monate des Folgejahres. Für die zwei Monate des Folgejahres hat die Hubert AG einen passiven Rechnungsabgrenzungsposten in Höhe von 47.500 € zu bilden. Wie dieser Betrag ermittelt wird, zeigt die folgende Tabelle.[79]

monatlicher Mietzins	25.000 €
- 5 % Rabatt bei Vorauszahlung	- 1.250 €
= tatsächlich eingenommener Mietzins	= 23.750 €
Gesamtmieten der vier Monate	95.000 €
davon betreffen zwei Monate das aktuelle Geschäftsjahr	47.500 €
und zwei Monate das folgende Geschäftsjahr	**47.500 €**

Buchungssatz zum 31.12. bei der Hubert AG (Vermieter):

Mietertrag	47.500	an	passiver RAP	47.500

2.10 Passive latente Steuern

Die passiven latenten Steuern sind – ebenso wie die aktiven latenten Steuern – ein Sonderposten eigener Art. Laut § 274 Abs. 1 HGB besteht für passive latente Steuern eine **Passivierungspflicht**. Die passiven latenten Steuern entstehen, wenn die handelsrechtlichen Wertansätze der Vermögensgegenstände höher sind als in der Steuerbilanz oder die Schulden in der Steuerbilanz einen höheren Wert als in der Handelsbilanz ausweisen. Dabei bestehen bei den steuerli-

[79] In Anlehnung an Quick, R. et al.: Bilanzierung in Fällen, 2009, S. 329.

chen Wertansätzen Differenzen, die sich in späteren Geschäftsjahren voraussichtlich abbauen, woraus sich insgesamt eine künftige Steuerbelastung ergibt. Die Abgrenzung zwischen den Wertansätzen der Handels- und Steuerbilanz findet dabei durch das bilanzorientierte **Temporary-Konzept** statt, welches zeitlich begrenzte und quasi permanente Differenzen berücksichtigt.

Die folgende Abbildung zeigt, wann passive latente Steuern entstehen:

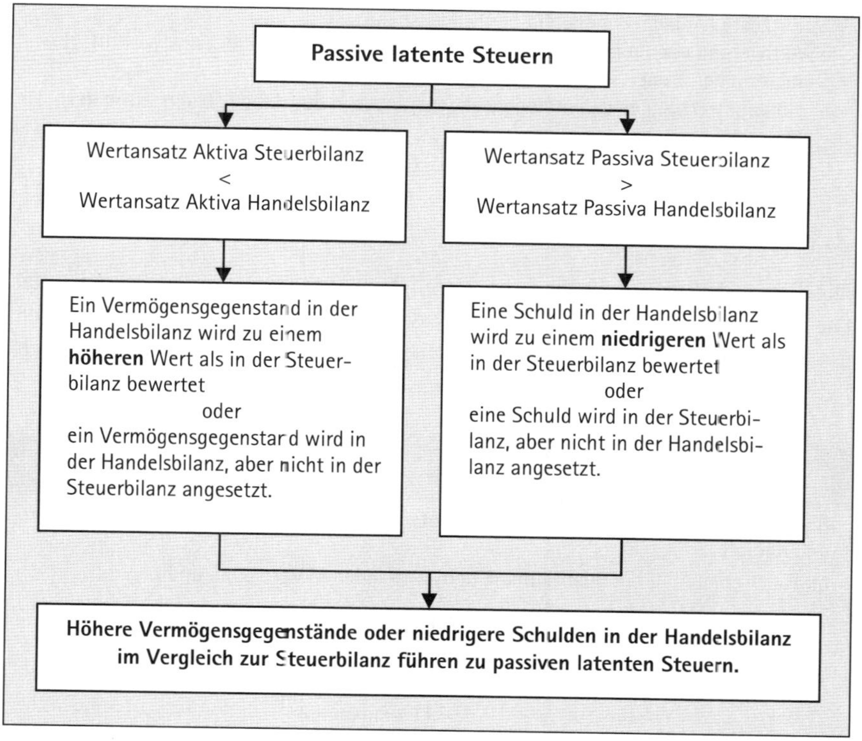

Abb. 12: Passive latente Steuern

Beispiel: Passive latente Steuern

Entstehungsmöglichkeiten für passive latente Steuern:

- Aktivierung von selbst geschaffenen immateriellen Vermögensgegenständen in der Handelsbilanz, aber Aktivierungsverbot in der Steuerbilanz.
- Ansatz von steuerfreien Rücklagen in der Steuerbilanz, aber Bilanzierungsverbot in der Handelsbilanz.
- Degressive Abschreibung in der Steuerbilanz, aber lineare Abschreibung auf abnutzbares Anlagevermögen in der Handelsbilanz.
- Aktivierung von Fremdkapitalzinsen in der Handelsbilanz (§ 252 Abs. 3 HGB), aber nicht in der Steuerbilanz.
- Höherbewertung eines Vermögensgagenstandes in der Handelsbilanz als in der Steuerbilanz.

2.11 Bilanzsumme

Die Bilanzsumme ist die Summe sämtlicher Aktivposten **oder** Passivposten. Die Summe der beiden Bilanzseiten – Aktiva und Passiva – ist stets identisch; die Bilanz ist dadurch immer im Gleichgewicht. Die Bilanzsumme entspricht i. d. R. dem vorhandenen Vermögen und Kapital.

Beispiel: Bilanzsumme

Die folgenden Beispiele zeigen stark vereinfacht die Beziehungen zwischen Vermögen und Kapital.

Im Fall 1 entspricht die Bilanzsumme dem vorhandenen Vermögen und Kapital:

Bilanz			
Aktiva	**in T€**	**in T€**	**Passiva**
Vermögen	4.000	Eigenkapital	1.000
		Fremdkapital	3.000
Bilanzsumme	**4.000**	**Bilanzsumme**	**4.000**

Bilanzsumme Beispiel Fall 1

Im Fall 2 erzielt eine Kapitalgesellschaft einen Jahresüberschuss von 1.000 T€. Der Jahresüberschuss wird nicht ausgeschüttet und nicht in die Rücklagen eingestellt, sondern unter dem Eigenkapital ausgewiesen. Dadurch vermehren sich das Eigenkapital und auch das Vermögen; die Bilanzsumme erhöht sich von ursprünglich 4.000 T€ auf 5.000 T€:

Bilanz			
Aktiva	**in T€**	**in T€**	**Passiva**
Vermögen	4.000	Eigenkapital	1.000
Vermögenszuwachs	1.000	Jahresüberschuss	1 000
		Summe Eigenkapital	**2.000**
		Fremdkapital	3.000
Bilanzsumme	**5.000**	**Bilanzsumme**	**5.000**

Bilanzsumme Beispiel Fall 2

Jetzt wird, ausgehend von Fall 1, ein Jahresfehlbetrag (Verlust) in Höhe von 3.000 T€ erzielt. Das Eigenkapital ist nun verloren und das restliche Vermögen deckt nur noch einen Teil des Fremdkapitals. Das Vermögen ist nunmehr kleiner als die Bilanzsumme. Die Bilanzsumme vermindert sich von ursprünglich 4.000 T€ auf 3.000 T€:

Bilanz			
Aktiva	**in T€**	**in T€**	**Passiva**
Vermögen	1.000	Eigenkapital	1.000
Nicht durch Eigenkapital gedeckter Fehlbetrag	**2.000**	Jahresfehlbetrag	3.000
		davon nicht gedeckt	**2.000**
			~~2.000~~
		Summe Eigenkapital	**0**
		Fremdkapital	3.000
Bilanzsumme	**3.000**	**Bilanzsumme**	**3.000**

Bilanzsumme Beispiel Fall 3

Das Eigenkapital in Höhe von 1.000 T€ ist durch den Jahresfehlbetrag von 3.000 T€ aufgebraucht und wäre mit 2.000 T€ negativ. Da jedoch ein negatives Eigenkapital nicht ausgewiesen werden darf, muss auf der Aktiva gemäß § 268 Abs. 3 HGB der Posten „Nicht durch Eigenkapital gedeckter Fehlbetrag" in Höhe von 2.000 T€ ausgewiesen werden.

3 Der Jahresabschluss im Detail – die Gewinn- und Verlustrechnung

Der Erfolg eines Unternehmens wird nach dem Prinzip der doppelten Buchführung sowohl in der Bilanz als auch in der Gewinn- und Verlustrechnung (kurz GuV) dargestellt. In der Bilanz wird der Erfolg durch den Vergleich des Eigenkapitals am Ende des Geschäftsjahres mit dem Eigenkapital zu Beginn des Geschäftsjahres zuzüglich der Auszahlungen an die Eigentümer und abzüglich der Einzahlungen durch die Eigentümer bestimmt.[80] Dagegen wird in der GuV der Erfolg als Saldo aus Erträgen und Aufwendungen ermittelt. Mit beiden Bestandteilen des Jahresabschlusses wird der gleiche Periodenerfolg festgestellt.

Die zentralen Begriffe der GuV sind die Stromgrößen „Ertrag" und „Aufwand":

- Der **Ertrag** ist der in Geld bewertete erfolgswirksame Wertezuwachs.
- Der **Aufwand** stellt den Gegenbegriff dar.

Als Aufwand wird grundsätzlich der in Geld bewertete erfolgswirksame Werteverzehr an Gütern und Dienstleistungen bezeichnet. Der Saldo aller Erträge und Aufwendungen ist das Jahresergebnis (Jahresüberschuss oder Jahresfehlbetrag), das auf das Eigenkapitalkonto übertragen wird.
Ein Jahresüberschuss liegt vor, wenn die Erträge die Aufwendungen übersteigen; er erhöht das Eigenkapital. Im umgekehrten Fall sind bei einem Jahresfehlbetrag die Aufwendungen größer als die Erträge; das Eigenkapital vermindert sich. Den Erträgen und Aufwendungen steht in der Bilanz immer eine Zu- oder Abnahme entsprechender Aktiva oder Passiva gegenüber.

Die GuV muss klar und übersichtlich gestaltet sein.[81] Für Kapitalgesellschaften sowie für bestimmte Personenhandelsgesellschaften ist dabei die Staffelform als Gliederungsschema vorgeschrieben (§ 275 Abs. 1 HGB). Bei dieser Darstellungsform werden sachlich zusammengehörige Ertrags- und Aufwandspositionen zusammengefasst und Zwischensummen ausgewiesen. Durch den über-

[80] Vgl. Baetge, J. et al.: Bilanzen, 2009, S. 568.
[81] Vgl. § 243 HGB.

sichtlichen Aufbau über mehrere Stufen und die Bildung von Zwischensummen kann effektiv beurteilt werden, wie sich der Unternehmenserfolg zusammensetzt.
Die Staffelform kann hierbei nach dem **Gesamtkostenverfahren** oder dem **Umsatzkostenverfahren** aufgestellt werden. Beide Verfahren ermitteln das gleiche Ergebnis auf unterschiedliche Art und Weise.
Beim **Gesamtkostenverfahren** werden den Erlösen in einer Periode die gesamten angefallenen Aufwendungen gegenübergestellt. Die Aufwendungen werden getrennt nach den wichtigsten Kostenarten wie z. B. Material, Personal, Abschreibungen, Zinsen und Steuern ausgewiesen.

Im Mittelpunkt des Gesamtkostenverfahrens steht – im Gegensatz zum Umsatzkostenverfahren – die **Gesamtleistung**, die neben den Umsatzerlösen auch:

- die Bestandsmehrungen bzw. Bestandsminderungen der unfertigen und fertigen Erzeugnisse sowie
- die aktivierten Eigenleistungen beinhaltet.

Die wesentlichen Unterschiede des **Umsatzkostenverfahrens** im Vergleich zum Gesamtkostenverfahren sind, dass:[82]

- die Aufwendungen nicht nach Aufwandsarten, sondern nach Funktionsbereichen (Herstellung, Verwaltung, Vertrieb) gegliedert sind,
- es keine Bestandsveränderungen und aktivierte Eigenleistungen in der GuV gibt und
- somit nur der Aufwand der verkauften statt der hergestellten Güter und Dienstleistungen ausgewiesen wird.

Während das Gesamtkostenverfahren sämtliche Erträge und sämtliche Aufwendungen ausweist, stellt das Umsatzkostenverfahren den Umsatzerlösen nur die Herstellungskosten gegenüber, die für die Umsätze entstanden sind.

[82] Kresse, W. und Leuz, N.: Die mündliche Bilanzbuchhalterprüfung, 2006, S. 114 f.

Aus der folgenden Tabelle geht hervor, dass das Gesamtkostenverfahren den Ertrag den Produktionsmengen und das Umsatzkostenverfahren den Aufwand den abgesetzten Mengen anpasst:

	Gesamtkostenverfahren	Umsatzkostenverfahren
Ertrag	Gesamtleistung der Periode (Umsatzerlöse ./. Bestandsabnahme + Bestandserhöhung + aktivierte Eigenleistungen)	Umsatzerlöse der Periode
Aufwand	Produktionsaufwand der Periode	Umsatzaufwand (Produktionsaufwand + Bestandsabnahme ./. Bestandserhöhung)

Tab. 26: Gesamtkostenverfahren und Umsatzkostenverfahren im Vergleich

Achtung: Gesamtkostenverfahren – Umsatzkostenverfahren

Beim Gesamtkostenverfahren bezieht sich der Ertrag auf die Gesamtleistung des Unternehmens und es werden alle Aufwendungen der Periode gegenübergestellt. Dagegen stellt man beim Umsatzkostenverfahren den gesamten Verkaufserlösen die Selbstkosten der abgesetzten Leistung, also des Umsatzes gegenüber.

3.1 Gesamtkostenverfahren

Das Gesamtkostenverfahren (Produktionserfolgsrechnung) weist sämtliche Erträge und sämtliche Aufwendungen sowie Bestandsveränderungen eines Geschäftsjahres aus. Es stellt die Leistung der Geschäftsperiode in den Mittelpunkt, gleichgültig, ob die hergestellten oder erbrachten Leistungen auch tatsächlich verkauft wurden. Gemäß § 275 Abs. 2 HGB enthält eine GuV nach dem Gesamtkostenverfahren folgende Posten:[83]

[83] Kleine und mittelgroße Kapitalgesellschaften dürfen laut § 276 HGB die Posten 1-5 zu einem Posten unter der Bezeichnung „Rohergebnis“ zusammenfassen.

Gesamtkostenverfahren		
1.		**Umsatzerlöse**
2.	+/–	Erhöhung oder Verminderung des Bestands an fertigen und unfertigen Erzeugnissen
3.	+	andere aktivierte Eigenleistungen
4.	+	sonstige betriebliche Erträge
	=	**Gesamtleistung***
5.	–	Materialaufwand: Aufwendungen für Roh-, Hilfs- und Betriebsstoffe und bezogene Waren Aufwendungen für bezogene Leistungen
	=	**Rohergebnis***
6.	–	Personalaufwand: a) Löhne und Gehälter b) soziale Abgaben und Aufwendungen für Altersversorgung und für Unterstützung, davon für Altersversorgung
7.	–	Abschreibungen: a) auf immaterielle Vermögensgegenstände des Anlagevermögens und Sachanlagen b) auf Vermögensgegenstände des Umlaufvermögens, soweit diese die in der Kapitalgesellschaft üblichen Abschreibungen überschreiten
8.	–	sonstige betriebliche Aufwendungen
	=	**Betriebsergebnis* (1 bis 8)**
9.	+	Erträge aus Beteiligungen, davon aus verbundenen Unternehmen
10.	+	Erträge aus anderen Wertpapieren und Ausleihungen des Finanzanlagevermögens, davon aus verbundenen Unternehmen
11.	+	sonstige Zinsen und ähnliche Erträge, davon aus verbundenen Unternehmen
12.	–	Abschreibungen auf Finanzanlagen und auf Wertpapiere des Umlaufvermögens
13.	–	Zinsen und ähnliche Aufwendungen, davon an verbundene Unternehmen
(9 bis 13)		**Finanzergebnis***
14.	=	**Ergebnis der gewöhnlichen Geschäftstätigkeit (1 bis 13)**
15.		außerordentliche Erträge
16.		– außerordentliche Aufwendungen
17.	**+/–**	**= außerordentliches Ergebnis (15 bis 16)**
18.	–	Steuern vom Einkommen und vom Ertrag
19.	–	sonstige Steuern
20.	=	**Jahresüberschuss/Jahresfehlbetrag**

* diese Posten werden im GuV-Schema nach § 275 Abs. 2 nicht explizit ausgewiesen.

Tab. 27: Gesamtkostenverfahren

Im Allgemeinen lassen sich die Posten zusammenfassen in: Gesamtleistung (Posten 1-4), Betriebsaufwendungen (Posten 5-8), Betriebsergebnis (Posten 1-8), Erträge und Aufwendungen des Finanzbereiches (Posten 9-13), Ergebnis der gewöhnlichen Geschäftstätigkeit (Posten 14), außerordentliche Erträge und Aufwendungen (Posten 15-17), Steueraufwendungen (Posten 18-19) und Jahresergebnis (Posten 20).

3.1.1 Betriebserträge

Betriebserträge beim Gesamtkostenverfahren sind das Ergebnis der betrieblichen Tätigkeit bzw. das Ergebnis aus dem Prozess der betrieblichen Leistungserstellung und -verwertung (Produktion und Absatz). Sie umfassen die Umsatzerlöse, Bestandserhöhungen, aktivierten Eigenleistungen und sonstigen betrieblichen Erträge. Als Zwischensumme stellen die Betriebserträge die Gesamtleistung eines Unternehmens dar.

Umsatzerlöse

Umsatzerlöse sind laut HGB die Erlöse:

- aus dem Verkauf und der Vermietung oder Verpachtung von für die gewöhnliche Geschäftstätigkeit typischen Erzeugnissen und Waren sowie
- aus Dienstleistungen im Rahmen der typischen, gewöhnlichen Geschäftstätigkeit.[84]

In der Gewinn- und Verlustrechnung sind die Umsatzerlöse nach Abzug von Erlösschmälerungen (z. B. Rabatte, Skonti, Boni und nachträgliche Nachlässe) auszuweisen. Erlöse, die zwar regelmäßig anfallen, aber aus nicht betriebstypischen Nebengeschäften resultieren, sind nicht als Umsatzerlöse, sondern als sonstige betriebliche Erträge zu erfassen.

Erhöhung oder Verminderung des Bestands an fertigen und unfertigen Erzeugnissen

Bestandsveränderungen an fertigen und unfertigen Erzeugnissen entstehen, wenn in einer Abrechnungsperiode Herstellungs- und Absatzmenge nicht übereinstimmen. **Bestandserhöhungen** treten dann ein, wenn in einem Geschäftsjahr mehr produziert als abgesetzt worden ist. Dagegen treten **Bestandsminderungen** ein, wenn in einem Geschäftsjahr mehr abgesetzt als produziert worden ist, d. h., aus dem Lager wurden Erzeugnisse früherer Perioden

[84] Vgl. § 277 Abs. 1 HGB.

entnommen und veräußert. Gemäß § 277 Abs. 2 HGB sind als Bestandsveränderungen sowohl Änderungen in der Menge als auch der Bestandsbewertung zu berücksichtigen. Die Änderung der Menge kann durch Auf- oder Abbau des Bestands, Schwund oder Inventurdifferenzen erfolgen, wohingegen die Änderung des Bestandswertes durch Zu- oder Abschreibungen aufgrund von Preisänderungen des Lagerbestands verursacht wird.

Andere aktivierte Eigenleistungen

Hierzu zählen Erträge aus selbst erstellten Posten des Anlagevermögens, die längere Zeit genutzt werden. Dazu gehören z. B. selbst erstellte Anlagen, Bauten, Maschinen, bilanzierungsfähige immaterielle Vermögensgegenstände des Anlagevermögens oder aktivierte Großreparaturen.

Sonstige betriebliche Erträge

Der Posten sonstige betriebliche Erträge ist ein Sammelposten für alle nicht im Gliederungsschema gesondert auszuweisenden Erträge aus der gewöhnlichen Geschäftstätigkeit. Darunter sind alle **regelmäßig** auftretenden Erträge anzusetzen, soweit sie **nicht typisch** für das Unternehmen sind. Den sonstigen betrieblichen Erträgen sind u. a. zuzurechnen:

- Buchgewinne aus dem Verkauf von Anlagevermögen,
- Erträge aus Dienstleistungen,
- Erträge aus Nebentätigkeiten,
- Erträge aus Vermietungen und Verpachtungen,
- Erträge aus der Herabsetzung der Pauschalwertberichtigung auf Forderungen,
- Gewinne aus dem Verkauf von Beteiligungen,
- Zahlungseingänge auf im Vorjahr ausgebuchte Forderungen,
- Erträge aus der Auflösung von Rückstellungen,
- Erträge aus Zuschreibungen (Wertaufholungsgebot),
- Erträge aus Währungsumrechnungen,
- Schadensersatzleistungen und Versicherungsentschädigungen,
- erhaltene Investitionszulagen und andere staatliche Zuschüsse,
- zudem sind darunter Erträge aus der Währungsumrechnung gesondert auszuweisen.[85]

---

[85] Vgl. § 277 Abs. 5 Satz 2 HGB.

3.1.2 Betriebsaufwendungen

Betriebsaufwendungen stehen in unmittelbarem Zusammenhang mit dem eigentlichen Betriebszweck, der Leistungserstellung. Sie erfassen den Werteverzehr an Gütern und Dienstleistungen, der im Rahmen der geplanten betrieblichen Leistungserstellung und Leistungsverwertung anfällt. Konkret umfassen die betrieblichen Aufwendungen den Material-, Personal- und Abschreibungsaufwand sowie die sonstigen betrieblichen Aufwendungen.

Materialaufwand

Der Materialaufwand fasst die gesamten Aufwendungen bzw. den Materialverbrauch für Roh-, Hilfs- und Betriebsstoffe und für bezogene Waren zusammen, die bei der betrieblichen Leistungserstellung anfallen. Der Materialverbrauch lässt sich wie folgt berechnen:

Ermittlung des Materialverbrauchs	
	Anfangsbestand an Roh-, Hilfs- und Betriebsstoffen sowie bezogenen Waren laut Eröffnungsbilanz
+	Zugänge der Periode
./.	Endbestand laut Inventur
=	**Verbrauch an Roh-, Hilfs- und Betriebsstoffen und bezogenen Waren**

Tab. 28: Ermittlung des Materialverbrauchs

Aufwendungen für bezogene Leistungen

Unter diesem Posten sind jene „Aufwendungen für bezogene Leistungen“ anzusetzen, die Materialaufwand darstellen. Darunter sind insbesondere die in die Herstellung eingeflossenen Fremdleistungen, z. B. die von Dritten durchgeführte Lohnverarbeitung oder Lohnbearbeitung (z. B. Schleifen, Fräsen und Lackieren von Rohstoffen) von zur Verfügung gestellten Werkstoffen und unfertigen Erzeugnissen, zu subsumieren.[86] Aufwendungen für fremd bezogene Energie (Strom, Gas) und für fremd durchgeführte Produktentwicklung sind ebenfalls auszuweisen.

[86] Vgl. Bertram, K. et al.: Haufe HGB Kommentar, 2009, S. 1297.

Personalaufwand

Der Personalaufwand umfasst alle Löhne und Gehälter sowie soziale Abgaben und Aufwendungen für die Altersversorgung. Die Posten Löhne (für Arbeiter) und Gehälter (für Angestellte) fassen sämtliche Bruttoarbeitsentgelte zusammen, die an Mitarbeiter gezahlt werden, die in einem Dienstverhältnis mit dem Unternehmen stehen. Darunter fallen auch Nebenbezüge wie beispielsweise Urlaubsgelder, Überstundenvergütungen und Weihnachtsgelder. Abfindungen an ausscheidende Arbeitskräfte sind ebenso unter den Löhnen und Gehältern auszuweisen, da es sich um Entgelte für geleistete Dienste handelt.
Unter dieser Position sind auch die vom Arbeitgeber zu tragenden gesetzlichen Pflichtabgaben auszuweisen. Zu den **sozialen Abgaben** gehören die Arbeitgeberanteile zur gesetzlichen Sozialversicherung mit den Bestandteilen Kranken-, Pflege-, Renten- und Arbeitslosenversicherung, den Beiträgen an die Berufsgenossenschaft und an die Insolvenzversicherung.

Abschreibungen

Die Abschreibungen erfassen sämtliche im Geschäftsjahr vorgenommenen plan- und außerplanmäßigen Abschreibungen auf das immaterielle Anlagevermögen und auf die Sachanlagen.[87] Abschreibungen auf Finanzanlagen werden unter der Position 12 erfasst.
Die Position 7b zwingt das Unternehmen zu einer Trennung der Abschreibungen auf Vermögensgegenstände des Umlaufvermögens in die üblichen und die darüber hinausgehenden Abschreibungen. Alle Abschreibungen, die über das „sonst übliche Maß" hinausgehen, sind gesondert im Posten 16 (GKV-Verfahren) auszuweisen. Der Gesetzgeber hat es jedoch unterlassen, Anhaltspunkte zu geben, wonach die üblichen und nicht üblichen Abschreibungsbeträge voneinander unterschieden werden können. Die Abgrenzungskriterien orientieren sich daher in der Praxis an unternehmensindividuellen Gegebenheiten.[88] Als mögliches Kriterium kann z. B. der unternehmensübliche Durchschnitt der Vorjahresabschreibungen herangezogen werden.

---

[87] Gemäß § 277 Abs. 3 Satz 1 HGB sind die außerplanmäßigen Abschreibungen bei Vermögensgegenständen des Anlagevermögens bei voraussichtlich dauernder Wertminderung in der Erfolgsrechnung gesondert auszuweisen oder im Anhang anzugeben.
[88] Vgl. Baetge, J. et al.: Bilanzen, 2009, S. 604.

Sonstige betriebliche Aufwendungen

Der Posten sonstige betriebliche Aufwendungen ist ein Sammelposten für alle nicht im Gliederungsschema gesondert auszuweisenden Aufwendungen der gewöhnlichen Geschäftstätigkeit. Darunter sind beispielsweise folgende Aufwendungen auszuweisen:

- laufende, sonstige betriebliche Aufwendungen, z. B. Leasing-, Miet- und Pachtaufwendungen, Werbekosten, Rechts- und Beratungskosten, Prüfungskosten, Kraftfahrzeugkosten etc.,
- Beiträge und Gebühren,
- Instandhaltungsaufwendungen,
- Abschreibungen auf Forderungen und andere Vermögensgegenstände des Umlaufvermögens, die den üblichen Rahmen nicht überschreiten,
- Verluste aus dem Abgang von Vermögensgegenständen des Anlagevermögens, die sich aus Veräußerung, Verschrottung oder Unfall ergeben,
- Verluste aus dem Abgang von Vermögensgegenständen des Umlaufvermögens, darunter auch Aufwendungen aus der Währungsumrechnung.

Ermittlung des Betriebsergebnisses

Das Betriebsergebnis, welches nach dem Gliederungsschema des Gesamtkostenverfahrens nicht gesondert auszuweisen ist, ermittelt sich aus dem Saldo der Betriebserträge (Positionen 1 bis 4) und Betriebsaufwendungen (Positionen 5 bis 8):

Ermittlung des Betriebsergebnisses nach dem Gesamtkostenverfahren	
	Umsatzerlöse
+/–	Bestandserhöhungen/Bestandsminderungen
+	andere aktivierte Eigenleistungen
+	sonstige betriebliche Erträge
–	Materialaufwand
–	Personalaufwand
–	Abschreibungen
–	sonstige betriebliche Aufwendungen
=	**Betriebsergebnis**

Tab. 29: Ermittlung des Betriebsergebnisses nach dem Gesamtkostenverfahren

3.1.3 Erträge und Aufwendungen des Finanzbereiches

Die Erträge und Aufwendungen des Finanzbereiches entstammen dem Finanzanlagevermögen, welches u. a. aus Anteilen und Ausleihungen an verbundene Unternehmen, Beteiligungen, Wertpapieren und sonstigen Ausleihungen besteht.

Erträge aus Beteiligungen, davon aus verbundenen Unternehmen

Alle laufenden Erträge aus den Bilanzpositionen „Beteiligungen“ und „Anteile an verbundenen Unternehmen“ sind hierunter auszuweisen: Dividenden von Kapitalgesellschaften sowie Gewinnanteile von Personenhandelsgesellschaften und von stillen Gesellschaftern. Laut § 277 Abs. 3 Satz 2 HGB sind zudem Erträge aufgrund von Gewinngemeinschaft, Gewinnabführungs- oder Teilgewinnabführungsvertrag gesondert unter dem Posten anzugeben. Für Beteiligungserträge aus verbundenen Unternehmen i. S. d. § 271 Abs. 2 HGB ist ein gesonderter Ausweis als „davon-Vermerk“ erforderlich.

Erträge aus anderen Wertpapieren und Ausleihungen des Finanzanlagevermögens, davon aus verbundenen Unternehmen

Erträge aus anderen Wertpapieren und Ausleihungen des Finanzanlagevermögens sind Zinserträge, Dividendenerträge und ähnliche Ausschüttungen auf andere Wertpapiere des Anlagevermögens, ferner Zinserträge aus Darlehen und sonstigen Ausleihungen des Finanzanlagevermögens.[89] Erträge aus Finanzanlagen bei verbundenen Unternehmen, z. B. Zinsen für Darlehensforderungen, sind in Gestalt eines „davon-Vermerks“ gesondert anzugeben.

Sonstige Zinsen und ähnliche Erträge, davon aus verbundenen Unternehmen

Darunter fallen alle weiteren, nicht gesondert auszuweisenden Zinsen und Erträge. Diese sind u. a. Zinserträge aus Bankguthaben und anderen Einlagen bei Kreditinstituten, Zinsen und Dividenden auf Wertpapiere des Umlaufvermögens und Zinserträge aus Forderungen. Als ähnliche Erträge sind vereinnahmte Erträge beispielsweise aus Agio oder Disagio auszuweisen. Erträge aus der Abzinsung von Pensionsrückstellungen und sonstigen Rückstellungen sind ebenfalls anzugeben (§ 277 Abs. 5 Satz 1 HGB). Aus verbundenen Unternehmen stammende sonstige Zinsen und Erträge sind auch hier als „davon-Vermerk“ gesondert anzuführen.

---

[89] Vgl. Bertram, K. et al.: Haufe HGB Kommentar, 2009, S. 1314.

Abschreibungen auf Finanzanlagen und auf Wertpapiere des Umlaufvermögens

Im Einzelnen umfasst der Posten folgende Abschreibungen:

- außerplanmäßige Abschreibungen auf Finanzanlagen wegen **dauernder** und bei **vorübergehender** Wertminderung (§ 253 Abs. 3 Sätze 3 und 4 HGB),
- außerplanmäßige Abschreibungen auf Wertpapiere des Umlaufvermögens auf einen niedrigeren Wert, der sich aus einem Börsen- oder Marktpreis am Abschlussstichtag ergibt, oder auf den niedrigeren beizulegenden Wert (§ 253 Abs. 4 HGB).

Zinsen und ähnliche Aufwendungen, davon an verbundene Unternehmen

Alle Zinsaufwendungen und ähnliche Aufwendungen für das im Unternehmen gebundene Fremdkapital müssen unter diesem Posten erfasst werden. Das kann z. B. sein:

- Zinsen für Bankkredite, Darlehen, Hypotheken und Schuldverschreibungen,
- Diskontbeträge für Wechsel und Schecks,
- Abschreibungen auf ein aktiviertes Agio oder Disagio (Damnum),
- Kredit-, Vermittlungs- und Überziehungsprovisionen,
- Aufwendungen aus der Aufzinsung von Pensionsrückstellungen oder sonstigen Rückstellungen.

Gemäß § 277 Abs. 5 Satz 1 HGB sind zudem alle Aufwendungen aus der Abzinsung von Rückstellungen mit einer Laufzeit von mehr als einem Jahr gesondert auszuweisen. Für die an verbundene Unternehmen geleisteten Zinsen und zinsähnlichen Aufwendungen ist ein gesonderter Ausweis in Gestalt eines „davon-Vermerks" erforderlich.

3.1.4 Ergebnis der gewöhnlichen Geschäftstätigkeit

Das **Ergebnis der gewöhnlichen Geschäftstätigkeit** stellt als Zwischensumme den Erfolg aus dem Betriebsbereich und dem Finanzbereich vor Berücksichtigung des außerordentlichen Ergebnisses und vor Steuern dar. Es kann sowohl positiv als auch negativ sein. Um zum Jahresergebnis zu gelangen, muss das Ergebnis der gewöhnlichen Geschäftstätigkeit um das außerordentliche Ergebnis erweitert sowie um die Steueraufwendungen gekürzt werden.

3.1.5 Außerordentliche Erträge und Aufwendungen

Gemäß § 277 Abs. 4 HGB sind unter den außerordentlichen Erträgen und außerordentlichen Aufwendungen solche Erträge und Aufwendungen auszuweisen, die außerhalb der gewöhnlichen Geschäftstätigkeit anfallen und ungewöhnlich in ihrer Art sind.[90] Infolgedessen entstehen außerordentliche Erträge und Aufwendungen anlässlich **unregelmäßig** vorkommender und **untypischer** Geschäftsvorgänge. Dennoch sind sie von materieller Bedeutung.

Außerordentliche Erträge

Als außerordentliche Erträge kommen z. B. in Betracht:

- Schadensersatz für Katastrophenfälle,
- Steuererlässe,
- einmalige Zuschüsse des Staates,
- Erträge aus Forderungsverzicht (Sanierungsgewinne),
- Verkauf von bedeutenden Grundstücken und Beteiligungen über dem Buchwert,
- Erträge aus der Anwendung der Übergangsvorschriften der Art. 66, 67 Abs. 1-5 EGHGB,
- Korrektur von Abschreibungen und Rückstellungen, die im Vorjahr noch vorgenommen/gebildet worden sind.

Außerordentliche Aufwendungen

Ebenso wie die außerordentlichen Erträge resultieren außerordentliche Aufwendungen aus ungewöhnlichen, selten vorkommenden und materiell bedeutungsvollen Geschäftsvorfällen, die keinen Bezug zur betrieblichen Leistungserstellung haben. In Betracht kommen z. B.:

- Entlassungsentschädigungen bei Massenentlassungen,
- Verluste aus der Stilllegung von Betriebsteilen oder größeren Objekten insbesondere aufgrund von Enteignungen,

[90] Die Posten sind nach § 277 Abs. 4 HGB hinsichtlich ihres Betrags und ihrer Art im Anhang zu erläutern, soweit die ausgewiesenen Beträge für die Beurteilung der Ertragslage von erheblicher Bedeutung sind. Dies gilt auch für alle Aufwendungen und Erträge, die einem anderen Geschäftsjahr zuzurechnen sind. Gemäß § 276 Satz 2 HGB gilt diese Anhangerläuterung nicht für kleine Kapitalgesellschaften.

- außergewöhnliche Schadensfälle aufgrund von Brand, Betrug oder Enteignung,
- außerplanmäßige Abschreibungen aus Anlass eines außergewöhnlichen Ereignisses,
- Aufwendungen aus der Anwendung der Übergangsvorschriften der Art. 66, 67 Abs. 1-5 EGHGB,
- unmittelbare Abschreibungen von in der Vergangenheit aktivierten Ingangsetzungs- und Erweiterungsaufwendungen.

Das **außerordentliche Ergebnis** ergibt sich als Saldo der außerordentlichen Erträge und Aufwendungen.

3.1.6 Steueraufwendungen

In den beiden Steuerposten „Steuern vom Einkommen und vom Ertrag“ und „sonstige Steuern“ sind jene Steuern auszuweisen, die das Unternehmen als Steuerschuldner zu tragen hat.

Steuern vom Einkommen und vom Ertrag

Bei den Kapitalgesellschaften wird grundsätzlich zwischen der Körperschaftsteuer und der Gewerbesteuer unterschieden. Die Körperschaftsteuer ist eine Steuer auf das Einkommen eines Unternehmens. Der Körperschaftsteuersatz beträgt laut § 23 Abs. 1 KStG zurzeit 15 % zuzüglich 5,5 % Solidaritätszuschlag bezogen auf das zu versteuernde Einkommen. Die Gewerbesteuer ist dagegen eine Steuer auf den (Gewerbe-)Ertrag des Unternehmens. Die Berechnung der Gewerbesteuer wird im GewStG geregelt. Die Aufwendungen und Erträge aus dem Ansatz und der Veränderung bilanzierter latenter Steuern (§ 274 Abs. 2 Satz 3 HGB) sind gesondert auszuweisen.

Sonstige Steuern

Die sonstigen Steuern setzen sich aus solchen Steuern zusammen, die nicht gesondert im Gliederungsschema auszuweisen sind. Dazu gehören z. B.:

- **Verbrauchssteuern:** Mineralöl-, Bier-, Tabak-, Sekt- und Getränkesteuer, Kfz-Steuer, Stromsteuer,
- **Verkehrssteuern:** Ausfuhrzölle, Versicherungssteuer, Wett- und Lotteriesteuer,
- **Substanzsteuer:** Grundsteuer.

3.1.7 Jahresergebnis

Das Jahresergebnis als Saldo aller Erträge und Aufwendungen ergibt sich, indem das Ergebnis der gewöhnlichen Geschäftstätigkeit, das außerordentliche Ergebnis und die Steueraufwendungen summiert werden. Ein **Jahresüberschuss** entsteht, wenn die Erträge die Aufwendungen insgesamt übersteigen; im umgekehrten Fall entsteht ein **Jahresfehlbetrag**.

Der Jahresüberschuss bzw. Jahresfehlbetrag ist der Periodengewinn bzw. Periodenverlust eines Geschäftsjahres **vor Abzug**

- der Einstellungen in Gewinnrücklagen und
- eines Verlustvortrags

und vor **Hinzurechnung**

- der Entnahmen aus den Kapital- und Gewinnrücklagen und
- eines Gewinnvortrags.

Unter dieser eben erwähnten Prämisse wird das Jahresergebnis in die Bilanzunterposition des Eigenkapitals „Jahresüberschuss/Jahresfehlbetrag" übertragen. Gemäß § 275 Abs. 4 HGB dürfen Veränderungen der Kapital- und Gewinnrücklagen in der Erfolgsrechnung erst nach dem Posten „Jahresüberschuss/Jahresfehlbetrag" ausgewiesen werden. Bei einer **teilweisen**[91] Verwendung des Jahresergebnisses (§ 268 Abs. 1 HGB) ergibt sich folgende Gewinnverwendungsrechnung:

Gewinnverwendungsrechnung	
	Jahresüberschuss/Jahresfehlbetrag
+/-	Gewinnvortrag/Verlustvortrag
+/-	Entnahmen/Einstellungen aus der Kapitalrücklage
+/-	Entnahmen/Einstellungen aus den Gewinnrücklagen
=	**Bilanzgewinn/Bilanzverlust**

Tab. 30: Gewinnverwendungsrechnung

[91] Eine teilweise Verwendung des Ergebnisses im Rahmen der Bilanzaufstellung kann aufgrund gesetzlicher oder satzungsmäßiger Regelungen zustande kommen. Es können beispielsweise Regelungen über die Einstellung in die Gewinnrücklagen bestehen, die nur einen Teil des Ergebnisses erfassen.

3.2 Umsatzkostenverfahren

Das Umsatzkostenverfahren (Absatzerfolgsrechnung) erfasst die Erfolgskomponenten, die mit dem Erzielen von Umsatzerlösen zusammenhängen.

Nach § 275 Abs. 3 HGB sind folgende Positionen auszuweisen:[92]

Umsatzkostenverfahren		
1.		**Umsatzerlöse**
2.	–	Herstellungskosten der zur Erzielung der Umsatzerlöse erbrachten Leistungen
3.	=	**Bruttoergebnis vom Umsatz**
4.	–	Vertriebskosten
5.	–	allgemeine Verwaltungskosten
6.	+	sonstige betriebliche Erträge
7.	–	sonstige betriebliche Aufwendungen
8.	+	Erträge aus Beteiligungen, davon aus verbundenen Unternehmen
9.	+	Erträge aus anderen Wertpapieren und Ausleihungen des Finanzanlagevermögens, davon aus verbundenen Unternehmen
10.	+	sonstige Zinsen und ähnliche Erträge, davon aus verbundenen Unternehmen
11.	–	Abschreibungen auf Finanzanlagen und auf Wertpapiere des Umlaufvermögens
12.	–	Zinsen und ähnliche Aufwendungen, davon an verbundene Unternehmen
13.	=	**Ergebnis der gewöhnlichen Geschäftstätigkeit**
14.	+	außerordentliche Erträge
15.	-	außerordentliche Aufwendungen
16.	=	**außerordentliches Ergebnis**
17.	–	Steuern vom Einkommen und vom Ertrag
18.	–	sonstige Steuern
19.	=	**Jahresüberschuss/Jahresfehlbetrag**

Tab. 31: Umsatzkostenverfahren

[92] Kleine und mittelgroße Kapitalgesellschaften dürfen laut § 276 Satz 1 HGB die Posten 1-3 und 6 zu einem Posten unter der Bezeichnung „Rohergebnis“ zusammenfassen.

Den Umsatzerlösen werden nicht die gesamten Aufwendungen einer Periode gegenübergestellt, sondern nur diejenigen Aufwendungen, die für die verkauften Produkte angefallen sind. Diese „Umsatzaufwendungen" sind sogenannte Selbstkosten, welche Herstellungskosten, Vertriebskosten und allgemeine Verwaltungskosten einschließen. Die Selbstkosten werden im Folgenden näher erläutert.[93]

3.2.1 Herstellungskosten der zur Erzielung der Umsatzerlöse erbrachten Leistungen

Dieser Posten umfasst aufwandsgleiche Herstellungskosten **verkaufter selbst erstellter Erzeugnisse** und Anschaffungskosten fremdbezogener, **verkaufter Waren**. Der Ausweis erfolgt unabhängig davon, in welcher Periode die Herstellung von Erzeugnissen bzw. der Bezug von Waren stattfindet. Ausschlaggebend ist der Zeitpunkt, an welchem der Absatz stattfindet. Ferner werden alle Abschreibungen auf das Anlage- und Umlaufvermögen, die den Fertigungsbereich betreffen, erfasst. Die Wertminderungen des Umlaufvermögens, welche die sonst üblichen Abschreibungen überschreiten, sind ebenfalls aufzunehmen.

Die Herstellungs- bzw. Anschaffungskosten der Bestandserhöhungen von nicht abgesetzten Erzeugnissen und Waren sind nicht zu berücksichtigen und daher von den gesamten Herstellungskosten abzusetzen. Ebenfalls abzusetzen ist der Aufwand der anderen aktivierten Eigenleistungen. Bestandsminderungen, die durch den Verkauf von Erzeugnissen und Waren früherer Perioden entstehen, sind zu den Herstellungskosten hinzuzuzählen.

Die Differenz zwischen den Umsatzerlösen und den Herstellungskosten ist das **Bruttoergebnis vom Umsatz** (Posten 3), welches die Absatzleistung des Unternehmens darstellt.

3.2.2 Vertriebskosten

Zu den Vertriebskosten gehören sämtliche Kosten, die durch den Absatz der Produkte am Markt entstehen. Dem Vertriebsbereich werden generell Auf-

[93] Da die Positionen 1 bzw. 6-19 bereits im Gesamtkostenverfahren erläutert wurden und sich diesbezüglich keine erheblichen Unterschiede zum Umsatzkostenverfahren ergeben, werden nachfolgend nur die Positionen 2-5 erläutert.

wendungen für die Abteilungen Verkauf, Werbung und Marketing zugeordnet. Die Kosten werden dabei periodenbezogen und nicht umsatzbezogen ausgewiesen, da eine Zuordnung der Vertriebskosten zu den einzelnen Umsätzen nicht möglich ist.

Die Vertriebskosten lassen sich regelmäßig in Vertriebseinzelkosten, Vertriebsgemeinkosten und in Sondereinzelkosten des Vertriebs unterteilen. Einige Beispiele für die drei Vertriebskostenarten sind:

Vertriebskosten	
Vertriebseinzelkosten	Direkt (dem Produkt) zurechenbare Aufwendungen, z. B. Versand- und Transportkosten, Transportversicherung, Frachten und Umsatzprovisionen.
Vertriebsgemeinkosten	Nicht direkt zurechenbare Aufwendungen, z. B. Personalkosten der gesamten Vertriebsabteilung, Kosten der Marktforschung, Werbung und Absatzförderung sowie Messe- und Ausstellungskosten.
Sondereinzelkosten des Vertriebs	Direkt zurechenbare Sondereinzelkosten, die bei speziellen Aufträgen entstehen, z. B. Provisionen, Verpackungs- und Transportkosten.

Tab. 32: Vertriebskosten

3.2.3 Allgemeine Verwaltungskosten

Die Kosten der allgemeinen Verwaltung müssen – falls sie nicht bereits in den Herstellungskosten enthalten sind – gesondert erfasst und von den Umsatzerlösen abgesetzt werden. Allgemeine Verwaltungskosten umfassen alle Aufwendungen, die in den Verwaltungsbereichen anfallen. Dies sind beispielsweise Personal- und Sachkosten, Büro-, Arbeitsvorbereitungs-, Planungs-, Konstruktions- und Kontrollaufwendungen. Ebenso wie die Vertriebskosten sind die allgemeinen Verwaltungskosten periodenbezogen und nicht umsatzbezogen auszuweisen.

3.2.4 Ermittlung des Betriebsergebnisses

Das Betriebsergebnis, welches nicht zwingend gesondert auszuweisen ist, ermittelt sich nach dem Umsatzkostenverfahren wie folgt:

Ermittlung des Betriebsergebnisses nach dem Umsatzkostenverfahren	
	Umsatzerlöse
–	Herstellungskosten der zur Erzielung der Umsatzerlöse erbrachten Leistungen
=	**Bruttoergebnis vom Umsatz**
–	Vertriebskosten
–	allgemeine Verwaltungskosten
+	sonstige betriebliche Erträge
–	sonstige betriebliche Aufwendungen
=	**Betriebsergebnis**

Tab. 33: Ermittlung des Betriebsergebnisses nach dem Umsatzkostenverfahren

3.2.5 Gemeinsamkeiten beim Gesamtkosten- und Umsatzkostenverfahren.

Sowohl beim Gesamt- als auch beim Umsatzkostenverfahren werden exakt nach dem gleichen Schema das Finanzergebnis, das Ergebnis der gewöhnlichen Geschäftstätigkeit, das außerordentliche Ergebnis, die Steuern, sowie der Jahresüberschuss/-fehlbetrag ermittelt.

Nach dem das Betriebsergebnis bestimmt wurde, kann das Jahresergebnis für beide Verfahren wie folgt ermittelt werden:

GKV Posten	Gewinn- und Verlustrechnung		**UKV** Posten
1 bis 8		**Betriebsergebnis**	1 bis 7
9 bis 13	+/-	**Finanzergebnis**	8 bis 12
14	=	**Ergebnis der gewöhnlichen Geschäftstätigkeit**	13
15 bis 17	+/-	**außerordentliches Ergebnisses**	14 bis 16
18 bis 19	-/+	**Steuern**	17 bis 18
20	=	**Jahresergebnis (Jahresüberschuss/Jahresfehlbetrag)**	19

Tab. 34: Ermittlung des Jahresergebnisses

4 Der erweiterte Jahresabschluss – der Anhang

Der Anhang ist neben der Bilanz und der GuV der dritte wesentliche Bestandteil des Jahresabschlusses. Er enthält zusätzliche Informationen, die diejenigen Sachverhalte erklären, die hilfreich sind, um die Bilanz und die GuV, aber auch die Inhalte des Geschäftsberichts besser zu verstehen. Zudem werden zusätzliche Informationen über Bewertungs- und Bilanzierungsmethoden gegeben.
Die Verpflichtung, den Anhang aufzustellen, ist in § 264 Abs. 1 Satz 1 HGB kodifiziert, nach dem die gesetzlichen Vertreter einer Kapitalgesellschaft den Jahresabschluss um einen Anhang zu erweitern haben, der zusammen mit der Bilanz und der GuV eine Einheit bildet.
Die Aufgaben des Anhangs bestehen darin, die Informationen der Bilanz und der GuV zu erläutern, zu ergänzen, zu korrigieren und zu entlasten, d. h. bestimmte Informationen werden in den Anhang verlagert. Das ist insbesondere dann erforderlich, wenn das Gesetz ausdrücklich Angaben verlangt oder Angaben zu machen sind, weil sie in Ausübung eines Wahlrechts nicht in die Bilanz oder GuV aufgenommen wurden (§ 284 Abs. 1 HGB).

Zusammengefasst sind die vier Hauptaufgaben des Anhangs:

Hauptaufgaben des Anhangs	
Erläuterungsfunktion	Die Posten der Bilanz und GuV werden kommentiert und interpretiert.
Ergänzungsfunktion	Weitere zusätzliche Informationen, die aus der Bilanz und GuV nicht ersichtlich sind, können dargelegt werden.
Korrekturfunktion	Ein den tatsächlichen Verhältnissen **nicht** entsprechendes Bild der Vermögens-, Finanz- und Ertragslage im Jahresabschluss ist durch zusätzliche Informationen zu korrigieren.
Entlastungsfunktion	Informationen werden anstatt in die Bilanz oder GuV in den Anhang aufgenommen, um die Bilanz bzw. GuV übersichtlicher gestalten zu können.

Tab. 35: Funktionen des Anhangs

Der Anhang mit seiner **Entlastungs**- und **Ergänzungsfunktion** befreit die Bilanz und GuV von zusätzlichen Angaben, wodurch, wie bereits erwähnt, Bilanz und GuV übersichtlicher sind. So werden z. B. Zugänge und Abgänge im Sachanlagevermögen erst im Anhang getrennt nach Anschaffungskosten und Abschreibungen dargestellt und nicht in der Bilanz. Ebenfalls werden die Vorräte auch erst im Anhang nach verschiedenen Positionen untergliedert und nicht direkt in der Bilanz.
Die **Korrekturfunktion** hat die Aufgabe, ein aufgrund besonderer Umstände nicht den **tatsächlichen** Verhältnissen entsprechendes Bild der Vermögens-, Finanz- und Ertragslage in der Bilanz und der GuV durch zusätzliche Informationen im Anhang zu korrigieren.

Der Inhalt des Anhangs wird nach Unternehmensform bzw. Unternehmensgröße differenziert. Während die Vorschriften über die Erstellung des Anhangs von großen Kapitalgesellschaften in vollem Umfang erfüllt werden müssen, können kleine und mittelgroße Kapitalgesellschaften sowohl bei der Aufstellung als auch bei der Offenlegung Erleichterungen in Anspruch nehmen.[94]

Gemäß § 284 Abs. 2 HGB müssen große Kapitalgesellschaften im Anhang folgende **Pflichtangaben** anführen:

1. Darstellung angewandter Bilanzierungs- und Bewertungsmethoden,
2. Umrechnung von Fremdwährungsbeträgen,
3. Abweichungen von Bilanzierungs- und Bewertungsmethoden,
4. Angaben zu Bewertungsvereinfachungen,
5. Angaben darüber, ob Fremdkapitalzinsen in die Herstellungskosten einbezogen wurden.

Weitere Pflichtangaben sind in § 285 HGB aufgeführt.

[94] § 288 HGB räumt für kleine und mittelgroße Kapitalgesellschaften größenabhängige Erleichterungen ein.

Tipp: Neue zusätzliche Berichterstattungspflichten seit 01.01.2010

Die Unternehmen müssen ihr Rechnungswesen für die folgenden Anhangangaben vorbereiten haben[95]:

- Angaben zu Art und Zweck sowie Risiken und Vorteilen von nicht in der Bilanz erscheinenden Geschäften, soweit dies für die Beurteilung der Finanzlage erforderlich ist,
- Angaben zu gebildeten Bewertungseinheiten,
- Angaben zu Finanzinstrumenten, die über ihren beizulegenden Zeitwert ausgewiesen werden, wenn eine außerplanmäßige Abschreibung unterblieben ist,
- Angaben der einer Ausschüttungssperre unterliegenden Beträge gemäß § 268 Abs. 8 HGB (Aktivierung selbst geschaffener immaterieller Vermögensgegenstände des Anlagevermögens, Beträge aus der Aktivierung latenter Steuern und aus der Aktivierung von Vermögensgegenständen zum beizulegenden Zeitwert),
- Angaben zu den für die Steuerabgrenzung relevanten temporären Differenzen und zu den steuerlichen Verlustvorträgen einschließlich der angewandten Steuersätze, unabhängig von der Bilanzierung latenter Steuern (gilt nur für große Kapitalgesellschaften).

Der Anhang kann ferner um **freiwillige** Angaben ergänzt werden. Zu diesen freiwilligen Angaben gehören beispielsweise die Kapitalflussrechnung und der Eigenkapitalspiegel.

Achtung: Umfang der Anhangangaben

Im Vergleich zum alten HGB sind die Anhangangaben nach dem neuen HGB (BilMoG) generell umfangreicher. Die Anhangangaben sollten rechtzeitig und strukturiert für den Jahresabschluss erfasst werden.

4.1 Kapitalflussrechnung

Die Kapitalflussrechnung zeigt die Mittelherkunft und die Mittelverwendung der liquiden Mittel auf. Sie hat das Ziel, Transparenz über die Zahlungsmittelbestände eines Unternehmens (z. B. Kasse und Bank) herzustellen.
Die zentralen Begriffe der Kapitalflussrechnung sind **Einzahlung** und **Auszahlung**. Eine Einzahlung ist der **Zufluss** an liquiden Mitteln und somit die Erhö-

[95] Bertram K. et al.: Die größte HGB-Reform seit 20 Jahren, Bilanz + Buchhaltung, 10/2009, S. 16 f.

hung des Zahlungsmittelbestands. Eine Auszahlung ist dagegen der **Abfluss** an liquiden Mitteln und somit die Verminderung des Zahlungsmittelbestands.

Die aus den Ein- und Auszahlungen hervorgehenden Zahlungsströme werden bei der Kapitalflussrechnung in drei Stufen von sogenannten „Cashflows" unterteilt:

- Cashflow aus der laufender Geschäftstätigkeit,
- Cashflow aus der Investitionstätigkeit,
- Cashflow aus der Finanzierungstätigkeit.

Im Allgemeinen wird der Cashflow als Finanzmittelüberschuss der Periode definiert, der dem Unternehmen für Investitionsausgaben, Tilgungszahlungen und mögliche Gewinnausschüttungen zur Verfügung steht. Dabei dürfen bei der Ermittlung des Cashflows nur zahlungswirksame Vorgänge, d. h. Ein- und Auszahlungen berücksichtigt werden. Abschreibungen und Zuschreibungen dürfen dagegen nicht in die Cashflows mit einbezogen werden, da es bei diesen zahlungsunwirksamen Vorgängen zu keinem Zufluss bzw. Abfluss liquider Mittel kommt und die Zahlungsmittelbestände unverändert bleiben.
Um die Cashflows zu errechnen, kann sowohl die direkte als auch die indirekte Methode angewandt werden. In der Praxis findet die indirekte Methode am häufigsten Anwendung, da die Cashflows aus dem Jahresergebnis der GuV ermittelt werden können.
Die Darstellung der Kapitalflussrechnung wird im Handelsrecht nicht konkretisiert. Der deutsche Standardisierungsrat hat jedoch in seinem Standard „DRS 2" ein Mindestgliederungsschema für eine Kapitalflussrechnung festgelegt.

Die folgende Tabelle zeigt das Mindestgliederungsschema der Kapitalflussrechnung nach der indirekten Methode.

Mindestgliederung für die indirekte Kapitalflussrechnung (DRS 2)		
1.		**Periodenergebnis (einschließlich Ergebnisanteilen von Mindergesellschaften) vor außerordentlichen Posten**
2.	+/–	Abschreibungen/Zuschreibungen auf Gegenstände des Anlagevermögens
3.	+/–	Zunahme/Abnahme der Rückstellungen
4.	+/–	Sonstige zahlungsunwirksame Aufwendungen/Erträge (z. B. Abschreibung auf ein aktiviertes Disagio)
5.	+/–	Verlust/Gewinn aus dem Abgang von Gegenständen des Anlagevermögens
6.	+/–	Abnahme/Zunahme der Vorräte, der Forderungen aus Lieferungen und Leistungen sowie anderer Aktiva, die nicht der Investitions- oder Finanzierungstätigkeit zuzuordnen sind.
7.	+/–	Zunahme/Abnahme der Verbindlichkeiten aus Lieferungen und Leistungen sowie anderer Passiva, die nicht der Investitions- oder Finanzierungstätigkeit zuzuordnen sind.
8.	+/–	Ein-/Auszahlungen von außerordentlichen Posten
9.	**=**	**Cashflow aus der laufenden Geschäftstätigkeit**
10.		Einzahlungen aus Abgängen von Gegenständen des Anlagevermögens
11.	–	Auszahlungen für Investitionen in das Anlagevermögen
12.	**=**	**Cashflow aus der Investitionstätigkeit**
13.		Einzahlungen aus Kapitalzuführungen (Kapitalerhöhungen, Verkauf eigener Anteile etc.)
14.	–	Auszahlungen an Unternehmenseigner und Minderheitsgesellschafter (Dividenden, Erwerb eigener Anteile, Eigenkapitalrückzahlungen, andere Ausschüttungen)
15.	+	Einzahlungen aus der Begebung von Anleihen und der Aufnahme von (Finanz-)Krediten
16.	–	Auszahlungen aus der Tilgung von Anleihen und (Finanz-)Krediten
17.	**=**	**Cashflow aus der Finanzierungstätigkeit**

Tab. 36: Mindestgliederung der indirekten Kapitalflussrechnung[96]

Die Summe aus Ziffern 9, 12 und 17 ergibt die Zu- oder Abnahme des Finanzmittelbestandes. Die Kapitalflussrechnung ist für den Einzelabschluss der Kapitalgesellschaften nicht zwingend vorgeschrieben, sondern vor allem in der internationalen Rechnungslegung ein Pflichtbestandteil des Jahresabschlusses. Im HGB wird sie im Rahmen von Konzernabschlüssen verlangt.[97] Weiterhin haben die gesetzlichen Vertreter einer **kapitalmarktorientierten Kapitalgesellschaft**, die nicht zur Aufstellung des Konzernabschlusses verpflichtet ist, den Jahresabschluss um eine Kapitalflussrechnung sowie um einen Eigenkapitalspiegel zu erweitern, vgl. § 264 Abs. 1 Satz 2 i. V. m. § 264d HGB.

[96] Bertram, K.: HGB Kommentar, 2009, S. 1618.

[97] § 297 Abs. 1 HGB.

4.2 Eigenkapitalspiegel

Für den Konzernabschluss ist gemäß § 297 Abs. 1 Satz 1 HGB ein Eigenkapitalspiegel vorgeschrieben. Aber auch kapitalmarktorientierte Kapitalgesellschaften (§ 264 Abs. 1 Satz 2 HGB) haben ihren Jahresabschluss um einen Eigenkapitalspiegel zu erweitern, sofern sie nicht zur Aufstellung eines Konzernabschlusses verpflichtet sind. Der Eigenkapitalspiegel stellt die Entwicklungen des Eigenkapitals in Form einer Matrix dar. Der Eigenkapitalspiegel kann nach dem Standard DRS 7 aufgestellt werden. Die Entwicklung des Konzerneigenkapitals der Muttergesellschaft und der Minderheitsgesellschafter ist gesondert darzustellen (DRS 7.2).

Der Eigenkapitalspiegel setzt sich zusammen aus:

- einzelnen Eigenkapitalpositionen,
- Anfangsbeständen der jeweiligen Eigenkapitalposition,
- Ereignissen, welche die Eigenkapitalpositionen verändern,
- Endbeständen der jeweiligen Eigenkapitalposition zum Bilanzstichtag.

Gemäß DRS 7 ist der Konzerneigenkapitalspiegel nach folgendem Schema darzustellen:[98]

Konzerneigenkapitalspiegel	
	gezeichnetes Kapital des Mutterunternehmens
-	nicht eingeforderte ausstehende Einlagen des Mutterkonzerns
+	Kapitalrücklage
+	erwirtschaftetes Konzerneigenkapital
-	eigene Anteile, die zur Einziehung bestimmt sind
+	kumuliertes übriges Konzernergebnis, soweit es auf die Gesellschafter des Mutterunternehmens entfällt
=	**Eigenkapital des Mutterunternehmens gemäß Konzernbilanz**
-	eigene Anteile, die nicht zur Einziehung bestimmt sind
=	**Eigenkapital des Mutterunternehmens**
+	Eigenkapital der Minderheitsgesellschafter - davon: Minderheitenkapital - davon: kumuliertes übriges Konzernergebnis, soweit es auf Minderheitsgesellschafter entfällt
=	**Konzerneigenkapital**

Tab. 37: Konzerneigenkapitalspiegel – Posten vertikal

[98] Bertram et al.: Haufe HGB Bilanz Kommentar, 2009, S. 1621.

Die nächste Tabelle stellt einen vereinfachten Konzerneigenkapitalspiegel in Anlehnung an DRS 7 in horizontaler Form dar.

Vereinfachter Konzerneigenkapitalspiegel								
	Gez. Kapital	Kapitalrücklage	Gewinnrücklagen	Eigene Anteile	Jahresergebnis	Summe	Konzerneigenkapital	Minderheitenanteile
Stand am 31.12.01								
Ausgabe von Anteilen								
Erwerb/Einbeziehung eigener Anteile								
Gezahlte Dividenden								
Änderung des Konsolidierungskreises								
Übrige Veränderungen								
Stand am 31.12.02								

Tab. 38: Konzerneigenkapitalspiegel in Anlehnung an DRS 7

Der Eigenkapitalspiegel zeigt differenziert, wann und warum sich einzelne Bestandteile des Eigenkapitals im Laufe eines Geschäftsjahres verändert haben.

5 Der Lagebericht

Große und mittelgroße Kapitalgesellschaften haben neben dem Jahresabschluss – mit den Bestandteilen Bilanz, GuV und Anhang – einen Lagebericht aufzustellen.[99]

Der Lagebericht ist kein integraler Bestandteil des Jahresabschlusses, sondern ein ergänzender Bericht zur wirtschaftlichen Lage eines Unternehmens. Darin sind nach § 289 Abs. 1 HGB der Geschäftsverlauf und die Lage der Kapitalgesellschaft so darzustellen, dass ein den tatsächlichen Verhältnissen entsprechendes Bild vermittelt wird. Ferner muss auf die Risiken der zukünftigen Entwicklung eingegangen werden.

Der Lagebericht macht insbesondere allgemeine Angaben über die Wirtschaftslage der Kapitalgesellschaft, die aus dem Jahresabschluss nicht unbedingt ersichtlich sind. Er soll gemäß § 289 Abs. 2 HGB u. a. eingehen auf:

- Vorgänge von besonderer Bedeutung nach Abschluss des Geschäftsjahres (Nachtragsbericht),
- Risikomanagementziele und -methoden der Gesellschaft, Preisänderungs-, Ausfall- und Liquiditätsrisiken, jeweils im Bezug auf die Verwendung von Finanzinstrumenten,
- den Bereich Forschung und Entwicklung und
- bestehende Zweigniederlassungen der Gesellschaft.

Kapitalmarktorientierte Kapitalgesellschaften i. S. d. § 264d HGB sind zusätzlich dazu verpflichtet, die wesentlichen Merkmale des **internen Kontroll-** und des **Risikomanagementsystems** im Hinblick auf den Rechnungslegungsprozess zu beschreiben, vgl. § 289 Abs. 5 HGB. Börsennotierte Aktiengesellschaften haben zusätzlich eine **gesonderte Erklärung zur Unternehmensführung** in ihren Lagebericht aufzunehmen oder auf der Internetseite der Gesellschaft zu veröffentlichen. Diese Erklärung enthält die Entsprechenserklärung, Angaben zu Unternehmensführungspraktiken und eine Beschreibung der Arbeitsweise von Vorstand und Aufsichtsrat.[100]

---

[99] Vgl. § 264 Abs. 1 Satz 1 i. V. m. Satz 4 HGB.

[100] Vgl. § 289a Abs. 1 HGB.

Große und mittelgroße Kapitalgesellschaften haben schließlich den Lagebericht zusammen mit dem Jahresabschluss durch einen Abschlussprüfer prüfen zu lassen und beim Betreiber des elektronischen Bundesanzeigers elektronisch einzureichen.[101] Der Lagebericht und der Jahresabschluss sind in den ersten drei Monaten des neuen Geschäftsjahres für das vergangene Geschäftsjahr aufzustellen.

Tipp: Lagebericht[102]

Der Lagebericht lässt Raum für Interpretationen, Erklärungen, Branchenvergleiche und sonstige subjektive Darstellungen. Er ist nicht an bestimmte Formvorschriften gebunden und damit auch ein Mittel zur Pflege der Beziehungen zu Kapitalgebern (Investor Relations).

Aus dem Gesetzestext lassen sich folgende Elemente des Lageberichts ableiten, über die die Unternehmen berichten müssen:[103]

Elemente des Lageberichts	Erläuterung der einzelnen Berichte
Wirtschaftsbericht	Darstellung des Geschäftsverlaufs, der Geschäftsergebnisse und der Lage der Kapitalgesellschaft. Analyse des Geschäftsverlaufs und der Lage unter Berücksichtigung finanzieller (z. B. Produkte und Märkte) und nicht finanzieller (z. B. Umweltbelange und Arbeitnehmerinteressen) Leistungsindikatoren.
Prognosebericht	Beschreibung der voraussichtlichen Entwicklung mit ihren wesentlichen Chancen und Risiken.
Nachtragsbericht	Eingehen auf Vorgänge von besonderer Bedeutung nach Ende des Geschäftsjahrs.
Finanzrisikobericht	Beschreibung der finanzwirtschaftlichen Risiken in Bezug auf Preisänderungs-, Ausfall- und Liquiditätsrisiken sowie Risiken aus Zahlungsstromschwankungen.
Forschungs- und Entwicklungsbericht	Darstellung bedeutsamer Forschungs- und Entwicklungsprojekte bzw. -vorhaben.
Zweigniederlassungsbericht	Informationen über die Zweigniederlassungen.

[101] Vgl. § 316 Abs. 1 i. V. m. § 325 Abs. 1 Satz 1 HGB.

[102] Geyer, H.: BWL kompakt, 2007, S. 215.

[103] in Anlehnung: Freidank, C.-C. u. Velte, P.: Rechnungslegung und Rechnungslegungspolitik, 2007, S. 270

Elemente des Lageberichts	Erläuterung der einzelnen Berichte
Vergütungsbericht	Darstellung des Vergütungssystems für Geschäftsführungs- und Überwachungsorgane.
Übernahmebericht	Angaben zur Aktionärsstruktur, zu den Rechten und Pflichten der Aktionäre sowie zu möglichen Übernahmehindernissen gemäß § 289 Abs. 4 HGB
Risikomanagementbericht	Angaben zu den wesentlichen Merkmalen des internen Kontroll- und Risikomanagementsystems im Hinblick auf den Rechnungslegungsprozess.
Erklärung zur Unternehmensführung (erforderlich bei kapitalmarktorientierten Aktiengesellschaften)	Entsprechenserklärung gemäß § 161 AktG; Unternehmenspraktiken, die über die gesetzlichen Anforderungen hinausgehen; Arbeitsweise von Vorstand und Aufsichtsrat sowie deren Zusammensetzung und die Arbeitsweisen von deren Ausschüssen. Die Erklärung kann auch auf der Internetseite des Unternehmens dargestellt werden.

Tab. 39: Elemente des Lageberichts

Teil B: Bilanzpolitik

6 Einführung in die Bilanzpolitik

Bilanzpolitik – auch Jahresabschlusspolitik oder Rechnungslegungspolitik genannt – umfasst die zielgerichtete Gestaltung des Jahresabschlusses (gegebenenfalls des Lageberichts und anderer rechnungslegungsspezifischer Informationen, z. B. Ad-hoc-Meldungen), insbesondere des Vermögens-, Schulden- und Erfolgsausweises sowie die Gewinnverwendung durch das Management. Sie ist in das Gesamtzielsystem eines Unternehmens einzubinden und sollte für das Unternehmen Vorteile bieten. Der Zweck aller bilanzpolitischen Maßnahmen, unter Einhaltung der Bilanzierungsregeln, ist die zielorientierte Beeinflussung der Informationsempfänger. Ziele der Bilanzpolitik können beispielsweise publizitäts- oder finanzpolitischer Art sein.

Ziele der Bilanzpolitik

Finanzpolitische Ziele

- Stärkung der Eigenkapitalbasis
  - Bildung stiller Rücklagen
  - Bildung offener Rücklagen
- Verstetigung der Gewinn- und Ausschüttungspolitik
  - Ertragsschwache Jahre: Auflösung von Rücklagen
  - Ertragsstarke Jahre: Bildung von Rücklagen
- Liquiditätsziele
  - Beeinflussung der Dividenden- und Steuerzahlungen
- Steuerminimierung
  - Steuerersparnisse
  - Steuerverschiebung
- Sicherung der Kreditwürdigkeit

Publizitätspolitische Ziele

- Aktive Publizitätspolitik
  - so viel Informationen wie möglich
  - man zeigt alles, was man hat
- Passive Publizitätspolitik
  - nur so viel Informationen wie unbedingt notwendig
  - man veröffentlicht nur das, was beim besten Willen nicht mehr verborgen werden kann

Abb. 13: Ziele der Bilanzpolitik

Zum Aufgabengebiet der Bilanzpolitik gehört die Gestaltung der Bilanz, der Gewinn- und Verlustrechnung, des Anhangs sowie des Lageberichts, sodass der Jahresabschluss den betrieblichen Zielsetzungen entspricht. Mithilfe der Bilanzpolitik sollen die vermittelten Informationen in eine gewünschte Richtung gelenkt werden. Der Gestaltungsspielraum der Bilanzpolitik kann durch Bilanzierungs- und Bewertungswahlrechte sowie Ermessensspielräume bewusst gesteuert werden. Eine zielorientierte Bilanzpolitik kann zum einen durch Sachverhaltsgestaltungen, zum anderen durch Sachverhaltsabbildungen umgesetzt werden.

Als **Sachverhaltsgestaltungen** werden alle Maßnahmen der Bilanzpolitik bezeichnet, die gegebene Sachverhalte vor dem Bilanzstichtag ändern bzw. gestalten. Sie ermöglichen z. B., dass

- die Kapitalstruktur durch Umfinanzierung von kurzfristigem in langfristiges Fremdkapital verbessert wird,
- abschlussrelevante Sachverhalte realisiert oder verhindert werden können. So entstehen z. B. durch die Verschiebung einer Investition in das nächste Geschäftsjahr keine zusätzlichen Abschreibungen und es fließen auch keine liquiden Mittel aus dem Unternehmen ab.

Ein weiteres Instrument der Bilanzpolitik stellen die **Sachverhaltsabbildungen** dar. Sie umfassen materielle und formelle Instrumente wie z. B.

- Wahlrechte in der Bilanzgliederung (§ 266 Abs. 1 Satz 3 HGB) oder
- bei der Darstellung des Ergebnisses nach der Ergebnisverwendung (§ 268 Abs. 1 HGB).

Materielle Instrumente sind z. B.

- Ansatzwahlrechte (selbst erstellte immaterielle Vermögensgegenstände des Anlagevermögens, Disagio, aktivierte latente Steuern) oder
- Bewertungswahlrechte (Abschreibungsmethoden, Bewertungsvereinfachungsverfahren).

Die folgende Abbildung zeigt die Möglichkeiten des bilanzpolitischen Gestaltungspotenzials der Sachverhaltsabbildungen.

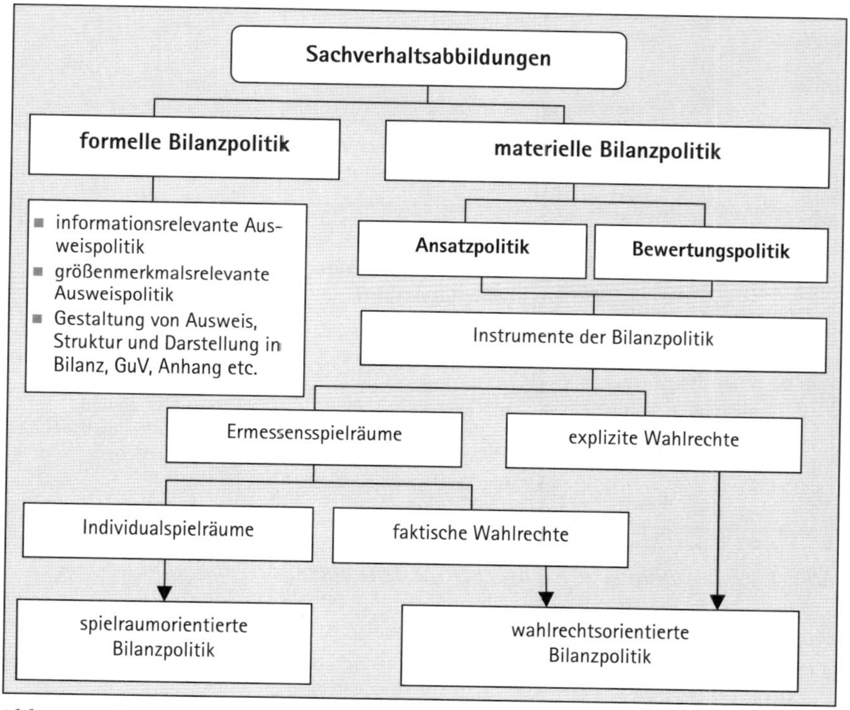

Abb. 14: Bilanzpolitische Sachverhaltsabbildungen[104]

Mithilfe der Bilanzpolitik können Sie

- die finanzwirtschaftliche Aktionsebene des Unternehmens optimieren (Innenwirkung) und
- das gute Ansehen des Unternehmens bei den Bilanzadressaten maximieren (Außenwirkung).

Die folgende Abbildung gibt Ihnen einen Gesamtüberblick über das bilanzpolitische Gestaltungspotenzial von Sachverhaltsgestaltungen und Sachverhaltsabbildungen.

[104] In Anlehnung an: Veit, K.-R.: Bilanzpolitik, 2002, S. 6 und 8.

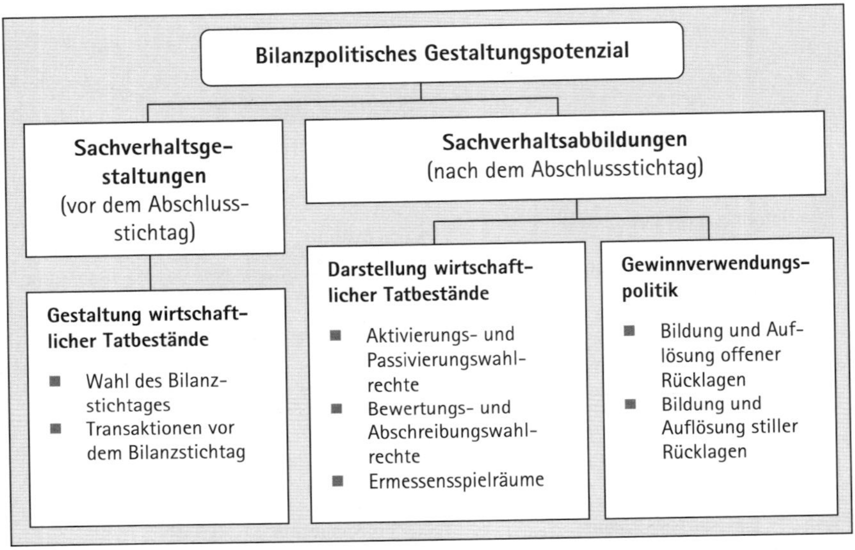

Abb. 15: Bilanzpolitische Sachverhaltsgestaltungen und -abbildungen

Seit der Finanzkrise ist die Bilanzpolitik sehr in den Fokus der Öffentlichkeit geraten. Leider sind es eher die negativen Beispiele, über die in den Medien berichtet wird.

Trotz des teilweise negativen Images, das der Bilanzpolitik beigemessen wird, hat die Bilanzpolitik doch viele positive Seiten für die Unternehmen. Das Management kann durch ein geschicktes Nutzen der Wahlrechte und Ermessensspielräume der Rechnungslegungsvorschriften zum einen

- in wirtschaftlich schwierigen Situationen nach außen ein einigermaßen positives Bild hinsichtlich der Finanz-, Vermögens- und Ertragslage des Unternehmens darstellen und andererseits
- in wirtschaftlich erfolgreichen Geschäftsjahren durch eine bewusst gesteuerte Bilanzpolitik stille Reserven schaffen.

Dadurch können das Unternehmensergebnis, das Ausschüttungspotenzial und die Steuerbelastung reduziert werden.

6.1 Definition Bilanzpolitik

Bilanzpolitik ist eine bewusste und, im Hinblick auf die Unternehmensziele, zweckorientierte Gestaltung von Form und Inhalt des Jahresabschlusses, des Lageberichts und anderer jahresabschlussspezifischer Informationen. Die Bilanzpolitik zielt auf eine Verhaltensbeeinflussung der Jahresabschlussadressaten ab und/oder möchte Zahlungskonsequenzen (Gewinnausschüttung und Ertragsteuerzahlungen) beeinflussen.

Mithilfe der Bilanzpolitik können die Unternehmen innerhalb gewisser Grenzen:

- die Gewinnausschüttung steuern,
- die Bilanzstruktur gestalten,
- eine Verminderung der Steuerbelastung erreichen und
- mit einer ausgewogenen Informationspolitik die Publizitätspflichten erfüllen.

Bilanzpolitik ist somit die absichtsvolle, zielgerichtete Gestaltung des Jahresabschlusses durch das Management unter Ausnutzung von legalen Spielräumen, die die relevanten Rechnungslegungsvorschriften gewähren.

Bei allen bilanzpolitischen Maßnahmen sollten Sie die folgenden Überlegungen für Ihre strategische bilanzpolitische Ausrichtung immer berücksichtigen:

- Soll im Hinblick auf die Kapitalgeber eher eine gläubigerorientierte oder eher eine investorenorientierte Bilanzpolitik favorisiert werden?
- Soll im Hinblick auf den Informationsumfang eher eine passive oder eine aktive Publizitätspolitik betrieben werden?

Zum Zeitpunkt der Abschlusserstellung sind sehr viele Geschäftsvorfälle noch nicht abgeschlossen, wodurch sie für die Bilanzpolitik genutzt werden können. Typische Beispiele für solche Geschäftsvorfälle sind:

- Sachanlagevermögen (z. B. Gebäude, Maschinen, Fuhrpark, Betriebs- und Geschäftsausstattung), die während des Geschäftsjahres angeschafft oder hergestellt wurden, aber über den Abschlussstichtag hinaus noch genutzt werden,
- die Bewertung der Roh-, Hilfs- und Betriebsstoffe sowie der Waren,
- Fertigerzeugnisse, die schon hergestellt wurden, aber noch nicht verkauft werden konnten und bis zur Veräußerung nach dem Bilanzstichtag gelagert werden,

- hergestellte Erzeugnisse, die schon verkauft sind, deren Auslieferung allerdings erst nach dem Bilanzstichtag erfolgt,
- verkaufte Produkte, die ausgeliefert wurden, aber vom Kunden noch nicht bezahlt wurden,
- Gewährleistungsansprüche der Kunden, die noch relativ ungewiss sind,
- Steuerzahlungen, die noch nicht genau berechnet sind.

Im Rahmen der Bilanzpolitik sind die folgenden Fragen maßgebend:

- Welche Sachverhalte sind in der Bilanz anzusetzen (**Bilanzierung**)?
- In welcher Höhe sind die Sachverhalte aufzunehmen (**Bewertung**)?
- An welcher Stelle in der Bilanz soll der Posten ausgewiesen (**Ausweis**) werden?

6.2 Ziele der Bilanzpolitik

Die bilanzpolitischen Ziele sind dem allgemeinen Ziel der Gewinnmaximierung unter Aufrechterhaltung der Zahlungsbereitschaft untergeordnet.

Wesentliche Ziele der Bilanzpolitik sind:

- Gestaltung der Bilanzstruktur und Gestaltung des Ergebnisses.
- Steuerpolitische Zielsetzungen zur Steuerbarwertminimierung. Hierbei handelt es sich um Maßnahmen, die die Steuerbemessungsgrundlage verringern, um eine Steuerstundung oder gar Steuereinsparungen erzielen zu können. Erreicht wird dies, indem Erträge und Gewinne in die Zukunft, und Aufwendungen in die Gegenwart oder in niedriger besteuerte Länder verlegt werden.
- Beeinflussung der finanzwirtschaftlichen Situation des Unternehmens, indem die Steuerbelastung reduziert wird.
- Beeinflussung des finanziellen Bereichs, z. B. Höhe des ausgewiesenen Gewinns, Verwendung des Gewinns sowie Liquiditäts- und Rentabilitätsverbesserung durch Bewertungs-, Abschreibungs-, Rückstellungs- und Rücklagenpolitik.
- Beeinflussung der Gewinnausschüttung, da für ein Unternehmen die Gewinnausschüttung oder -thesaurierung von großer Bedeutung ist und auch zahlreicher Vorüberlegungen und Planungen bedarf. So können die Ziel-

größe „**Jahresüberschuss**" bei der Gewinnermittlung sowie die Zielgröße „**Bilanzgewinn**" bei der Gewinnverwendung beeinflusst werden.

- Beeinflussung der am Jahresabschluss interessierten Personen, um diese in einer für das Unternehmen günstigen Weise zu lenken.
- Steuerung der publizitätspolitischen Zielstellungen, die auf psychologischer Ebene bei den Jahresabschlussadressaten wirken sollen. Ein Beispiel wäre die „Schönung" der Bilanz zu Ratingzwecken oder auch, um eine Bank oder einen anderen Fremdkapitalgeber zu überzeugen.
- Implizite Ziele, die nicht an die Öffentlichkeit kommen sollen, z. B. die Erhöhung des Unternehmensergebnisses vor dem Verkauf oder auch die Abschlussverschlechterung bei einem Managementwechsel, sodass das neue Management zukünftig bessere Jahresabschlüsse (Bilanzen und GuV) vorweisen kann.[105]

Die folgende Abbildung veranschaulicht Ziele und Zielgrößen der Bilanzpolitik.

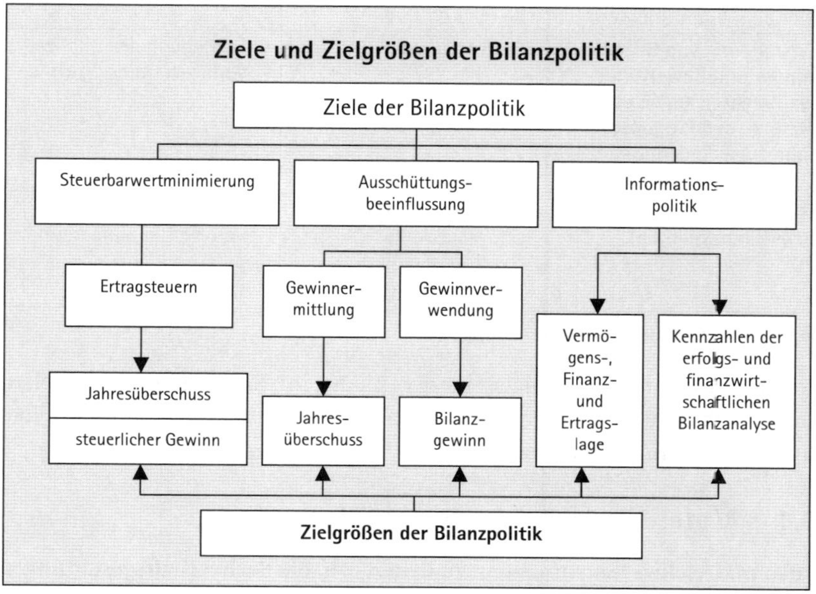

Abb. 16: Ziele und Zielgrößen der Bilanzpolitik

[105] Coenenberg, A.-G. et al.: Jahresabschluss und -analyse, 2009, S. 998 f.

6.3 Instrumente der Bilanzpolitik

Sobald die eigentliche Zielsetzung der Bilanzpolitik festgelegt wurde, stellt sich die Frage, mit welchen Instrumenten das Ziel am besten erreicht werden kann. Es sind drei bilanzpolitische Instrumentarien zu unterscheiden:

- die **materielle Bilanzpolitik** zur Beeinflussung des Erfolgsausweises,
- die **formelle Bilanzpolitik** zur Beeinflussung der Darstellung und Veröffentlichung der Rechnungslegung und
- die **zeitliche Bilanzpolitik**, die sich im Wesentlichen auf die Wahl des Bilanzstichtags, den Bilanzvorlagetermin, den Bilanzveröffentlichungstermin und den Abgabetermin der Steuererklärung erstreckt.

Die Instrumente der Bilanzpolitik können wie folgt unterschieden werden:

Materielle Instrumente	Formelle Instrumente	Zeitliche Instrumente
▪ Sachverhaltsgestaltung (vor dem Bilanzstichtag)	▪ Gliederungstiefe von Bilanz und GuV	▪ Wahl des Bilanzstichtags
▪ Ausnutzung von Bilanzierungs- und Bewertungswahlrechten sowie von Schätz- und Prognoseverfahren (nach dem Bilanzstichtag)	▪ Bruttoprinzip	▪ Festlegung des Bilanzvorlagetermins
▪ Gewinnverwendung (nach dem Bilanzstichtag)	▪ Ausführlichkeit des Geschäftsberichts ▪ Veröffentlichung von Zusatzinformationen	▪ Festlegung des Bilanzveröffentlichungstermins ▪ Abgabetermin der Steuererklärung

Tab. 40: Instrumente der Bilanzpolitik

Wertbeeinflussende Änderungen in der Bilanz im Sinne einer **materiellen Bilanzpolitik** berühren stets auch die Strukturen von Vermögen oder Kapital, also auch die **formelle Bilanzpolitik**.

6.3.1 Materielle Instrumente der Bilanzpolitik

Bei den **materiellen Instrumenten, zu denen u. a. die Sachverhaltsgestaltungen** gehören, kann zwischen **expliziten** und **faktischen Wahlrechten** unterschieden werden. Explizite Wahlrechte sind, wie der Name bereits andeutet, ausdrücklich im Gesetz formuliert.

Das Gegenstück zu den expliziten Wahlrechten sind die **faktischen Wahlrechte** der Bilanzpolitik. Da die gesetzlichen Richtlinien nicht alle Sachverhalte bis ins letzte Detail erfassen können, entstehen für die Bilanzpolitik gewisse Ermessensspielräume.
Faktische Ermessensspielräume ergeben sich, wo es keine objektiven Wertansätze gibt oder dort, wo individuelle Sachverhalte abgebildet werden sollen. Bei solchen Sachverhalte mit unvollkommenen Informationen und mit Ungewissheit in der Zukunft.

Bei solchen Sachverhalten müssen Ereignisse prognostiziert und Werte geschätzt werden, wie z. B. bei:

- Einzelwertberichtigungen hinsichtlich der Ausfallrisiken bei Kundenforderungen,
- der Schätzung von Nutzungsdauern abnutzbarer Vermögensgegenstände,
- Rückstellungen für ungewisse Garantie- und Rekultivierungsverpflichtungen.

Die Sachverhaltsgestaltungen dienen in erster Linie der optischen Aufwertung der Bilanz. Beispiele dazu sind der Verkauf eines nicht betriebsnotwendigen Grundstücks vor dem Bilanzstichtag, um höhere Erträge ausweisen zu können, oder der geschickte Einsatz von Leasing und dessen Spezialform „Sale-and-Lease-back“ (Rückmietverkauf).

Beeinflussung der materiellen Sachverhaltsabbildungen

Bei den materiellen Sachverhaltsabbildungen kann zwischen Ansatz- und Bewertungswahlrechten sowie Ermessensspielräumen unterschieden werden. Bei den expliziten Ansatzwahlrechten geht es um die Frage, ob bestimmte Vermögens- oder Schuldposten in die Bilanz aufgenommen, d. h. aktiviert oder passiviert werden sollen.

Die **Bilanzierungswahlrechte** der materiellen Instrumente ermöglichen mit der Aktivierung oder Nichtpassivierung eines Sachverhalts einen höheren Nettovermögens- und Erfolgsausweis sowie mit der Nichtaktivierung oder Passivierung einen niedrigeren Nettovermögens- und Erfolgsausweis.[106]

[106] Baus, J.: Bilanzpolitik, 1999, S. 34.

Folgende Bilanzierungswahlrechte stehen Ihnen zur Verfügung:

Bilanzierungswahlrechte	
Aktivierungswahlrechte	**Passivierungswahlrechte**
■ selbst geschaffene immaterielle Vermögensgegenstände des Anlagevermögens ■ Disagio von Verbindlichkeiten ■ aktive latente Steuern ■ geringwertige Wirtschaftsgüter	■ Wertaufholungsrücklage bei Kapitalgesellschaften ■ Altpensionsrückstellungen bei Zusagen vor dem 01.01.1987 ■ mittelbare Verpflichtungen aus Pensionszusagen, wenn die Mittel der Unterstützungskasse nicht ausreichen ■ Rückstellungen für bestimmte künftige Jubiläumszuwendungen an Arbeitnehmer

Tab. 41: Bilanzierungswahlrechte

Folgende Ermessensspielräume für die Bilanzierung können Sie nutzen:

Ermessensspielräume bei der Bilanzierung	
Aktivierungsspielräume	**Passivierungsspielräume**
■ Abgrenzung zwischen Herstellungs- und Erhaltungsaufwendungen ■ Zeitpunkt des Übergangs von der Forschungs- in die Entwicklungsphase bei der Aktivierung selbst erstellter immaterieller Vermögensgegenstände des Anlagevermögens	■ Eintritt oder Wegfall des Grundes für Rückstellungen bei drohenden Einzelrisiken ■ Auflösung von Rückstellungen beim Wegfall drohender Risiken

Tab. 42: Ermessensspielräume bei der Bilanzierung

Mithilfe der Aktivierungswahlrechte/-spielräume können getätigte Ausgaben entweder zunächst erfolgsneutral als Aktivposten bilanziert oder sofort als Aufwand erfolgswirksam erfasst werden. Die Passivierungswahlrechte/-spielräume ermöglichen es, bestimmte künftige Ausgaben zum Bilanzstichtag noch nicht zu berücksichtigen oder bereits aufwandserhöhende Rückstellungen zu bilden oder gegenwärtige Erträge schon als solche zu verbuchen oder in die Zukunft zu verlagern. Das Ausnutzen der Bilanzierungswahlrechte/-spielräume ermöglicht es, das Unternehmensergebnis zu erhöhen oder zu mindern.

Neben den Bilanzierungswahlrechten/-spielräumen beeinflussen die Bewertungswahlrechte das Ergebnis. Bei diesen Bewertungswahlrechten der Bilanzposten stellt sich die Frage, mit welchen Wertansätzen die bilanzierten Posten ausgewiesen werden sollen.

Bewertungswahlrechte eröffnen die Möglichkeit, zwischen zwei oder mehreren sich gegenseitig ausschließenden Bewertungsmethoden auszuwählen. Unter Bewertungsmethoden versteht man bestimmte, in ihrem Ablauf definierte Verfahren der Wertfindung:

- Herstellungskostenermittlung bei selbst erstellten Vermögensgegenständen,
- Abschreibungsverfahren bei abnutzbaren Vermögensgegenständen sowie die
- Sammelbewertungsverfahren bei den Vorräten.

Jede Bewertungsart führt zu einem anderen anzusetzenden Wert. Je nach bilanzpolitischer Zielsetzung entscheidet man sich für unterschiedliche Ansätze.

Folgende Wahlrechte hinsichtlich der Bewertung stehen Ihnen zur Verfügung:

Bewertungswahlrechte	
Aktiva	**Passiva**
▪ Nutzung der degressiven oder linearen Abschreibungsmethode bzw. der Leistungsabschreibung bei beweglichen Gegenständen des Anlagevermögens ▪ Geringwertige Wirtschaftsgüter: Sofortabschreibung oder Poolabschreibung oder Abschreibung über die wirtschaftliche Nutzungsdauer ▪ Außerplanmäßige Abschreibung bei nur vorübergehender Wertminderung bei den Finanzanlagen (gemildertes Niederstwertprinzip) ▪ Möglichkeit des Übergangs von der degressiven zur linearen Abschreibung bei beweglichen Vermögensgegenständen ▪ Festbewertung für bestimmte Vermögensgegenstände des Sachanlagevermögens sowie Roh-, Hilfs- und Betriebsstoffe ▪ Gruppen- und Festbewertung bei gleichartigen und gleichwertigen Vermögensgegenständen, u. a. des Vorratsvermögens	▪ Verteilung bestimmter Zuführungen bei einer Unterdeckung zu Pensionsrückstellungen, entweder sofortige Zuführung oder Zuführung mit mindesten einem Fünfzehntel bis zum 31.12.2024

Bewertungswahlrechte	
Aktiva	**Passiva**
■ Einbeziehung von ansatzfähigen Gemeinkostenbestandteilen (Verwaltungskosten, angemessene Aufwendungen für soziale Einrichtungen des Betriebs, für freiwillige soziale Leistungen und für die betriebliche Altersversorgung) sowie auf den Zeitraum der Herstellung angefallenen Fremdkapitalkosten bei den Herstellungskosten ■ Minderung der Anschaffungs- oder Herstellungskosten durch Zuschüsse	

Tab. 43: Bewertungswahlrechte

Zusätzlich können Sie Ermessensspielräume bei der Bewertung nutzen. **Folgende Ermessensspielräume stehen Ihnen zur Verfügung:**

Ermessensspielräume bei der Bewertung	
Aktiva	**Passiva**
■ Kürzere oder längere Schätzung der Nutzungsdauer von abnutzbaren beweglichen Anlagegütern ■ Festlegung der Abschreibungsdauer bei einem derivativen Geschäfts- oder Firmenwert ■ Berücksichtigung von Beschäftigungsschwankungen bei zu aktivierenden Herstellungskosten ■ Bemessung der Höhe der Einzelwertberichtigungen zu Forderungen ■ Bemessung der Höhe der Abwertungen auf ungängige Vorräte ■ Entscheidung über das Vorliegen einer voraussichtlich dauernden Wertminderung	■ Höhe der pauschalen Garantierückstellungen ■ Abzinsung von Rückstellungen mit einer Laufzeit bis zu einem Jahr ■ Einbeziehung von fixen Kosten in die Berechnung der Rückstellung für drohende Verluste aus schwebenden Geschäften ■ Berücksichtigung der Kostensteigerungen nach dem Bilanzstichtag bei der Bewertung der Rückstellungen ■ Bemessung der Höhe bestimmter Rückstellungen für Einzelrisiken, z. B. Prozesskosten, Produkthaftpflicht, Rekultivierung, Garantie und Kulanz ■ Schätzung des notwendigen Erfüllungsbetrags, insbesondere Schätzung der Kostentrends bei langfristigen Sachleistungsverpflichtungen

Tab. 44: Ermessensspielräume bei der Bewertung

Achtung: Stetigkeitsgebot

Der Grundsatz der Stetigkeit ist bei der Inanspruchnahme der Bewertungswahlrechte/-spielräume unbedingt zu beachten. Es sind grundsätzlich die auf den vorhergehenden Jahresabschluss angewandten Bewertungsmethoden beizubehalten, sofern nicht begründete Ausnahmefälle vorliegen (§ 252 Abs. 2 HGB).

6.3.2 Formelle Instrumente der Bilanzpolitik

Ein weiteres bilanzpolitisches Instrument stellen die **formellen Sachverhaltsgestaltungen/-abbildungen** dar. Sie befassen sich nicht nur mit der Struktur der Bilanz, sondern betreffen die gesamte Darstellung des Jahresabschlusses:

- Bilanz,
- GuV-Rechnung,
- Anhang,
- Lagebericht und
- bei kapitalmarktorientierten Kapitalgesellschaften zusätzlich: Kapitalflussrechnung und Eigenkapitalspiegel.

Ziel hierbei ist hauptsächlich eine möglichst positive Darstellung der bilanzanalytischen Kennzahlen im Sinne der Bilanzpolitik.

Einen Überblick über die formelle Bilanzpolitik gibt die folgende Abbildung.

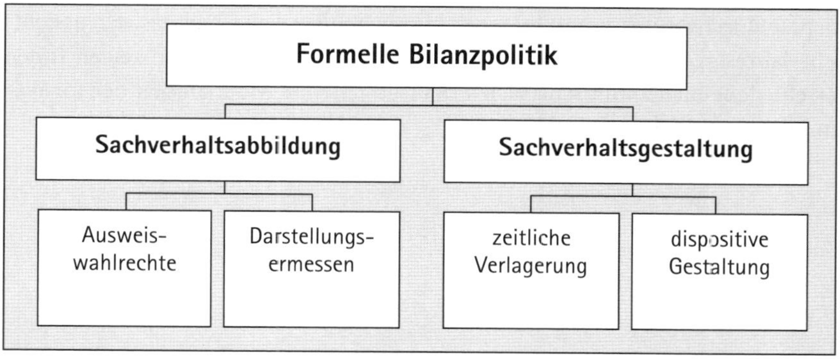

Abb. 17: Formelle Bilanzpolitik

Bei den bilanzpolitischen Gestaltungen geht es häufig um eine bessere Darstellung der wirtschaftlichen Lage des Unternehmens oder um Reduzierung der Steuerlast.

Die formellen Sachverhaltsgestaltungen lassen sich in folgende Kategorien einteilen:

- formelle Gestaltungsmaßnahmen,
- dauerhafte Maßnahmen, die nach dem Bilanzstichtag nicht mehr rückgängig gemacht werden können und
- vorübergehende Maßnahmen, die nach dem Bilanzstichtag wieder rückgängig gemacht werden können.

Mit den formellen Instrumenten wird das „äußere Bild" des Jahresabschlusses gestaltet. Die Schwerpunkte liegen hier auf der Bilanzstruktur, d. h.

- der Vermögens- bzw. Kapitalstruktur,
- der Gewinn- und Verlustrechnung,
- dem Ausweis der Posten, d. h. der Platzierung innerhalb des Jahresabschlusses sowie
- der ergänzenden Erläuterungen im Anhang und Lagebericht.

Formelle bilanzpolitische Maßnahmen werden häufig kurz vor dem Bilanzstichtag durchgeführt, wenn man mit hinreichender Sicherheit das voraussichtliche Jahresergebnis abschätzen kann. Die folgenden Checklisten zeigen Ihnen verschiedene bilanzpolitische sachverhaltsgestaltende Maßnahmen der formellen Bilanzpolitik:[107]

---

[107] Vollmuth, H. J.: Bilanzen, 2009, S. 293 f.

Checkliste: Formelle bilanzpolitische Sachverhaltsgestaltungen

Formale Gestaltungsmaßnahmen

- Reduzierung von Größenmerkmalen durch Aufspaltung des Unternehmens,
- Aufspaltung des Unternehmens durch die Ausgliederung des Anlagevermögens (Betriebsaufspaltung),
- Anwendung des Gesamt- oder Umsatzkostenverfahrens in der Gewinn- und Verlustrechnung,
- Umfang der Aufgliederung von Abschlussposten und Abschlusserläuterungen beeinflusst den Informationsgehalt des Jahresabschlusses,
- Umfang der Anwendung des Bruttoprinzips:
  - Saldierung der Forderungen und Verbindlichkeiten eines Geschäftspartners
  - Saldierung von aktiven und passiven latenten Steuern oder Bruttoausweis von aktiven und passiven latenten Steuern
  - Verrechnung erhaltener Anzahlungen mit den Vorräten oder Ausweis als Verbindlichkeiten
- Vertikale Veränderung im Ausweis von Abschlussposten:
  - Ausweis von Wertpapieren im Anlage- oder Umlaufvermögen
  - Ausweis von Ersatzteilen im Anlagevermögen oder in den Vorräten
  - Abgrenzung der sonstigen von den außerordentlichen Erträgen und Aufwendungen
- Gestaltung des Anhangs und des Lageberichts:
  - Optimistischere oder pessimistischere Darstellung der voraussichtlichen künftigen Entwicklung des Unternehmens
  - Abgrenzung der im Lagebericht darzulegenden Vorgänge von besonderer Bedeutung nach dem Bilanzstichtag
  - Ein erweiterter Umfang der Aufgliederung der Abschlussposten kann statt in der Bilanz oder in der Gewinn- und Verlustrechnung zum Teil auch im Anhang abgebildet werden; dasselbe gilt für bestimmte Pflichtangaben (§ 285 HGB)

6.3.3 Zeitliche Instrumente der Bilanzpolitik

Mit den **zeitlichen** bilanzpolitischen Instrumenten, die sich auf bestimmte jahresabschlussspezifische Termine beziehen, werden formelle und materielle Auswirkungen auf den Jahresabschluss angestrebt.
Die **zeitliche Komponente** spielt bei den bilanzpolitischen Instrumenten eine nicht zu vernachlässigende Rolle. Die Mittel der zeitlichen Bilanzpolitik sind die Wahl des Bilanzstichtages (es kann vom Kalenderjahr ein abweichendes Geschäftsjahr gewählt werden) sowie der Zeitpunkt der Bilanzaufstellung (zwi-

schen dem Abschlussstichtag und der Bilanzaufstellung können neue wertaufhellende Informationen auftreten) und deren Veröffentlichung. Im Rahmen der Publizitätspolitik können gute Nachrichten frühzeitig – lange vor den offiziellen Terminen wie der Hauptversammlung bei Aktiengesellschaften –, dagegen negative Nachrichten wohldosiert über Presseinformationen verbreitet werden. Die Veröffentlichung des Jahresabschlusses kann, soweit zulässig, hinausgezögert werden.
Da es die Möglichkeit einer Fristverlängerung bei der Abgabe der Steuererklärung gibt, entsteht insbesondere für den Zeitpunkt von Steuerzahlungen ein Spielraum.

Die folgende Checkliste zeigt Ihnen verschiedene sachverhaltsgestaltende Maßnahmen der zeitlichen Bilanzpolitik:[108]

Checkliste: Zeitliche bilanzpolitische Sachverhaltsgestaltungen

Vorverlagerung von Geschäftsvorfällen vor den Bilanzstichtag

- Vorziehen von Investitionen, um höhere Abschreibungen zu erlangen,
- forcierte Veräußerung von nicht betriebsnotwendigen Vermögensgegenständen zur Gewinnrealisierung,
- beschleunigte oder verzögerte Anschaffung von geringwertigen Wirtschaftsgütern,
- erhöhte Produktion von Erzeugnissen auf Lager mit dem Ziel der Aktivierung höherer Gemeinkostenanteile bei den Herstellungskosten,
- beschleunigte Beschaffung von im Preis steigenden Roh-, Hilfs- und Betriebsstoffen zur Erhöhung des Materialaufwands bei Bewertung der Roh-, Hilfs- und Betriebsstoffe mit der Lifo-Methode,
- schnellere Fertigstellung von langfristigen Aufträgen zur Gewinnrealisierung,
- vorzeitige Rückzahlung eines Darlehens zur Verkürzung der Bilanzsumme,
- Verbesserung des Liquiditätsausweises durch möglichst geringe Beschaffung von Roh-, Hilfs- und Betriebsstoffen sowie Waren zum Ende des Geschäftsjahres,
- Forfaitierung (Verkauf einer mittel- oder langfristigen Exportforderung),
- Reduzierung des Lagerbestands durch Sonderverkaufsaktionen,
- Aufnahme von langfristigem Fremdkapital zur Umschuldung von kurzfristigem Fremdkapital,
- verzögerte Bezahlung der Verbindlichkeiten aus Lieferungen und Leistungen,
- Vereinbarung von Kundenanzahlungen,
- Einlagen und Entnahmen des Unternehmers.

[108] Vollmuth, H. J.: Bilanzen, 2009, S. 293 f.

Nachverlagerung von Geschäftsvorfällen nach den Bilanzstichtag

- Verschiebung von Investitionen zur Vermeidung von zusätzlichen Abschreibungen,
- Verschiebung von Werbemaßnahmen oder Reparaturen ins nächste Geschäftsjahr zur Vermeidung von zusätzlichen Aufwendungen,
- Auslieferung von Aufträgen erst im nächsten Geschäftsjahr zur Verschiebung der Gewinnrealisierung,
- Verschiebung der Erhöhung von Pensionszusagen zur Vermeidung von Rückstellungszuführungen.

Dauerhafte Gestaltungen

- Leasing anstatt Kauf, insbesondere Sale-and-Lease-back,
- Factoring: Verkauf der Forderungen aus Lieferungen und Leistungen an eine Factoringgesellschaft,
- Auslagerung von Forschungs- und Entwicklungstätigkeiten auf Beteiligungsunternehmen und der anschließende Erwerb der F&E-Ergebnisse von diesen Unternehmen
- Verkauf von Vermögensgegenständen zur Tilgung kurzfristiger Verbindlichkeiten
- Auflösung von stillen Reserven durch den Verkauf von Vermögensgegenständen,
- Betriebsaufspaltung: Ausgliederung des Anlagevermögens,
- Reduzierung der Bilanzsumme durch Verlegung des Bilanzstichtags,
- Beeinflussung der Aufteilung der Anschaffungskosten entsprechend dem Komponentenansatz nach Abschreibungsgesichtspunkten.

Vorübergehende Maßnahmen, die nach dem Bilanzstichtag rückgängig gemacht werden

- Abschluss von Kauf- und Verkaufsverträgen, die nach dem Bilanzstichtag revidiert werden,
- kurzfristige Rückführung von Kreditverbindlichkeiten vor dem Bilanzstichtag und Wiederaufnahme von Krediten nach dem Bilanzstichtag,
- Substitution von Lieferantenverbindlichkeiten durch Bankkredite und umgekehrt.

6.3.4 Übersicht – bilanzpolitische Instrumente

Im Rahmen der Bilanzpolitik lassen sich die vorhandenen Rechnungslegungsspielräume systematisch gestalten. Dafür stehen die oben erläuterten materiellen, formellen und zeitlichen bilanzpolitischen Instrumente zur Verfügung.

Die folgende Abbildung gibt Ihnen einen abschließenden Überblick über diese in den vorherigen Abschnitten beschriebenen Instrumente der Bilanzpolitik:

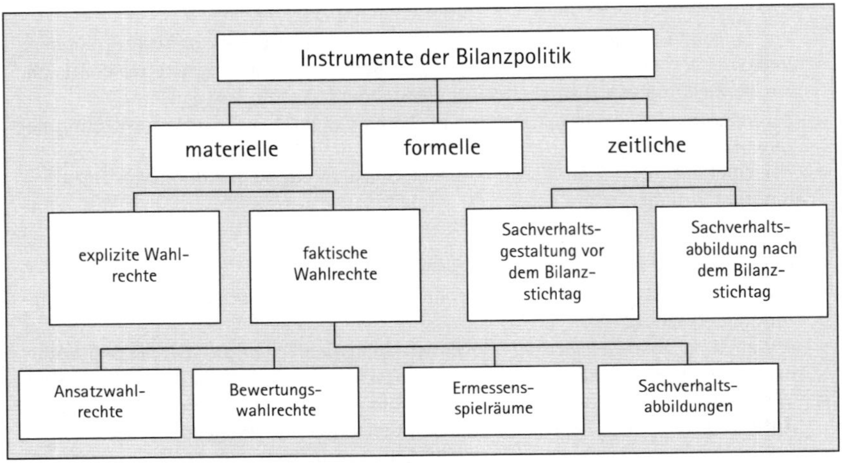

Abb. 18: Instrumente der Bilanzpolitik[109]

6.3.5 Strategien der Bilanzpolitik

Die sich in der Praxis herauskristallisierenden bilanzpolitischen Strategien orientieren sich stark an den Unternehmenszielen, insbesondere der Gewinnmaximierung. Daher stehen i. d. R. die **ergebnisverbessernde Bilanzpolitik** einerseits und die **Steuersparstrategie** andererseits im Mittelpunkt. Diese Zielsetzungen disharmonieren, sodass die Entscheidung entweder für einen positiven Ergebnisausweis oder für Steuereinsparungen fallen muss.

Die Bilanzpolitik sollte nicht nur kurzfristig, sondern vor allem langfristig orientiert sein, um verlässliche Prognosebilanzen und Prognose-Gewinn- und Verlustrechnungen im Rahmen der Unternehmensplanung erstellen zu können.

[109] Coenenberg, A.-G. et al.: Jahresabschluss u. -analyse, 2009, S. 999.

6.4 Grenzen der Bilanzpolitik

Von „Bilanzpolitik“ darf nur dann gesprochen werden, wenn sich das Unternehmen bei der Bilanzgestaltung innerhalb der gesetzlich zulässigen Gestaltungsspielräume bewegt. Daher müssen die gesetzlichen Richtlinien und Rahmenbedingungen unbedingt eingehalten werden.
Die Grenzen der Bilanzpolitik sind dann überschritten, wenn die Bilanzersteller Gestaltungen wählen, die gegen die Grundsätze ordnungsmäßiger Buchführung oder gegen das Handels- bzw. Gesellschaftsrecht oder gegen die Satzung bzw. den Gesellschaftsvertrag verstoßen.
Eine Missachtung der handelsrechtlichen Gesetze hat strafrechtliche Folgen. Bei expliziten Wahlrechten ist es meist wenig problematisch, das Gesetz zu wahren. Schwieriger stellt es sich bei den faktischen Ermessensspielräumen dar. Bei faktischen Wahlrechten sind die Grundsätze ordnungsmäßiger Buchführung und die der „vernünftigen kaufmännischen Beurteilung“[110] die Grenzen. Zudem werden die Ermessensspielräume spätestens durch den Jahresabschlussprüfer (Wirtschaftsprüfer) begrenzt.

Die weitreichenden Regelungen befassen sich zusätzlich mit der Bewertung der Bilanzposten sowie den folgenden Prinzipien:

- Klarheit und Übersichtlichkeit,
- Vollständigkeit,
- Bilanzidentität,
- Unternehmensfortführung,
- Einzelbewertung,
- Vorsicht,
- Nominalwerte (Anschaffungs- oder Herstellungskosten bilden i. d. R. die Wertobergrenze) und
- Bewertungsstetigkeit.

Achtung: Bewertungsstetigkeit

Nach dem neuen HGB gilt das Prinzip der Ansatz- und Bewertungsstetigkeit als **Muss-Vorschrift**.

[110] Vgl. § 253 Abs. 1 Satz 2 HGB.

Die Bilanzpolitik als Teildisziplin der gesamten Unternehmenspolitik findet auch Einschränkungen durch andere Unternehmensziele, denen sie sich anpasst oder unterordnet. So kann beispielsweise eine Tochtergesellschaft von der Muttergesellschaft eine Vorgabe hinsichtlich der Höhe des Unternehmensergebnisses haben.

Implizite Grenzen ergeben sich möglicherweise auch durch sich kompensierende Effekte. So können sich Maßnahmen, die in der Gegenwart einen erwünschten positiven Effekt haben, in späteren Geschäftsjahren als nachteilig erweisen. Ein Beispiel dazu ist die Aktivierung von Entwicklungsaufwendungen: Sie verbessert zunächst das Unternehmensergebnis, in späteren Perioden aber führt sie zu Abschreibungen und verschlechtert damit das Ergebnis.
Bilanzpolitische Grenzen kann auch der Anhang setzen: Er informiert über die Vorgehensweise des Bilanzierenden, wodurch die bilanzpolitischen Zielsetzungen aufgedeckt werden können.

In den folgenden Kapiteln wird das bilanzpolitische Instrumentarium detailliert erläutert.

7 Bilanzpolitische Möglichkeiten im Anlagevermögen

In einer Bilanz stellt das Anlagevermögen den ersten Posten auf der Aktivseite dar. Im Folgenden wird die bilanzpolitische Bedeutung beziehungsweise das bilanzpolitische Potenzial der einzelnen Positionen des Anlagevermögens detailliert analysiert.

Aufgrund von Aktivierungswahlrechten können Unternehmen getätigte Ausgaben erfolgsneutral als Aktivposten bilanzieren, anstatt sie als Aufwand in der Gewinn- und Verlustrechnung zu erfassen. Seit dem BilMoG wurden die Aktivierungswahlrechte aber stark eingeschränkt. Es können nur noch die folgenden Aktivierungswahlrechte in der Handelsbilanz angewandt werden:

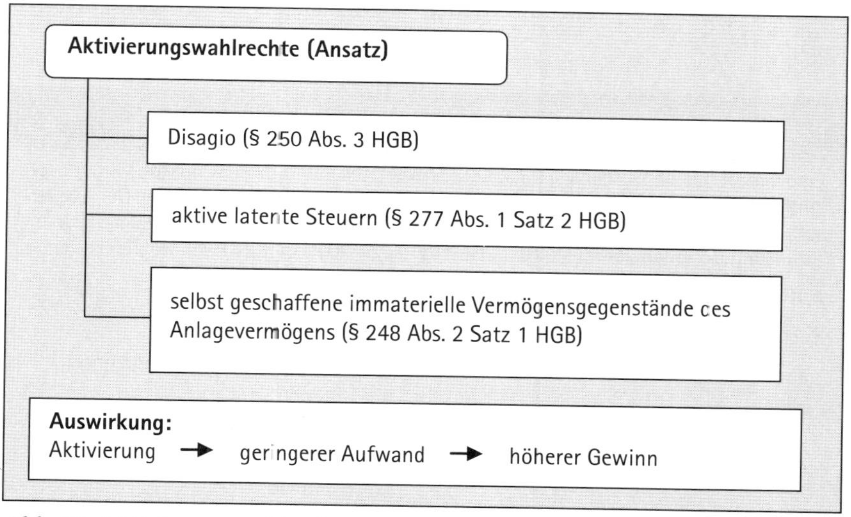

Abb. 19: Aktivierungswahlrechte nach HGB

7.1 Aufwendungen für die Ingangsetzung und Erweiterung des Geschäftsbetriebs

Durch das BilMoG wurde die Vorschrift des § 269 HGB a. F., die eine Aktivierung von „Aufwendungen für die Ingangsetzung und Erweiterung des Geschäftsbetriebs" in der Handelsbilanz vorsah, gestrichen. Ebenso wurde der § 282 HGB a. F. aufgehoben, nach dem die aktivierten Beträge in jedem folgenden Geschäftsjahr zu mindestens einem Viertel durch Abschreibungen zu vermindern waren. In der Steuerbilanz bestand für die Bilanzierungshilfe „Aufwendungen für die Ingangsetzung und Erweiterung des Geschäftsbetriebs" schon immer ein Aktivierungsverbot.

Falls Unternehmen das Aktivierungswahlrecht für die „Aufwendungen für die Ingangsetzung und Erweiterung des Geschäftsbetriebs" vor dem 01.01.2010 in Anspruch nahmen, besteht die Möglichkeit, die Bilanzierungshilfen entweder wie bisher planmäßig weiter abzuschreiben oder sofort ergebniswirksam aufzulösen.

Beispiel: Ingangsetzungs- und Erweiterungsaufwendungen

Eine GmbH hat im Geschäftsjahr 2009 (dem letzten Jahr vor dem BilMoG) Ingangsetzungs- und Erweiterungsaufwendungen in Höhe von 1 Mio. € aktiviert. Der Steuersatz beträgt 30 %. Die GmbH bildete bisher keine aktiven latenten Steuern. Für die Auflösung der Bilanzierungshilfe im Geschäftsjahr 2010 gibt es zwei Möglichkeiten.

Auflösung des Postens:

Buchung zum 01.01.2010:

andere Gewinnrücklagen	300.000 €	an	passive latente Steuern	300.000 €
außerordentlicher Aufwand	1 Mio. €	an	Ingangsetzungsaufwendungen	1 Mio. €
passive latente Steuern	300.000 €	an	latenter Steuerertrag	300.000 €

Fortführung des Postens:

Buchung zum 01.01.2010:

andere Gewinnrücklagen	300.000 €	an	passive latente Steuern	300.000 €

Buchung zum 31.12 2010:

Abschreibung	250.000 €	an	Ingangsetzungsaufwendungen	250.000 €
passive latente Steuern	75.000 €	an	latenter Steuerertrag	75.000 €

(Aufgrund der Abschreibung i. H. v. 250.000 € ist der fiktive Steueraufwand in der Handelsbilanz um 75.000 € (250.000 € x 30 %) niedriger als in der Steuerbilanz, daher werden die gebildeten passiven latenten Steuern i. H. v. 75.000 € aufgelöst.)

7.2 Ansatz immaterieller Vermögensgegenstände

Durch den Wandel von der Industrie- zur Dienstleistungs- und Wissensgesellschaft haben die immateriellen Vermögensgegenstände erheblich an Bedeutung gewonnen.[111]

Das immaterielle Anlagevermögen lässt sich in „selbst geschaffene immaterielle Vermögensgegenstände" und „entgeltlich erworbene immaterielle Vermögensgegenstände" aufschlüsseln. Um der besonderen Wertigkeit des derivativen Geschäfts- oder Firmenwertes gerecht zu werden, wird dieser separat behandelt.

7.2.1 Selbst erstellte immaterielle Vermögensgegenstände

Bisher war es nicht erlaubt, selbst erstellte immaterielle Vermögensgegenstände des Anlagevermögens zu aktivieren, da ihnen eine zu enge Beziehung zum originären Firmenwert, für den noch immer ein Ansatzverbot besteht, beigemessen wird. Um eine Annäherung an die internationalen Rechnungslegungsvorschriften zu erreichen, besteht jetzt nach dem neuen HGB (BilMoG) ein Ansatzwahlrecht für selbst geschaffene immaterielle Vermögensgegenstände des Anlagevermögens (§ 248 Abs. 2 Satz 1 HGB).

Tipp: Aktivierungswahlrecht

Seit dem 01.01.2010 besteht die Möglichkeit, selbst erstellte immateriel e Vermögensgegenstände des Anlagevermögens zu aktivieren. Dies betrifft vor allem die Entwicklungskosten oder die Software.

[111] Coenenberg, A.-G. et al.: Jahresabschluss u. -analyse, 2009, S. 175.

Viele Unternehmer haben jetzt die Möglichkeit, bedeutsame Werte in der Bilanz anzusetzen, und mittels des bestehenden Wahlrechts eine bilanzpolitische Gestaltungen vorzunehmen. Demnach finden Werte wie Schutzrechte, Patente und Urheberrechte, Rechtspositionen wie z. B. Nutzungsberechtigungen und Ideen bzw. Erfindungen Einzug in die Bilanz.
Explizit von diesem Wahlrecht ausgeschlossen sind die folgenden in § 249 Abs. 2 Satz 2 HGB genannten immateriellen Vermögensgegenstände: Marken, Drucktitel, Verlagsrechte, Kundenlisten und ähnliche selbst geschaffene immaterielle Vermögenswerte. Sie dürfen nicht in die Bilanz aufgenommen werden und unterliegen einem Ansatzverbot. Der Grund dafür liegt in der nicht eindeutig möglichen Abgrenzung vom originären Firmenwert.[112]

An den Ansatz der selbst erstellten immateriellen Vermögensgegenstände sind folgende Voraussetzungen geknüpft:

- Zum einen ist dieser Wert nur in die Bilanz aufzunehmen, wenn davon ausgegangen werden kann, dass er sich in der Entwicklung befindet und hieraus mit hoher Wahrscheinlichkeit ein Vermögensgegenstand entstehen wird.[113]
- Des Weiteren muss für jeden Einzelfall geprüft werden, ob ein Vermögensgegenstand selbstständig verwertbar ist.[114]
- Außerdem muss sichergestellt sein, dass dem Unternehmen aus diesem Vermögensgegenstand ein Nutzen zufließt.

Für die Bewertung der immateriellen Vermögensgegenstände, die aus eigener „Produktion" stammen, können nur diejenigen Herstellungskosten herangezogen werden, die auf die Phase der Entwicklung des Gegenstands entfallen,[115] nicht jedoch die Forschungskosten. In der Wirtschaft werden aber Forschung und Entwicklung als zusammenhängender Vorgang, und somit als zu einer Abteilung gehörend, verstanden. Daher werden auch die Kosten, die in diesen beiden Bereichen anfallen, zusammengefasst. Die Unterscheidung kann daher problematisch sein.

[112] Theile, C.; Bilanzrechtsmodernisierungsgesetz, 2009, S. 52 ff.
[113] Coenenberg, A.-G. et al.: Jahresabschluss u. -analyse, 2009, S. 177.
[114] Theile, C.; Bilanzrechtsmodernisierungsgesetz, 2009, S. 55.
[115] § 255 Abs. 2a HGB.

In § 255 Abs. 2a Satz 2 HGB wird Entwicklung als „die Anwendung von Forschungsergebnissen oder von anderem Wissen für die Neuentwicklung von Gütern oder Verfahren oder die Weiterentwicklung von Gütern oder Verfahren mittels wesentlicher Änderungen“ bezeichnet. Bei der Entwicklung ist ein körperliches Ergebnis vorhanden, das neu entstanden ist oder durch Veränderung erneuert oder erweitert wurde. Sollte die Trennung der Forschungs- und Entwicklungskosten nicht zuverlässig möglich sein, darf der immaterielle Vermögensgegenstand nicht aktiviert werden.[116]

Die oben genannte Voraussetzung, dass „mit hoher Wahrscheinlichkeit ein immaterieller Vermögensgegenstand entstehen sollte“, muss zum Bilanzstichtag, an dem der Wert in die Bilanz aufgenommen wird, vorliegen.[117] Dies bedeutet, dass der Vermögensgegenstand noch nicht vollständig entwickelt sein muss, damit er aktiviert werden kann. Hingegen können bereits als Aufwand verbuchte Kosten nicht mehr nachträglich aktiviert werden.

Ein bilanzpolitischer Ermessensspielraum besteht für die Unternehmen insofern, als sie den Übergangszeitpunkt von der Forschungs- in die Entwicklungsphase festlegen dürfen.

Das Unternehmen kann, je nach bilanzpolitischen Zielen, zwei Wege gehen:

- Erfasst es die Kosten als Aufwand, wird ein geringerer Gewinn ausgewiesen.
- Werden die Entwicklungskosten hingegen aktiviert, führt dies zu einer gewissen „Verschönerung“ der Bilanz und einem höheren Gewinnausweis.

> **Achtung: Aktivierungswahlrecht für selbst erstellte immaterielle Vermögensgegenstände nur in der Handelsbilanz**
>
> In der **Steuerbilanz** besteht nach wie vor ein **Aktivierungsverbot**. Bei einer Aktivierung in der Handelsbilanz müssen zusätzlich passive latente Steuern gebildet werden. Zudem besteht eine Ausschüttungssperre in Höhe der Differenz aus dem aktivierten Betrag und den passiven latenten Steuern.

Bei Inanspruchnahme des Aktivierungswahlrechts ist im Anhang der Gesamtbetrag der Forschungs- und Entwicklungsaufwendungen anzugeben.

---

[116] § 255 Abs. 2a HGB.

[117] Coenenberg, A. G. et al.: Jahresabschluss u. -analyse, 2009, S. 177.

Tipp: Entwicklungskosten

Falls selbst erstellte immaterielle Vermögensgegenstände aktiviert werden sollen, kann man sich an der Vorgehensweise nach IFRS orientieren. Hierbei sollten folgende Punkte beachtet werden:

- Protokollierung der Managemententscheidung für die Aktivierung,
- Dokumentation der Umsetzbarkeit und Verwertung der Entwicklung,
- Vergabe einer internen Auftragsnummer für Entwicklungsprojekte,
- verlässliche Zurechnung der Ausgaben und Aufwendungen auf die Entwicklungsprojekte.

Für die **Folgebewertung** gelten die normalen Regeln des Anlagevermögens. Danach sind abnutzbare immaterielle Vermögensgegenstände, die vom Unternehmen selbst hergestellt wurden, planmäßig über die Nutzungsdauer abzuschreiben.

Die **Schätzung der Nutzungsdauer** eröffnet die Möglichkeit der bilanzpolitischen Gestaltung, da eine Schätzung immer der Subjektivität der schätzenden Person unterliegt und folglich innerhalb logischer Grenzen ein Spielraum besteht, der, je nach Zielsetzung, ausgenutzt werden kann.

Auch die **außerplanmäßige Abschreibung** ist regelkonform, wenn objektiv nachvollziehbare Gründe plausibel dargestellt werden können. Mithilfe der außerplanmäßigen Abschreibungen, die einen außerplanmäßigen Aufwand darstellen, kann das Jahresergebnis reduziert werden.

Der § 246 Abs. 3 HGB schreibt vor, dass die Ansatzstetigkeit zu wahren ist. Demnach gilt die einmal getroffene Entscheidung für oder gegen den Ansatz von selbst erstellten immateriellen Vermögensgegenständen, also für das Ausüben des Wahlrechts oder den Verzicht darauf, ebenso für die Folgejahre. Es ist nur in Ausnahmefällen und mit schlüssiger Begründung möglich, von der einmal getroffenen Entscheidung abzuweichen. Dies schränkt den bilanzpolitischen Effekt ein.

Das Wahlrecht eröffnet Unternehmen auch die Möglichkeit, die selbst erstellten immateriellen Vermögensgegenstände nicht zu aktivieren.[118] Das hat folgende Auswirkungen: Da für die Steuerbilanz ein Aktivierungsverbot von selbst erstellten immateriellen Vermögensgegenständen besteht, wird mit der Nichtaktivierung eine Annäherung an die Steuerbilanz erzielt. Insofern entstehen keine latenten Steuern, die im Falle der Ausübung des Wahlrechts anzusetzen wären.

[118] Regierungsentwurf (BT-DRS 16/10067 v. 30.07.2009), S. 118.

Sich gegen die die Aktivierung zu entscheiden, bringt den großen Vorteil, dass der Aufwand für die Abgrenzung zwischen Forschungs- und Entwicklungskosten wegfällt, da diese für den Ansatz zuverlässig voneinander getrennt werden und die Erläuterungen dazu im Anhang verzeichnet sein müssten.[119]
Letztlich werden Unternehmen, die Steuern sparen wollen, eher dazu tendieren, die selbst erstellten immateriellen Vermögensgegenstände als Aufwand zu erfassen und somit den Gewinn zu reduzieren. Wohingegen es Unternehmen aus der Softwarebranche entgegenkommt, die selbst erstellten immateriellen Vermögensgegenstände zu aktivieren, da sie als Vermögen hauptsächlich immaterielle Werte vorweisen können.

Beispiel: Aktivierung von Entwicklungsaufwendungen

Ein Unternehmen entwickelt einen neuen Elektromotor. Die Forschungsphase begann im Jahr 01. Im Jahr 02 fielen bis zum 31.03.02 Forschungskosten in Höhe von 250.000 € an. Der Prototyp läuft. Ab April 02 beginnt die Entwicklungsphase. Die Entwicklung ist Mitte 03 abgeschlossen. Vom 01.04.02 bis zum 31.12.02 (Bilanzstichtag) sind folgende Entwicklungsaufwendungen angefallen:

- Personaleinzel- und -gemeinkosten der Entwickler: 500.000 €
- Materialeinzel- und -gemeinkosten für den Motor: 250.000 €
- Kosten der Patentanmeldung: 40.000 €
- Anteilige produktionsbedingte Abschreibungen: 10.000 €

Die Entwicklungsaufwendungen in Höhe von 800.000 € werden im Jahr 02 aktiviert, ein Wertminderungsbedarf besteht nicht. Die Forschungsaufwendungen werden ergebniswirksam gebucht. Da die Entwicklungsaufwendungen in der Steuerbilanz nicht aktiviert werden dürfen, müssen zur Abgrenzung „passive latente Steuern" gebildet werden. Der Steuersatz beträgt 30 %. Es sind folgende vereinfachte Buchungen vorzunehmen:

Forschungs- und Entwicklungsaufwand	1.050 T€	an	Bank	1.050 T€
selbst geschaffene gewerbliche Schutzrechte und ähnliche Rechte und Werte	800 T€	an	Entwicklungsaufwendungen	800 T€
latenter Steueraufwand	240 T€	an	passive latente Steuern	240 T€

[119] Theile, C.; Bilanzrechtsmodernisierungsgesetz, 2009, S. 53.

7.2.2 Geschäfts- oder Firmenwert

Mit dem BilMoG wurde der derivative Geschäfts- oder Firmenwert, auch als Goodwill bezeichnet, als fester Bestandteil mit in die Bilanz aufgenommen. Durch eine Fiktion wurde der Goodwill explizit zum zeitlich begrenzt nutzbaren Vermögensgegenstand angehoben.[120] Für den **derivativen** Geschäfts- oder Firmenwert besteht eine Aktivierungs**pflicht**. Der **originäre** Geschäfts- oder Firmenwert darf dagegen nicht in der Bilanz angesetzt werden, er unterliegt einem Aktivierungs**verbot**.

Der derivative Geschäfts- oder Firmenwert wird wie folgt berechnet:

Derivativer Firmenwert = Kaufpreis – (Zeitwert der Vermögensgegenstände abzüglich des Zeitwerts der Schulden)

Dieser errechnete Geschäfts- oder Firmenwert wird als separater Posten unter den immateriellen Vermögensgegenständen in der Bilanz ausgewiesen. Als abnutzbarer Vermögensgegenstand unterliegt der derivative Geschäfts- oder Firmenwert sowohl der planmäßigen wie auch einer eventuellen außerplanmäßigen Abschreibung. Der planmäßigen Abschreibung ist die individuelle Nutzungsdauer des Goodwills zugrunde zu legen, die durch Schätzung ermittelt werden muss. Da die Nutzungsdauer geschätzt wird, entsteht für den Bilanzierenden ein bilanzpolitischer Spielraum: Bei einer kurzen Nutzungsdauer sind die planmäßigen Abschreibungen höher, d. h., der Gewinn mindert sich, während bei einer längeren Nutzungsdauer die planmäßigen Abschreibungen niedriger sind und der Gewinn entsprechend höher wird.
Im Handelsrecht wird für die betriebliche Nutzungsdauer ein Richtwert von fünf Jahren erwähnt.[121] Im Anhang sind die Gründe anzugeben, die eine Nutzungsdauer von mehr als fünf Jahren rechtfertigen. Die handelsrechtliche Nutzungsdauer des derivativen Geschäfts- oder Firmenwertes ist unabhängig vom Steuerrecht (die steuerrechtliche Nutzungsdauer beträgt 15 Jahre) zu beurteilen. Als Abschreibungsmethoden kommen die degressive und die lineare Abschreibung infrage; i. d. R. wird die lineare Abschreibung genutzt.

[120] Vgl. § 285 Nr. 13 HGB
[121] Vgl. § 255 Absatz 4 Satz 2, 3 HGB.

Zur Schätzung der Nutzungsdauer des Goodwills kann man sich beispielsweise an folgenden Hinweisen orientieren:

- Art und Bestandsdauer des erworbenen Unternehmens,
- Stabilität und die Bestandsdauer der Branche des Unternehmens,
- Lebenszyklus der Produkte des erworbenen Unternehmens,
- Auswirkungen von Veränderungen der Absatz- und Beschaffungsmärkte sowie der wirtschaftlichen Rahmenbedingungen auf das erworbene Unternehmen,
- Umfang der Erhaltungsaufwendungen, die erforderlich sind, um den erwarteten ökonomischen Nutzen des erworbenen Unternehmens zu realisieren,
- ...[122]

Wie auf der Seite vorher erwähnt, ist der derivative Geschäfts- oder Firmenwert im Falle einer voraussichtlich dauernden Wertminderung außerplanmäßig abzuschreiben. Die Höhe der außerplanmäßigen Abschreibung ermittelt das Unternehmen selbst, somit besteht hier ein Ermessensspielraum.
Im Unterschied zu den anderen Vermögensgegenständen ist beim Goodwill gem. § 253 Abs. 5 S. 2 HGB der niedrigere Wert aus einer außerplanmäßigen Abschreibung auch nach Wegfall der Gründe der Wertminderung beizubehalten.[123]

Achtung: Derivativer Geschäfts- oder Firmenwert

Nach einer außerplanmäßigen Abschreibung besteht für den Goodwill ein Wertaufholungsverbot (Zuschreibungsverbot).

[122] Regierungsentwurf (BT-DRS 16/10067 vom 30.07.2009), S. 48.
[123] Coenenberg, A. G. et al: Jahresabschluss und -analyse, 2009, S. 182.

Beispiel: Derivativer Geschäfts- oder Firmenwert

Ein Unternehmen hat einen Wettbewerber gekauft. Dabei entstand ein derivativer Geschäfts- oder Firmenwert in Höhe von 900 T€. Der Steuersatz liegt bei 30 %. Das Unternehmen beabsichtigt, ein möglichst gutes Ergebnis auszuweisen. Die geschätzte Nutzungsdauer des derivativen Firmenwertes beträgt 12 Jahre. Steuerlich wird der derivative Firmenwert über 15 Jahre abgeschrieben. Das bedeutet, im handelsrechtlichen Abschluss werden jährlich 75 T€ (900 T€ : 12 J. = 75 T€/J.) abgeschrieben. Steuerlich dagegen werden nur 60 T€ (900 T€ : 15 J. = 60 T€/J.) abgeschrieben. Somit entstehen aktive latente Steuern. Zwischen dem steuerlichen und handelsrechtlichen Ansatz des Firmenwertes liegt eine Differenz von 15 T€ (= 840 T€ - 825 T€), die nicht permanent sind. Dadurch kann eine aktive Steuerabgrenzung in Höhe von 4.500 € vorgenommen werden. Es sind folgende Buchungen in der Handelsbilanz vorzunehmen:

Abschreibungen	75.000 €	an	Firmenwert	75.000 €
Aktive latente Steuern	4.500 €	an	latenter Steuerertrag	4.500 €

7.3 Bewertung von Sachanlagen

Sachanlagen sind der zweite Posten innerhalb des Anlagevermögens. Im Gegensatz zur ersten Position, den immateriellen Vermögensgegenständen, sind sie in der Regel physisch greifbar. Von bilanzpolitischem Interesse sind hierbei vor allem die **Bewertungsmethoden** bzw. die Bewertungsansätze. Sachanlagen werden zu ihren Anschaffungs- oder Herstellungskosten bewertet, je nachdem, ob sie extern bezogen wurden oder aus der internen Produktion stammen.

7.3.1 Ermittlung der Anschaffungskosten

Sachanlagen, die von Dritten bezogen oder erworben werden, sind zum Zeitpunkt des Zugangs mit ihren Anschaffungskosten zu bewerten. Die gesamten Anschaffungskosten, die aus mehreren Komponenten bestehen, lassen sich wie folgt ermitteln:

Ermittlung der Anschaffungskosten	
	Anschaffungspreis (Listenpreis mit Zu- und Abschlägen ohne Umsatzsteuer)
-	Anschaffungspreisminderung (z. B. Skonti, Boni, nachträgliche Nachlässe)
+	Anschaffungsnebenkosten (z. B. Frachten, Zölle, Versicherungen etc.)
+	Kosten der Herstellung der Betriebsbereitschaft (z. B. Fundamentierung, Montage, Schnittstellenprogrammierung)
+	nachträgliche Anschaffungskosten (z. B. nachträgliche Straßenanlieger- und Erschließungsbeiträge)
=	**handelsrechtliche Anschaffungskosten**

Tab. 45: Ermittlung der Anschaffungskosten

Achtung: Aktivierungsverbot von Fremdkapitalzinsen
Fremdkapitalzinsen gehören grundsätzlich nicht zu den Anschaffungskosten.

Der Anschaffungspreis ist der vom Unternehmen an den Verkäufer entrichtete Nettopreis. Erhaltene Skonti, Boni, Rabatte oder Subventionen müssen vom Anschaffungspreis abgezogen werden, da sie sofort den Preis mindern, sodass das Unternehmen diesen Differenzbetrag nicht aufbringen muss. Zu den aktivierungspflichtigen Anschaffungsnebenkosten zählen diejenigen Kosten, die für die Beschaffung und die Ingangsetzung einer Anlage aufgebracht werden müssen. Dazu gehören z. B. die Kosten für Transport, Versicherungen, Montage, Fundament, aber auch Gebühren für die Beurkundung von Kaufverträgen, Provisionen, Vermittlungsgebühren sowie Zölle, Steuern und sonstige Abgaben. Eine Zurechnung darf nur dann stattfinden, wenn die Kosten einzeln dem Vermögensgegenstand zuzuordnen sind.
Zu den nachträglichen Anschaffungskosten zählen Kosten, die nach der Anschaffung bei Umbau- oder Ausbauarbeiten angefallen sind.[124] Alle Kostenbestandteile sind als Nettowerte einzurechnen, falls das bilanzierende Unternehmen zum Vorsteuerabzug berechtigt ist.[125]
Im Allgemeinen ist es nicht gestattet, Finanzierungskosten in die Anschaffungskosten zu integrieren. Eine Ausnahme besteht bei Krediten, die als Anzahlungen oder Vorauszahlungen zur Finanzierung von Neuanlagen mit länge-

[124] Coenenberg, A. G. et al.: Jahresabschluss und -analyse, 2009, S. 95.
[125] Heesen, B.; Gruber, W.; Bilanzanalyse und Bilanzkennzahlen, 2009, S. 26.

rer Bauzeit verwendet werden. Hierbei ist es möglich, die Kreditzinsen in die Anschaffungskosten mit einzubeziehen.[126] Da Anschaffungskosten genau ermittelt werden, bieten sie wenig bilanzpolitischen Spielraum.

7.3.2 Besonderheiten bei der Ermittlung des Anschaffungspreises

Bei den folgenden Sonderfällen besteht ein bilanzpolitischer Spielraum:

Komponentenansatz bei Sachanlagen

Gemäß des IDW-Rechnungslegungshinweises HFA 1016 kann auch nach HGB sowie gemäß IFRS der Komponentenansatz angewandt werden. Der Komponentenansatz ist eine Methode, bei der der Gesamtwert eines abnutzbaren Vermögensgegenstands des Sachanlagevermögens in seine wesentlichen Komponenten unterschiedlicher Nutzungsdauern zerlegt wird. Der Betrag der planmäßigen Abschreibungen des Vermögensgegenstands ergibt sich aus der Summe der auf die einzelnen Komponenten entfallenden planmäßigen Abschreibungen.
Die Komponentenmethode führt im Vergleich zur planmäßigen Abschreibung des Gesamtvermögensgegenstands zu abweichenden Abschreibungsbeträgen, wenn die jeweiligen Nutzungsdauern einzelner Komponenten anders sind als die des Gesamtvermögensgegenstands. Somit stellt die Komponentenmethode eine bilanzpolitische Möglichkeit dar.

Staatliche Investitionsförderung

Zuschüsse im Rahmen der staatlichen Investitionsförderung können entweder

- im Jahr der Gewährung voll als Ertrag verrechnet werden oder
- als Anschaffungspreisminderung auf die Jahre der Nutzung der Anlage verteilt werden.

Im Falle einer sofortigen Ertragsverrechnung erhöht sich das Ergebnis um den entsprechenden Zuschussbetrag.

Unentgeltlicher Erwerb eines Vermögensgegenstands

Im Fall eines unentgeltlichen Erwerbs eines Vermögensgegenstands hat der Bilanzierende die Möglichkeit:

---

[126] Coenenberg, A. G. et al.: Jahresabschluss und -analyse, 2009, S. 95.

- auf die Bilanzierung zu verzichten oder
- die vorsichtig geschätzten Anschaffungskosten anzusetzen, wobei der Zeitwert des Vermögensgegenstands die Wertobergrenze darstellt.

Tauschgeschäfte

Bei Tauschgeschäften von Vermögensgegenständen, die „stille Reserven“[127] enthalten, hat der Bilanzierende im Handelsrecht die Möglichkeit:

- den neu erhaltenen Vermögensgegenstand mit den fortgeführten Anschaffungs- oder Herstellungskosten des hingegebenen Vermögensgegenstands (ohne Aufdeckung der stillen Reserven) zu diesem fiktiven Anschaffungspreis zu bewerten oder
- den hingegebenen Vermögensgegenstand mit dem beizulegenden Wert anzusetzen und die stillen Reserven aufzulösen, d. h., es kommt zu einer Gewinnrealisierung.

7.3.3 Ermittlung der Herstellungskosten

Herstellungskosten dienen der Zugangsbewertung von Sachanlagen, die aus der eigenen Produktion des Unternehmens stammen. Sie entstehen bei:

- Herstellung eines Vermögensgegenstands oder
- Erweiterung eines Vermögensgegenstands oder
- einer wesentlichen Verbesserung eines Vermögensgegenstands.

Die Herstellungskosten werden aus den der Kostenrechnung entstammenden Herstellkosten abgeleitet. Der Unterschied zwischen den Herstellungskosten der externen Rechnungslegung und den Herstellkosten der internen Rechnungslegung besteht darin, dass bei den **Herstellungskosten** ausschließlich aufwandsgleiche Kosten erfasst werden. Bei den Herstellkosten können kalkulatorische Kosten mit einbezogen werden, die dann für die Herstellungskosten extrahiert werden müssen.

[127] Stille Reserven stellen die Differenz zwischen dem Buchwert und dem auf den Stichtag des Jahresabschlusses bezogenen Zeitwert eines Bilanzpostens dar. Sie entstehen durch die Unterbewertung der Aktiva und der Überbewertung der Passiva.

Bei der Ermittlung der Herstellungskosten lässt der Gesetzgeber den Unternehmen einen nicht zu verachtenden Freiraum. Es gibt eine Wertuntergrenze mit aktivierungspflichtigen Herstellungskosten und eine Wertobergrenze, die die Wahlbestandteile der Herstellungskosten enthält.[128] Innerhalb dieser Grenzen kann der Bilanzierende nach eigenen Zielen gestalten. Die Bestandteile der Herstellungskosten gemäß HGB sind in der nachfolgenden Übersicht dargestellt:

	Herstellungskostenbestandteile	
Aktivierungspflicht	▪ Materialeinzelkosten ▪ Fertigungseinzelkosten ▪ Sondereinzelkosten der Fertigung ▪ Materialgemeinkosten ▪ Fertigungsgemeinkosten ▪ Werteverzehr des Anlagevermögens, soweit durch die Herstellung veranlasst	§ 255 Abs. 2 Satz 2 HGB
Aktivierungswahlrecht	▪ Kosten der allgemeinen Verwaltung ▪ Aufwendungen für soziale Einrichtungen des Betriebs ▪ Aufwendungen für freiwillige soziale Leistungen ▪ Aufwendungen für betriebliche Altersversorgung	§ 255 Abs. 2 Satz 3 HGB
	▪ Zinsen für Fremdkapital, das zur Finanzierung für den Herstellungszeitraum eines Vermögensgegenstands verwendet wird	§ 255 Abs. 3 HGB
Aktivierungsverbot	▪ Forschungskosten ▪ Vertriebskosten ▪ Kosten der Unterbeschäftigung (Leerkosten)	§ 255 Abs. 2 Satz 4 HGB

Tab. 46: Ermittlung der Herstellungskosten

Material- und Fertigungseinzelkosten sind diejenigen Kosten aus der Fertigung und dem Materialbereich, die sich eindeutig dem produzierten Produkt zurechnen lassen. Materialgemeinkosten, Fertigungsgemeinkosten und Kosten des Werteverzehrs des Anlagevermögens lassen sich nicht direkt dem Produkt zuordnen, da sie für alle in der Produktion hergestellten Gegenstände anfallen. Durch das BilMoG wurde das Wahlrecht zur Einbeziehung dieser Gemeinkosten aufgehoben, um es durch eine Aktivierungspflicht zu ersetzen.[129] Somit wurde die Wertuntergrenze für die Herstellungskosten um die Gemeinkosten-

[128] Theile, C.: Bilanzrechtsmodernisierungsgesetz, 2009, S. 105.
[129] Theile, C.; Herstellungskosten nach BilMoG, BBK - 12/2009, S. 607 ff.

teile aus Fertigung und dem Materialbereich erweitert. Daraus ergibt sich eine Annäherung an die steuerrechtliche Wertuntergrenze sowie eine Angleichung an den niedrigsten möglichen Wert nach der internationalen Rechnungslegung gemäß IFRS.

Die Aktivierungswahlrechte eröffnen für die Bilanzpolitik entscheidende Chancen und Möglichkeiten. Allgemeine Verwaltungskosten (z. B. Aufwendungen von Geschäftsleitung, Personalbüro, Betriebsrat, Controlling, Abschreibungen für Verwaltungsgebäude) und Fremdkapitalkosten können unter bestimmten Bedingungen bei den Herstellungskosten einbezogen werden. Ein Wahlrecht zur Einbeziehung sieht der Gesetzgeber auch für Aufwendungen für soziale Einrichtungen des Betriebs (z. B. Sportstätten, Betriebskindergarten), für freiwillige soziale Leistungen (z. B. Beihilfen im Krankheitsfall) und für die betriebliche Altersversorgung vor, soweit diese Aufwendungen im Zeitraum der Herstellung anfallen.[130]

Einschränkungen hierfür ergeben sich aus dem Stetigkeitsgebot des § 252 Abs. 1 Satz 6 HGB. Dieser Bewertungsgrundsatz besagt, dass die angewandten Methoden in den Folgejahren ebenso weitergeführt werden müssen. Einschränkend ist diese Regelung insofern, als das Unternehmen nicht je nach Situation im jeweiligen Geschäftsjahr entscheiden kann, sondern innerhalb gewisser Grenzen die Vorgehensweise im Vorjahr beachten und wieder anwenden muss.

7.3.4 Abgrenzung der nachträglichen Herstellungskosten von den Erhaltungsaufwendungen

Bei der Bewertung muss zwischen den nachträglichen Herstellungskosten und den Erhaltungsaufwendungen unterschieden werden, da die Erhaltungsaufwendungen nicht aktiviert werden dürfen. Die Erhaltungsaufwendungen bewirken, dass die Anlagegegenstände nutzbar bleiben und ein vorzeitiger Verschleiß verhindert wird. Den Unterschied zwischen nachträglichen Herstellungskosten und Erhaltungsaufwendungen zeigt die folgende Tabelle.

---

[130] Coenenberg, A. G. et al.: Jahresabschluss und -analyse, 2009, S. 97 ff. und von Eitzen, B.; Zimmermann, N.: Bilanzierung nach HGB und IFRS, 2010, S. 64.

Erhaltungsaufwendungen oder Herstellungskosten	
Erhaltungsaufwendungen	**Herstellungskosten**
Die Substanz oder die Verwendungs- oder Nutzungsmöglichkeit eines Vermögensgegenstands wird ▪ erhalten (Instandhaltungsaufwand) oder ▪ wiederhergestellt (Instandsetzungsaufwand)	Ein Vermögensgegenstand wird ▪ neu geschaffen (z. B. Neubau) ▪ erweitert (z. B. Gebäudeanbau) ▪ wesentlich verbessert (wenn seine Verwendungs- und Nutzungsmöglichkeit deutlich geändert wird)
sofortiger erfolgswirksamer Aufwand	Aktivierung

Tab. 47: Unterscheidung zwischen Erhaltungsaufwand und Herstellungskosten

7.3.5 Folgebewertung

In den Folgejahren nach der Zugangsbewertung werden Vermögensgegenstände des Anlagevermögens gemäß § 253 Abs. 3 Satz 1 HGB zu den sogenannten fortgeführten Anschaffungs- oder Herstellungskosten bewertet. Diese werden auf Basis der Anschaffungs- oder Herstellungskosten ermittelt, unter Abzug der planmäßigen oder außerplanmäßigen Abschreibung. Die verschiedenen Abschreibungsarten wurden in Kapitel 2.1 dargestellt.

Bei den planmäßigen Abschreibungen gibt es drei **Einflussfaktoren**, die die Höhe des Abschreibungsbetrages pro rata temporis bestimmen:

- den Abschreibungsausgangswert,
- die unterstellte Nutzungsdauer und
- die Abschreibungsmethode.

Die betriebsgewöhnliche Nutzungsdauer wird von der technischen und der wirtschaftlichen Nutzungszeit eines Vermögensgegenstands abgeleitet. Der Zeitraum der Verwendung wird in der Wirtschaftspraxis geschätzt, da keine rechtlichen Vorgaben zur Ermittlung vorliegen. Aus dem Steuerrecht stammende AfA-Tabellen (Absetzung für Abnutzung), die Nutzungsdauerrichtwerte beinhalten, werden als grobe Orientierung auch in der handelsrechtlichen Bilanzierung herangezogen. Da die Berechnung auf einer Schätzung der möglichen Nutzungszeit beruht, basiert die unterstellte Nutzungsdauer innerhalb gewisser Grenzen auf einer individuellen Entscheidung des Bilanzierenden. Dieser Sachverhalt ist insofern von großer Bedeutung, als durch die Nutzungsdauer stark beeinflusst werden kann, wie hoch der Vermögensgegenstand durch Wertminderungen belastet wird. So führen kurze Nutzungszeiträume zu hohen Aufwendungen aus Abschreibungen und lange Zeiträume zu niedrigeren Belastungen pro Periode. Der daraus resultierende Spielraum eröffnet bilanzpolitische Möglichkeiten.

Achtung: Nutzungsdauer

Die Nutzungsdauer muss im Handelsrecht wirtschaftlich begründet werden, ein einfacher Verweis auf die steuerlichen AfA-Tabellen genügt nicht.

Die Wahl der **Abschreibungsmethode** überlässt der Gesetzgeber dem Unternehmen. Demzufolge liegt es in der Hand des Unternehmens, der eigenen Situation und Zielsetzung entsprechend die passende Abschreibungsmethode auszuwählen. Es sind auch Kombinationen von Abschreibungsmethoden möglich und zulässig, solange die Grundsätze ordnungsmäßiger Buchführung beachtet werden. Verbreitet ist die Kombination von degressiver und linearer Abschreibung: Hier wird der Übergang von der degressiven zu linearen Abschreibung zum wirtschaftlich optimalen Zeitpunkt gewählt.

7.3.6 Geringwertige Wirtschaftsgüter (GWG) und Poolabschreibung

Aus dem Steuerrecht stammt der Begriff **„geringwertige Wirtschaftsgüter" (GWG)**. Seit 2010 und bis zum Veranlagungszeitraum 2007 durften steuerlich die Anschaffungs- und Herstellungskosten von:

- beweglichen,
- abnutzbaren Wirtschaftsgütern des Anlagevermögens,
- die selbstständig nutzbar sind und
- deren Wert netto 410 € (also ohne Umsatzsteuer) nicht überschritten hatte,

im Zugangsjahr komplett abgeschrieben werden.

Anschaffungs- oder Herstellungskosten bis 150 Euro

Für alle GWG, die ab dem 01.01.2010 angeschafft oder hergestellt wurden und deren Anschaffungskosten maximal 150 € (ohne Mehrwertsteuer) betragen, besteht steuerlich ein Wahlrecht: Die GWG können über die betriebsgewöhnliche Nutzungsdauer oder im Jahr der Anschaffung oder Herstellung sofort abgeschrieben werden.

Anschaffungs- oder Herstellungskosten über 150 Euro bis 1.000 Euro

Seit dem 1.1.2010 besteht die Möglichkeit, GWG bei Anschaffungs- oder Herstellungskosten von 150 € bis 410 € entweder sofort komplett oder über die betriebsgewöhnliche Nutzungsdauer abzuschreiben.
Bei Anschaffungs- oder Herstellungskosten von mehr als 150 € bis 1.000 € kann das Wirtschaftsgut in einen Sammelposten eingestellt und im Wirtschaftsjahr seiner Bildung sowie in den folgenden vier Wirtschaftsjahren linear mit jeweils 20 % abgeschrieben werden, unabhängig von der betriebsgewöhnlichen Nutzungsdauer.

> **Achtung: Geringwertige Wirtschaftsgüter**
> Das Wahlrecht ist einheitlich für alle in einem Wirtschaftsjahr zugegangenen Wirtschaftsgüter auszuüben.

Die folgende Übersicht zeigt die verschiedenen bilanzpolitischen Möglichkeiten für die Abschreibung von (geringwertigen) Wirtschaftsgütern seit 2010.

<table>
<tr><th></th><th>Sofortabzug
(§ 6 Abs. 2 EStG)</th><th>Sammelposten-verfahren
(§ 6 Abs. 2a EStG)</th><th>Zeitanteilige AfA
(§ 6 Abs. 1 Nr. 1 EStG)</th></tr>
<tr><td>AK/HK ≤ 150 €</td><td>Sofortabzug zulässig, keine Aufzeichnungspflichten, kein Anlagenspiegel</td><td>Sammelposten nicht zulässig, Sofortabzug zulässig, keine Aufzeichnungspflichten, kein Anlagenspiegel</td><td rowspan="4">generell zulässig</td></tr>
<tr><td>150 € < AK/HK ≤ 410 €</td><td>Sofortabzug zulässig, Aufzeichnungspflichten, Anlagenspiegel</td><td rowspan="2">Sammelposten zwingend, keine Aufzeichnungspflichten, Anlagenspiegel</td></tr>
<tr><td>410 € < AK/HK ≤ 1.000 €</td><td rowspan="2">Sofortabzug nicht zulässig, zeitanteilige AfA zwingend</td></tr>
<tr><td>AK/HK > 1.000 €</td><td>Sammelposten nicht zulässig, zeitanteilige AfA zwingend</td></tr>
</table>

Tab. 48: Übersicht der Abschreibungsmöglichkeiten bei GWG[131]

[131] Püttner, R.: Geringwertige Wirtschaftsgüter ab 2010, BBK 2/2010, S. 66 ff.

7.3.7 Außerplanmäßige Abschreibungen

Teilweise kommt es zu unerwarteten Ereignissen, die den Wert eines Vermögensgegenstands mindern oder ihn vollständig entwerten. In solchen Fällen sind außerplanmäßige Abschreibungen notwendig, die derartige Ereignisse erfassen, sodass der Wert in der Bilanz wahrheitsgemäß ausgewiesen wird. Die außerplanmäßige Abschreibung erfolgt immer auf den beizulegenden Wert, welcher grundsätzlich von den Verhältnissen am Beschaffungsmarkt abhängig ist.[132] Bei abnutzbarem Anlagevermögen ergibt sich dieser aus dem Wiederbeschaffungszeitwert, ansonsten sind es die Wiederbeschaffungs- oder Reproduktionskosten.[133]

Um diese Wertminderung identifizieren zu können, wird an jedem Bilanzstichtag ein Vergleich der fortgeführten Anschaffungs- oder Herstellungskosten mit dem beizulegenden Wert vorgenommen. Sollte der beizulegende Wert unter den fortgeführten Anschaffungs- oder Herstellungskosten liegen, ist eine außerplanmäßige Abschreibung auf den niedrigeren beizulegenden Wert vorzunehmen, da dieser der aktuellen Marktsituation entspricht. Allerdings muss objektiv feststellbar sein, dass die Wertminderung **dauerhaft** ist, um dem gemilderten Niederstwertprinzip Folge zu leisten.[134]

Das **strenge Niederstwertprinzip** (§ 253 Abs. 4 HGB) ist für das Umlaufvermögen anzuwenden. Für das Anlagevermögen gilt bei außerplanmäßigen Abschreibungen das **gemilderte Niederstwertprinzip,** d. h. ein Abschreibungsgebot auf den beizulegenden Wert besteht nur bei voraussichtlich dauernder Wertminderung (§ 253 Abs. 3 Satz 3 HGB). Bei voraussichtlich vorübergehender Wertminderung besteht dagegen nur bei den Finanzanlagen ein Abschreibungswahlrecht (§ 253 Abs. 4 HGB), ansonsten besteht ein Abschreibungsverbot.

Eine voraussichtlich dauerhafte Wertminderung wird angenommen, wenn während eines erheblichen Teils der Restnutzungsdauer der Stichtagswert unter den fortgeführten Anschaffungs- oder Herstellungskosten liegt.[135] Die folgende Abbildung zeigt die Vorgehensweise für die außerplanmäßigen Abschreibungen nach HGB.

[132] Baetge, J.; Kirsch, H.- J.; Thiele S.: Bilanzen, 2009, S. 268 f.
[133] Coenenberg, A. G. et al.: Jahresabschluss u. -analyse, 2009, S. 118.
[134] Coenenberg, A. G. et al.: Jahresabschluss u. -analyse, 2009, S. 160 ff.
[135] Baetge, J.; Kirsch, H.- J.; Thiele S.: Bilanzen, 2005, S. 248 ff.

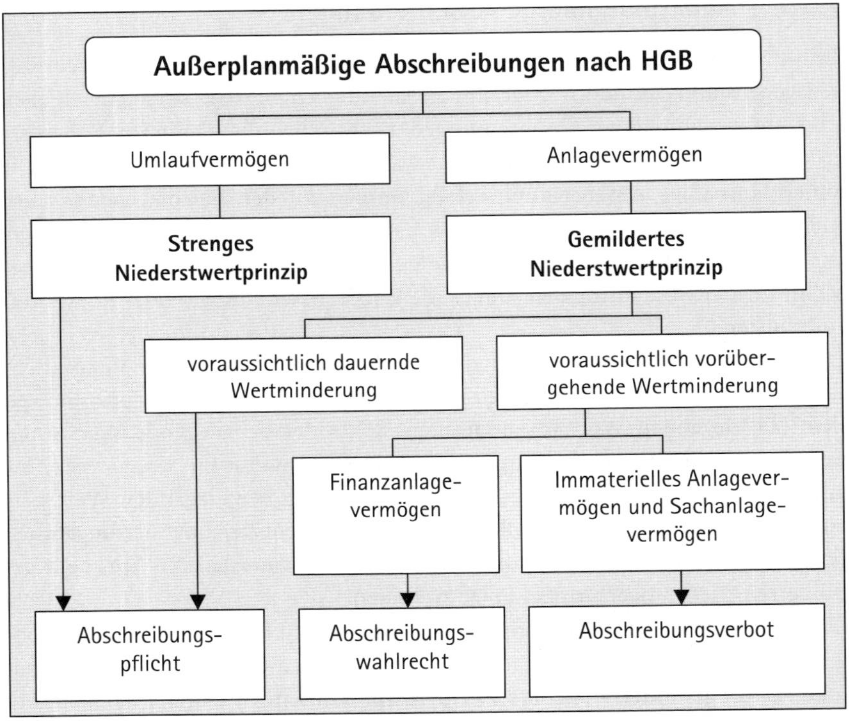

Abb. 20: Außerplanmäßige Abschreibung nach HGB

Achtung: Verbote von außerplanmäßigen Abschreibungen

Nach dem neuen HGB sind folgende Sachverhalte verboten:

- Verbot für außerplanmäßige Abschreibungen im Anlagevermögen bei nur vorübergehender Wertminderung (außer Finanzanlagen),
- Verbot von Wertschwankungsabschreibungen im Umlaufvermögen,
- Verbot von Abschreibungen im Rahmen einer vernünftigen kaufmännischen Beurteilung,
- Verbot, nur steuerrechtlich zulässige Abschreibungen vorzunehmen.

Sollten in späteren Perioden die Gründe für die Wertminderung wegfallen, ist gemäß § 253 Abs. 5 HGB eine **Zuschreibung** vorzunehmen. Die fortgeführten

Anschaffungs- oder Herstellungskosten gelten hier als Obergrenze für Wertaufholungen bei der Umkehrung außerplanmäßiger Abschreibungen.[136]

Achtung: Wertaufholung

Es besteht ein generelles Wertaufholungsgebot für alle Vermögensgegenstände, mit einer einzigen Ausnahme: dem Geschäfts- oder Firmenwert.

Bilanzpolitisch sind außerplanmäßige Abschreibungen Potenzialträger, da sie das Periodenergebnis unter Umständen beträchtlich mindern können, was in der betreffenden Periode zu Steuerstundungseffekten und Ausschüttungsminderungen führen kann. Ein geringeres Periodenergebnis hat jedoch auch Nachteile. Deshalb ist eine genaue Abwägung notwendig.

Bei den außerplanmäßigen Abschreibungen gibt es eine Besonderheit: Da es sich im Regelfall um eine einmalige Maßnahme handelt, muss das Stetigkeitsgebot, das viele Ermessensspielräume einschränkt, nicht beachtet werden.

7.4 Bilanzierung von Leasingverhältnissen

Das Leasing als eine Variante der Fremdfinanzierung hat in den vergangenen Jahren immer mehr an Bedeutung gewonnen. In Deutschland wurden im Jahr 2008 Investitionsgüter mit einem Gesamtvolumen von 54,4 Mrd. € geleast. Im Krisenjahr 2009 waren es immerhin noch 41,9 Mrd. €. Viele Unternehmen vermeiden einmalig hohe Anschaffungskosten, indem sie den Vermögensgegenstand leasen, anstatt ihn zu kaufen.

Die bilanzielle Behandlung von Leasingobjekten ist abhängig von der Gestaltung des Leasingvertrags. Im Leasingvertrag sind Grundmietzeit, also Vertragslaufzeit, Zahlungsverpflichtung des Leasingnehmers sowie weitere Rechte und Pflichten nach Ablauf der vereinbarten Grundmietzeit vereinbart. Die Ausgestaltung des Vertrags ist in vielen Varianten möglich.

So kann der Leasingvertrag einerseits starke Ähnlichkeiten zu einem Mietvertrag aufweisen oder andererseits eher einem Ratenkauf nahe kommen.[137] Sys-

[136] Coenenberg, A. G. et al.: Jahresabschluss u. -analyse, 2009, S. 162.
[137] Coenenberg, A. G. et al.: Jahresabschluss u. -analyse, 2009, S. 81 f.

tematisieren lässt sich die Art des Leasings nach verschiedenen Kriterien. Hinsichtlich des Verpflichtungscharakters lassen sich Operatingleasing und Finanzierungsleasing voneinander unterscheiden.

7.4.1 Operatingleasing versus Finanzierungsleasing

Das **Operatingleasing** lässt sich aufgrund der Vertragsgestaltung mit einem Mietvertrag vergleichen, der jederzeit von beiden Parteien kündbar ist. Es besteht somit keine feste Grundmietzeit. Der in allen Leasingarten als juristischer Eigentümer geltende Leasinggeber bleibt hier auch der wirtschaftliche Eigentümer und trägt alle aus dem Verhältnis resultierenden Risiken.[138]

Das **Finanzierungsleasing** ist durch seinen langfristigeren Charakter gekennzeichnet.[139] Diese Vertragsart weist Ähnlichkeiten mit einem Finanzierungsgeschäft wie z. B. einem Ratenkauf auf.[140] Hier besteht im Gegensatz zum Operatingleasing eine feste Grundmietzeit, die unkündbar ist.[141] Da der Verpflichtungsgrad des Leasingnehmers stärker ist, trägt der Leasingnehmer auch die möglichen Risiken aus dem Vertrag. Beim **Finanzierungsleasing** lassen sich **Vollamortisations- und Teilamortisationsverträge** unterscheiden.

Vollamortisationsverträge zeichnen sich durch eine vollständige Kostendeckung (Anschaffungskosten, Nebenkosten inklusive Finanzierungskosten und Gewinnaufschlag) für den Leasinggeber zum Ende der Grundmietzeit aus. Zusätzliche Vereinbarungen können im Vertrag für die Folgezeit nach der eigentlichen Vertragslaufzeit festgelegt werden. Möglich ist eine Mietverlängerungsoption, bei der der Leasingnehmer den Gegenstand nach der Grundmietzeit zu einem geringen Mietentgelt weiterhin least oder eine Kaufoption, bei der der Gegenstand zu einem vertraglich vereinbarten Preis am Ende der Laufzeit entgeltlich erworben werden kann.

Bei den **Teilamortisationsverträgen** besteht keine volle Amortisation zum Ende der Vertragslaufzeit. Der Leasinggeber wird den Vermögensgegenstand am Ende des bestehenden Leasingverhältnisses voraussichtlich weiterverleasen oder veräußern. Voraussetzung ist, dass der Gegenstand nicht nur den speziel-

---

[138] Baetge, J.; Kirsch, H.- J.; Thiele S.: Bilanzen, 2005, S. 698.
[139] Wöltje, J.: Investitions- und Finanzmanagement, 2002, S. 241.
[140] Coenenberg, A. G. et al.: Jahresabschluss u. -analyse, 2009, S. 82.
[141] Baetge, J.; Kirsch, H.- J.; Thiele S.: Bilanzen, 2005, S. 69.

len Ansprüchen eines einzelnen Unternehmens entspricht, sondern vielseitig verwendbar ist. Auch bei der Teilamortisation gibt es unterschiedliche Vertragsgestaltungen.[142]

7.4.2 Bilanzielle Behandlung von Leasinggegenständen

Da im Handelsrecht keine genauen Regelungen für die Leasingbilanzierung bestehen, beruht die bilanzielle Behandlung der Leasinggegenstände auf einer Grundsatzentscheidung des Bundesfinanzhofs (BFH) vom 26.01.1970 und deren allgemeine Kriterien.[143] Danach werden alle Vermögensgegenstände, die im Rahmen eines Operatingleasingvertrags dem Leasingnehmer zur Verfügung gestellt werden, beim Leasinggeber bilanziert, da hier von einer Art Mietverhältnis ausgegangen werden kann. Beim **Spezialleasing** werden die Leasinggegenstände, die aufgrund ihrer speziellen Eigenschaften nahezu ausschließlich durch den Leasingnehmer genutzt werden können, beim Leasingnehmer bilanziert.

Die Bilanzierung im Falle von Finanzierungsleasing bietet mehrere Varianten. Bei der Bilanzierung von **Teilamortisationsverträgen** ist entscheidend, dass die entrichteten Leasingraten die Kosten des Leasinggebers inklusive Gewinnspanne nicht vollständig decken. Aus diesem Grund bleiben sämtliche Risiken beim Leasinggeber, sodass im Allgemeinen der Leasinggeber den Leasinggegenstand bilanziert.

Bei Teilamortisationsverträgen **mit Andienungsrecht** liegt die Entscheidungsgewalt in der Hand des Leasinggebers, wodurch der Leasinggegenstand beim Leasinggeber bilanziert wird. Er hat nämlich die Option, nach Ablauf der vereinbarten Grundmietzeit zu entscheiden, ob er den Gegenstand selbst verkauft oder das Andienungsrecht ausnutzt. Im Falle der Nutzung des Andienungsrechts muss der Leasingnehmer den Leasinggegenstand zu einem vertraglich festgelegten Preis erwerben. In der Praxis wird dieses Andienungsrecht häufig genutzt, wenn der Marktpreis unter dem bei Vertragsabschluss festgesetzten Preis liegt.

Eine **Mehrerlösbeteiligung** bei Teilamortisationsverträgen macht die bilanzielle Zuordnung von der anteiligen Überschussbeteiligung bei Veräußerung des Leasinggegenstands abhängig. Sollte der Leasinggeber einen **mindestens 25 %igen**

[142] Perridon, L.; Steiner, M.: Finanzwirtschaft der Unternehmung, 2007, S. 452.
[143] Baetge, J.; Kirsch, H.- J.; Thiele S.: Bilanzen, 2005, S. 700 ff.

Anteil am Veräußerungserlös erhalten, wird dies als wesentliche Beteiligung am Ertrag angesehen, was zu einer Bilanzierung beim Leasinggeber führt.[144] Sollte die Quote der Beteiligung geringer als ein Viertel des aus dem Verkauf erzielten Erlöses sein, erfolgt eine Zuordnung beim Leasingnehmer, d. h., der Leasinggegenstand wird bei Leasingnehmer bilanziert.
Die Vertragsform, die **eine Kündigung nach frühestens 40 %** der betrieblichen Nutzungsdauer gegen eine Abschlusszahlung für den nicht amortisierten Restwert vorsieht, wird allgemein beim Leasinggeber bilanziert, da er die Risiken der Investition und Finanzierung trägt.[145]

Die folgende Tabelle gibt Ihnen einen Überblick über die beschriebenen Möglichkeiten:

Bilanzierung von beweglichen Leasinggegenständen bei Teilamortisationsverträgen			
mit Andienungsrecht des Leasinggebers	mit Mehrerlösbeteiligung		mit Kündigungsrecht frühestens nach 40 % der betriebsgewöhnlichen Nutzungsdauer
	Anteil des Leasinggebers am Verkaufserlös ≥ 25 %	Anteil des Leasinggebers am Verkaufserlös < 25 %	
Bilanzierung beim **Leasinggeber**	Bilanzierung beim **Leasinggeber**	Bilanzierung beim **Leasingnehmer**	Bilanzierung beim **Leasinggeber**

Tab. 49: Bilanzierung von Finanzierungsleasing bei Teilamortisationsverträgen[146]

Bei den **Vollamortisationsverträgen** lassen sich weitere Unterscheidungen hinsichtlich der Bilanzierung vornehmen:

[144] Coenenberg, A. G. et al.: Jahresabschluss u. -analyse, 2009, S. 194.
[145] Bundesministerium für Finanzen (BMF), Teilamortisations-Leasing-Verträge über bewegliche Wirtschaftsgüter – Schreiben vom 22.12.1975, S. 173.
[146] Baetge, J.; Kirsch, H.- J.; Thiele S.: Bilanzen, 2005, S. 704.

Bilanzierung von Vollamortisationsverträgen		
ohne Option		
Grundmietzeit < 40 % oder > 90 % der betriebsgewöhnlichen Nutzungsdauer	Grundmietzeit 40 % < X < 90 % der betriebsgewöhnlichen Nutzungsdauer	
Bilanzierung beim:		
Leasingnehmer	Leasinggeber	
mit Kaufoption		
Grundmietzeit < 40 % oder > 90 % der betriebsgewöhnlichen Nutzungsdauer	Grundmietzeit 40 % < X < 90 % der betriebsgewöhnlichen Nutzungsdauer	
	Kaufpreis < Restbuchwert	Kaufpreis > Restbuchwert
Bilanzierung beim:		
Leasingnehmer	Leasingnehmer	Leasinggeber
mit Mietverlängerungsoption		
Grundmietzeit < 40 % oder > 90 % der betriebsgewöhnlichen Nutzungsdauer	Grundmietzeit 40 % < X < 90 % der betriebsgewöhnlichen Nutzungsdauer	
	Anschlussleasingrate < Werteverzehr	Anschlussleasingrate >≥ Werteverzehr
Bilanzierung beim:		
Leasingnehmer	Leasingnehmer	Leasinggeber

Tab. 50: Bilanzierung von Finanzierungsleasing bei Vollamortisationsverträgen[147]

Die Übersicht zeigt, dass sich die Zuordnung der Leasinggegenstände im Rahmen der Vollamortisation schwieriger gestaltet. Das Verhältnis der Grundmietzeit zur betriebsgewöhnlichen Nutzungsdauer des Vermögensgegenstands spielt an dieser Stelle eine entscheidende Rolle. Im Allgemeinen sind Vermögensgegenstände, die **weniger als 40 % oder mehr als 90 %** der betriebsgewöhnlichen Nutzungsdauer dem **Leasingnehmer** zur Verfügung gestellt werden, gleichfalls diesem zuzuordnen.

[147] Wöltje, J.: Investitions- und Finanzmanagement, 2002, S. 244, Abb. 12-4.

7.4.3 Auswirkungen auf Bilanz und Gewinn- und Verlustrechnung

Wird der geleaste Vermögensgegenstand dem Leasingnehmer zugeordnet, muss dieser ihn in seiner Bilanz unter dem Anlagevermögen zu Anschaffungs- oder Herstellungskosten ausweisen.[148] Die Anschaffungs- oder Herstellungskosten ergeben sich aus dem Barwert der kumulierten Leasingraten, einer eventuellen Einmalzahlung und den Anschaffungsnebenkosten.[149] Der Leasingnehmer hat den Wert des Leasinggegenstands über die betriebsgewöhnliche Nutzungsdauer erfolgswirksam abzuschreiben.

Gleichzeitig zur Aktivierung muss gem. den Vorschriften der doppelten Buchführung eine Verbindlichkeit gegenüber dem Leasingunternehmen in entsprechender Höhe passiviert werden. Anzusetzen ist die Summe der kumulierten Leasingraten, wobei diese in ihre Bestandteile Tilgung oder Zinsen und Kosten aufzuspalten sind. Während der Zins- und Kostenanteil der Leasingraten erfolgswirksam zu behandeln ist, wird der Tilgungsteil zur Verminderung der Verbindlichkeit erfolgsneutral erfasst.[150] Beim Leasinggeber erfolgt ebenfalls ein Ansatz in der Bilanz. Hier wird eine Forderung in Höhe der Verbindlichkeit des Leasingnehmers angesetzt. Auch auf dieser Seite wird der Erfolgsteil vom Tilgungsteil getrennt. Zins- und Kostenbestandteile gehen als Erträge in die Gewinn- und Verlustrechnung, während der Tilgungsteil erfolgsneutral die aktivierte Forderung gegenüber dem Leasingnehmer mindert.[151]

Sollte der Leasinggegenstand dem Leasinggeber zugeordnet werden, muss er ihn mit den Anschaffungs- oder Herstellungskosten in seiner Bilanz ansetzen.[152] Parallel zum Ansatz beim Leasingnehmer ist eine planmäßige Wertminderung über die voraussichtliche Nutzungsdauer vorzunehmen. Diese wird bei Vorliegen von Vollamortisationsverträgen häufig anhand der Laufzeit des Leasingvertrags bestimmt. In der Bilanz des Leasingnehmers taucht das Leasingverhältnis nicht auf, da die Leasingraten direkt als Aufwand in die Gewinn- und Verlust-

---

[148] BMF, Mobilien-Leasing-Erlass – Schreiben vom 19.04.1971.
[149] Baetge, J.; Kirsch, H.-J.; Thiele S.: Bilanzen, 2005, S. 707 ff.
[150] BMF, Mobilien-Leasing-Erlass – Schreiben vom 19.04.1971.
[151] Baetge, J.; Kirsch, H.- J.; Thiele S.: Bilanzen, 2005, S. 707 ff.
[152] BMF, Mobilien-Leasing-Erlass – Schreiben vom 19.04.1971.

rechnung eingehen. Gemäß § 285 Nr. 3a HGB sind künftige Aufwendungen aus abgeschlossenen Leasingverträgen im Anhang anzugeben.
Durch diese letztgenannte Bilanzierungsmöglichkeit beim Leasinggeber steht dem Leasingnehmer der Leasinggegenstand zur Verfügung, ohne dass er ihn bilanziell erfassen muss. Die Leasingraten mindern beim Leasingnehmer den steuerlichen Gewinn. Außerdem sind keine Kredite, Darlehen oder ähnliche Fremdfinanzierungsformen zur Entrichtung des Kaufpreises notwendig.[153]
Unter bilanzanalytischen Gesichtspunkten ist die Beibehaltung der Eigenkapitalquote im Gegensatz zu deren Reduktion bei echter Fremdfinanzierung bedeutsam.[154]

Tipp: Leasing

Bilanzpolitisch kann man alle Formen des Leasings positiv sehen, da es für alle verfolgten Zielsetzungen eine Möglichkeit gibt, diese durch Leasing zu unterstützen.

[153] Wöltje, J.: Investitions- und Finanzmanagement, 2002, S. 244 ff.
[154] Heesen, B.; Gruber, W.: Bilanzanalyse und Bilanzkennzahlen, 2009, S. 166 (§ 1/ 185).

8 Bilanzpolitische Möglichkeiten im Umlaufvermögen

Das bisherige Wahlrecht zur Abschreibung von Vermögensgegenständen des Umlaufvermögens nach vernünftiger kaufmännischer Beurteilung wurde durch das BilMoG abgeschafft.

Tipp: Außerplanmäßige Abschreibungen in den Vorjahren
Falls Unternehmen z. B. in den Jahren 2008 und 2009 außerplanmäßige Abschreibungen auf die Roh-, Hilfs- und Betriebsstoffe vorgenommen haben und jetzt im Zuge der Umstellung auf das BilMoG im Jahr 2010 einen möglichst hohen Eigenkapitaleffekt erzielen möchten, können sie eine Zuschreibung in der gleichen Höhe tätigen. Die Aufholung aus dem Jahr 2008 wird den Gewinnrücklagen zugeführt und die Aufholung für das Jahr 2009 wird erfolgswirksam gebucht.

8.1 Vorräte

Der erste Posten des Umlaufvermögens wird durch Vermögensgegenstände gebildet, die für den betrieblichen Leistungserstellungsprozess erworben oder hergestellt wurden. Sie dienen somit dem allgemeinen täglichen Geschäftsbetrieb, jedoch im Gegensatz zum Anlagevermögen nur für kurze Zeit oder Dauer. Laut § 266 Abs. 2 B I HGB sind innerhalb des Bilanzpostens der Vorräte folgende Positionen zu unterscheiden:

- Roh-, Hilfs- und Betriebsstoffe,
- unfertige Erzeugnisse, unfertige Leistungen,
- fertige Erzeugnisse und Waren,
- geleistete Anzahlungen.

Tipp: Offene Absetzung der erhaltenen Anzahlungen
Die erhaltenen Anzahlungen (Verbindlichkeiten) können i. d. R. mit den Vorräten den unfertigen Erzeugnissen verrechnet werden. Dies führt zu einer Bilanzverkürzung und somit zu einem positiven Effekt bei den Bilanzkennzahlen, z. B. der Eigenkapitalquote.

8.1.1 Allgemeine Bewertung der Vorräte

Im Zugang werden alle Vorräte mit den Anschaffungs- oder Herstellungskosten bewertet. Zu unterscheiden ist, ob der zu bewertende Vermögensgegenstand selbst erstellt oder bei Dritten entgeltlich erworben wurde. Bei Fremderwerb erfolgt die Bewertung des Produktes zu den Anschaffungskosten, deren Ermittlung analog zu den Anschaffungskosten der Sachanlagen verläuft.[155]

Selbst erstellte Produkte des Vorratsvermögens sind mit den Herstellungskosten zu bewerten. Die **Herstellungskosten** nach § 255 Abs. 2 Satz 2 HGB umfassen **mindestens** die **Einzelkosten** und die **variablen Gemeinkosten**. Fixe Gemeinkosten **dürfen** mit einbezogen werden, woraus sich Bewertungswahlrechte ergeben.

Handelsrechtliche Herstellungskosten		
Pflicht		Materialeinzelkosten
	+	Fertigungseinzelkosten
	+	Sondereinzelkosten der Fertigung
	+	Materialgemeinkosten
	+	Fertigungsgemeinkosten
	+	Werteverzehr des Anlagevermögens
	=	**Wertuntergrenze**
Wahlrecht	+	Verwaltungsgemeinkosten
	+	Kosten für Sozialeinrichtungen, freiwillige Sozialleistungen, betriebliche Altersversorgung
	+	Fremdkapitalzinsen
	=	**Wertobergrenze**
Verbot		Forschungskosten
		Vertriebskosten
		Leerkosten

Tab. 51: Ermittlung der Herstellungskosten nach HGB

[155] Baetge, J.; Kirsch, H.- J.; Thiele S.: Bilanzen, 2005, S. 363 ff.

Die Aktivierungswahlrechte bei der Ermittlung der Herstellungskosten bieten einen bilanzpolitischen Spielraum, da dadurch die Vorräte entweder mit einem höheren oder niedrigeren Wert in der Bilanz ausgewiesen werden können.
Wenn die allgemeinen Verwaltungskosten, wie die Kosten für Sozialeinrichtungen, freiwillige Sozialleistungen, betriebliche Altersversorgung und die Fremdkapitalzinsen weggelassen werden, lassen sich zusätzlich stille Reserven anlegen, was zu einer Steuerminderung führt.

Tipp: Herstellungskosten

Falls Sie die Aktivierungswahlrechte in Anspruch nehmen, haben Sie die Möglichkeit, einen höheren Gewinn auszuweisen. Ohne die Inanspruchnahme weisen Sie einen geringeren Gewinn aus.

Forschungs- und Vertriebskosten, Gewinnzuschläge und kalkulatorische Kosten (z. B. kalkulatorischer Unternehmerlohn bei Einzelunternehmungen) sowie Leerkosten aufgrund von Unterbeschäftigung dürfen nicht als Herstellungskosten aktiviert werden.

Achtung: Abschreibungen auf Entwicklungskosten

Beim Werteverzehr des Anlagevermögens sind Abschreibungen auf Entwicklungskosten (falls diese aktiviert wurden) zu berücksichtigen. Dies führt zu einem Unterschied zwischen der Handels- und der Steuerbilanz. Hierbei müssen Sie Folgendes beachten:
- Es entstehen passive latente Steuern bei der Aktivierung von Entwicklungskosten.
- Es besteht eine Ausschüttungssperre in Höhe der Differenz zwischen dem Entwicklungskostenanteil und den passiven latenten Steuern.

Grundsätzlich gilt bei der Bewertung der Vorräte das Prinzip der **Einzelbewertung** nach § 252 Abs. 1 Nr. 3 HGB.[156]
Bei der Folgebewertung ist das **strenge Niederstwertprinzip** einzuhalten.[157] Dieses besagt, dass auch bei einer vorübergehenden Wertminderung eine außerplanmäßige Abschreibung zur Berichtigung des ausgewiesenen Wertes vorgenommen werden muss. Nicht dauerhafte Wertveränderungen können teilweise einen enormen Effekt auf das Unternehmensergebnis haben.

[156] Baetge, J.; Kirsch, H.- J.; Thiele S.: Bilanzen 2005, S. 363.
[157] Coenenberg, A. G. et al.: Jahresabschluss u. -analyse, 2009, S. 210.

Um eine unerwartete Wertminderung zu registrieren, ist jedes Jahr ein Vergleich der fortgeführten Anschaffungs- oder Herstellungskosten mit dem beizulegenden Wert vorzunehmen. Sollte dieser unter dem bei der Zugangsbewertung angesetzten Wert liegen, ist die Differenz als Aufwand (außerplanmäßige Abschreibung) zu verbuchen, der neue Ansatz erfolgt zum niedrigeren beizulegenden Wert. Je nach Produkt- oder Materialart ist für den beizulegenden Wert entweder der Beschaffungs- oder der Absatzmarkt maßgeblich. Falls der Absatzmarkt maßgeblich ist, werden vom endgültig möglichen Verkaufserlös bei Waren und fertigen Erzeugnissen die Veräußerungskosten (z. B. Zölle, Transportkosten) sowie mögliche Erlösschmälerungen (z. B. Skonti, Boni) abgezogen.[158]

Verlustfreie Bewertung

Der niedrigere beizulegende Wert wird bei den unfertigen und fertigen Erzeugnissen mittels der verlustfreien Bewertung ermittelt. Sie orientiert sich bei unfertigen und fertigen Erzeugnissen sowie Überbeständen von Rohmaterial am Absatzmarkt.

Die verlustfreie Bewertung erfolgt nach dem folgenden Schema:

	Verlustfreie Bewertung
	vorsichtig geschätzter Verkaufspreis/-erlös
-	voraussichtliche Erlösschmälerungen (Rabatte, Skonti, Boni)
=	**voraussichtlicher Nettoveräußerungserlös**
-	noch anfallende Herstellungskosten
-	noch anfallende Vertriebskosten (Verpackung, Frachten, Provisionen)
-	noch anfallende Verwaltungskosten (Einzelkosten der Verwaltung)
-	noch anfallende Kapitaldienstkosten (Zinsen für gebundenes Kapital)
=	**aktueller beizulegender absatzmarktorientierter Wert**

Abb. 21: Ermittlung des beizulegenden Werts

Achtung: Verlustfreie Bewertung

Es ist eine niedrigere Bewertung bei unfertigen und fertigen Erzeugnissen geboten, falls die voraussichtlichen Veräußerungserlöse abzüglich der Erlösschmälerungen und aller noch anfallenden Aufwendungen unter den Herstellungskosten liegen.

[158] Baetge, J.; Kirsch, H.- J.; Thiele S.: Bilanzen, 2009, S. 345 ff.

Sowohl das strenge Niederstwertprinzip als auch das Vorsichtsprinzip gebieten eine außerplanmäßige Abschreibung, wenn die Herstellungskosten den voraussichtlichen Veräußerungserlös abzgl. noch anfallender Aufwendungen übersteigen.

Beispiel: Verlustfreie Bewertung

Ein Handelsunternehmen bezahlte für ein Kleinmotorrad einen Einkaufspreis von 2.000 €/St. Der durchschnittliche Verkaufspreis lag bei 2.800 €/St. Es wurde bisher wie folgt kalkuliert:

	Anschaffungspreis	2.000 €/St.
+	5 % Anschaffungsnebenkosten (davon 2 % Einzelkosten)	100 €/St.
+	5 % Verwaltungskosten (davon ist die Hälfte bis zum Bilanzstichtag angefallen)	100 €/St.
+	15 % Vertriebskosten (davon 12 % Einzelkosten)	300 €/St.
=	**Selbstkosten**	**2.500 €/St.**
+	12 % Gewinnzuschlag	300 €/St.
=	**durchschnittlicher Verkaufspreis**	**2.800 €/St.**

Kurz vor dem Bilanzstichtag senkte der Lieferant den Einkaufspreis aufgrund des massiven Wettbewerbsdrucks auf 1.800 €/St. Da die Konkurrenten zur gleichen Zeit die Verkaufspreise für Kleinmotorräder senkten, muss der Verkaufspreis für das Kleinmotorrad voraussichtlich auf 2.200 €/St. reduziert werden, damit die Kleinmotorräder überhaupt noch verkauft werden können. Alle Kunden erhalten bei Barzahlung zusätzlich einen Nachlass von 3 %.

Die sich im Lager befindlichen Kleinmotorräder sind mit 2.040 €/St. bewertet (= Anschaffungspreis + 40 €/St. = 2 % einzeln zurechenbare Anschaffungsnebenkosten). Die Anschaffungsnebenkosten werden von den Preisveränderungen nicht berührt.

Folgende Varianten stehen für die Berechnung des Wertansatzes der Kleinmotorräder in der Bilanz zur Verfügung:

Berechnung auf der Basis der Wiederbeschaffungskosten

	Anschaffungspreis (neu)	1.800 €/St.
+	direkt zurechenbare Anschaffungsnebenkosten	+40 €/St.
=	**Bewertungspreis**	**1.840 €/St.**

Verlustfreie Bewertung

	voraussichtlicher Verkaufspreis	2.200 €/St.
-	Erlösschmälerung (3 % Skonto)	-66 €/St.
-	noch anfallende Verwaltungskosten	-50 €/St.
-	noch anfallende Vertriebskosten	-300 €/St.
=	**beizulegender Wert**	**1.784 €/St.**

Bei Handelswaren ist die Bewertung am Beschaffungs- und am Absatzmarkt auszurichten, wobei dann grundsätzlich der niedrigere Wert angesetzt wird.

Bei der Bestimmung des voraussichtlichen Verkaufspreises handelt es sich um einen Schätzwert, daraus ergibt sich ein bilanzpolitischer Spielraum.

8.1.2 Bewertungsvereinfachungsverfahren

Unter bestimmten Voraussetzungen kann vom Grundsatz der Einzelbewertung abgewichen und auf Bewertungsvereinfachungsverfahren zurückgegriffen werden, da eine Einzelbewertung – vor allem beim Vorratsvermögen – aus betrieblichen und wirtschaftlichen Gründen nicht vertretbar ist. Es können die folgenden Verfahren angewandt werden:

- retrograde Bewertung,
- Festbewertung,
- Gruppenbewertung und
- Verbrauchsfolgeverfahren (Fifo-, Lifo-Verfahren).

Die Bewertungsvereinfachungsverfahren spielen in der Bilanzpolitik dahingehend eine wichtige Rolle, als durch sie das Periodenergebnis beeinflusst werden kann. Sie führen zu unterschiedlichen Wertansätzen in der Bilanz und damit zu einer unterschiedlichen Höhe des Unternehmensergebnisses.[159]

[159] Wöhe, G.: Bilanzierung und Bilanzpolitik, 1997, S. 476.

Retrograde Bewertung

Einzelhandelsunternehmen wenden zur Ermittlung der Anschaffungskosten von Vorräten regelmäßig die retrograde Methode an, falls große Mengen von Vorräten mit ähnlichen Bruttogewinnspannen und mit hoher Umschlagshäufigkeit zu bewerten sind.[160] Bei der retrograden Bewertung werden von den Verkaufspreisen die durchschnittlichen Gewinnaufschläge oder die Handelsspanne subtrahiert, um zu den Anschaffungskosten zu gelangen. Erhaltene Preisnachlässe, z. B. Rabatte, müssen mit einbezogen werden. Diese Vorgehensweise kann für jede Warengruppe ausgeführt werden. Im Vergleich zur Einzelbewertung ergibt die retrograde Bewertung i. d. R. einen anderen Wertansatz in der Bilanz.

Beispiel: Retrograde Bewertung

Eine Herrenboutique verkauft Designer-Hemden zu einem Nettoverkaufspreis von 150 €/St. Die Hemden sind bei den Kunden sehr gefragt und werden regelmäßig bezogen. Die Herrenboutique erhält vom Lieferanten einen Rabatt von 15 %. Die durchschnittliche Bruttogewinnspanne beträgt 60 % vom Nettoverkaufspreis. Es wird der retrograde Wert ermittelt.[161]

	Nettoverkaufspreis Designer-Hemd	150 €
-	durchschnittliche Bruttogewinnspanne (60 %)	90 €
=	**retrograd ermittelter Wert (vor Rabatt)**	**60 €**
-	Lieferantenrabatt (15 %)	9 €
=	**beizulegender Wert (nach Rabatt)**	**51 €**

Festbewertung

Durch die Bildung von Festwerten können in begrenztem Umfang stille Reserven entstehen und der Gewinn kann gemindert werden. Umgekehrt kann die Einzelerfassung und Einzelbewertung der im Festwert enthaltenen Posten zu höheren Wertansätzen führen, wenn auf eine bisherige Festbewertung verzichtet wird.

160 Baetge, J.; Kirsch, H.-J.; Thiele, S.: Bilanzen, 2009, S. 348.

161 In Anlehnung an: Baetge et al.: Bilanzen, 2009, S. 348 f.

Es ist zulässig, für einen Teil des Vorratsvermögens in der Bilanz einen Festwert anzusetzen und diesen spätestens alle drei Jahre durch eine Inventur zu kontrollieren. Hierbei gilt die Annahme, dass der Verbrauch mit den Neu-/Ersatzanschaffungen übereinstimmt, sodass es zu keiner Bestandsveränderung innerhalb eines Geschäftsjahres kommt.[162] Zur Verwendung dieser Methode sollten gemäß § 240 Abs. 3 HGB folgende Voraussetzungen erfüllt sein:

- Roh-, Hilfs- und Betriebsstoffe werden regelmäßig ersetzt,
- ihr Gesamtwert ist für das Unternehmen von nachrangiger Bedeutung,
- es bestehen nur geringe Schwankungen des Bestandes hinsichtlich Wert, Größe und Zusammensetzung,
- i. d. R. muss der Festwert alle drei Jahre ermittelt werden.

Vorteile und Folge der Festbewertung

Die Festbewertung hat folgende Vorteile bzw. Folgen:

- Beim Ansatz mit gleichbleibender Menge und gleichbleibendem Wert (Festwert) ist das Ergebnis i. d. R. niedriger als der tatsächliche Wert.
- Der Festwert ist immer dann neu zu ermitteln, wenn wesentliche Schwankungen bei Menge und/oder Wert vorliegen (Veränderung größer 10 %).
- Die Anpassung erfolgt durch Herabsetzung oder Zuführung.

Anwendungsbeispiele:

- Besteck, Geschirr und Wäsche bei Hotels,
- Gerüst- und Schalungsteile im Baugewerbe,
- Stanzen, Formen und Modelle,
- Laboreinrichtungen,
- Mess- und Prüfgeräte, Werkzeuge.

Gruppenbewertung

Bei der Gruppenbewertung können gleichartige Vermögensgegenstände des Vorratsvermögens sowie andere gleichartige oder annähernd gleichwertige bewegliche Vermögensgegenstände zu einer Gruppe zusammengefasst und

[162] Baetge, J.; Kirsch, H.- J.; Thiele S.: Bilanzen, 2005, S. 371 f.

mit Durchschnittspreisen bewertet werden (§ 240 Abs. 4 i.V. m. § 256 Satz 2 HGB).

Die Durchschnittsmethode gibt es in zwei Ausprägungen:

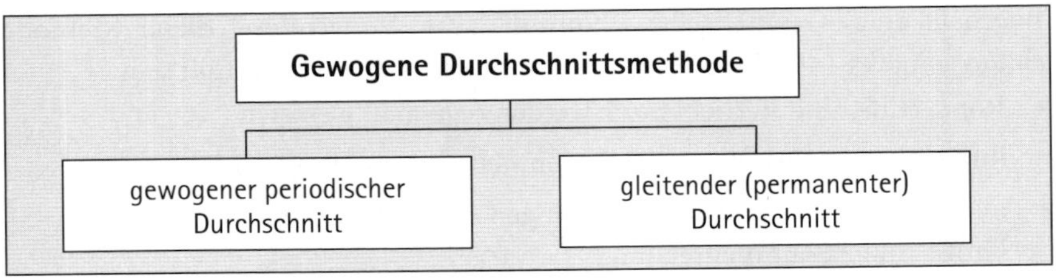

Abb. 22: Methoden zur Ermittlung des gewogenen Durchschnittswerts

Bei der **gewogenen periodischen Durchschnittsmethode** wird der Durchschnitt als arithmetisches Mittel aus dem Anfangsbestand und der Summe aller Zugänge am Ende der jeweils festgesetzten Abrechnungsperiode berechnet. Aus den verschiedenen Einstandspreisen wird ein gewichteter (gewogener) Durchschnitt berechnet, in dem die verschiedenen Einstandspreise mit der Einkaufsmenge gewichtet und anschließend durch die Gesamtmenge (Anfangsbestand + Zugänge) dividiert werden.[163]

$$\text{periodischer Durchschnittspreis} = \frac{\text{Wert des Anfangsbestands} + \text{Wert aller Lieferungen der Periode}}{\text{Menge des Anfangsbestands} + \text{Menge aller Lieferungen der Periode}}$$

Die **gleitende Durchschnittsmethode** beruht auf periodischer Anpassung des Durchschnitts. Folglich wird nach jedem Zugang ein neuer Durchschnittspreis auf Grundlage der bis dato vorliegenden Zugänge zuzüglich des Anfangsbestands ermittelt, womit nachfolgend jeder Abgang bis zum nächsten Zugang bewertet wird.[164]

[163] Deimel, K. et al: Kosten- und Erlösrechnung, S. 108, 2006.
[164] Baetge, J.; Kirsch, H.-J.; Thiele S.: Bilanzen, 2005, S. 363 f.

Beispiel: Durchschnittsbewertung

Für die Bewertung des Materialbestands nach der periodischen und der gleitenden Durchschnittsmethode liegen folgende Daten vor:

Vorgang	Datum	Menge	Preis je ME	Gesamtwert
Anfangsbestand	01.10.	300 St.	10 €/St.	3.000 €
Zugang	07.10.	200 St.	14 €/St.	2.800 €
Abgang	09.10.	250 St.		
Zugang	13.10.	300 St.	15 €/St.	4.500 €
Abgang	17.10.	500 St.		
Abgang	21.10.	50 St.		
Zugang	23.10.	400 St.	16 €/St.	6.400 €
Abgang	28.10.	150 St.		
Endbestand	**31.10.**	**250 St.**		

Bewertung nach der **periodischen** Durchschnittsmethode:

Vorgang	Datum	Menge	Preis je ME	Gesamtwert
Anfangsbestand	01.10.	300 St.	10,00 €/St.	3.000,00 €
+ Zugang	07.10.	+ 200 St.	14,00 €/St.	– 2.800,00 €
+ Zugang	13.10.	+ 300 St.	15,00 €/St.	– 4.500,00 €
+ Zugang	23.10.	+ 400 St.	16,00 €/St.	– 6.400,00 €
= Summe		**= 1.200 St.**	**13,92 €/St.**	**= 16.700,00 €**
- Verbrauch		- 950 St.	13,92 €/St.	- 13.220,83 €
= Endbestand	**31.10.**	**= 250 St.**	**13,92 €/St.**	**= 3.479,17 €**

Bewertung nach der **gleitenden** Durchschnittsmethode:

Vorgang	Datum	Menge	Preis je ME	Gesamtwert
Anfangsbestand	01.10.	300 St.	10,00 €/St.	3.000 €
+ Zugang	07.10.	+ 200 St.	14,00 €/St.	+ 2.800 €
= Zwischensumme		**= 500 St.**	**11,60 €/St.**	**= 5.800 €**
- Abgang	09.10.	- 250 St.	11,60 €/ t.	- 2.900 €
+ Zugang	13.10.	+ 300 St.	15,00 €/St.	+ 4.500 €
= Zwischensumme		**= 550 St.**	**13,45 €/St.**	**= 7.400 €**
- Abgang	17.10.	- 500 St.	13,45 €/St.	- 6.727,27 €
- Abgang	21.10.	- 50 St.	13,45 €/St.	- 672,73 €
+ Zugang	23.10.	+ 400 St.	16,00 €/St.	+ 6.400 €
= Zwischensumme		**= 400 St.**	**16,00 €/St.**	**= 6.400 €**
- Abgang	28.10.	- 150 St.	16,00 €/St.	- 2.400 €
Endbestand	**31.10.**	**250 St.**	**16,00 €/St.**	**= 4.000 €**

Bewertung des Materialverbrauchs im Oktober nach der gleitenden Durchschnittsmethode = 2.900 € + 6.727,27 € + 672,73 € + 2.400 € = **12.700 €**

Wie aus dem Beispiel ersichtlich ist, können die Wertansätze für einen Bilanzposten je nach Bewertungsmethode unterschiedlich hoch ausfallen.

Auch bei der Durchschnittsmethode ist am Bilanzstichtag ein Vergleich des angesetzten Wertes mit dem beizulegenden Wert notwendig. Dies führt unter Umständen zu außerplanmäßigen Wertminderungen, um dem strengen Niederstwertprinzip Folge zu leisten.[165]
Bei steigenden Preisen führt, verglichen mit der Einzelbewertung, der ermittelte Durchschnittswert tendenziell zu einer niedrigeren Bewertung des Vorratsvermögens und zu einer Erhöhung des Periodenaufwandes, d. h., es werden stille Reserven gebildet.

Verbrauchsfolgeverfahren

Zu den Verbrauchsfolgeverfahren zählen die Fifo-Methode (First-in-first-out) und die Lifo-Methode (Last-in-first-out). Sie werden häufig bei Unternehmen, die große Mengen oder auch Schüttgut haben, eingesetzt.
Die **Fifo-Methode** unterstellt, dass die zuerst eingetroffenen Güter das Unternehmen durch Verbrauch oder Veräußerung auch zuerst wieder verlassen. Folglich wird der Endbestand am Bilanzstichtag mit dem Betrag des zuletzt eingegangenen Vorratsvermögens bewertet, da nach dieser Fiktion zum Jahresende nur noch die zuletzt eingegangenen Güter vorhanden sein können.
Die **Lifo-Methode** unterstellt, dass ein Unternehmen immer die zuletzt eingegangenen Güter wiederum als Erstes verkauft oder in der Produktion verwendet. Rechentechnisch kann zwischen der Perioden-Lifo-Methode und der permanenten Lifo-Methode unterscheiden werden.
Bei der periodischen Rechnung der Lifo-Methode werden sämtliche Güter einer Periode mit den Preisen der innerhalb dieser Periode zuerst beschafften Güter bewertet, d. h., der Endbestand wird mit den Preisen der ältesten Güter bewertet. Bei der permanenten Rechnung der Lifo-Methode werden die Güter eines Lagerabgangs mit dem Zugangswert des/der letzten Zuganges/Zugänge bewertet. Der Güterverbrauch wird daher eher mit dem aktuellen Marktwert bewertet.
Die Preisentwicklung beeinflusst bei der Lifo-Methode den Wertansatz der Vorräte und die Ertragslage des Unternehmens. Kontinuierlich steigende Preise

[165] Baetge, J.; Kirsch, H.-J.; Thiele S.: Bilanzen, 2005, S. 364.

führen vor allem bei Anwendung der Perioden-Lifo-Methode zu stillen Reserven, da der Endbestand mit den niedrigeren Preisen der zuerst zugegangenen Güter des Vorratsvermögens bewertet wird und die verbrauchten Güter als Aufwand mit den gestiegenen Preisen in der GuV verrechnet wurden.
Durch die Wahl der entsprechenden Bewertungsmethode kann das Jahresergebnis bilanzpolitisch entweder erhöht oder gemindert werden.

Beispiel: Verbrauchsfolgeverfahren

Für die Bewertung des Materialbestands nach der Fifo-Methode sowie nach der periodischen und der permanenten Lifo-Methode liegen folgende Daten vor:

Vorgang	Datum	Menge	Preis je ME	Gesamtwert
Anfangsbestand	01.10.	300 St.	10 €/St.	3.000 €
Zugang	07.10.	200 St.	14 €/St.	2.800 €
Abgang	09.10.	250 St.		
Zugang	13.10.	300 St.	15 €/St.	4.500 €
Abgan	17.10.	500 St.		
Abgang	21.10.	50 St.		
Zugang	23.10.	400 St.	16 €/St.	6.400 €
Abgang	28.10.	150 St.		
Endbestand	**31.10.**	**250 St.**		

Es werden die Wertansätze des Endbestands nach der Fifo- und Lifo-Methode berechnet.

Methode	Verbrauch (950 ME)	Endbestand (250 ME)
Fifo-Methode	300 St. x 10 €/St. + 200 St. x 14 €/St. + 300 St. x 15 €/St. + 150 St. x 16 €/St. = 12.700 €	250 St. x 16 €/St. **= 4.000 €**
Lifo-Methode (periodenbezogen)	400 St. x 16 €/St. + 300 St. x 15 €/St. + 200 St. x 14 €/St. + 50 St. x 10 €/St. = 14.200 €	250 St. x 10 €/St. **= 2.500 €**

Methode	Verbrauch (950 ME)	Endbestand (250 ME)
Lifo-Methode (permanent)	200 St. x 14 €/St. + 50 St. x 10 €/St. + 300 St. x 15 €/St. + 200 St. x 10 €/St. + 50 St. x 10 €/St. + 150 St. x 16 €/St. = 12.700 €	250 St. x 16 €/St. **= 4.000 €**

Durch die Wahl des passenden Bewertungsvereinfachungsverfahrens kann bilanzpolitisch das Jahresergebnis höher oder niedriger ausfallen, ohne gegen die Grundsätze ordnungsmäßiger Buchführung zu verstoßen.

Achtung: Strenges Niederstwertprinzip

Das strenge Niederstwertprinzip gilt auch dann, wenn von Lifo-, Fifo- oder Durchschnittsmethode zur Schätzung der Anschaffungs- oder Herstellungskosten Gebrauch gemacht wird. Es ist immer zu prüfen, ob nicht anstelle der mit den Bewertungsvereinfachungsverfahren ermittelten Anschaffungs- oder Herstellungskosten ein niedriger Börsen- oder Marktpreis des Bilanzstichtages anzusetzen ist (Niederstwerttest).

Tipp: Ausübung von Wahlrechten im Handels- und Steuerrecht

Die Wahlrechte, die es im Handels- und im Steuerrecht gibt, müssen nicht mehr einheitlich ausgeübt werden, da es die umgekehrte Maßgeblichkeit seit dem 01.01.2010 nicht mehr gibt.

So kann beispielsweise in der Handelsbilanz bei der Vorratsbewertung die Fifo-Methode angewandt werden, während in der Steuerbilanz z. B. die Einzel- oder die Durchschnittsbewertung oder die Lifo-Methode eingesetzt werden können.

Je nach Bewertungsmethode kann dies handels- und steuerrechtlich zu unterschiedlich hohen Abwertungen auf das Vorratsvermögen kommen.

8.1.3 Ermittlung von Gängigkeitsabschlägen

Im Rahmen der Vorratsbewertung wenden Unternehmen sehr häufig das Instrument der Gängigkeitsabschläge an. Die Abwertungen auf den niedrigeren beizulegenden Wert erfolgen durch pauschale Gängigkeitsabschläge für Vorratsbestände mit geringer Umschlaghäufigkeit sowie aufgrund von Einzelbetrachtungen bei Vorräten mit eingeschränkter Verwendbarkeit. Z. B. wendet der Weltmarktführer bei der Laborautomatisierung von simultanen Pipettiertechnologien, die CyBio AG, folgende Gängigkeitsabschläge bei der Bewertung seiner Vorräte an:

Wie lange ist der Artikel im Bestand?	Abwertungsprozentsatz
über 1 Jahr	0 %
über 2 Jahre	30 %
über 3 Jahre	67 %
über 4 Jahre	100 %

Tab. 52: Gängigkeitsabschläge bei CyBio AG, 2009[166]

Mit den Gängigkeitsabschlägen haben die Unternehmen die Möglichkeit, geringere Vermögenswerte auszuweisen.

8.2 Forderungen

Forderungen entstehen durch einen Zielverkauf von Waren, Erzeugnissen und Dienstleistungen. Im Rahmen einer Gewinn mindernden Bilanzpolitik wird man bemüht sein, Verkäufe und damit verbundene Gewinnrealisierungen über den Bilanzstichtag hinauszuschieben. Damit beispielsweise weniger Forderungen ausgewiesen werden, könnte man Bestellungen – soweit das ohne Verärgerung der Kunden möglich ist – erst nach dem Bilanzstichtag bearbeiten und ausliefern.

Falls sich Verhandlungen mit Geschäftspartnern über einen eventuell anstehenden teilweisen oder vollständigen Forderungsnachlass oder -erlass z. B. wegen fehlerhaften Lieferungen schon über einen längeren Zeitraum hinziehen, könnte eine Entscheidung über einen Forderungserlass noch vor dem Bilanzstichtag getroffen werden und dieser Teil der Forderung könnte unter Korrektur der Umsatzsteuer ausgebucht werden.

[166] Geschäftsbericht CyBio AG, 2009, S. 30.

8.2.1 Einzel- und Pauschalwertberichtigungen

Die häufigste Ursache für eine außerplanmäßige Abschreibung auf Forderungen ist die mangelhafte Bonität des Kunden bzw. des Schuldners. Es können folgende Risiken auftreten:[167]

- Ausfallrisiko (Forderungsausfall bei Zahlungsunfähigkeit des Schuldners),
- Risiko aus Forderungsverkäufen (wenn Forderungen vor ihrem Eingang unter ihrem Buchwert verkauft werden, z. B. Factoring),
- Wechselkursrisiko (negative Entwicklung des Wechselkurses bei Fremdwährungsforderungen),
- Risiko aus Zinsänderungen (bei Erhöhung des Sollzinssatzes) und
- Beitreibungsrisiko (z. B. Mahn-, Gerichts- und Rechtsanwaltskosten).

Forderungen lassen sich nach der Sicherheit ihres Zahlungseingangs, die sich aus den angesprochenen Risiken ableitet, klassifizieren.[168]

Die folgende Abbildung zeigt, wie Forderungen hinsichtlich ihrer Werthaltigkeit unterschieden werden.

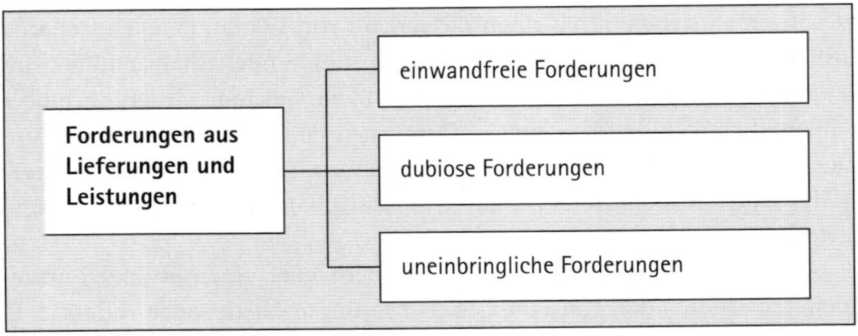

Abb. 23: Klassifizierung von Forderungen aus Lieferungen und Leistungen anhand ihrer Sicherheit

[167] Baetge, J.; Kirsch, H.-J.; Thiele S.: Bilanzen, 2009, S. 326.
[168] Jossé, G.: Bilanzen, aber locker, 2005, S. 107.

Die erst genannte Gruppe der „einwandfreien Forderungen“ zeigt keine Anzeichen für einen Forderungsausfall und wird demzufolge zu den Anschaffungs- oder Herstellungskosten bewertet. Zu den „zweifelhaften Forderungen“ zählen solche, bei denen objektive Anhaltspunkte für einen Forderungsausfall existieren. Zweifelhaften Forderungen werden zu ihrem wahrscheinlichen Wert angesetzt. Die Differenz zum eigentlichen ursprünglichen Gesamtansatzwert wird durch eine außerplanmäßige Abschreibung erfasst. Die dritte Gruppe der „uneinbringlichen Forderungen“ wird vollständig abgeschrieben und die Umsatzsteuer wird korrigiert, da mit einem Zahlungseingang endgültig nicht mehr zu rechnen ist.[169]

Aus Wirtschaftlichkeitsgründen wird in der Praxis häufig die Methode der Pauschalwertberichtigung verwendet. Da erfahrungsgemäß in jedem Geschäftsjahr ein gewisser Prozentsatz der Forderungen nicht beglichen wird, ist es zulässig, zum Ende des Geschäftsjahrs den Forderungsbestand pauschal um den ermittelten Prozentsatz zu berichtigen.[170] Diese Korrektur wird mittels eines aus Erfahrungswerten abgeleiteten prozentualen Abschreibungswerts vorgenommen.
Die Einzel- und Pauschalwertberichtigung auf Forderungen eröffnet dem Bilanzierenden einen bilanzpolitischen Spielraum, da die Ermittlung der Abschreibungs- bzw. Wertberichtigungsbeträge auf Erfahrungswerten und Schätzungen beruht.

Je nach gewünschtem Ergebnisausweis können die Wertberichtigungen etwas höher oder etwas niedriger geschätzt werden. Bei einem gewünschten niedrigeren Ergebnisausweis werden die Risiken für die Wertberichtigungen höher geschätzt.

[169] Jossé, G.; Bilanzen, aber locker, 2005, S. 105 ff.
[170] Probst, H.- J.: Bilanzen lesen, leicht gemacht, 2002, S. 47 ff.

9 Bilanzpolitische Möglichkeiten bei den latenten Steuern

Durch die Einführung des Bilanzrechtsmodernisierungsgesetzes gewinnt dieser „Sonderposten eigener Art“[171] der latenten Steuern, der aus Ansatz- und Bewertungsdifferenzen zwischen Handels- und Steuerbilanz entsteht, an Gewicht.

§ 274 HGB beschreibt die latenten Steuern als Differenzen zwischen handelsrechtlichen Wertansätzen von Vermögensgegenständen, Schulden und Rechnungsabgrenzungsposten und deren steuerlichen Wertansätzen, die sich in absehbarer Zukunft umkehren bzw. abbauen.[172] Sollte sich daraus insgesamt eine Steuerbelastung ergeben, sind passive latente Steuern in der Handelsbilanz anzusetzen. Im umgekehrten Fall, einer Steuerentlastung, kann eine aktive latente Steuer ausgewiesen werden.[173]

Tipp: Aktive latente Steuern
Es besteht ein Aktivierungs**wahlrecht** für aktive latente Steuern.

Passive latente Steuern entstehen durch einen höheren Vermögensausweis in der Handelsbilanz als in der Steuerbilanz oder einer höheren Passiva der Steuerbilanz als der Handelsbilanz. Dagegen resultieren aktive latente Steuern aus einer zukünftigen Steuerentlastung, die sich ergibt, wenn der steuerliche Wertansatz der Aktiva höher und der Passiva niedriger als in der Handelsbilanz ist.
Durch die Neuregelungen des BilMoG werden nun auch Verlust- und Zinsvorträge im Bereich der latenten Steuerabgrenzung berücksichtigt.[174]

[171] Baetge, J.; Kirsch, H.- J.; Thiele S.: Bilanzen, 2009, S. 531 ff.
[172] Vgl. § 274 HGB.
[173] Vgl. § 274 HGB.
[174] Hoffmann, W. D.; Lüdenbach, N.: Nwb Kommentar Bilanzierung, 2009, S. 899 ff.

Verlustvorträge verschieben die Steuerminderung in eine spätere Periode, ohne dass ein wirklicher Ansatz- oder Bewertungsunterschied zwischen der Handels- und der Steuerbilanz besteht. In der Höhe dieser Verlustverschiebung werden Gewinne in der zukünftigen Periode gemindert, sodass eine geringere Bemessungsgrundlage für die Ermittlung der Steuern vorliegt. Dies begründet, warum die Verlust- und Zinsvorträge nun in die latenten Steuern einbezogen werden, da sich die Wirkungsweisen letztendlich entsprechen.
Aktive latente Steuern aus Verlustvorträgen dürfen aber nur angesetzt werden, wenn zu erwarten ist, dass die Verlustverrechnung innerhalb der folgenden fünf Geschäftsjahre stattfindet.[175]

9.1 Ansatz und Bewertung

Der bei der Bewertung anzuwendende Steuersatz stellt einen Bezug zur Zukunft her, da gemäß § 274 Abs. 2 Satz 1 HGB der im Zeitpunkt der Umkehrung der Differenzen übliche, unternehmensindividuelle Steuersatz zur Bewertung latenter Steuern herangezogen werden muss.[176] Sollte der Steuersatz für einen solchen Fall nicht genau zu bestimmen sein, ist die Anwendung des zum Bilanzstichtag, an dem die latenten Steuern in den Jahresabschluss aufgenommen werden sollen, relevanten Steuersatzes zulässig.

Beispiel: Steuerliche Verlustvorträge

Eine GmbH hat zum 31.12.01 einen steuerlichen Verlustvortrag in Höhe von 600.000 €. Aufgrund der eingeleiteten Umstrukturierungsmaßnahmen ist davon auszugehen, dass in den nächsten drei Jahren jeweils 200.000 € nutzbar sein werden. Die GmbH plant in den nächsten drei Jahren mit einem zu versteuernden Gewinn von 320.000 €. Der Steuersatz beträgt 30 %. Die GmbH macht vom erstmaligen Aktivierungswahlrecht der aktiven latenten Steuern auf steuerliche Verlustvorträge Gebrauch. Sowohl zu 01.01.02 als auch zum 31.12.02 sind alle angesetzten bzw. berücksichtigten latenten Steuern als werthaltig anzusehen. Die aktiven latenten Steuern bezogen auf den Verlustvortrag betragen 180.000 € (= 600.000 € x 0,3). Es sind folgende Buchungen vorzunehmen:

[175] Hoffmann, W.-D.; Lüdenbach, N.: Nwb Kommentar Bilanzierung, 2009, S. 899 ff.
[176] Baetge, J.; Kirsch, H.- J.; Thiele S.: Bilanzen, 2005, S. 548 ff.

01.01.02:

aktive latente Steuern	180.000 €	an	Erträge aus der Zuführung und Auflösung von latenten Steuern	180.000 €

31.12.02:

latenter Steueraufwand	60.000 €	an	aktive latente Steuern	60.000 €

Achtung: Erstmalige Anwendung

Aufwendungen und Erträge, die aus Zuführungen und Auflösungen von latenten Steuern im Rahmen der erstmaligen Anwendung des § 274 HGB entstehen, sind erfolgsneutral, d. h. direkt mit den Gewinnrücklagen zu verrechnen.

Beispiel: Wahlrecht bei latenten Steuern

Bei einer GmbH führen verschiedene Sachverhalte im Geschäftsjahr 01 zu temporären Differenzen. Der Steuersatz beträgt 30 %.

Es sind folgende Sachverhalte zu berücksichtigen:

- Aufgrund der handelsrechtlich längeren Nutzungsdauer einiger Vermögensgegenstände im Anlagevermögen ist der handelsrechtliche Wertansatz um 2.500 T€ höher als der steuerrechtliche.
- Die handelsrechtlichen Rückstellungen werden aufgrund des Erfüllungsbetrags mit künftigen Preis- und Kostensteigerungen um 1.200 T€ höher bewertet als die steuerrechtlichen Rückstellungen.
- Des Weiteren bestehen steuerrechtliche Verlustvorträge in Höhe von 1.500 T€, die in den nächsten 5 Jahren genutzt werden können.

Welche Möglichkeiten der Bilanzierung stehen der GmbH für die obigen Sachverhalte zur Verfügung? Es gibt die drei folgenden Varianten:

1. Bruttoausweis: Es werden aktive latente Steuern in Höhe von 810 T€ (aus Rückstellungsbewertung = 360 T€; aus Verlustvorträgen = 450 T€) ausgewiesen. Auf der Passivseite werden passive latente Steuern in Höhe von 750 T€ ausgewiesen.
2. Nettoausweis: Aufgrund des Saldierungswahlrechts können aktive und passive latente Steuern saldiert werden, d. h., es würden aktive latente Steuern in Höhe von 60 T€ ausgewiesen werden.
3. Wahlrecht für aktive latente Steuern: Aufgrund des Wahlrechts kein Ansatz von aktiven latenten Steuern.

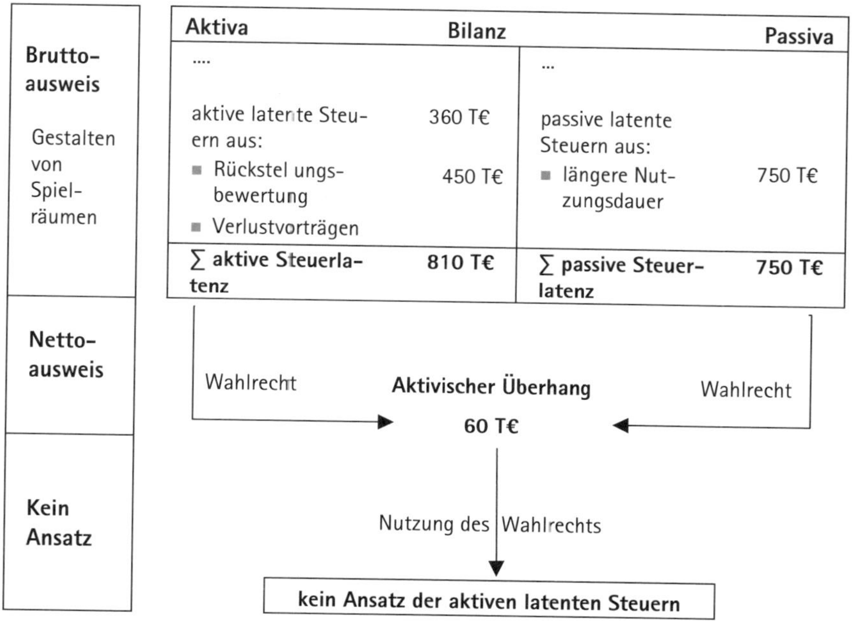

9.2 Zusammenfassung: Latente Steuern

Die folgende Tabelle gibt Ihnen einen Überblick über die latenten Steuern:

Latente Steuern nach HGB	
Latente Steuern	Befreiung für kleine Kapitalgesellschaften sowie für Einzelunternehmen und Personengesellschaften.
aktive latente Steuern	Ermittlungspflicht, jedoch nur ein Ansatz**wahlrecht** im Einzelabschluss für den **Überhang** aus Saldierung mit passiven latenten Steuern.
passive latente Steuern	Ansatzpflicht
Saldierung von latenten Steuern	Wahlrecht
Ermittlung der latenten Steuern	Anwendung des bilanzorientierten „Temporary-Konzepts" (inkl. Ergänzungsbilanzen), aktive latente Steuern auf nutzbare Verlust- und Zinsvorträge (grundsätzlich 5-Jahres-Betrachtung)

Latente Steuern nach HGB	
Umfang der latenten Steuern	auch auf quasi-permanente Differenzen
Quasi-permanente Differenzen	Einbeziehung
Ausweis	eigener Bilanzposten (aktiv/passiv)
Ausschüttungssperre	für aktive latente Steuern
Anhang	ausführliche Anhangangaben (insbesondere Steuerüberleitungsrechnung oder vergleichbare qualitative Angaben)

Tab. 53: Latente Steuern im Überblick

10 Sonderposten mit Rücklageanteil

Der „Sonderposten mit Rücklageanteil" wurde durch das BilMoG aufgrund der Aufhebung der umgekehrten Maßgeblichkeit in der Handelsbilanz abgeschafft. Steuerrechtlich sind die Sonderposten weiterhin anzusetzen und bis zu ihrer Auflösung oder Übertragung in der Steuerbilanz fortzuführen.
Unter bilanzpolitischen Gesichtspunkten können die vor dem 01.01.2010 gebildeten Sonderposten mit Rücklageanteil in der Handelsbilanz fortgeführt werden, bis die Anwendung der steuerlichen Sondervorschriften in der Steuerbilanz ausgelaufen ist, d. h. bis die Sachverhalte (i. d. R. Vermögensgegenstände), auf die sie sich beziehen, abgeschrieben oder ausgebucht sind bzw. die steuerfreien Rücklagen in der Steuerbilanz aufgelöst werden.[177] Alternativ dazu können die unversteuerten Sonderposten mit Rücklageanteil im Erstanwendungszeitpunkt des BilMoG gegen die Gewinnrücklagen verrechnet werden bei gleichzeitiger Bildung „passiver latenter Steuern".[178]

Der Buchungssatz lautet:

Sonderposten mit Rücklageanteil	an	Gewinnrücklagen
	an	passive latente Steuern

Beispiel: Auflösung Sonderposten mit Rücklageanteil

Ein Unternehmen möchte im Umstellungszeitpunkt 2010 auf BilMoG den bisher angesetzten Sonderposten mit Rücklageanteil in Höhe von 1 Mio. € auflösen, um bilanzpolitisch das Eigenkapital zu erhöhen. Durch die Auflösung entsteht eine nicht permanente Wertdifferenz zwischen der Handels- und der Steuerbilanz, auf die passive latente Steuern abgegrenzt werden müssen. Der Ertragsteuersatz des Unternehmens beträgt 30 Prozent. Es sind folgende Buchungen in der Handelsbilanz vorzunehmen:

Sonderposten mit Rücklageanteil	1 Mio. €	an	andere Gewinnrücklagen	1 Mio. €
andere Gewinnrücklagen	300 T€	an	passive latente Steuern	300 T€

[177] Heyd u. Kreher: BilMoG – Das Bilanzrechtsmodernisierungsgesetz, 2010, S. 20.
[178] Heyd u. Kreher: BilMoG – Das Bilanzrechtsmodernisierungsgesetz, 2010, S. 20.

Nach der Auflösung des „Sonderpostens mit Rücklageanteil“ ist dieser Posten nicht mehr in der Handelsbilanz zu berücksichtigen. Es sind lediglich passive latente Steuern in der Handelsbilanz auszuweisen, die den in der Steuerbilanz noch ausgewiesenen Sonderposten abgrenzen.

11 Rückstellungen

Rückstellungen sind Posten, die enormes bilanzpolitisches Potenzial bieten, da hinsichtlich der Bewertung Ermessensspielräume genutzt werden können. Rückstellungen stellen ungewisse Verbindlichkeiten dar, wobei die Verpflichtungen der Rückstellungen mit hoher Wahrscheinlichkeit wahrgenommen werden oder eintreten müssen, damit ihre Bildung zulässig ist.[179]

11.1 Bilanzierung von Rückstellungen

Rückstellungen stellen künftige Ausgaben dar, die dem Grunde und/oder der Höhe nach ungewiss sind. Solche Ungewissheiten lassen sich insbesondere bei der Position „sonstige Rückstellungen" im Interesse einer gewinnmindernden Bilanzpolitik nutzen, da im Zweifel möglichst hohe Rückstellungen gebildet werden können. Besonders wichtig ist es in diesem Zusammenhang, alle Risiken und Verpflichtungen vollständig zu erfassen. Für die Bilanzierung der Rückstellungen existiert im HGB keine genaue Regelung.

Für Kapitalgesellschaften sowie für haftungsbeschränkte Personengesellschaften schlüsselt der § 266 Abs. 3 B. HGB die bilanzielle Aufgliederung des Postens detailliert auf:

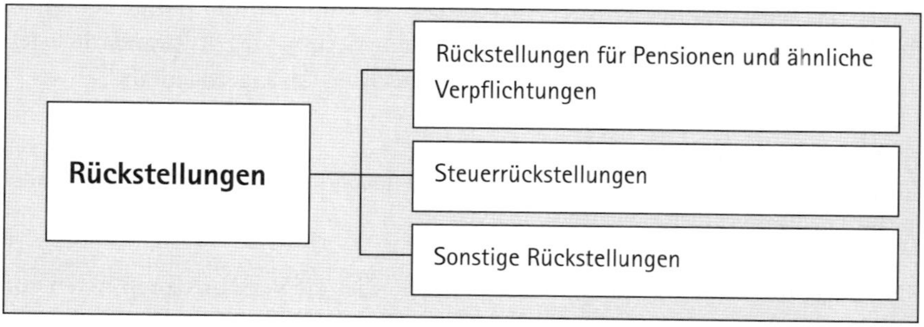

Abb. 24: Positionen der Rückstellungen[180]

[179] Probst, H. J.: Bilanzen lesen leicht gemacht, 2002, S. 56 ff.
[180] Vgl. § 266 Abs. 3 B HGB.

Entsprechend § 249 Abs. 1 Satz 1 HGB sind von jedem Kaufmann für alle ungewissen Verbindlichkeiten und für drohende Verluste aus schwebenden Geschäften Rückstellungen zu bilden. Diese Verpflichtungen haben einen Schuldcharakter, weswegen sie als **Verbindlichkeitsrückstellungen** bezeichnet werden. Ihnen liegt eine rechtliche Verpflichtung zugrunde, sodass der Gläubiger einen Anspruch auf die versprochene Leistung besitzt.

Im § 249 Abs. 1 Satz 2 HGB werden weitere Rückstellungen erwähnt:

- **Aufwandsrückstellungen** für unterlassene Instandhaltungen, die in den ersten drei Monaten des folgenden Geschäftsjahres nachgeholt werden, sowie Rückstellungen für die **Abraumbeseitigung**, die im nächsten Geschäftsjahr nachgeholt wird und
- Rückstellungen auf **Kulanzleistungen**, d. h. Gewährleistungen, die ohne rechtliche Verpflichtung erbracht werden.[181]

Tipp: Sonstige Rückstellungen
Nicht nur rechtliche Verpflichtungen, sondern auch faktische (wirtschaftliche) Leistungszwänge können zu Rückstellungen führen.

Durch das BilMoG wurden die handelsrechtlichen Rückstellungsregelungen teilweise an die internationale Rechnungslegung nach IFRS angepasst. Dies führte zu Einschränkungen bei Aufwandsrückstellungen und damit bei einem bedeutenden bilanzpolitischen Teil. Die Reduzierung der Aufwandsrückstellungen führt i. d. R. zu einer positiven Entwicklung des Eigenkapitals.[182]

Achtung: Aufwandsrückstellungen
Für steuerlich nicht anerkannte Aufwandsrückstellungen besteht seit dem 01.01.2010 auch handelsrechtlich ein Passivierungsverbot.

Die folgende Abbildung gibt einen Überblick über die verschiedenen Arten von Rückstellungen:

[181] Vgl. § 249 Abs.1 Satz 2 HGB.
[182] Theile, C.: Bilanzrechtsmodernisierungsgesetz, 2009, S. 59 ff.

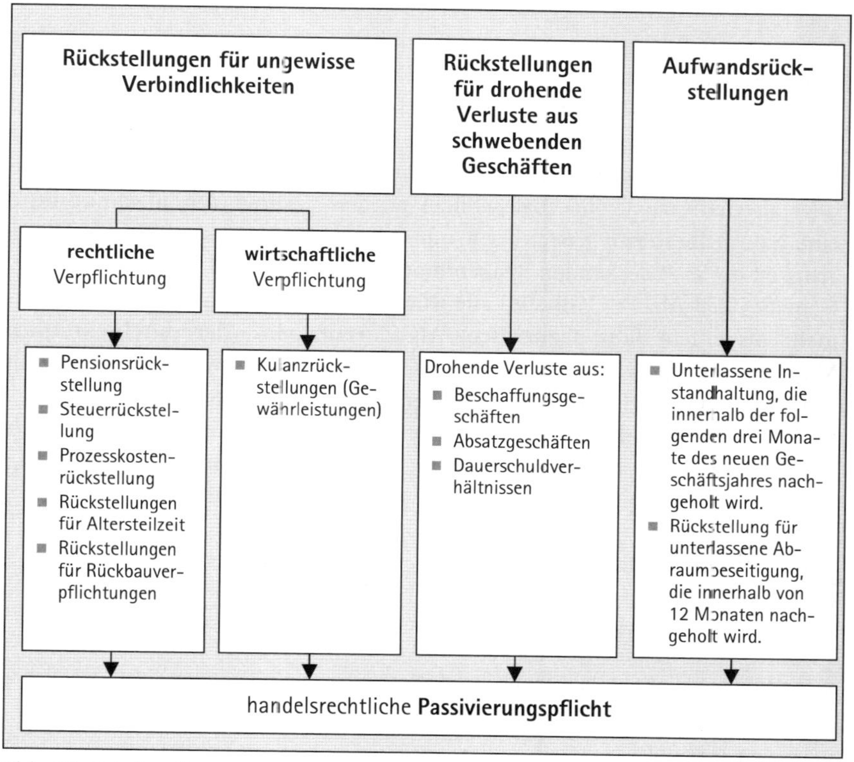

Abb. 25: Rückstellungsarten

11.2 Bewertung von Rückstellungen

Bei der Bewertung von Rückstellungen müssen auch zukünftige Kosten- und Preissteigerungen mit einbezogen werden. Zur Bewertung der Rückstellungen ist laut § 253 Abs. 1 Satz 2 HGB im Allgemeinen der **Erfüllungsbetrag nach vernünftiger kaufmännischer Beurteilung** heranzuziehen.[183] Dieser gilt als Wertmaßstab im Bereich der Schulden.[184] Mit anderen Worten: Unter diesem Wert wird der Betrag zusammengefasst, der notwendig ist, um die Verpflichtung, die zum Zeitpunkt des Bilanzansatzes der Höhe bzw. des Fälligkeits-

[183] Coenenberg, A. G. et al.: Jahresabschluss u. -analyse, 2009, S. 418 f.
[184] Coenenberg, A. G. et al.: Jahresabschluss u. -analyse, 2009, S. 102.

datums nach als unsicher gilt, dem Gläubiger gegenüber zu begleichen. Diese Definition zeigt, dass vor allem bei der Bewertung dieses Postens ein **gewisser Spielraum zur Schätzung** eröffnet wird, wodurch dieser Posten regelmäßig nach eigenen bilanzpolitischen Zielen gestaltet werden kann. Die Rückstellungen können entweder gemäß dem Prinzip der Einzelbewertung individuell oder alternativ auch pauschal gebildet werden.[185] Diese Vereinfachung durch eine Sammelbewertung ist jedoch nur unter der Voraussetzung der Gleichartigkeit der abzudeckenden Risiken möglich.

Gemäß § 253 Abs. 2 HGB sind alle Rückstellungen mit einer Restlaufzeit von mehr als einem Jahr abzuzinsen. Als Zinssatz wird der durchschnittliche Marktzinssatz der vergangenen sieben Geschäftsjahre verwendet. Der Zinssatz muss dabei die Restlaufzeit der jeweiligen Verpflichtung berücksichtigen.

Dieser Zinssatz wird monatlich von der Deutschen Bundesbank veröffentlicht. Im Umkehrschluss sind Rückstellungen, deren Laufzeit unter einem Jahr liegt, von dieser Regelung und infolgedessen von einer Diskontierung befreit.

Achtung: Abzinsungsgebot

Für langfristige Rückstellungen (> ein Jahr) besteht handelsrechtlich ein generelles Abzinsungsgebot mit einem laufzeitabhängigen Marktzinssatz, der durch die Deutsche Bundesbank bekannt gegeben wird.

In der Steuerbilanz besteht für die langfristigen „Sonstigen Rückstellungen" ein Abzinsungsgebot mit einem Zinssatz von 5,5 %.

Rückstellungen für Altersversorgungsverpflichtungen stellen einen Sonderfall dar. Diese können pauschal mit dem durchschnittlichen Marktzinssatz, der sich bei einer unterstellten Restlaufzeit von 15 Jahren ergeben würde, diskontiert werden.[186]

Eine Ausnahme von den angeführten Bewertungsvorschriften besteht für Versorgungsverträge, die in Verbindung mit Wertpapieren stehen, beziehungsweise deren Wert von Wertpapieren abhängig ist. Sie sind mit dem beizulegenden Zeitwert des Wertpapiers anzusetzen, sofern dieser den vertraglich festgelegten Mindestbetrag überschreitet. Darüber hinaus ist eine Bewertungseinheit zwischen der Altersverpflichtung und dem damit verbundenen Wertpapier zu bilden.[187]

---

[185] Coenenberg, A. G. et al.: Jahresabschluss u. -analyse, 2009, S. 418 f.
[186] Vgl. § 253 Abs. 2 Satz 2 HGB.
[187] Hoffmann, W.-D.; Lüdenbach, N.: Nwb Kommentar Bilanzierung, 2009, S. 257 ff.

11.3 Einzelne Rückstellungsarten

Im folgenden Abschnitt werden Ihnen einzelne Rückstellungsarten detailliert vorgestellt.

11.3.1 Rückstellungen aus Verpflichtungen gegenüber Dritten

Drohverlustrückstellungen aus schwebenden Geschäften

Schwebende Geschäfte werden aufgrund ihrer Eigenschaft i. d. R. nicht buchhalterisch erfasst. Außer im Fall eines Verlustes ist eine Drohverlustrückstellung zu bilden. Wertmäßig darf ausschließlich der Verbindlichkeitsbetrag angesetzt werden, der die Forderungen übersteigt, da der Rest durch die Forderung abgedeckt wird.[188] Drohverlustrückstellungen können grundsätzlich nur einzeln bewertet werden.

Garantieverpflichtungen

Diese Art der Verpflichtung ergibt sich aus Vertragsverhältnissen und aus Ansprüchen der Vertragspartner.[189] Auf rechtlicher Ebene verpflichtet sich der Bilanzierende zu unterschiedlichen Leistungen. Beispiele sind Kaufpreisminderungen, Schadensersatz wegen Nichterfüllung und Nachbesserung von mangelhafter Ware. Zu bilanzieren sind diese Risiken im Jahr der Lieferung und Leistung oder auch in dem Geschäftsjahr, in dem der Ertrag aus dem Rechtsgeschäft erzielt wurde.[190]

Die Beträge können entweder einzeln oder auch pauschal ermittelt werden, da Gewährleistungspflichten regelmäßig in Anspruch genommen werden. Sie werden anhand von Erfahrungswerten geschätzt. Kulanzfälle werden analog behandelt und bilanziert.[191]

Rückstellungen für Gewährleistungs- und Garantieverpflichtungen sind vor allem bei Großaufträgen von besonderer Bedeutung, da sie einen beachtlichen Wert vorweisen können, der das Bild der Bilanz stark beeinflussen kann. Da auch hier wiederum Schätzungen zur Bewertung vorgenommen werden müssen, stellen diese Wertbereiche ein entsprechendes bilanzpolitisches Potenzial dar.

[188] Coenenberg, A. G. et al.: Jahresabschluss u. -analyse, 2009, S. 430 f.
[189] Hoffmann, W.-D.; Lüdenbach, N.: Nwb Kommentar Bilanzierung, 2009, S. 249 ff.
[190] Coenenberg, A. G. et al.: Jahresabschluss u. -analyse, 2009, S. 428 f.
[191] Hoffmann, W.-D.; Lüdenbach, N.: Nwb Kommentar Bilanzierung, 2009, S. 251.

Pensionsrückstellungen und ähnliche langfristige Verpflichtungen

Aufgrund ihrer Langfristigkeit sind die Pensionsrückstellungen von besonderer Bedeutung. Bei den Rückstellungen für Pensionen handelt es sich um eine Versorgungsleistung für Arbeitnehmer vonseiten des Arbeitgebers. Es kann sich hierbei um mittelbare Pensionsverpflichtungen, wie Direktversicherungen, Zuweisungen zu Pensions- und Unterstützungskassen, sowie unmittelbare Versorgungszusagen, d. h. Direktzusagen, handeln. Für mittelbare Pensionsverpflichtungen oder ähnliche unmittelbare bzw. mittelbare Verpflichtungen besteht gemäß Art. 28 Absatz 1 Satz 2 EGHGB keine Rückstellungsverpflichtung, was ein Passivierungswahlrecht darstellt. Die folgende Abbildung veranschaulicht die Passivierungspflichten und -wahlrechte bei den Pensionsrückstellungen.

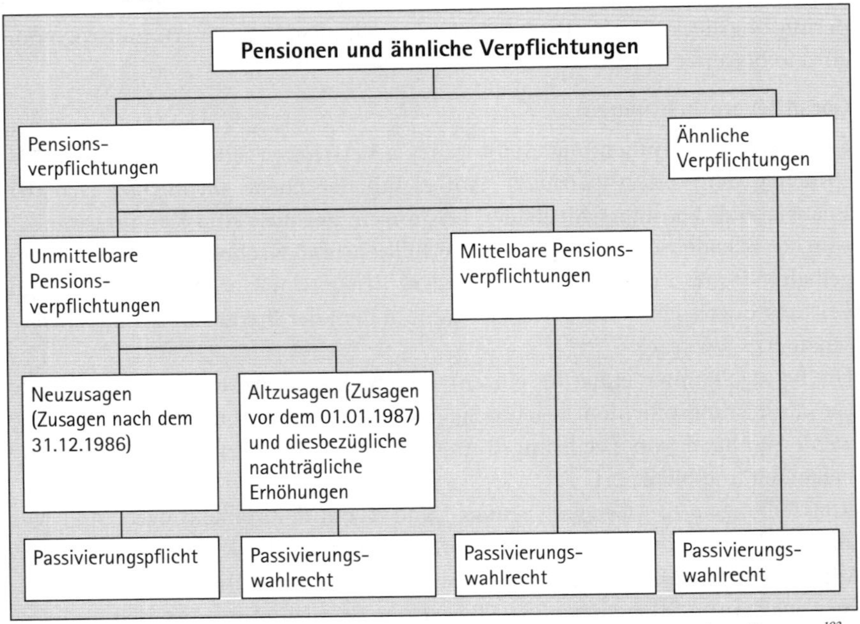

Abb. 26: Passivierungspflichten und -wahlrechte für Pensionsrückstellungen[192]

[192] In Anlehnung an Baetge, J. et al.: Bilanzen, 2009, S. 427.

Die einzige Form, bei der eine Rückstellung gebildet werden muss, ist die sogenannte **unmittelbare Pensionszusage**. Dabei hat der Arbeitgeber den Betrag der Pensionsleistung selbst zu erbringen. Der Auszahlungsbetrag wird über die Jahre der Beschäftigung des Arbeitnehmers ratierlich angesammelt. Auch im Anhang sollte ein Vermerk über die Zuführung vorgenommen werden. Die folgende Abbildung veranschaulicht die Passivierungswahlrechte bei den Pensionsverpflichtungen.

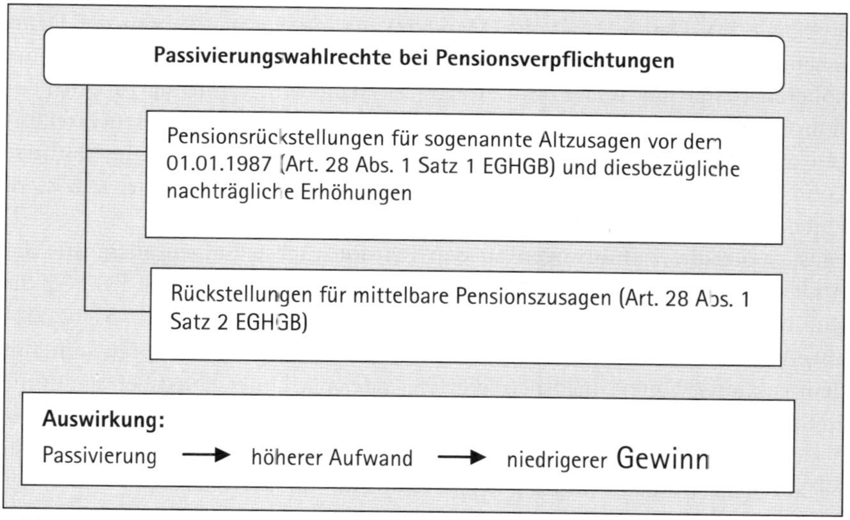

Abb. 27: Passivierungswahlrechte bei Pensionsrückstellungen

Tipp: Pensionsrückstellungen

Bei sogenannten Altzusagen nach Art. 28 Abs. 1 Satz 1 EGHGB und bei mittelbaren Pensionszusagen gemäß Art. 28 Abs. 1 Satz 2 EGHGB besteht ein Wahlrecht für die Bildung von Pensionsrückstellungen.

Da die Pensionsrückstellungen grundsätzlich von langfristiger Natur sind, ist eine Diskontierung notwendig. Diese kann für jede Rückstellung auch pauschal mit dem durchschnittlichen Marktzinssatz bei einer unterstellten Restlaufzeit von 15 Jahren vorgenommen werden.[193]

[193] Coenenberg, A. G. et al.: Jahresabschluss u. -analyse, 2009, S. 420 ff.

Tipp: Bewertung der Pensionsrückstellungen

Es empfiehlt sich, das Anwartschaftsbarwertverfahren"[194] für die Bewertung der Pensionsrückstellungen anzuwenden. Das steuerliche Teilwertverfahren nach § 6a EStG für Pensionsrückstellungen ist handelsrechtlich seit dem 01.01.2010 nicht mehr zulässig.

In der Vergangenheit (vor dem 01.01.2010) erfolgte in der Bilanzierungspraxis bei vielen Unternehmen häufig eine Abzinsung mit dem steuerlichen Zinssatz von 6,0 % (handelsrechtlich bestand beim Zinssatz ein Wahlrecht zwischen 3 % bis 6 %). Der gegenwärtige Marktzinssatz, der monatlich von der Deutschen Bundesbank bekannt gegeben wird, ist i. d. R. niedriger, was zu einer höheren Bewertung und somit zu einer zusätzlichen Zuführung zu den Pensionsrückstellungen führt. Zudem hat die Bewertung der Pensionsrückstellungen zum Erfüllungsbetrag (§ 253 Abs. 1 HGB) zu erfolgen, d. h., künftige Lohn- und Gehaltssteigerungen werden berücksichtigt. Dies führt i. d. R. zu Unterschiedsbeträgen im Vergleich zu den Vorjahren.

Falls zusätzliche Zuführungen zu den Pensionsrückstellungen allein aus der Änderung der Bewertung resultieren, müssen gemäß Art. 67 Abs. 1 EGHGB die Zuführungen in Jahresraten **in Höhe von mindestens 1/15** bis zum 31.12.2024 angesammelt werden. Dies bedeutet, dass die Zuführung im ersten Jahr mit dem gesamten Unterschiedsbetrag erfolgt oder der Unterschiedsbetrag auf die zukünftigen Jahre individuell verteilt werden kann, wobei aber jedes Jahr mindestens 1/15 zugeführt werden muss, bis der Unterschiedsbetrag erreicht ist. Nicht erlaubt ist die Zuführung in einer Summe zum 31.12.2024.

Tipp: Zuführung des Erhöhungsbetrags zu den Pensionsrückstellungen

Falls aufgrund der geänderten Rückstellungsbewertung eine Zuführung erforderlich ist, kann der Betrag entweder:

- sofort aufwandswirksam als Einmalbetrag erfasst oder
- jährlich in jedem Geschäftsjahr zu mindestens 1/15 in Jahresraten zugeführt werden.

Somit haben die Unternehmen ein Wahlrecht – je nach Ertragslage –, unterschiedlich hohe Beträge zuzuführen, solange es sich um mindestens 1/15 des nachzuholenden Erhöhungsbetrags handelt.

---

[194] Beim Anwartschaftsbarwertverfahren handelt es sich um ein Kapitalansammlungsverfahren, nach dem die Verpflichtung mit dem versicherungsmathematischen Barwert des am Abschlussstichtag erworbenen Versorgungsanspruchs anzusetzen ist. Hierbei werden dynamische Pensionszusagen oder Trendannahmen (z. B. hinsichtlich zu erwartender Gehaltssteigerungen) berücksichtigt.

Für die Bilanzpolitik ist dieser Posten sehr attraktiv, da es sich i. d. R. um einen wertmäßig großen Posten handelt. Die folgende Abbildung zeigt die möglichen bilanzpolitischen Strategien durch ein gezieltes Nutzen der Übergangsregelungen vom alten HGB auf das neue HGB (BilMoG).

Bilanzpolitische Strategien bei der Bewertung von Pensionsrückstellungen	
Ausweis eines möglichst hohen Eigenkapitals und eines möglichst hohen Ergebnisses	**Ausweis eines möglichst niedrigen Eigenkapitals und eines möglichst niedrigen Ergebnisses**
▪ Anwendung eines möglichst hohen Abzinsungszinssatzes ▪ Berücksichtigung von möglichst geringen künftigen Kostensteigerungen für die Ermittlung des Erfüllungsbetrags ▪ Zuführung des Unterschiedsbetrags über 15 Jahre ▪ Auflösung einer eventuell bestehenden Überdotierung (die Pensionsrückstellung waren vor dem BilMoG höher bewertet als mit der BilMoG-Bewertung)	▪ Anwendung eines möglichst niedrigen Abzinsungszinssatzes ▪ Berücksichtigung von möglichst hohen künftigen Kostensteigerungen für die Ermittlung des Erfüllungsbetrags ▪ Zuführung des Unterschiedsbetrags einmalig zum Zeitpunkt der Umstellung ▪ Beibehaltung einer eventuell bestehenden Überdotierung (die Pensionsrückstellung waren vor dem BilMoG höher bewertet als mit der BilMoG-Bewertung)

Tab. 54: Bilanzpolitische Strategien bei Pensionsrückstellungen

Tipp: Pensionsrückstellungen

Lassen Sie die versicherungsmathematischen Gutachten für Pensionsrückstellungen und ähnliche Verpflichtungen (z. B. Altersteilzeit, Langzeitkonten, Jubiläum) rechtzeitig erstellen. Machen Sie sich rechtzeitig Gedanken über die Verteilung des Erhöhungsbetrags bei Pensionsrückstellungen (mindestens 1/15 pro Geschäftsjahr).

Die nachfolgend dargestellten Sachverhalte für die Pensionsrückstellungen sollten unbedingt beachtet werden:

Achtung: Pensionsrückstellungen

Folgende Sachverhalte müssen beachtet werden:

- Ermittlung der künftigen Preis- und Kostensteigerungen,
- handelsrechtlich sind die Pensionsrückstellungen mit dem laufzeitabhängigen Marktzins der Deutschen Bundesbank abzuzinsen,
- steuerrechtlich erfolgt die Abzinsung mit 6 %,
- Ausweis des Effekts aus Auf- und Abzinsung im Zinsaufwand und Zinsertrag.

Beispiel: Erhöhungsbetrag Pensionsrückstellung

Ein Unternehmen hat am 31.12.2009 nach dem steuerlichen Teilwertverfahren die Pensionsrückstellungen in Höhe von 3.000.000 € ermittelt. Der neu berechnete Erfüllungsbetrag gemäß versicherungsmathematischem Gutachten zum 01.01.2010 beträgt 3.525.000 €. Der Zuführungsbetrag für das Geschäftsjahr 2010 beträgt gemäß versicherungsmathematischem Gutachten 140.000 € (davon Zinsanteil 40.000 €). Steuerlich beträgt die Pensionsrückstellung zum 31.12.2010 insgesamt 3.140.000 €. Der Ertragsteuersatz des Unternehmens beträgt 30 Prozent.

Der Erfüllungsbetrag beträgt 3.525.000 €. Das bedeutet, dass die bisherigen handelsrechtlichen Pensionsrückstellungen um 525.000 € unterbewertet sind. Dieser Fehlbetrag muss in jedem Jahr zu mindestens 1/15 angesammelt werden. Falls das Unternehmen das Jahresergebnis möglichst wenig verringern möchte, empfiehlt sich die niedrigst mögliche Zuführung von 35.000 €.

Da der handelsrechtliche und der steuerrechtliche Wertansatz zum 31.12.2009 gleich war, erfolgte keine Steuerabgrenzung. Es sind folgende Buchungen in der Handelsbilanz vorzunehmen:

Personalaufwand	100 T€			
Zinsaufwand	40 T€	an	Pensionsrückstellungen	140 T€
außerordentlicher Aufwand	35 T€	an	Pensionsrückstellungen	35 T€
aktive latente Steuern	10,5 T€	an	latenten Steuerertrag	10,5 T€

Steuerrückstellungen

Für Steuern können Rückstellungen gebildet werden, sobald sie bis zum Ende des Geschäftsjahres, in dem sie bilanziert werden sollen, entstanden sind. Sollte im Rahmen der Betriebsprüfung mit einer Nachzahlung zu rechnen sein, da dies in der Vergangenheit bereits mehrfach der Fall war, kann auch dieses Risiko durch Rückstellungen abgesichert werden.

Rückstellungen für Jahresabschlusskosten

Rückstellungen für Jahresabschlusskosten betreffen nicht nur die externen Kosten (z. B. Kosten des Steuerberaters, der den Abschluss erstellt oder der Wirtschaftsprüfungsgesellschaft, die den Abschluss prüft), sondern auch die betriebsinternen Kosten der Abschlusserstellung. Daher sollten folgende Punkte berücksichtigt werden:

- Wie viele Mitarbeiter sind wie lange mit der Vorbereitung und Durchführung der Jahresabschlussarbeiten (einschließlich der Vorratsinventur) beschäftigt?
- Wie hoch sind die anteiligen Lohn- und Gehaltskosten? Als Obergrenze für die in die Rückstellung einzubeziehenden internen Kosten gilt der Betrag, der für die gleiche Leistung an Dritte zu bezahlen wäre. Dadurch ergeben sich erhebliche Bandbreiten für die Höhe der Rückstellung.

Tipp: Rückstellungen für Jahresabschlusskosten
Bei der Ermittlung der Rückstellungen für Jahresabschlusskosten ist es unter dem Aspekt der wirtschaftlichen Verursachung unerheblich, ob die Jahresabschlusskosten Verpflichtungen gegenüber Dritten begründen oder als interne Aufwendungen anfallen. Aktiengesellschaften können in der Handelsbilanz auch Kosten für die Hauptversammlung zurückstellen.

Rückstellungen für Umweltschutzmaßnahmen

In Zeiten der andauernd stärker werdenden Fokussierung auf die Umwelt und Ökologie spielt der Umweltschutz eine immer wichtigere Rolle. Die Anforderungen zum Ansatz einer Rückstellung für Umweltschutzmaßnahmen sind stark an die Wahrscheinlichkeit der Inanspruchnahme beziehungsweise des tatsächlichen Eintretens der Maßnahme gebunden.
Es sollten der Zeitraum, in dem die Inanspruchnahme stattfindet, sowie die genaue Art der Verpflichtung und die Folgen aus einer Verletzung der Verpflichtung bekannt sein, sodass die Rückstellungen gebildet werden können.[195]
Im Regelfall findet die Bewertung gem. den wahrscheinlich anfallenden Aufwendungen statt, was mit den allgemeinen Bewertungsvorschriften für diesen Posten vergleichbar ist. Für Entsorgungs- und Rekultivierungspflichten besteht aufgrund des unter Umständen langen Zeitraums bis zur Inanspruchnahme die Möglichkeit, die Rückstellung über mehrere Geschäftsjahre hinweg anzusammeln.[196]
Die folgende Auflistung stellt die verschiedenen Arten der Umweltschutzmaßnahmen, für die Rückstellungen gebildet werden können, dar.[197]

---

[195] Hoffmann, W.-D.; Lüdenbach, N.: Nwb Kommentar Bilanzierung, 2009, S. 242 ff.
[196] Coenenberg, A. G.: et al.: Jahresabschluss u. -analyse, 2009, S. 431 f.
[197] Hoffmann, W.-D.; Lüdenbach, N.: Nwb Kommentar Bilanzierung, 2009, S. 244 ff.

- Altlastensanierung
- Abfallbeseitigung aus Produktionsprozess
- Rekultivierungs- und Versorgungsverpflichtungen
- Umrüstungen und Anpaasungen von Produktionsanlagen
- Rücknahme- und Entsorgungsverpflichtungen
- Wiederherstellungsverpflichtung nach Bodenschatzausbeute (Rekultivierung, Bohrlochverfüllung etc.)

11.3.2 Aufwandsrückstellungen

Diese Art der Rückstellung galt bisher als besonders beliebt im Rahmen bilanzpolitischer Einflussnahme. Durch das Bilanzrechtmodernisierungsgesetz wurden für diese Fälle die Möglichkeiten, Rückstellungen zu bilden – sehr zum Bedauern der Bilanzierenden – eingeschränkt.

Beispiel: Aufwandsrückstellung

Ein Unternehmen hat bis 2010 regelmäßig Aufwandsrückstellungen für Generalüberholungen in der Handelsbilanz gebildet. Seit 2010 ist diese Art der Aufwandsrückstellungen verboten. In den Jahren 2007, 2008 und 2009 wurden jeweils 100.000 € für die im Jahr 2013 anstehende Generalüberholung eingestellt.

Das Unternehmen hat im Rahmen der Übergangsregelung die Möglichkeit die Aufwandsrückstellungen beizubehalten oder erfolgsneutral in die Gewinnrücklagen einzustellen. Dabei sind die unmittelbar im letzten vor dem 01.01.2010 beginnenden Geschäftsjahr zugeführten Aufwandsrückstellungen erfolgswirksam als außerordentlicher Ertrag aufzulösen. Falls das Unternehmen ein möglichst hohes Eigenkapital ausweisen möchte, wird es die gebildeten Aufwandsrückstellungen auflösen. Es sind folgende Buchungen in der Handelsbilanz vorzunehmen:

sonstige Rückstellungen	200 T€	an	andere Gewinnrücklagen	200 T€
sonstige Rückstellungen	100 T€	an	außerordentlichen Ertrag	100 T€

Die einzigen Aufwandsrückstellungen, die noch in der Bilanz angesetzt werden müssen, sind gemäß § 249 Abs. 1 Satz 2 Nr. 1 HGB „im Geschäftsjahr unterlassene Aufwendungen für Instandhaltung, die im folgenden Geschäftsjahr innerhalb von drei Monaten, oder für Abraumbeseitigung, die im folgenden Geschäftsjahr nachgeholt werden".[198] Als Voraussetzung bei Instandhaltungen gilt, dass diese Maßnahme notwendig und fällig gewesen sein muss, sodass die Nachholung tatsächlich von Bedeutung ist.[199] Die Nachholung innerhalb der gesetzlich festgelegten Grenze von drei Monaten ist unbedingt einzuhalten, damit die Rückstellungen möglich sind.

Bei der Rückstellung für Abraumbeseitigung handelt es sich um die noch anfallenden Aufwendungen für Abraumrückstand im Tagebau, d. h., über bereits abgebauter Substanz oder im Anschluss daran befindet sich noch Deckgebirge, das nicht in Relation zum Abbau der Substanz abgeräumt wurde.[200] Dagegen stellt eine Rückstellung für Wegschaffung und Rekultivierung etc. einen Unterfall der Rückstellung für ungewisse Verbindlichkeiten dar, da für eine öffentlich-rechtliche Verpflichtung eine Passivierungspflicht besteht.[201]

[198] Vgl. § 249 Abs. 1 Satz 2 Nr. 1 HGB.
[199] Coenenberg, A. G. et al.: Jahresabschluss u. -analyse, 2009, S. 433 ff.
[200] Küting et al.: Handbuch der Rechnungslegung, § 249 HGB, S. 30, 2010.
[201] Küting et al.: Handbuch der Rechnungslegung, § 249 HGB, S. 28, 2010.

12 Ergebnisverbessernde Bilanzpolitik – Bilanzlifting

Ergebnisverbessernde bilanzpolitische Maßnahmen können den Unternehmen helfen, eine schwierige wirtschaftliche Lage besser zu überbrücken. Durch schönende Gestaltungen im Jahresabschluss kommt es zu einem günstigeren Bild der Vermögens-, Finanz- und Ertragslage.

Bedeutsam ist diese verbesserte Darstellung vor allem im Zusammenhang mit der Gewährung von Krediten. Mit einem positiven Gesamtbild der Bilanz werden Banken oder auch andere Kreditgeber einen Kredit oder ein Darlehen eher gewähren als bei einer schlechten Bilanz.

Einen der Nachteile stellt aber die Steuerbemessungsgrundlage dar. Je höher der ausgewiesene Gewinn des Jahresabschlusses ist, umso höher sind die Bemessungsgrundlage und folglich auch die zu zahlenden Steuern.

Da die Taktik der Ergebnisverbesserung in den letzten Jahren häufig angewandt wurde, hat sich auch die Bilanzanalyse – als Gegenpart zur Bilanzpolitik – weiterentwickelt, um die verwendeten Techniken und Maßnahmen herauszufiltern, sodass die unbeeinflussten, objektiven Werte aus der Strukturbilanz herausgelesen werden können. Viele Bilanzadressaten haben sich angepasst. Sie stehen den Bilanzen kritischer gegenüber und lesen bzw. interpretieren sie dementsprechend. Die Bilanz kann ein positives Bild erzeugen, obwohl die Unternehmenssituation unter Umständen dem nicht zu 100 % entspricht.

Unternehmen, die sich in einer Krise befinden, sollten aus strategischer Sicht eine ergebnisverbessernde Bilanzpolitik betreiben, damit die Krise abgefedert und die Unternehmensexistenz gesichert werden kann. Parallel dazu sollten Maßnahmen im operativen Geschäft getroffen werden, um die Unternehmenskrise zu überwinden. Im Rahmen des sogenannten Bilanzliftings dürfen selbstverständlich ausschließlich legale Methoden und Ermessensspielräume der Bilanzpolitik verwendet bzw. ausgenutzt werden, um nicht gegen die GoB und andere rechtliche Grundlagen zu verstoßen.

Die ergebnisverbessernde Bilanzpolitik kann in allen Bereichen der Bilanz angewendet werden. Hierfür stehen grundsätzlich zwei Grundstrategien zur Verfügung: die **Sachverhaltsgestaltungen**, die den Ansatz und den Ausweis beeinflussen, und die **Bewertungsstrategien**, die Einfluss auf die letztendliche Höhe des auszuweisenden Postens nehmen.

12.1 Sachverhaltsgestaltungen

12.1.1 Veräußerung von Lizenzrechten

Um eine sofortige Gewinnrealisierung zu erzielen, können Lizenzrechte, die bisher laufende Lizenzerträge erwirtschafteten, zum kapitalisierten Wert der künftigen Lizenzerträge veräußert werden.
Allerdings fallen in zukünftigen Perioden die Erträge aus diesen Lizenzen weg. Für die aktuelle Periode stellt dies einen Vorteil dar, wohingegen die zukünftigen Jahre benachteiligt werden. Eine Abwägung der Vor- und Nachteile aus dieser Vorgehensweise sollte Grundlage der Entscheidung sein.

12.1.2 Selbst erstellte immaterielle Vermögensgegenstände des Anlagevermögens

Das bisherige Ansatzverbot dieses Postens wurde im Rahmen des BilMoG durch ein Aktivierungswahlrecht ersetzt. Das bedeutet, dass die selbst erstellten immateriellen Vermögensgegenstände zu den Herstellungskosten, die im Zeitraum der Entwicklungsphase angefallen sind, aktiviert werden können.[202]
Im Sinne einer ergebnisverbessernden Politik sind die aktivierbaren Herstellungskosten anzusetzen. Die aktivierbaren Herstellungskosten können durch eine geschickte Abgrenzung der Forschungs- und Entwicklungskosten zugunsten der Entwicklungskosten erhöht werden. Die Abgrenzung muss objektiv nachvollziehbar sein, um den Ansatz der Entwicklungskosten zu rechtfertigen. Jedoch fallen in den nachfolgenden Geschäftsjahren Abschreibungen für die aktivierten Entwicklungskosten an, wodurch in den folgenden Geschäftsjahren ein niedrigeres Ergebnis ausgewiesen wird.

[202] Coenenberg, A. G. et al.: Jahresabschluss u. -analyse, 2009, S. 177 ff.

12.1.3 Sachanlagen

Verschiebung von Neuanschaffungen und Investitionen

Um in der Abrechnungsperiode ein möglichst hohes Ergebnis zu erzielen, sollten Investitionen in abnutzbare Anlagegegenstände, soweit vom betrieblichen Ablauf her möglich, in nachfolgende Geschäftsjahre verschoben werden. Es müssen zum einen die Investitionsausgaben nicht bilanziert werden und zum anderen fallen im aktuellen Geschäftsjahr keine zusätzlichen Abschreibungen an, die das Ergebnis verringern.

Veräußerung von Anlagegütern zur Gewinnrealisierung

Besonders interessant ist die Veräußerung von Vermögensgegenständen, wenn dadurch stille Reserven (der Verkaufspreis ist höher als der Restbuchwert) realisiert werden können. So können zusätzlich Erträge ausgewiesen werden, die das Unternehmensergebnis verbessern.

Im Fall eines ertragslosen Verkaufs, also einer Deckungsgleichheit zwischen Buchwert und Verkaufserlös, können auch andere Gründe das Unternehmen zu diesem Vorgehen bewegen. Bei platzvereinnahmenden Vermögensgegenständen können logistische Gründe für die Veräußerung des Gegenstandes sprechen. Außerdem entfallen durch den Verkauf künftige Kosten für Wartung, Reparaturen sowie Abschreibungen, die sich vor allem bei einer wenig genutzten Maschine nicht rechnen, da ihnen häufig kein oder nur ein geringer Ertrag gegenübersteht. Zudem können, in Abhängigkeit vom Wert des zu veräußernden Gutes, vorübergehend Liquiditätsengpässe zumindest teilweise behoben werden.

Leasing

Im Zusammenhang mit einer ergebnisverbessernden Politik, die auch darauf abzielt, eine möglichst hohe Eigenkapitalquote auszuweisen, bietet sich vor allem das **„Sale-and-Lease-back"** als Sonderform des Leasings an. Bei den „Sale-and-Lease-back" Geschäften verkauft ein Unternehmen Anlagegegenstände an eine Leasinggesellschaft und mietet sie im Rahmen des Leasings sofort wieder zurück. In der Regel werden die Leasinggegenstände beim Leasinggeber bilanziert.

Durch die Veräußerung der Gegenstände fließt dem Unternehmen Liquidität zu, die zum Begleichen aktueller Verbindlichkeiten eingesetzt werden können. Besonders interessant ist hierbei wiederum die Realisierung stiller Reserven, da auf diese Weise das Unternehmensergebnis aufgrund der dadurch entstehenden „sonstigen Erträge" zusätzlich verbessert wird.

12.1.4 Vorratsvermögen

Beim Vorratsvermögen sind mehrere verschiedene bilanzpolitische Möglichkeiten denkbar, um ein möglichst hohes Ergebnis zu generieren. So können umso mehr unfertige und fertige Erzeugnisse mit den Herstellungskosten in der Bilanz ausgewiesen werden, je mehr letztendlich im zu bilanzierenden Geschäftsjahr fertiggestellt werden. Wenn vor dem Bilanzstichtag die Produktion bei den unfertigen und fertigen Erzeugnissen beschleunigt wird, können im Vergleich zu den Roh-, Hilfs- und Betriebsstoffen die Gemeinkosten aktiviert werden, wodurch ein höheres Vorratsvermögen ausgewiesen wird.

12.1.5 Forderungen und sonstige Aktiva

Falls eine vorgezogene Gewinnrealisierung beabsichtigt wird, kann ein Interesse daran bestehen, Forderungen aus Lieferungen und Leistungen trotz noch nicht erfolgter Auslieferung einzubuchen. Dabei muss mit dem Kunden vereinbart werden, dass der Eigentumsübergang (Gefahrübergang) bereits vor dem Bilanzstichtag erfolgt. Zusätzlich ist ein Verwahrungsvertrag für die betreffenden, noch im Unternehmen vorhandenen Bestände abzuschließen. Unter diesen Bedingungen ist eine Fakturierung noch im laufenden Geschäftsjahr möglich.
Eine weitere Möglichkeit stellt die Veräußerung von Forderungen durch Factoring oder Forfaitierung (Verkauf von Exportforderungen) dar. Durch diese Maßnahmen fließen dem Unternehmen liquide Mittel zu, die zur Tilgung von Schulden genutzt werden können. Dadurch verbessert sich die Kapitalstruktur des Unternehmens. Durch den Verkauf der Forderungen vermindert sich außerdem das Ausfallrisiko der Forderungen.
Um Kursverluste bei Fremdwährungsforderungen zu vermeiden, können Kurssicherungsgeschäfte abgeschlossen werden.

Die Notwendigkeit, eine Einzel- oder Pauschalwertberichtigung vorzunehmen, lässt sich vermeiden oder zumindest reduzieren, wenn Maßnahmen ergriffen werden, um die dubiosen Forderungen abzusichern und werthaltiger zu machen. Dies kann zum Beispiel durch Bürgschaften oder ähnliche Sicherheiten geschehen, die dem Gläubiger den Zugang des Betrages garantieren. Sollte eine Art Symbiose zwischen den Unternehmen bestehen, könnte die Verrechnung der Forderung mit einer Verbindlichkeit gegenüber dem Schuldner die Problematik abmildern oder beheben.

12.1.6 Rückstellungen

Vorgesehene Pensionszusagen bzw. die Erhöhung bestehender Zusagen werden auf das nächste Geschäftsjahr verschoben, dadurch entfallen die entsprechenden Zuführungen zu den Pensionsrückstellungen und das Ergebnis wird nicht gemindert.
Pensionsrückstellungen sind nur zu bilden, wenn Pensionen innerbetrieblich aufgebracht werden, d. h., wenn es sich um unmittelbare Pensionsverpflichtungen handelt, die nach dem 31.12.1986 eingegangen wurden. Für Pensionszusagen vor dem 31.12.1986 besteht ein Passivierungswahlrecht, das nicht genutzt wird.
Falls sich aufgrund des BilMoG höhere Wertansätze der Pensionsrückstellungen ergeben (Rechnen mit Erfüllungsbeträgen und geänderte Abzinsung), kann eine Zuführung anstatt in Form eines Einmalbetrags lediglich zu einem Fünfzehntel des Differenzbetrags jährlich erfolgen.
Zudem kann das betriebliche Versorgungswerk geschlossen werden, d. h., neu in das Unternehmen eintretende Mitarbeiter erhalten keine Altersversorgungsansprüche mehr. Dadurch müssen für neu eingestellte Mitarbeiter keine Pensionsrückstellungen mehr gebildet werden.

12.1.7 Verbindlichkeiten

Analog zur angesprochenen Taktik bei den Forderungen lassen sich auch Verbindlichkeiten mit Forderungen desselben Lieferanten verrechnen. Andere Möglichkeiten, um Verbindlichkeiten zu reduzieren, sind nur in Verbindung mit Gesellschaftern denkbar. Diese könnten aufgrund der angeschlagenen Situation des Unternehmens auf ihre Forderungen gegenüber dem Unternehmen verzichten, z. B. auf Darlehensansprüche, um das Unternehmen dadurch zu entlasten. Durch diesen Forderungsverzicht vonseiten der Gesellschafter wird die Verbindlichkeit bei der Unternehmung ergebniswirksam ausgebucht.

Der Verzicht könnte prinzipiell in zwei Formen erfolgen:
- unbedingter, d. h. endgültiger Verzicht oder
- bedingter Verzicht. Es wird beispielsweise vereinbart, dass die Schuld wieder auflebt, soweit künftig wieder Gewinne erzielt werden.

Folgende weitere Hilfsmaßnahmen vonseiten der Gesellschafter des Unternehmens könnten in Betracht kommen:
- teilweiser oder vollständiger Verzicht auf Nutzungsvergütungen für Vermögensgegenstände, die an das Unternehmen vermietet wurden,
- teilweiser oder vollständiger Verzicht auf die Verzinsung von Gesellschafterdarlehen,
- teilweiser oder vollständiger Verzicht auf das vereinbarte Gehalt.

12.2 Bilanzierungs- und Bewertungsmaßnahmen

12.2.1 Anlagevermögen

Bei den aktivierten Eigenleistungen (z. B. eine selbst erstellte Maschine) sind die zu aktivierenden Herstellungskosten möglichst hoch anzusetzen. Das bedeutet, dass möglichst alle Wahlbestandteile der Herstellungskosten aktiviert werden.

Falls das Unternehmen Investitionszuschüsse erhalten hat, so sollten diese nicht mit den Anschaffungs- oder Herstellungskosten der begünstigten Vermögensgegenstände gekürzt, sondern gemäß dem Wahlrecht in voller Höhe als Ertrag ausgewiesen werden.

Beim abnutzbaren Anlagevermögen fallen in den Folgejahren planmäßige Abschreibungen an, die das Unternehmensergebnis des Geschäftsjahres mindern. Um dem entgegenzuwirken, ist die lineare der degressiven Abschreibung

vorzuziehen, da bei der degressiven Abschreibung die Beträge der Wertminderung anfangs am höchsten sind.
Im Rahmen der Abschreibung bestimmt auch die **Nutzungsdauer** die Höhe des jährlichen Betrages der Wertminderung. Folglich führen kurze unterstellte betriebliche Nutzungszeiträume zu hohen Aufwendungen, wohingegen lange Abschreibungszeiträume die Anschaffungs- oder Herstellungskosten auf einen größeren Zeitraum verteilen. Eine möglichst maximale Ausdehnung der Nutzungsdauer ist im Zusammenhang mit einer ergebnismaximierenden Bilanzpolitik zu forcieren.
Außerplanmäßige Abschreibungen aufgrund unerwarteter Wertminderungen sollten möglichst vermieden werden, wenn ein besseres Ergebnis angestrebt wird. Diese Taktik könnte sich jedoch wegen der gesetzlichen Regelung des Niederstwertprinzips in strenger oder auch gemilderter Form als schwierig erweisen.
Folgende Rechtfertigungen und Argumente zur Vermeidung einer außerplanmäßigen Abschreibung können herangezogen werden:

- Beim abnutzbaren Anlagevermögen wird die Restnutzungsdauer verkürzt, mit der Folge einer höheren künftigen laufenden Abschreibung anstelle einer außerplanmäßigen Abschreibung. Der zusätzliche Abschreibungsaufwand fällt im aktuellen Geschäftsjahr nicht in voller Höhe an, sondern verteilt sich auf die Restnutzungsdauer.
- Die Wertverhältnisse der betreffenden Anlagegüter am Bilanzstichtag werden optimistisch geschätzt, damit eine außerplanmäßige Abschreibung unterbleiben kann.
- Es könnte auch argumentiert werden, dass es sich bei den betreffenden Anlagegütern nur um eine vorübergehende und nicht um eine dauerhafte Wertminderung handelt, somit besteht keine Abschreibungspflicht.
- Sollten die Anzeichen der Wertminderungen nicht eindeutig sein, kann auf eine außerplanmäßige Abschreibung verzichtet werden.

Falls die Gründe für in Vorjahren vorgenommene außerplanmäßige Abschreibungen weggefallen sind, sind Zuschreibungen vorzunehmen, dabei dürfen aber die fiktiven fortgeführten Anschaffungs- oder Herstellungskosten nicht überschritten werden. Dies ist eine hilfreiche Methode zur Ausweitung des Bilanzergebnisses.

12.2.2 Umwandlung von Erhaltungsaufwand in nachträglichen Herstellungsaufwand[203]

In den Folgejahren nach der Erstbewertung sind häufig Erhaltungsaufwendungen notwendig. Diese sind allerdings reine Aufwendungen, die somit Gewinn mindernde Auswirkungen haben. Bei manchen Sachverhalten ist es möglich, die Situation so zu gestalten, dass im Sinne des „Bilanzliftings" der Erhaltungsaufwand als nachträglicher Herstellungsaufwand interpretiert werden kann. Die beiden Aufwandsarten unterscheiden sich wie folgt:

- Beim Erhaltungsaufwand steht allein die Beibehaltung des aktuellen Zustands im Vordergrund,
- wohingegen beim Herstellungsaufwand verbesserte Vermögensgegenstände entstehen, sodass sich die Substanz der ursprünglichen Vermögensgegenstände verändert. Es wird eine wesentliche Veränderung vorgenommen, die erheblichen Einfluss auf die Funktion, das Aussehen oder die Lebensdauer des Gegenstands haben kann.

Die nachträglichen Herstellungskosten sind aktivierungspflichtig. Durch diese zusätzlichen aktivierten Herstellungskosten erhöhen sich der Wertansatz des Vermögensgegenstandes in der Bilanz und auch das Ergebnis, da die nachträglichen Herstellungskosten nicht als Aufwand verbucht, sondern aktiviert werden.[204]

12.2.3 Vorratsvermögen

Zuschreibungen[205]

Es sollte überprüft werden, ob die Gründe für in Vorjahren vorgenommene außerplanmäßige Abschreibungen auf das Vorratsvermögen weggefallen sind, um eine Umkehrung des Effekts einzuleiten, damit Zuschreibungen vorgenommen werden können.

Es könnten sich beispielsweise die Marktbedingungen für die abgewerteten Vermögensgegenstände verbessert haben und bei den Fertigerzeugnissen könn-

---

[203] Probst, H.-J.: Bilanzen lesen, leicht gemacht, 2002, S. 97.

[204] Coenenberg, A. G. et al.: Jahresabschluss u. -analyse, 2009, S. 83 ff.

[205] Probst, H.-J.: Bilanzen lesen, leicht gemacht, 2002, S. 101 f.

ten somit die ursprünglichen Herstellungskosten durch eine Zuschreibung wieder zum Ansatz kommen.

Wechsel der Bewertungsmethode

Falls bisher das Vorratsvermögen nach der Lifo-Methode bewertet wurde und sich aufgrund dieser Bewertung stille Reserven gebildet haben, sollte geprüft werden, ob ein Gewinn erhöhender Wechsel der Bewertungsmethode erfolgen kann. Ein Wechsel der Bewertungsmethode darf aber nicht willkürlich durchgeführt werden, da der Grundsatz der Bewertungsstetigkeit gilt. Nur in begründeten Ausnahmefällen ist ein Bewertungsmethodenwechsel möglich.

Durch einen Übergang auf die Bewertung nach zeitnahen Preisen, z. B. mit der permanenten Durchschnittsmethode, können die stillen Reserven aufgelöst werden, wodurch ein höheres Ergebnis ausgewiesen werden kann.

Ermittlung der Herstellungskosten

Da der Posten des Vorratsvermögens aus Positionen besteht, die häufig aus der eigenen Produktion stammen, ist den Wahlrechten bei den Herstellungskosten eine bedeutende Rolle beizumessen. Somit kann bei den unfertigen und fertigen Erzeugnissen/Leistungen durch den Ansatz der maximal möglichen Herstellungskosten ein erheblicher Ergebniszuwachs erreicht werden. Zudem sollte geprüft werden, inwieweit Entwicklungskosten der Erzeugnisse miteinbezogen werden können.

Vermeidung von Bewertungsabschlägen auf das Vorratsvermögen

Vergleichbar zu den außerplanmäßigen Abschreibungen beim Anlagevermögen sind beim Vorratsvermögen Gängigkeitsabschläge zu umgehen.[206] Gängigkeitsabschläge reduzieren das durch Gruppen- oder Sammelbewertung beurteilte Vorratsvermögen, da ein durch Einzelbewertung festzustellender beizulegender Wert nicht ohne Weiteres ermittelbar ist. Die Höhe des Prozentsatzes, um den die Vorräte zu korrigieren sind, hängt von Schätzungen des Bilanzierenden ab. Infolgedessen gibt es bei der Ermittlung dieses Abwertungssatzes Ermessensspielräume. Darüber hinaus können diese Abschläge auch reduziert werden, indem auf Basis von Erfahrungswerten mit einer bereits durchgeführten zu hohen Abwertung argumentiert wird.

[206] Probst, H.-J.: Bilanzen lesen, leicht gemacht, 2002, S. 102.

So können Sie beispielsweise Bewertungsabschläge vermeiden:

- Das zu bewertende Vorratsvermögen war schon am Bilanzstichtag zu einem kostendeckenden Preis verkauft, sodass trotz gesunkener Marktpreise ein Verlust nicht entstehen kann.

Verminderung der Einzel- und Pauschalwertberichtigungen

Aus folgenden Gründen können Sie die Einzel- und Pauschalwertberichtigungen niedriger ansetzen als bisher, was zur Herabsetzung der Wertberichtigungen und somit zu einem „Sonstigen Ertrag" führt:

- In den vergangenen Geschäftsjahren wurde das Ausfallrisiko zu pessimistisch geschätzt, d. h., die früher gebildeten Wertberichtigungen waren zu hoch. Dadurch kam es immer wieder zu sonstigen Erträgen aus der Herabsetzung von Wertberichtigungen.
- Für Fremdwährungsforderungen wurden Kurssicherungsgeschäfte abgeschlossen.
- Es wurde eine Forderungsausfallversicherung abgeschlossen.
- Das Unternehmen verfügt über ein besseres Debitoren-Management.

Rückstellungen

Alle Rückstellungen mindern grundsätzlich den Gewinn. Grundlage für die Bildung von Rückstellungen sind in den meisten Fällen die möglichen Risiken oder Gefahren. Ein Faktor für die Höhe der Rückstellungen ist die Wahrscheinlichkeit ihrer Inanspruchnahme. Es besteht beispielsweise für ein Unternehmen die Möglichkeit, dass ein Kunde innerhalb der gewährten Frist die vereinbarte Garantie in Anspruch nimmt. Dafür muss das Unternehmen eine Rückstellung bilden, solange eine realistische Chance besteht, dass der Garantiefall eintritt.

Im Fokus der bilanzpolitischen Gedankengänge stehen die Frage nach der Wahrscheinlichkeit der Inanspruchnahme der Rückstellung und die Bewertung der Rückstellung „nach vernünftiger kaufmännischer Beurteilung". Bei der Entscheidung hinsichtlich einer Passivierung und der Höhe der Passivierung spielen subjektive Einschätzungen eine große Rolle. Geht der Bilanzierende davon aus, dass die wahrscheinlich in Anspruch genommene Rückstellung niedrig ausfallen wird oder können aufgrund bestehender Erfahrungen Daten statistischer Wahrscheinlichkeiten dahingehend ermittelt werden, dass eine voraussichtliche Inanspruchnahme gering ist, kann die Rückstellung niedriger ausfallen oder es kann überhaupt vermieden werden, eine Rückstellung zu bilden.

12.2.4 Erfüllungsbetrag

Der Bewertungsmaßstab der Passivseite, also für Verbindlichkeiten und Rückstellungen verschiedener Arten, ist der Erfüllungsbetrag. Laut Definition stellt der Erfüllungsbetrag den Betrag dar, der zur Erfüllung der Verbindlichkeit sicher oder wahrscheinlich aufzubringen ist.[207] Da diese Definition relativ offen gehalten ist, lässt sich bei der Ermittlung des Erfüllungsbetrags dessen Wert unter Umständen an bilanzpolitische Zielsetzungen anpassen.
Bei der Bewertung der Rückstellungen mit dem Erfüllungsbetrag „unter vernünftiger kaufmännischer Beurteilung"[208] sind auch künftige Preis- und Kostensteigerungen in die Bewertung der Rückstellung einzubeziehen.
Unter dem Aspekt des Bilanzliftings können beispielsweise Überlegungen zu folgenden Risiken bilanzpolitische Spielräume bieten:

- Garantierisiken aus Einzelfällen,
- Prozessrisiken, Risiken aus Urheberrechtsverletzungen und
- Produkthaftpflichtrisiken.

Sie haben in diesem Kapitel verschiedene bilanzpolitische Möglichkeiten kennengelernt, die sich aufgrund von Freiräumen, die das Handelsgesetz hinsichtlich Ansatz, Bewertung und Ausweis verschiedener Bilanzposten lässt, eröffnen. Die angewandten Methoden sollten stets auf ihre gegenteilige und ihre zukünftige Wirkung hin analysiert werden. Viele Vorgehensweisen verschieben Aufwendungen nur in die Zukunft. Der Verzicht darauf, Rückstellungen und Wertberichtigungen zu bilden, führt zu hohen Belastungen in den folgenden Perioden. Ein vorteilhafter Bilanzausweis im aktuellen Jahr sollte nicht auf Kosten anderer Geschäftsjahre gehen.

---

207 Coenenberg, A.G. et al.: Jahresabschluss u. -analyse, 2009, S. 102.
208 Vgl. § 253 Abs. 1 HGB.

13 Bilanzpolitische Maßnahmen auf einen Blick

Im Rahmen der Bilanzpolitik sind grundsätzlich:

- die Gestaltung von Sachverhalten **vor dem Abschlussstichtag** und
- die Darstellung von Sachverhalten **nach dem Abschlussstichtag**

zu unterscheiden.

13.1 Bilanzpolitisch motivierte Transaktion vor dem Bilanzstichtag

Sachverhaltsgestaltungen vor dem Bilanzstichtag haben in der Regel folgende Auswirkungen:

Transaktionsentscheidungen	Bilanzpolitisches Ziel	
	höherer Erfolg	niedriger Erfolg
Vorziehen von Anschaffungen geringwertiger Wirtschaftsgüter, bei sofortiger Abschreibung		X
Vorziehen von Investitionen zwecks Antizipation von Abschreibungen		X
Vorziehen einer Großreparatur		X
Einkauf von nicht aktivierungspflichtigem Büromaterial, obwohl es erst später benötigt wird		X
Verzögerung des Verkaufs eines Anlagegutes, weil damit ein Verlust ausgewiesen würde	X	
Vereinbarung von Zwischenabrechnungen bei längerfristigen Lieferungen bei Gewinnaufträgen	X	
Veräußerung eines Vermögensgegenstands mit hohen stillen Reserven	X	
Durchführung von Werbemaßnahmen im alten Geschäftsjahr		X
Veräußerung einer Beteiligung über Buchwert	X	
Ausgliederung von Forschungstätigkeiten	X	
Vorziehen oder Erhöhung einer Pensionszusage		X

Transaktionsentscheidungen	Bilanzpolitisches Ziel	
	höherer Erfolg	niedriger Erfolg
Erhöhung des Forschungsaufwands		X
Aktivierung von Entwicklungsaufwendungen	X	
Bewertung der Lagerzugänge von Waren bei steigenden Preisen mit dem Lifo-Verfahren		X
Abschluss eines Ehegatten-Arbeitsvertrags		X
Vorziehen der Abwicklung eines gewinnrealisierenden Großauftrags	X	
Verschieben der Abwicklung eines gewinnrealisierenden Großauftrags		X
Sale-and-Lease-back von betriebsnotwendigem Anlagevermögen (Erlös > Buchwert)	X	
Ausnutzung von Ermessensspielräumen bei der Investitions- bzw. Instandhaltungspolitik in Bezug auf die Abgrenzung von Herstellungs- und Erhaltungsaufwand	X[209]	X[210]
Abnahme eines in Bau befindlichen Gebäudes, um Abschreibungen noch im Abschlussjahr geltend machen zu können.		X

Tab. 55: Bilanzpolitische Transaktionsentscheidungen

13.2 Tipps zur Bilanzpolitik

Die folgende Tabelle zeigt Ihnen die möglichen Auswirkungen einer zielgerichteten Bilanzpolitik.

	Hohes Ergebnis/ hohes Eigenkapital	Niedriges Ergebnis/ niedriges Eigenkapital
Bilanzierungs- und Bewertungsstrategien		
Aktives Ansatzwahlrecht	wird ausgeübt	wird nicht ausgeübt
Passives Ansatzwahlrecht	wird nicht ausgeübt	wird ausgeübt
Bewertungswahlrecht führt zu höheren Wertansätzen bei den Aktiva	wird ausgeübt	wird nicht ausgeübt

[209] Herstellungsaufwand.
[210] Erhaltungsaufwand.

	Hohes Ergebnis/ hohes Eigenkapital	Niedriges Ergebnis/ niedriges Eigenkapital
Bewertungswahlrecht führt zu niedrigeren Wertansätzen bei den Aktiva	wird nicht ausgeübt	wird ausgeübt
Bewertungswahlrecht führt zu höheren Wertansätzen bei den Passiva	wird nicht ausgeübt	wird ausgeübt
Bewertungswahlrecht führt zu niedrigeren Wertansätzen bei den Passiva	wird ausgeübt	wird nicht ausgeübt
Saldierung bestimmter Posten	wird ausgeübt	wird nicht ausgeübt
Außerplanmäßige Abschreibungen	möglichst wenige außerplanmäßige Abschreibungen vornehmen	möglichst viele außerplanmäßige Abschreibungen vornehmen
Zuschreibungen	möglichst vornehmen	möglichst vermeiden
Herstellungskosten	möglichst hoher Ansatz, Bewertung zur Wertobergrenze	möglichst niedriger Ansatz, Bewertung zur Wertuntergrenze, d. h. keine Einbeziehung der Wahlrechtsbestandteile
Posten, die es seit 2010 nach BilMoG nicht mehr gibt		
Aufwendungen für die Ingangsetzung und Erweiterung des Geschäftsbetriebs	weiterhin planmäßige Abschreibung	die Bilanzierungshilfe wird sofort im Übergangszeitpunkt ergebniswirksam aufgelöst.
Sonderposten mit Rücklageanteil	sofortige Auflösung und Buchung gegen die Gewinnrücklagen	Nutzung des Beibehaltungswahlrechts und Auflösung entsprechend der Steuerbilanz
Rückstellung für unterlassene Aufwendungen für Instandhaltung bei Nachholung vom 4. bis 12. Monat des folgenden Geschäftsjahres	erfolgsneutrale Auflösung und Verrechnung mit Gewinnrücklagen mit Ausnahme der Zuführung im letzten Geschäftsjahr vor BilMoG; diese sind dann erfolgswirksam aufzulösen.	Beibehaltungswahlrecht, auch teilweise, unter Fortgeltung der Normen HGB a. F.
Allgemeine Aufwandsrückstellungen		

	Hohes Ergebnis/ hohes Eigenkapital	Niedriges Ergebnis/ niedriges Eigenkapital
Posten des Anlagevermögens		
Aktivierungswahlrecht für selbst geschaffene immaterielle Vermögensgegenstände	Ausübung des Wahlrechts. Im Jahr der Aktivierung höheres Ergebnis, aber in den Folgejahren aufwandswirksame Abschreibungen	Nichtausübung des Wahlrechts
Derivativer Geschäfts- oder Firmenwert	Schätzung einer längeren Nutzungsdauer als die Richt-Nutzungsdauer von fünf Jahren	Abschreibung über die übliche Nutzungsdauer von fünf Jahren
Abschreibung des abnutzbaren Anlagevermögens	lineare Abschreibung; Verlängerung der Nutzungsdauer	degressive Abschreibung; Verkürzung der Nutzungsdauer
Nutzungsdauer von Sachanlagen und immateriellen Vermögensgegenständen	Erhöhung der Nutzungsdauer	Verkürzung der Nutzungsdauer
Sachanlagen	möglichst wenig außerplanmäßige Abschreibungen und zeitnahe Zuschreibungen vornehmen (unter Anwendung der gesetzlichen Normen)	möglichst viele außerplanmäßige Abschreibungen vornehmen und zeitnahe Zuschreibungen vermeiden (unter Anwendung der gesetzlichen Normen)
geringwertige Wirtschaftsgüter	werden über die betriebsgewöhnliche Nutzungsdauer abgeschrieben	werden sofort abgeschrieben
selbst erstellte Anlagen	mit der Wertobergrenze der Herstellungskosten aktivieren	mit der Wertuntergrenze der Herstellungskosten aktivieren
Finanzanlagen	bei einer vorübergehenden Wertminderung erfolgt keine Abschreibung auf den niedrigeren Zeitwert.	bei einer vorübergehenden Wertminderung erfolgt eine außerplanmäßige Abschreibung auf den niedrigeren Zeitwert

	Hohes Ergebnis/ hohes Eigenkapital	Niedriges Ergebnis/ niedriges Eigenkapital
Posten des Umlaufvermögens		
Bewertung der unfertigen und fertigen Erzeugnisse mit den Herstellungskosten	es erfolgt eine Bewertung zu Vollkosten, d. h. die Aktivierungswahlrechte werden in Anspruch genommen	in die Herstellungskosten werden nur die Pflichtbestandteile mit einbezogen
außerplanmäßige Abschreibungen auf das Vorratsvermögen	werden nur in nicht vermeidbaren Fällen vorgenommen	werden umfangreich vorgenommen
Bewertung der Vorräte, bei steigenden Preisen	Bewertung mit der Fifo-Methode	Bewertung mit der Lifo-Methode
Bewertung von Roh-, Hilfs- und Betriebsstoffen	keinen Festwertansatz wählen	mit Festwertansatz bewerten
Forderungen aus Lieferungen und Leistungen	geringe Einschätzung des Ausfallrisikos, d. h. niedrigere Einzel- und Pauschalwertberichtigungen	hohe Einschätzung des Ausfallrisikos, d. h. höhere Einzel- und Pauschalwertberichtigungen
Rechnungsabgrenzungsposten		
aktive RAP	Ansatz von aktiven RAP und Beibehaltung von in der Vergangenheit angesetzten Beträgen	kein Ansatz von aktiven RAP und Beibehaltung von in der Vergangenheit angesetzten Beträgen
Disagio	aktivieren als Rechnungsabgrenzungsposten	als Aufwand verbuchen
Aktiver Unterschiedsbetrag aus der Vermögensverrechnung		
Vermögensverrechnung	Anwendung des § 246 Abs. 2 HGB wird gefördert	Anwendung des § 246 Abs. 2 HGB wird vermieden
Latente Steuern		
aktive latente Steuern	Aktivierungswahlrecht ausnutzen	Nichtausübung des Aktivierungswahlrechts
Eigenkapital		
Ausstehende Einlagen	ausstehende Einlagen werden eingefordert	ausstehende Einlagen werden nicht eingefordert.

	Hohes Ergebnis/ hohes Eigenkapital	Niedriges Ergebnis/ niedriges Eigenkapital
eigene Anteile	es werden keine eigenen Anteile erworben, bzw. Wertsteigerungen werden nicht langfristig in der eigenen Bilanz ausgewiesen	es werden eigene Anteile erworben und auch bei Wertsteigerungen langfristig in der eigenen Bilanz ausgewiesen
Steuerliche Sonderposten		
Sonderposten mit Rücklageanteil	bestehende Sonderposten mit Rücklageanteil werden aufgelöst.	bestehende Sonderposten mit Rücklageanteil werden beibehalten.
Verbindlichkeiten		
erhaltene Anzahlungen	erhaltene Anzahlungen mit den Vorräten verrechnen	erhaltene Anzahlungen unter den Verbindlichkeiten ausweisen
Posten der Rückstellungen		
Erhöhungsbetrag bei Pensionsrückstellungen	bei Unterdotierung: Zuführung nur zu 1/15 des Erhöhungsbetrages	bei Unterdotierung: möglichst frühzeitige Zuführung oder Zuführung des gesamten Erhöhungsbetrags auf einmal
Aufwandsrückstellungen	möglichst geringer Ansatz von Aufwandsrückstellungen und Auflösung zuvor gebildeter Rückstellungen	möglichst hoher Ansatz von Aufwandsrückstellungen und Beibehaltung zuvor gebildeter Rückstellungen
sonstige Rückstellungen	Bewertung zu Teilkosten	Bewertung zu Vollkosten
Rückstellungsbewertung	möglichst geringer Ansatz von Kosten- und Preissteigerungen und lange Laufzeit (wegen Abzinsung)	möglichst hoher Ansatz von Kosten- und Preissteigerungen und kurze Laufzeit (wegen Abzinsung)

Tab. 56: Bilanzpolitische Gestaltungsmaßnahmen

13.3 Stille Reserven

Stille Reserven (stille Rücklagen) sind Rücklagen, die aus der Bilanz nicht ersichtlich sind. Unter stillen Reserven ist der Unterschiedsbetrag zwischen dem tatsächlichen Wert eines Vermögensgegenstands bzw. einer Schuld und dem

Buchwert in der Bilanz zu verstehen. Die folgende Abbildung zeigt den Unterschied zwischen den „offenen" und den „stillen" Rücklagen.

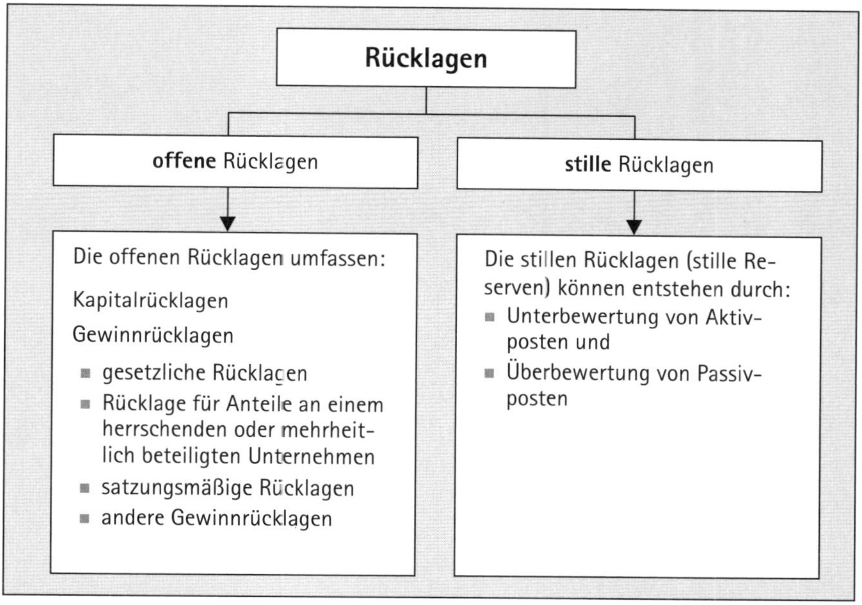

Abb. 28: Rücklagen

Stille Reserven können Zwangsrücklagen, aber auch freiwillig gebildete Rücklagen sein. Stille Zwangsrücklagen entstehen aufgrund des Anschaffungswertprinzips bei unterbewerteten Aktiva und aufgrund des Höchstwertprinzips bei überwerteten Passiva. Freiwillig gebildete stille Rücklagen entstehen im Rahmen der zulässigen Bewertungsvorschriften z. B. durch:

- Vermeidung der Aktivierung von selbst erstellen immateriellen Vermögensgegenständen,
- Bewertung der Roh-, Hilfs- und Betriebsstoffe bei steigenden Preisen mit der Lifo-Methode,
- extensive Auslegung des Vorsichtsprinzips bei der Bewertung der Rückstellungen.

Teil C: Jahresabschlussanalyse

14 Einführung in die Jahresabschlussanalyse

Um einen Einblick in die wirtschaftliche Lage von Unternehmen zu bekommen, reicht es zumeist nicht aus, die betreffenden Jahresabschlüsse lediglich zu lesen. Sie müssen vielmehr systematisch und exakt analysiert werden.

Ziel einer solchen Jahresabschlussanalyse ist es, Erkenntnisse über die wirtschaftliche Lage des Unternehmens zu gewinnen, und so

- die gegenwärtige Ertragslage und künftige Ertragskraft,
- die Vermögens- und Finanzlage,
- die Liquidität und die Solidität der Finanzierung sowie
- die Investitionspolitik, die Risikostreuung, die Wachstumschancen, das Finanzierungspotenzial, die Anpassungsfähigkeit etc.

beurteilen zu können.

Dabei werden Kennzahlen aus dem vorhandenen Datenmaterial gebildet, deren Entwicklung wird interpretiert und nach Möglichkeit mit Branchenzahlen verglichen.
Mit zunehmender Globalisierung und Internationalisierung sowie einem gleichzeitigen technologischen Fortschritt haben sich in den letzten Jahren die Kennzahlen für das Berichtswesen stark verändert. Vor allem im Bereich der sogenannten „Pro-forma-Kennzahlen" definieren die großen börsennotierten Kapitalgesellschaften häufig ihre eigenen Kennzahlen, wobei der Kennzahlenname in den Gesellschaften unterschiedlich interpretiert wird, sodass eine einheitliche Vergleichbarkeit kaum noch möglich ist. Daher werden in diesem Buch die Kennzahlen entsprechend der wissenschaftlichen Grundlagen und deren praktischer Anwendung definiert.
Im folgenden Kapitel werden die in der Praxis am häufigsten verwendeten Kennzahlen berechnet und erläutert. Sie lernen sowohl traditionelle als auch wertorientierte Kennzahlen kennen. Dabei war es den Autoren wichtig, einen möglichst authentischen Bezug zur Praxis herzustellen. Deshalb liegen den fol-

genden Berechnungen Bilanz, GuV, Kapitalflussrechnung, Zusatzinformationen, Anlagenspiegel und Verbindlichkeitsspiegel eines konkreten Beispielunternehmens zugrunde: der „Deutz AG".
Die ausgewählten Kennzahlen werden als Formeln dargestellt und ihre Bedeutung wird erläutert. Zudem werden eine Strukturbilanz und eine Strukturerfolgsrechnung erstellt sowie die wesentlichen Grunddaten für die Kennzahlenanalyse aufbereitet.
Es ist allgemein bekannt, dass die Unternehmensergebnisse im Krisenjahr 2009 nicht besonders positiv ausgefallen sind. Viele MDAX- und SDAX-Unternehmen rutschten in die roten Zahlen. Besonders betroffen waren die Unternehmen der deutschen Schlüssel- und Exportbranchen Automobil, Elektrotechnik und Maschinenbau. So büßten beispielsweise der Stahlhändler Klöckner & Co., der Maschinenbauer Gildemeister und der Motorenhersteller Deutz mehr als ein Drittel ihres Umsatzes ein.[211]
Die Jahresabschlussanalyse ist ein Bestandteil einer umfassenden **Unternehmensanalyse.** Die Basis für die Jahresabschlussanalyse stellt der bereinigte und eventuell neu gegliederte Jahresabschluss dar. Mit den vergangenheitsorientierten Daten aus der Jahresabschlussanalyse möchte man vor allem Rückschlüsse auf die mögliche zukünftige Entwicklung des Unternehmens ziehen.
Die **externe Jahresabschlussanalyse** kann sich nur auf die veröffentlichten Jahresabschlüsse sowie auf eventuell zusätzlich publizierte Informationen stützen, während bei der **internen Jahresabschlussanalyse** detailliertere zusätzliche interne Informationsquellen zur Verfügung stehen. Der Aussagewert der publizierten externen Daten ist im Vergleich zu den internen Informationen begrenzt, da in der Regel keine Hinweise über eventuelle Über- oder Unterbewertungen einzelner Bilanzposten vorliegen. Über mögliche stille Reserven können bestenfalls nur Vermutungen angestellt werden. Die interne Jahresabschlussanalyse dient vor allem der Entscheidungsvorbereitung in den Bereichen Marketing, Vertrieb, Produktion, Materialwirtschaft sowie Forschung und Entwicklung.[212] Die folgende Abbildung zeigt die Interessenten der Jahresabschlussanalyse:

[211] Handelsblatt vom 07.05.2010, S. 30 f.
[212] Vollmuth, J. H.: Bilanzen, 2009, S. 25.

Externe Interessenten	Interne Interessenten
▪ Fremdkapitalgeber, Banken ▪ Kleinaktionäre ▪ potenzielle Anleger ▪ Kunden ▪ Lieferanten ▪ Arbeitnehmer, Gewerkschaften ▪ Wettbewerber ▪ Öffentlichkeit ▪ Medien ▪ Finanzamt	▪ Aufsichtsrat, Beirat, Verwaltungsrat ▪ Unternehmensleitung ▪ Controlling ▪ Revision, Rechnungsprüfer ▪ Gesellschafter ▪ Großaktionäre ▪ Großkreditgeber

Tab. 57: Interessenten der Jahresabschlussanalyse

Vorgehensweise bei der Jahresabschlussanalyse		
	Bereitstellung des Grundlagenmaterials	
Formell Gliederung, Gruppenbildung, Zusammenzug	↓ **Bereinigung/Aufbereitung des Grundlagenmaterials**	**Materiell** Bewertung, stille Reserven, Rechnungslegungsnormen
Absolute Kennzahlen (z. B. Bilanzsumme, Umsatz)	↓ **Kennzahlenbildung und Hypothesenbildung zu (möglichst) jeder Kennzahl**	▪ Relative Kennzahlen (Verhältnis-/Prozentzahlen) ▪ Gliederungszahlen (z. B. Eigenkapitalquote) ▪ Beziehungszahlen (z. B. Eigenkapitalrenditen) ▪ Indexzahlen
Vorgehen Häufig isolierte Betrachtung ausgewählter Kennzahlen für Kurzbeurteilung (z. B. Quick-Test)	↓ **Auswahl, Berechnung und Gewichtung der Zahlen**	**Ziel** Ganzheitliches Gesamturteil
Zeitvergleich **Soll/Ist-Vergleich**	↓ **Kennzahlenvergleiche und Zielvorgaben**	**Branchenvergleich** **Betriebsvergleich**
	↓ **Interpretation der Analyseergebnisse und Gewinnung eines Gesamturteils**	

Abb. 29: Vorgehensweise bei der Jahresabschlussanalyse

14.1 Die Jahresabschlussanalyse im Überblick

In diesem Buch wird sich die Jahresabschlussanalyse vor allem an den Interessen der unternehmensexternen Gruppen orientieren, damit diese anhand der publizierten Unternehmensinformationen Erkenntnisse über die Vermögens-, Finanz- und Ertragslage eines Unternehmens gewinnen. Hierbei wird der Jahresabschluss auf die ökonomischen Ziele Liquidität, Erfolg und Erfolgspotenzial hin untersucht.[213]
Die Jahresabschlussanalyse dient dazu, sowohl ein momentanes Bild wie auch, mit einer begrenzten Aussagefähigkeit, ein zukünftiges Bild des Unternehmens zu erzeugen.
Sie lässt sich in drei Teile untergliedern:

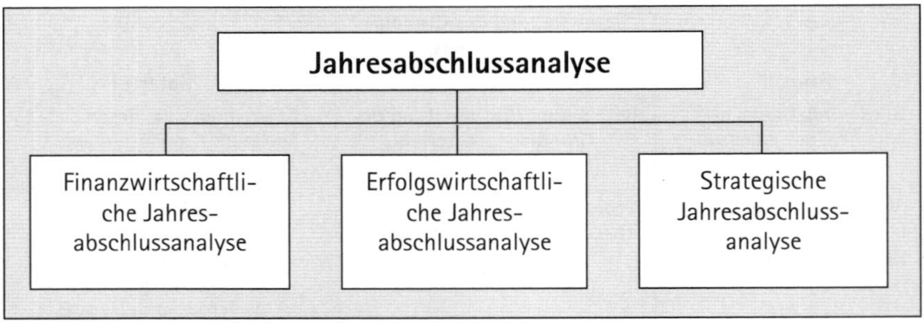

Abb. 30: Struktur der Jahresabschlussanalyse

Finanzwirtschaftliche Analyse: Um die Liquidität eines Unternehmens zu untersuchen, empfiehlt sich eine finanzwirtschaftliche Analyse des Jahresabschlusses. Denn ohne die Fähigkeit, fälligen Zahlungsverpflichtungen termingerecht nachzukommen, ist die Existenz eines Unternehmens nicht möglich. Es stellt kein dem Gewinnstreben gleichrangiges Ziel dar, die Zahlungsfähigkeit sicherzustellen. Es ist vielmehr eine unabdingbare Voraussetzung für eine langfristige Wertmaximierung, ein finanzielles Gleichgewicht zu schaffen.[214]
Erfolgswirtschaftliche Analyse: Die erfolgswirtschaftliche Jahresabschlussanalyse versucht, den periodisierten Unternehmenserfolg zu messen. Es soll beurteilt werden, ob das Unternehmen in der Lage ist, gegenwärtig und zukünf-

[213] Vgl. Coenenberg, A.G.: Jahresabschluss und -analyse, 2003, S. 917.
[214] Vgl. Küting, K., Weber, C.-P.: Die Bilanzanalyse, 2006, S. 111.

tig Gewinne zu erwirtschaften, um so die Leistungsfähigkeit und das Unternehmenswachstum zu erhalten und die Voraussetzungen für Ausschüttungen an Investoren zu schaffen.[215] Eine erfolgswirtschaftliche Jahresabschlussanalyse beinhaltet die Untersuchung der Rentabilität sowie der Aufwands- und Ertragsstruktur des Unternehmens.

Strategische Analyse: Durch die Erweiterung des Jahresabschlusses um Elemente wie die Risikoberichterstattung und die Segmentberichterstattung im Anhang sowie die Nutzung externer Informationsquellen kann die Jahresabschlussanalyse mithilfe geeigneter Instrumente dazu erweitert werden, qualitative Aspekte zu beurteilen. Dabei werden die Wettbewerbsvorteile und -nachteile sowie Risiken und Chancen des Unternehmens und seines Umfelds untersucht.[216] Um die Fähigkeit eines Unternehmen zum wertmaximierenden Handeln zu analysieren, können verschiedene Instrumente angewendet werden, wie z. B. die SWOT-Analyse (Stärken- und Schwächenanalyse) oder wertorientierte Kennzahlen, um den Unternehmenswert zu messen.

14.2 Auswertungsmethoden der Jahresabschlussanalyse

14.2.1 Statische und vergleichende Analyse

Es existieren zwei grundlegende Arten, einen Jahresabschluss zu analysieren: Die statische und die vergleichende Analyse. Beide Analysearten gemeinsam ergeben eine effiziente Methode, da man die aktuellen Werte mit denen der Vorjahre vergleichen kann.

Statische Analyse: Die statische Analyse beschränkt sich auf Daten, die sich auf den gleichen Zeitpunkt (Daten der Bilanz) oder auf die gleiche Zeitperiode (Daten der GuV) beziehen. Die Veränderung eines betrachteten Unternehmens im Zeitablauf bleibt unberücksichtigt. Eine statische Bilanzanalyse kann lediglich auf auffällige und untypische Sachverhalte aufmerksam machen. Daher ist es sinnvoll, Maßstäbe, wie z. B. das Verhältnis des ordentlichen Betriebsergeb-

[215] Vgl. Gräfer, H.: Bilanzanalyse, 2005, S. 52 f.

[216] Vgl. Coenenberg, A.G.: Jahresabschluss und -analyse, 19. Auflage 2003, S. 919.

nisses zum außerordentlichen Betriebsergebnis oder die Anlagenzugänge ins Verhältnis zum Umsatz zu setzen, heranzuziehen, um die Informationen umfassend bewerten zu können.[217]

Vergleichende Analyse: Von einer vergleichenden Analyse spricht man, wenn gleichartige oder ähnliche Größen, die sich auf unterschiedliche Perioden oder Zeitpunkte beziehen oder bei verschiedenen Unternehmen bzw. betrieblichen Teilbereichen ermittelt wurden, ins Verhältnis zueinander setzt.

Aus den oben genannten Gründen sollte die statische Analyse als vorbereitende Maßnahme für eine vergleichende Analyse dienen. Bei der vergleichenden Analyse sollte darauf geachtet werden, dass verwendetes Datenmaterial nach gleichen Prinzipien aufbereitet wird und eine Bewertung betrieblicher Sachverhalte nach gleichen Grundsätzen erfolgt.[218]

14.2.2 Vergleichsmaßstäbe für die vergleichende Analyse

Nur durch einen Vergleich oder eine Gegenüberstellung mit normativen Richtgrößen oder empirisch abgeleiteten Kenngrößen gewinnen errechnete Kennzahlen der statischen Analyse an Aussagequalität.

Die zu analysierenden Daten für die Bilanzanalyse können entweder aus anderen Perioden eines einzelnen Unternehmens, aus den Jahresabschlüssen vergleichbarer Unternehmen oder aus Sollzahlen, d. h. aus Prognosen des untersuchten Unternehmens stammen. Da Sollzahlen den externen Bilanzadressaten nicht offengelegt werden müssen und somit für gewöhnlich nicht zur Verfügung stehen, wird diese zumeist nur internen Adressaten verfügbare Vergleichsart im Folgenden vernachlässigt.

Zeitvergleich: Aus einem mehrperiodigen Zeitvergleich können Entwicklungstendenzen eines Unternehmens abgeleitet werden. Gleichzeitig können auch bilanzpolitische Maßnahmen aufgedeckt werden. Falls in einer bestimmten Periode ein bilanzpolitisches Instrument (z. B. hohe Sonderabschreibungen, um einen niedrigeren Gewinn auszuweisen) eingesetzt wurde, so verursacht das in den folgenden Perioden meistens eine entgegengesetzte, aufhebende Wirkung auf das Ergebnis. Zudem lässt eine mehrperiodige Betrachtung ein-

[217] Vgl. Küting, K., Weber, C.-P.: Die Bilanzanalyse, 8. Auflage 2006, S. 67.
[218] Vgl. Gräfer H.: Bilanzanalyse, 9. Auflage, 2005, S. 45 f.

malige und außerordentliche Ereignisse leichter erkennen und deren Auswirkungen somit leichter relativieren.[219]

Betriebsvergleich: Beim Betriebsvergleich werden zumeist Unternehmen gleicher Branchen miteinander verglichen, um so gezielt Stärken und Schwächen zu erkennen. Besonders aussagekräftig ist das Benchmarking, ein Betriebsvergleich mit den stärksten Wettbewerbern der Branche. Idealerweise sollte die Analyse zudem möglichst viele vergleichbare Unternehmen einbeziehen, um die Bandbreite der Möglichen im Positiven wie im Negativen abzudecken. Der Vergleich sollte darüber hinaus strukturelle Unterschiede der analysierten Unternehmen aufzeigen.[220] Dabei kann es sich beispielsweise um unterschiedliche Geschäftssegmente und die Tätigkeit auf verschiedenen Märkten handeln.

Die erwähnten Vergleichsmethoden können nicht nur isoliert, sondern auch kombiniert angewandt werden. Eine Methodenkombination erhöht für gewöhnlich die Aussagekraft der Informationen.

In diesem Buch erfolgt der Zeitvergleich am Beispiel der Deutz AG über drei Geschäftsjahre.

14.3 Kennzahlen als Instrument der Jahresabschlussanalyse

Kennzahlen stellen in der Analysepraxis das dominierende Instrument zur Untersuchung von Jahresabschlüssen dar. Ziel der Anwendung von Kennzahlen ist es, komplexe Sachverhalte und Prozesse in stark konzentrierter Form darzustellen, um daraus Entscheidungshilfen bei Problemen unterschiedlichster Art ableiten zu können.[221] Kennzahlen können **absolute Zahlen**, wie Einzelzahlen (z. B. Jahresüberschuss, Umsatz, Bilanzsumme), Summen, Differenzen oder Mittelwerte und **Verhältniszahlen** sein.

Die folgende Tabelle gibt Ihnen einen Überblick darüber, wie sich Kennzahlen in absolute Zahlen und in Verhältniszahlen einteilen lassen:

[219] Vgl. Küting, K., Weber, C.-P.: Die Bilanzanalyse, 8. Auflage 2006, S. 69.
[220] Vgl. Hauschildt, J.: Erfolgs- und Finanz-Analyse, 1996, S. 9.
[221] Vgl. Küting, K., Weber, C.-P.: Die Bilanzanalyse, 2006, S. 58.

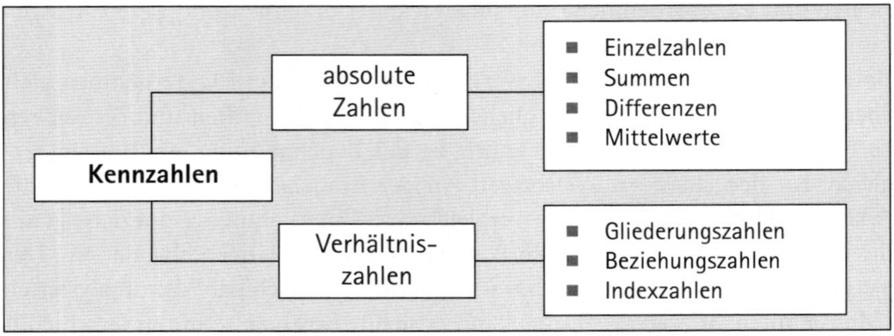

Abb. 31: Einteilung von Kennzahlen[222]

Die **absoluten Kennzahlen** (Grundzahlen) können direkt aus der Bilanz oder GuV entnommen werden. Bereits Einzelzahlen können eine gewisse Aussagekraft haben. So handelt es sich beispielsweise bei den Größen Umsatzerlöse, Cashflow oder Bilanzsumme um Kennzahlen mit großem Erkenntniswert.[223]
Verhältniszahlen weisen eine hohe Aussagekraft auf. Sie werden ermittelt, indem man die absoluten Zahlen in Beziehung zueinander setzt. Bei Verhältniszahlen ist das sogenannte Entsprechungsprinzip zu beachten: Die Zahlen müssen in einem sinnvollen inneren Zusammenhang stehen. Die Verhältniszahlen können in **Gliederungs-**, **Beziehungs-** und **Indexzahlen** gruppiert werden.
Gliederungszahlen geben eine Teilgröße im Vergleich zur Gesamtgröße an und bestehen immer aus einem Quotienten. Da Gliederungszahlen in Prozent angegeben werden können, bietet sich ein Vergleich von Betrieben unterschiedlicher Größe an. Ein Beispiel für eine Gliederungszahl ist die Eigenkapitalquote, dabei stellt das Eigenkapital eine Teilgröße des Gesamtkapitals dar:

Beispiel: Eigenkapitalquote

$$\text{Eigenkapitalquote} = \frac{\text{Eigenkapital}}{\text{Gesamtkapital}} \times 100$$

[222] In Anlehnung an Küting, K. u. Weber, C.-P.: Die Bilanzanalyse, 2009, S. 54.
[223] Vgl. Hofmann, R.: Bilanzkennzahlen, 1977, S. 207.

Beziehungszahlen werden mit Zahlen von verschiedenartiger Gesamtheit gebildet, die jedoch in einer kausalen Beziehung zueinander stehen. Beispiele für solche Kennzahlen sind Kosten je Mitarbeiter, je Produkteinheit und je Maschinenstunden.[224] Beziehungszahlen ermöglichen den Einblick in bestimmte Zusammenhänge.

Beispiel: Kosten je Mitarbeiter

$$\text{Kosten je Mitarbeiter} = \frac{\text{Personalkosten}}{\text{Anzahl der Mitarbeiter}}$$

Indexzahlen dagegen eignen sich, um Analysen durchzuführen, bei denen die zeitliche Entwicklung des zu untersuchenden Sachverhalts im Vordergrund steht. Es werden die Werte aus unterschiedlichen Perioden mit dem Basiswert aus der Zeit $t=0$ verglichen. Der Basiswert wird mit der Zahl hundert gleichgesetzt (Basis=100) und die Werte aus verschiedenen Perioden werden im Verhältnis zum Basiswert umgerechnet. Diese Vorgehensweise gibt Auskunft darüber, wie sich die Vergleichswerte prozentual gesehen zum Ausgangswert verändert haben. Wichtig hierbei ist, dass der Ausgangswert einen repräsentativen Wert darstellt und nicht durch zufällig aufgetretene Ereignisse beeinflusst worden ist (z. B. saisonale oder strukturelle Störeinflüsse).[225] Beispiele für Indexzahlen sind Aktien- oder Preisindizes.

Beispiel: Indexzahl

Beispiele für Indexzahlen sind: Entwicklung der Aktienkurse, der Lebenshaltungskosten, der Mieten, der Preise, der Löhne und Gehälter, der Lohnkosten im internationalen Vergleich, der Unternehmensgewinn.

Beispiel Umsatzentwicklung:

Bei ihr wird die Zu- oder Abnahme des Umsatzes im Berichtsjahr in Prozent des Umsatzes aus dem Vorjahr angegeben. Zur Berechnung dient folgende Formel:

[224] Vgl. wirtschaftslexikon24.net, Stichwort: Beziehungszahl.

[225] Vgl. Vollmuth, H.J.: Bilanzen, 2009, S. 39.

$$\text{Umsatzentwicklung} = \frac{\text{Umsatz Berichtsjahr}}{\text{Vorjahresumsatz}} \times 100$$

Beispiel Preisindex:

Der Preisindex zeigt die prozentuale Preisveränderung zwischen Analyse- und Vergleichszeitpunkt.

$$\text{Preisindex} = \frac{\text{Preis im Ermittlungszeitpunkt}}{\text{Preis im Basiszeitpunkt}} \times 100$$

Mithilfe der Kennzahlen wird die Auswertung der im Jahresabschluss gesammelten Daten erleichtert. Kennzahlen fassen messbare betriebliche Tatbestände zusammen. Kennzahlen bieten u. a. folgende Vorteile:

- Erhöhung der Transparenz,
- Verdichtung von Sachverhalten zu einer aussagefähigen Zahl,
- deutlich machen bestimmter Sachverhalte, z. B. der Umsatzrentabilität,
- bessere Beurteilung der wirtschaftlichen Lage eines Unternehmens,
- Illustration der Stärken und Schwächen eines Unternehmens,
- leichtere Interpretation der Gegebenheiten und
- leichteren Vergleich des Unternehmens mit der Branche.

15 Das Beispielunternehmen „Deutz AG"

Die Deutz AG ist ein weltweit bekannter, traditionsreicher und erfolgreicher Motorenhersteller, der im S-DAX gelistet ist. Das Geschäftsjahr 2009 war von deutlichen Nachfrage- und Umsatzeinbrüchen geprägt. Der Geschäftsbericht 2009 der DEUTZ AG hat beim LACP Vision Awards, dem größten internationalen Wettbewerb für Geschäftsberichte, die Auszeichnung „Gold" erhalten. Umfassende Informationen über das Unternehmen und die Geschäftsberichte 2009, 2008 und 2007 erhalten Sie beispielsweise im Internet unter „www.deutz.de".
Für die Berechnungen der Kennzahlen werden die nachfolgend aus den Geschäftsberichten der Einzelabschlüsse der Deutz AG aufgeführten Daten benutzt. Es kann zu Abweichungen zu den tatsächlichen Daten kommen, da die Zahlen in der Bilanz und GuV in Mio. € (z. B. 83,4 Mio. €), im Anhang teilweise aber in T€ (z. B. 83,357 T€) angegeben sind.
Basierend auf den Angaben der Deutz AG wird exemplarisch eine Jahresabschlussanalyse durchgeführt. Anhand dieser Beispielanalyse lernt der Leser, was für eine Jahresabschlussanalyse benötigt wird.

15.1 Bilanzen der Deutz AG

Aktiva (Mio. €)	2009	2008	2007	2006
Aufwendungen für die Erweiterung des Geschäftsbetriebs	0,00	10,40	20,80	31,10
Immaterielle Vermögensgegenstände	18,30	24,90	29,60	29,10
Sachanlagen	276,40	279,40	280,10	303,70
Finanzanlagen	187,60	181,90	181,90	164,60
Anlagevermögen	**482,30**	**486,20**	**491,60**	**497,40**
Vorräte	83,40	155,10	149,30	109,20
Forderungen und sonstige Vermögensgegenstände	165,00	223,30	271,60	229,50
Flüssige Mittel	210,50	200,20	298,10	36,70
Umlaufvermögen	**458,90**	**578,60**	**719,00**	**375,40**
Rechnungsabgrenzungsposten	0,80	3,70	3,70	2,40
Bilanzsumme	**942,00**	**1.078,90**	**1.235,10**	**906,30**

Passiva (Mio. €)	2009	2008	2007	2006
Gezeichnetes Kapital	309,00	309,00	307,00	292,30
Kapitalrücklagen	26,80	26,80	26,20	21,90
Gewinnrücklagen				
▪ gesetzliche Rücklagen	4,50	4,50	4,50	0,40
▪ andere Rücklagen	74,60	74,60	74,60	0,00
Bilanzgewinn/-verlust	-105,30	26,80	82,20	7,70
Eigenkapital	**309,60**	**441,70**	**494,50**	**322,30**
Wandelgenussrechte	0,00	0,00	0,00	0,03
Rückstellungen	257,70	278,60	320,90	339,30
Verbindlichkeiten	374,00	358,60	419,70	244,70
Rechnungsabgrenzungsposten	0,70	0,00	0,00	0,00
Bilanzsumme	**942,00**	**1.078,90**	**1.235,10**	**906,33**

Tab. 58: Bilanzen der Deutz AG

15.2 Gewinn- und Verlustrechnungen der Deutz AG

Gesamtkostenverfahren (Mio. €)	2009	2008	2007	2006
Umsatzerlöse	795,50	1.417,00	1.443,10	1.103,00
Bestandsveränderungen der Erzeugnisse	-18,50	-0,10	13,10	9,10
andere aktivierte Eigenleistungen	0,60	0,70	0,40	0,20
Gesamtleistungen	**777,60**	**1.417,60**	**1.456,60**	**1.112,30**
sonstige betriebliche Erträge	100,70	87,20	78,90	74,20
Materialaufwand	-611,00	-1.063,80	-1.043,20	-771,20
Personalaufwand	-212,30	-239,00	-237,00	-211,40
Abschreibungen	-54,20	-61,80	-63,50	-56,00
sonstige betriebliche Aufwendungen	-98,90	-139,50	-138,60	-120,90
Beteiligungsergebnis	7,10	14,40	13,40	10,00
Zinsergebnis	-6,90	-8,10	-14,30	-16,40
Ergebnis der gewöhnlichen Geschäftstätigkeit	**-97,90**	**7,00**	**52,30**	**20,60**
außerordentliches Ergebnis	-25,80	-17,80	119,50	12,00
Steuern vom Einkommen und vom Ertrag	-7,30	4,20	-18,00	-2,20
sonstige Steuern	-1,10	-0,80	-0,60	-0,70
Jahresfehlbetrag/Jahresüberschuss	**-132,10**	**-7,40**	**153,20**	**29,70**
Gewinnvortrag/Verlustvortrag	26,80	34,20	7,70	-21,60
Einstellung in die gesetzlichen Rücklagen	0,00	0,00	-4,10	-0,40
Einstellung in die anderen Gewinnrücklagen	0,00	0,00	-74,60	0,00
Bilanzverlust/-gewinn	**-105,30**	**26,80**	**82,20**	**7,70**

Tab. 59: Gewinn- und Verlustrechnungen der Deutz AG

15.3 Kapitalflussrechnungen der Deutz AG

Die Kapitalflussrechnungen der Deutz AG wurden in den Geschäftsberichten in verkürzter Form dargestellt.

Kapitalflussrechnung (Mio. €)	2009	2008	2007	2006
EBIT	-91	15,1	66,6	37
Cashflow aus laufender Geschäftstätigkeit vor Abfindung von Betriebsrentenansprüchen	61,7	48,7	8,0	81,2
Auszahlungen für Abfindungen von Betriebsrentenansprüchen	0	0	-69,6	0
Cashflow aus laufender Geschäftstätigkeit	61,7	48,7	-61,6	81,2
Cashflow aus Investitionstätigkeit	-38,2	-81,4	156,9	-54,9
Cashflow aus Finanzierungstätigkeit	-13,2	-65,2	166,1	-30,3
Veränderung Zahlungsmittelbestand	10,3	-97,9	261,4	-4

Tab. 60: Kapitalflussrechnungen der Deutz AG

15.4 Zusatzinformationen aus den Anhängen der Deutz AG

Zusatzinformationen (Mio. €)	2009	2008	2007	2006
Vorräte				
RHB-Stoffe	58,41	108,59	103,99	76,50
unfertige Erzeugnisse	20,41	32,09	34,56	24,38
fertige Erzeugnisse	5,88	12,72	10,38	7,57
geleistete Anzahlungen	0,00	2,94	2,30	1,95
erhaltene Anzahlungen auf Bestellungen	-1,34	-1,25	-1,97	-1,11
kurzfristige Forderungen				
Forderungen aus Lieferungen und Leistungen	80,39	74,49	125,34	62,92
Forderungen gegen verbundene Unternehmen	48,26	92,64	82,60	109,19
Forderungen gegen Unternehmen mit denen ein Beteiligungsverhältnis besteht	7,90	11,88	3,60	3,40
sonstige Vermögensgegenstände	28,42	44,29	54,45	47,91

Rückstellungen				
Rückstellungen für Pensionen und ähnliche Verpflichtungen	147,24	152,43	160,07	227,16
Steuerrückstellungen	6,56	1,94	6,83	5,83
sonstige Rückstellungen	103,91	124,24	153,98	106,29
sonstige betriebliche Erträge				
sonstige betriebliche Erträge	100,70	87,20	78,90	74,20
Auflösung von sonstigen Rückstellungen	25,30	8,80	11,40	13,50
Auflösung von Wertberichtigungen	0,70	2,10	12,90	1,70
Personalaufwand				
Löhne und Gehälter	167,09	201,31	196,25	175,49
soziale Abgaben und Aufwendungen für Unterstützung	33,23	35,76	34,70	32,31
Aufwendungen für Altersversorgung	11,98	1,91	6,04	3,59
Abschreibungen				
Aufwendungen für die Erweiterung der Geschäftsbetriebes	10,38	10,38	10,38	10,38
immaterielle Vermögensgegenstände des Anlagevermögens	10,48	11,28	9,70	8,64
Sachanlagen	33,32	40,16	43,47	37,04
Anteil an außerplanmäßigen Abschreibungen	0,09	0,20	0,00	0,00
davon außerplanmäßige Abschreibungen (wurden als außerplanmäßige Aufwendungen verbucht)	5,60	1,30	1,50	0,00
Beteiligungsergebnis				
Erträge aus Gewinnabführungsverträgen	1,59	1,57	1,49	1,34
Erträge aus Beteiligungen von verbundenen Unternehmen	4,56	11,88	11,06	8,40
Erträge aus Beteiligungen von übrigen Unternehmen	1,00	0,97	0,82	0,29
Zinsergebnis				
Erträge aus anderen Wertpapieren und Ausleihungen des Finanzanlagevermögens	1,84	1,85	1,85	1,85
sonstige Zinsen und ähnliche Erträge	14,4	24,27	12,91	4,98
sonstige Zinsen und ähnliche Aufwendungen	-23,10	-34,16	-28,99	-23,19
Zinsergebnis	**-6,86**	**-8,04**	**-14,23**	**-16,36**

außerordentliches Ergebnis				
außerordentliche Erträge	0,00	0,00	119,52	12,00
- davon aus Veräußerungen (vor Ertragssteuer)	0,0	0,00	119,52	0,00
- davon Rückstellungen	0,00	0,00	0,00	12,00
außerordentliche Aufwendungen	-25,87	-17,83	0,00	0,00
- davon Abschreibungen auf das Anlagevermögen	5,60	0,00	0,00	0,00
Kurs der Aktie (in €/St.)	3,43	2,38	6,75	
Aktienanzahl in Stück	120.861.783	120.861.783	120.085.030	
Dividendenausschüttungen	0		48,04	0
F&E Aufwand	104,60	90,3	52,10	51,50
Personal				
durchschn. Anzahl der Mitarbeiter inkl. Auszubildende	3.526	3.871	3.671	3.356
durchschn. Anzahl der Mitarbeiter ohne Auszubildende	3.356	3.707	3.510	3.209

Tab. 61: Zusatzinformationen aus den Anhängen der Deutz AG

15.5 Anlagenspiegel der Deutz AG

Die nachfolgenden Informationen wurden aus den Anlagenspiegeln der Geschäftsberichte der Jahre 2009, 2008 und 2007 entnommen.

Anlagenspiegel (Mio. €)	**2009**	**2008**	**2007**
Anlagenspiegel Sachanlagevermögen			
Bilanzanfangsbestand zu Restbuchwerten (Restbuchwert Vorjahr im Anlagenspiegel)	279,44	280,07	303,73
Zugänge des Geschäftsjahres	+ 36,32	+ 42,44	+ 56,38
Veränderung in den Investitionszuwendungen	- 2,01	- 0,84	- 1,50
Umbuchungen in das Sachanlagevermögen	0	0	0
Zuschreibungen des Geschäftsjahres	0	0	0
Abschreibungen des Geschäftsjahres	- 35,34	- 40,68	- 45,02
Umbuchungen aus dem Sachanlagevermögen	- 0,33	- 0,41	- 0,25
Abgänge zu Restbuchwerten	- 1,66	- 1,14	- 33,27
Bilanzbestand zu Restbuchwerten (Restbuchwert 31.12. im Anlagenspiegel)	= 276,42	= 279,44	= 280,07

Anlagenspiegel (Mio. €)	2009	2008	2007
Ausschnitte aus dem Anlagenspiegel			
Abschreibungen Aufwendungen für Erweiterung des Geschäftsbetriebs	10,38	10,38	10,38
Abschreibungen immaterielle Vermögensgegenstände	14,10	12,09	9,70
Abschreibungen Sachanlagen	35,34	40,68	45,02
Abschreibungen Finanzanlagen	0	0	0
Abschreibungen Anlagevermögen	49,44	52,77	54,72
Gesamtabschreibungen	59,82	63,15	65,10

Anlagenspiegel (Mio. €)	2009	2008	2007
Ausschnitte aus dem Anlagenspiegels			
kumulierte AfA auf das Sachanlagevermögen	462,79	442,23	410,65
Sachanlagevermögen zu AHK am Ende	739,22	721,67	690,72
Sachanlagevermögen zu AHK zu Beginn	721,67	690,72	694,40
Geschäftsjahres-AfA auf Sachanlagevermögen	35,34	40,68	45,02
Nettoinvestitionen in Anlagevermögen	45,52	47,33	48,94

Tab. 62: Anlagenspiegel der Deutz AG

15.6 Verbindlichkeitsspiegel der Deutz AG

Verbindlichkeitsspiegel 2009 (Mio. €)	RLZ* bis 1 Jahr	RLZ 1 bis 5 Jahre	RLZ über 5 Jahre	2009 Gesamt
Wandelschuldverschreibungen	0,00	0,00	0,00	0,00
Anleihe (USPP)	0,00	100,86	102,37	203,23
Verbindlichkeiten gegenüber Kreditinstituten	0,03	0,00	0,00	0,03
Verbindlichkeiten aus Lieferungen und Leistungen	115,64	0,00	0,00	115,64
Verbindlichkeiten gegenüber verbundenen Unternehmen	18,96	0,00	5,28	24,24
Verbindlichkeiten gegenüber Unternehmen, mit denen ein Beteiligungsverhältnis besteht	0,08	0,00	0,00	0,08
Verbindlichkeiten aus Steuern	0,03	0,00	0,00	0,03
Verbindlichkeiten im Rahmen der sozialen Sicherheit	14,09	1,22	0,70	16,01
übrige sonstige Verbindlichkeiten	14,77	0,00	0,00	14,77
Gesamt	**163,60**	**102,08**	**108,35**	**374,03**

* RLZ = Restlaufzeit

Verbindlichkeitsspiegel 2008 (Mio. €)	RLZ bis 1 Jahr	RLZ 1 bis 5 Jahre	RLZ über 5 Jahre	2008 Gesamt
Wandelschuldverschreibungen	0,00	0,00	0,00	0,00
Anleihe (USPP)	0,00	40,35	162,88	203,23
Verbindlichkeiten gegenüber Kreditinstituten	0,42	0,00	0,00	0,42
Verbindlichkeiten aus Lieferungen und Leistungen	117,37	0,00	0,00	117,37
Verbindlichkeiten gegenüber verbundenen Unternehmen	18,14	0,00	5,62	23,76
Verbindlichkeiten gegenüber Unternehmen, mit denen ein Beteiligungsverhältnis besteht	0,00	0,00	0,00	0,00
Verbindlichkeiten aus Steuern	0,04	0,00	0,00	0,04
Verbindlichkeiten im Rahmen der sozialen Sicherheit	0,98	0,00	0,00	0,98
übrige sonstige Verbindlichkeiten	12,50	0,31	0,00	12,81
Gesamt	**149,45**	**40,66**	**168,50**	**358,61**

Verbindlichkeitsspiegel 2007 (Mio. €)	RLZ bis 1 Jahr	RLZ 1 bis 5 Jahre	RLZ über 5 Jahre	2007 Gesamt
Wandelschuldverschreibungen	2,85	0,00	0,00	2,85
Anleihe (USPP)	0,00	40,35	162,88	203,23
Verbindlichkeiten gegenüber Kreditinstituten	1,69	0,27	0,00	1,96
Verbindlichkeiten aus Lieferungen und Leistungen	170,04	0,00	0,00	170,04
Verbindlichkeiten gegenüber verbundenen Unternehmen	15,92	0,00	6,16	22,08
Verbindlichkeiten gegenüber Unternehmen, mit denen ein Beteiligungsverhältnis besteht	0,00	0,00	0,00	0,00
Verbindlichkeiten aus Steuern	0,05	0,00	0,00	0,05
Verbindlichkeiten im Rahmen der sozialen Sicherheit	1,05	0,00	0,00	1,05
übrige sonstige Verbindlichkeiten	17,80	0,60	0,00	18,40
Gesamt	**209,40**	**41,22**	**169,04**	**419,66**

Verbindlichkeitsspiegel 2006 (Mio. €)	RLZ bis 1 Jahr	RLZ 1 bis 5 Jahre	RLZ über 5 Jahre	2006 Gesamt
Wandelschuldverschreibungen	0,00	22,43	0,00	22,43
Anleihe (USPP)	0,00	0,00	0,00	0,00
Verbindlichkeiten gegenüber Kreditinstituten	5,25	24,37	0,00	29,62
Verbindlichkeiten aus Lieferungen und Leistungen	143,18	0,00	0,00	143,18
Verbindlichkeiten gegenüber verbundenen Unternehmen	23,70	0,00	16,33	40,03
Verbindlichkeiten gegenüber Unternehmen, mit denen ein Beteiligungsverhältnis besteht	0,03	0,00	0,00	0,03
Verbindlichkeiten aus Steuern	0,00	0,00	0,00	0,00
Verbindlichkeiten im Rahmen der sozialen Sicherheit	0,99	0,00	0,00	0,99
übrige sonstige Verbindlichkeiten	7,39	1,00	0,00	8,39
Gesamt	**180,54**	**47,80**	**16,33**	**244,67**

Tab. 63: Verbindlichkeitenspiegel der Deutz AG

16 Aufbereitung des Jahresabschlusses

Die veröffentlichten Jahresabschlüsse entsprechen nicht von vornherein den Erfordernissen der Jahresabschlussanalyse. Das bedeutet, dass die Bilanz und die Gewinn- und Verlustrechnung für die Jahresabschlussanalyse aufbereitet werden müssen.

Zunächst sollten Sie sämtliche Informationen aus dem Jahresabschluss und dem Lagebericht zusammentragen und mithilfe eines detaillierten Erfassungsschemas aufbereiten. Damit anschließend ein aussagekräftiger Zeit- oder Betriebsvergleich durchgeführt werden kann, sollten alle zu analysierenden Jahresabschlüsse nach demselben Gliederungs- und Erfassungsschema aufbereitet werden. Ein solches Schema heißt **Strukturbilanz** bzw. **Strukturerfolgsrechnung.**

Im zweiten Schritt werden die aufbereiteten Informationen durch eine geeignete Kennzahlenbildung verdichtet, damit im dritten Schritt der Bilanzanalyse Aussagen über die wirtschaftliche Lage und zukünftige Entwicklung des Unternehmens getroffen werden können.

Tipp: Vorgehensweise bei der Jahresabschlussanalyse

- Erstellen der Strukturbilanz und der Strukturerfolgsrechnung
- Berechnen der ausgewählten Kennzahlen
- Interpretation der Ergebnisse

16.1 Vor- und Aufbereitung der Bilanz

Bevor Sie eine Strukturbilanz erstellen, müssen Sie die Bilanz dafür vor- und aufbereiten.

Im ersten Schritt der Bilanzvorbereitung werden die Vermögens- und Kapitalposten zu einzelnen Gruppen zusammengefasst. Die Aktivseite wird in bilanzanalytisches Anlage- und Umlaufvermögen gegliedert. Die Passivseite in das bilanzanalytische Eigen- und Fremdkapital. Als Groborientierung dienen hier die römisch nummerierten Bilanzposten gemäß § 266 Abs. 2 u. 3 HGB. Nach der Aufbereitung sollte folgendes Schema vorliegen:

Aktiva	Aufbereitete Bilanz Passiva
Anlagevermögen ▪ Immaterielles Anlagevermögen ▪ Sachanlagen ▪ Finanzanlagen	**Eigenkapital** ▪ Gezeichnetes Kapital ▪ Kapitalrücklagen ▪ Gewinnrücklagen ▪ Jahresüberschuss/-fehlbetrag
Umlaufvermögen ▪ Vorräte ▪ Forderungen ▪ Liquide Mittel + Wertpapiere	**Langfristiges Fremdkapital** **Kurzfristiges Fremdkapital**

Tab. 64: Für die Bilanzanalyse aufbereitete Bilanz

Der erste Schritt einer Bilanzaufbereitung beinhaltet neben der Zusammenfassung auch die Saldierung, also das Zusammenziehen von Bilanzposten, die auf unterschiedlichen Seiten stehen und zwischen denen eine direkte Beziehung besteht. Welche Saldierungen, Aufspaltungen und Zusammenfassungen nun sinnvoll sind, lässt sich nicht pauschal beantworten, das ist abhängig von der Zielsetzung des Informationsempfängers.
Ein wichtiges Ziel der Strukturbilanz ist, die angewendeten bilanzpolitischen Maßnahmen zu neutralisieren, um so die Vergleichbarkeit der Jahresabschlüsse zu verbessern. Grundsätzlich ist die Strukturbilanz eine gemäß den Zielsetzungen und Aufgaben der Analyse aufbereitete und umgestaltete Originalbilanz.

Es sind zwei Arten von Aufbereitungsmaßnahmen zu unterscheiden: [226]

Umgliederungen:

- **Saldierung:** Bilanzposten, die auf unterschiedlichen Seiten der Bilanz stehen und zwischen denen eine direkte Beziehung besteht, werden saldiert, z. B. die Bilanzierungshilfe „Aufwendungen für Ingangsetzung und Erweiterung des Geschäftsbetriebs" wird mit dem Eigenkapital saldiert. Die Aktivierung der Bilanzierungshilfe erhöhte den Jahreserfolg und damit das Eigenkapital, so sollte konsequenterweise das Eigenkapital um den Erhöhungsbetrag gekürzt (saldiert) werden.
- **Erweiterung:** Die Erweiterung stellt das Gegenteil der Saldierung dar. Im Rahmen der Erweiterung werden saldierte Posten aufgeschlüsselt und auf die andere Bilanzseite transferiert, z. B. sollten „erhaltene Anzahlungen auf

[226] Vgl. Zdrowomyslaw, N.: Jahresabschluss und -analyse, 2001, S. 691 ff. und Küting, K. und Weber C.-P.: Die Bilanzanalyse, 2009, S, 82 f.

Bestellungen" separat ausgewiesen werden, falls die erhaltenen Anzahlungen mit den Vorräten saldiert wurden.

- **Aufspaltung von Posten:** Bei der Aufspaltung wird ein Bilanzposten, der unterschiedlichen Abschlusskategorien zuzuordnen ist, entsprechend auf die jeweiligen Positionswerte zugerechnet. Z. B. wird der „Sonderposten mit Rücklageanteil" zu 70 % auf das Eigenkapital und zu 30 % auf das Fremdkapital aufgeteilt.
- **Neubildung:** Im Rahmen einer Neubildung werden bereits existierende Posten einer im Zug der Bilanzanalyse neu zu schaffenden Abschlusskategorie der gleichen Bilanzseite zugeordnet.
- **Umgruppierung:** Bei einer Umgruppierung wird ein bestehender Posten einem anderen bestehenden Posten der gleichen Bilanzseite zugeordnet. Der Bilanzgewinn ist z. B. in Höhe der Dividendenausschüttung dem kurzfristigen Fremdkapital zu zurechnen.
- **Zusammenfassung von Werten:** Bei der Zusammenfassung von Werten werden Posten von vergleichbarer Art zu Zwischensummen zusammengefasst oder verdichtet und einem gemeinsamen Oberbegriff zugeordnet.

Umbewertungen:
Bei Umbewertungen werden die Wertansätze einzelner Posten geändert. Die Bilanzsumme ändert sich dadurch.

16.1.1 Aufbereitungsmaßnahmen auf der Aktivseite der Bilanz

Um die Aktivseite der Bilanz aufzubereiten, sind folgende Korrekturmaßnahmen durchzuführen:[227]

- **Ausstehende Einlagen auf das gezeichnete Kapital**: Noch nicht eingeforderte Einlagen sollten mit dem gezeichneten Kapital saldiert werden, da das Unternehmen mit diesem Kapital noch nicht arbeiten kann. Seit den Geschäftsjahren 2010 gibt es diesen Posten in den Aktiva der HGB-Bilanz nicht mehr.
- **Aufwendungen für die Ingangsetzung und Erweiterung des Geschäftsbetriebs**: Um diesen Betrag sollte das Eigenkapital aus Vorsichtsgründen gekürzt werden, da diese Bilanzierungshilfe im Zweifelsfall nicht verwertet werden kann. Seit 2010 gibt es diesen Posten in der HGB-Bilanz nicht mehr.

[227] Vgl. Wöltje, J.: Betriebswirtschaftliche Formelsammlung, 2011, S. 147-149.

- **Derivativer Geschäfts- oder Firmenwert**: Diese Bilanzposition kann im Zweifelsfall nicht verwertet werden, daher sollte dieser Posten aus Vorsichtsgründen bei der Strukturbilanz aktivisch eliminiert werden, d. h., das Eigenkapital wird um diesen Betrag gekürzt.
- **Selbst geschaffene gewerbliche Schutzrechte und ähnliche Rechte und Werte**: Da dem Vorsichtsprinzip ein hoher Stellenwert eingeräumt wird und außerdem die aktivierten Beträge einer Ausschüttungssperre unterliegen, sollte eine Korrektur der aktivierten Werte gegen das Eigenkapital vorgenommen werden.
- **Eigene Anteile**: Für Erfolgsanalysen und Strukturbetrachtungen wird empfohlen, die eigenen Anteile mit der Rücklage für eigene Anteile zu verrechnen, wenn es sich nicht um Mitarbeiterbeteiligungen oder Abfindungen der Aktionäre handelt. Seit 2010 sind die eigenen Anteile auf der Passivseite in der Vorspalte vom „gezeichneten Kapital" offen abzusetzen (§ 272 Abs. 1a Satz 1 HGB). Der Unterschiedsbetrag zwischen dem Nennbetrag oder dem rechnerischen Wert und den Anschaffungskosten der eigenen Anteile ist mit den frei verfügbaren Rücklagen zu verrechnen, d. h., diese werden um den entsprechenden Betrag vermindert. Die Anschaffungsnebenkosten sind als Aufwand in der Gewinn- und Verlustrechnung zu erfassen.[228]
- **Aktivische Rechnungsabgrenzungsposten**: Für die Bilanzanalyse sollte der aktivische Rechnungsabgrenzungsposten grundsätzlich in das Umlaufvermögen umgegliedert werden. Diese Zuordnungsregel gilt nicht für das Disagio.
- **Disagio**: Das Disagio ist ein Verrechnungsposten, um dessen Betrag das Eigenkapital gekürzt werden muss.
- **Aktiver Unterschiedsbetrag aus der Vermögensverrechnung**: Wenn Informationen über die Fristigkeit der einbezogenen Vermögensgegenstände fehlen, sollte aufgrund der Zeitbewertung und der damit verbundenen möglichen Wertschwankungen eine Zuordnung im Umlaufvermögen bevorzugt werden.
- **Aktive latente Steuern**: Bei diesem Posten handelt es sich um einen Sonderposten eigener Art. Als aktive latente Steuer wird eine sich aus der Abgrenzung zwischen der Steuer- und der Handelsbilanz ergebende Steuerbelastung bezeichnet.[229] Aktive latente Steuern ergeben sich, wenn der steuerliche Wert-

[228] Coenenberg A. G. et al.: Einführung in das Rechnungswesen, 3. Auflage, 2009, S. 406.
[229] Kresse, W. u. Leuz, N.: Rechnungswesen, 2010, S. 566.

ansatz bei den Posten der Aktiva höher und bei den Posten der Passiva niedriger ist als in der Handelsbilanz. Nach herrschender Meinung sollte eine Verrechnung der aktiven latenten Steuern mit dem Eigenkapital erfolgen.

16.1.2 Aufbereitung der Passivseite der Bilanz

Um die Passivseite der Bilanz aufzubereiten, sind folgende Korrekturmaßnahmen durchzuführen:[230]

- **Bilanzgewinn:** Wenn die Bilanz nach einer vollständigen oder teilweisen Verwendung des Jahreserfolgs aufgestellt wird, ist der Ausschüttungsbetrag im Bilanzposten „Eigenkapital" enthalten. Da der Ausschüttungsbetrag nach Feststellung des Jahresabschlusses abfließt und dadurch die Liquidität belastet, weist er – wirtschaftlich betrachtet – Ähnlichkeiten mit einer kurzfristigen Verbindlichkeit auf. Für Zwecke der Bilanzanalyse ist der Ausschüttungsbetrag, der sich aus dem angegebenen Gewinnverwendungsvorschlag entnehmen lässt, daher aus dem Eigenkapital auszugliedern und in das kurzfristige Fremdkapital einzustellen.
- **Gewinnvortrag/Verlustvortrag:** Solange der Gewinn nicht ausgeschüttet ist, steht der Gewinnvortrag frei zu Verfügung. Ein Verlustvortrag gilt als Rückstellung mit unbekannter Fälligkeit und ist mit dem Eigenkapital zu saldieren.
- **Jahresüberschuss/Jahresfehlbetrag:** Liegen keine Informationen über die Gewinnverwendung vor, wird der Jahresüberschuss dem Eigenkapital zugerechnet.
- **Ausschüttungsbetrag:** Für Zwecke der Bilanzanalyse ist der Ausschüttungsbetrag, der sich aus dem regelmäßig angegebenen Gewinnverwendungsvorschlag entnehmen lässt, aus dem Eigenkapital auszugliedern und in das kurzfristige Fremdkapital einzustellen. Dieser reine Passivtausch wirkt sich neutral auf die Bilanzsumme aus.
- **Sonderposten mit Rücklageanteil (Mischposten):** Dieser Posten setzt sich aus Eigen- und Fremdkapital zusammen. Der Einfachheit halber werden in der Praxis 30 % dem Fremdkapital und 70 % dem Eigenkapital zugerechnet. Aufgrund der Aufhebung des Grundsatzes der umgekehrten Maßgeblichkeit (§ 5 Abs. 1 Satz 2 EStG) wurde beim neuen HGB (BilMoG) seit

[230] Küting K. u. Weber, C.-P.: Die Bilanzanalyse, 2009, S. 93 ff.

2010 der steuerrechtlich anerkannte Sonderposten mit Rücklageanteil (§ 247 Abs. 3, § 273, § 285 Abs. 1 Nr. 5 HGB) gestrichen.

- **Baukostenzuschüsse (Mischposten):** Bilanzanalytisch stellen die Baukostenzuschüsse (sie betreffen hauptsächlich Energieversorgungsunternehmen und Unternehmen der Wohnungsbaubranche) Mischposten dar, die sowohl Eigen- als auch Fremdkapitalanteile enthalten. In Anlehnung an die Vorschriften (betreffend das AktG 1965) des ehemaligen Bundesaufsichtsamts für Versicherungswesen werden die Baukostenzuschüsse in der Strukturbilanz im Verhältnis zwei Drittel zu einem Drittel jeweils dem Eigenkapital und dem langfristigen Fremdkapital zugeordnet.
- **Sonstige Zuschüsse und Zulagen:** Falls es sich um einen „Sonderposten für Investitionszuschüsse/Investitionszulagen“ handelt und der Passivposten für steuerpflichtige Investitionszuschüsse gebildet wurde, empfiehlt es sich, aufgrund des zu erwartenden Steuerabflusses eine Zuordnung zum Eigen- und Fremdkapital im Verhältnis 70 zu 30 vorzunehmen. Sind die Investitionszulagen steuerfrei, können sie in voller Höhe ins Eigenkapital umgruppiert werden.
- **Pensionsrückstellungen:** Für Pensionszusagen, die vor dem 01.01.1987 erteilt wurden, besteht ein Passivierungs**wahlrecht**. Dasselbe gilt gemäß Art. 28 Abs. 1 EGHGB für mittelbare Zusagen oder Anwartschaften sowie ähnliche unmittelbare und mittelbare Verpflichtungen. Als externer Analyst kann man i. d. R. nicht erkennen, ob für diese Verpflichtungen tatsächlich Rückstellungen in voller Höhe gebildet wurden. Jedoch sind Kapitalgesellschaften gemäß Art. 28 Abs. 2 EGHGB verpflichtet, sämtliche in der Bilanz nicht ausgewiesene Rückstellungen für laufende Pensionen und ähnliche Verpflichtungen jeweils im Anhang in einem Betrag anzugeben. Somit hat der externe Analyst die Möglichkeit, Informationen über die nicht abgedeckten Pensionsverpflichtungen zu erhalten. Die nicht abgedeckten Pensionsverpflichtungen sollten in der Strukturbilanz berücksichtigt werden.
- **Aufwandsrückstellungen:** Die Aufwandsrückstellungen werden meist als Bestandteil der „sonstigen Rückstellungen“ gelistet und sind daher für unternehmensexterne Personen nicht mehr erkennbar. Als Mitarbeiter des zu analysierenden Unternehmens verfügen Sie über die entsprechenden Informationen und können daher diesen Posten, sofern es sich um sogenannte Rückstellungen aus reiner Innenverpflichtung und ohne Rechtsansprü-

che Dritter handelt, dem Eigenkapital zuordnen. Jedoch sollte im Rahmen der externen Bilanzanalyse aufgrund ungenauer Angaben keine Umgliederung vorgenommen werden.

- **Gesellschafterdarlehen:** Mezzanine[231] Finanzierungsmittel sind als eigenkapitalähnliche Mittel zu betrachten.
- **Erhaltene Anzahlungen auf Bestellungen:** Für den Fall, dass es sich hierbei um Verbindlichkeiten handelt, sollten die erhaltenen Anzahlungen auf Bestellungen (falls offen abgesetzt von den Vorräten) auf der Passivseite der Bilanz „brutto" ausgewiesen werden.
- **Passivische Rechnungsabgrenzungsposten:** Sie sind in der Regel dem kurzfristigen Fremdkapital zuzuordnen.
- **Passive latente Steuern:** Sie sollten aus dem Fremdkapital ausgegliedert und dem Eigenkapital hinzugefügt werden. Dies ergibt sich unmittelbar aus der Überlegung, dass dieser Abgrenzungsposten zuvor das Eigenkapital gemindert hat.[232]

Als Ergebnis der Bereinigungs- und Korrekturmaßnahmen ergibt sich das Schema der Strukturbilanz. Diese besteht auf der Aktivseite aus dem bilanzanalytischen Anlage- und Umlaufvermögen sowie auf der Passivseite aus dem bilanzanalytischen Eigen- und Fremdkapital. Das Fremdkapital kann wie folgt weiter untergliedert werden in:

- **kurzfristiges Fremdkapital:** vor Ablauf eines Jahres fällig
- **mittelfristiges Fremdkapital:** Fälligkeit zwischen einem und fünf Jahren
- **langfristiges Fremdkapital:** nach Ablauf von fünf Jahren fällig

16.2 Erstellung der Strukturbilanz

Die Strukturbilanz ist das Ergebnis der Aufbereitung und Umgestaltung einer Originalbilanz. Sie dient als Basis für die Analyse und vor allem für die Bildung von Kennzahlen.

[231] Mezzanine-Kapital stellt eine Mischform aus Eigen- und Fremdkapital dar, das je nach Ausgestaltung stärker eigen- bzw. fremdkapitalähnliche Züge aufweist.

[232] Küting, K. u. Weber C.-P.: Die Bilanzanalyse, 9. Auflage, 2009, S. 92.

Die folgende Abbildung zeigt das Schema einer Strukturbilanz und die zu ihrer Erstellung erforderlichen Berechnungen:

Strukturbilanz nach HGB

Aktiva

	~~Ausstehende Einlagen auf das gezeichnete Kapital~~
	~~– davon eingefordert –~~
	~~Aufwendungen für Ingangsetzung und Erweiterungen des Geschäftsbetriebs~~
A	**Bilanzanalytisches Anlagevermögen**
	Immaterielle Vermögensgegenstände
-	aktivierter Geschäfts- oder Firmenwert
-	selbst geschaffene gewerbliche Schutzrechte und ähnliche Rechte und Werte
+	Sachanlagen
+	Finanzanlagen
=	**Bilanzanalytisches Anlagevermögen**
B	**Bilanzanalytisches Umlaufvermögen**
	Vorräte (bei offener Absetzung einschl. erhaltener Anzahlungen)
+	Forderungen und sonstige Vermögensgegenstände
+	Wertpapiere
-	eigene Anteile
+	Kassenbestand, Bundesbankguthaben, Guthaben bei Kreditinstituten, Schecks
-	Disagio
+	aktive Rechnungsabgrenzungsposten
+	aktiver Unterschiedsbetrag aus Vermögensverrechnung
=	**Bilanzanalytisches Umlaufvermögen**

Passiva

A	**Bilanzanalytisches Eigenkapital**
	gezeichnetes Kapital (ggf. gemindert um den Nennwert der eigenen Anteile)
-	nicht eingeforderte Einlagen
+	Kapitalrücklage
+	Gewinnrücklagen
-	Rücklagen für eigene Anteile
+	Gewinnvortrag
-	Verlustvortrag
+	Jahresüberschuss bzw. Bilanzgewinn
-	Jahresfehlbetrag bzw. Bilanzverlust
-	zur Ausschüttung vorgesehener Betrag
-	selbst geschaffene gewerbliche Schutzrechte und ähnliche Rechte und Werte
-	Aufwendungen für Ingangsetzung und Erweiterung des Geschäftsbetriebs
-	aktivierter Geschäfts- oder Firmenwert
-	Forderung an Gesellschafter (Darlehen an Gesellschafter)
-	aktive latente Steuern
+	passive latente Steuern
-	aktiviertes Disagio
-	nicht ausgewiesene Rückstellungen
+	70 % des Sonderpostens mit Rücklageanteil
+	$66^2/_3$ % der Baukostenzuschüsse
+	70 % des Sonderpostens für Investitionszuschüsse
+	Gesellschafterdarlehen
+	Aufwandsrückstellungen
=	**Bilanzanalytisches Eigenkapital**
B	**Bilanzanalytisches Fremdkapital**
	Verbindl. mit einer Restlaufzeit über 5 Jahre
+	Pensionsrückstellungen und unterlassene Rückstellungen
+	$33^1/_3$ % der Baukostenzuschüsse
=	**langfristiges Fremdkapital**

			Verbindl. mit einer Restlaufzeit zwischen einem und fünf Jahren
		+	30 % des Sonderpostens mit Rücklageanteil
		+	30 % des Sonderpostens für Investitionszuschüsse
~~C~~	~~Rechnungsabgrenzungsposten~~	=	**mittelfristiges Fremdkapital**
			Verbindl. mit einer Restlaufzeit unter 1 Jahr
~~D~~	~~Latente Steuern~~	+	vorgesehener Ausschüttungsbetrag
		+	erhaltene Anzahlungen auf Bestellungen
~~E~~	~~Aktiver Unterschiedsbetrag aus~~	+	Steuerrückstellungen
-	~~der Vermögensverrechnung~~	+	sonstige Rückstellungen
		-	Aufwandsrückstellungen
		+	unterlassene Rückstellungen
		+	passive Rechnungsabgrenzungsposten
		=	**kurzfristiges Fremdkapital**

Tab. 65: Strukturbilanz nach HGB (nach Küting, K. u. Weber C.-P.: Die Bilanzanalyse, 9. Auflage, 2009, S. 99 f.)

16.2.1 Strukturbilanz der Deutz AG

Im Folgenden sehen Sie die Strukturbilanz der Deutz AG. Zunächst werden die Aktiva und anschließend die Passiva der Strukturbilanz aufgestellt.

Aktivseite der Strukturbilanz der Deutz AG

Für die Ermittlung des **bilanzanalytischen Anlagevermögens** wird der Geschäfts- oder Firmenwert mit dem Eigenkapital saldiert und somit aus dem Anlagevermögen entfernt. Dies geschieht aus Vorsichtsgründen, da dem Geschäfts- oder Firmenwert die Einzelverkehrsfähigkeit fehlt. Im Falle der Deutz AG war kein Geschäfts- oder Firmenwert bekannt, somit bleibt das bilanzanalytische Anlagevermögen unverändert.
Für die Ermittlung des **bilanzanalytischen Umlaufvermögens** addiert man den aktiven Rechnungsabgrenzungsposten und die erhaltenen Anzahlungen zum Umlaufvermögen hinzu und zieht gleichzeitig das Disagio ab.

Aktiva der Strukturbilanz der Deutz AG					
	(Mio. €)	2009	2008	2007	2006
	~~Aufwendungen für Ingangsetzung und Erweiterung des Geschäftsbetriebs~~	~~0,00~~	~~10,40~~	~~20,80~~	~~31,10~~
A.	**Bilanzanalytisches Anlagevermögen**				
	Immaterielle Vermögensgegenstände	18,30	24,90	29,60	29,10
+	Sachanlagen	276,40	279,40	280,00	303,70
+	Finanzanlagen	187,60	181,90	181,90	164,60
=	**Bilanzanalytisches Anlagevermögen**	**482,31**	**486,20**	**491,51**	**497,39**
B.	**Bilanzanalytisches Umlaufvermögen**				
	Vorräte	84,74	156,35	151,27	110,31
+	Forderungen und sonst. Vermögensgegenstände	165,00	223,30	271,60	229,50
+	flüssige Mittel	210,50	200,20	298,10	36,70
+	Rechnungsabgrenzungsposten	0,80	3,70	3,70	2,40
=	**Bilanzanalytisches Umlaufvermögen**	**461,05**	**583,55**	**724,69**	**378,91**
	Strukturbilanzsumme Aktiva	**943,36**	**1.069,75**	**1.216,19**	**876,30**

Tab. 66: Strukturbilanz der Deutz AG – Aktiva

Passivseite der Strukturbilanz der Deutz AG

Um das bilanzanalytische Eigenkapital zu ermitteln, wird eine Saldierung mit den Positionen vorgenommen, die als Wertberichtigungen zum Eigenkapital aufzufassen sind (hierbei handelte es sich hauptsächlich um ausstehende Einlagen, Ausschüttungen und eigene Anteile).[233] Die folgende Tabelle zeigt, welche Posten addiert bzw. subtrahiert werden müssen:

Passiva der Strukturbilanz der Deutz AG					
	(Mio. €)	2009	2008	2007	2006
A.	**Bilanzanalytisches Eigenkapital**				
	Gezeichnetes Kapital	309,00	309,00	307,00	292,30
+	Kapitalrücklagen	26,80	26,80	26,20	21,90
+	Gewinnrücklagen				
	▪ Gesetzliche Rücklagen	4,50	4,50	4,50	0,40
	▪ Andere Gewinnrücklagen	74,60	74,60	74,60	-
+	Bilanzgewinn	0	26,80	82,20	7,70
-	Bilanzverlust	- 105,30	0	0	0
-	zur Ausschüttung vorgesehener Betrag	0	0	48,04	0
-	Aufwendungen für Ingangsetzung und Erweiterung des Geschäftsbetriebs	0	10,40	20,80	31,10
+	Wandelgenussrechte	0	0	0	0,03
+	Aufwandsrückstellungen	0	0	0	0
=	**Bilanzanalytisches Eigenkapital**	**309,58**	**431,28**	**425,64**	**291,24**

233 Vgl. Coenenberg, A. G.: Jahresabschluss und -analyse, 2009, S. 1024.

B.	**Bilanzanalytisches Fremdkapital**				
	Verbindlichkeiten (Restlaufzeit > 5 Jahren) + Anleihe (USPP) + Verbindlichkeiten gegenüber verbundenen Unternehmen	108,35	168,50	169,04	16,33
+	Rückstellungen für Pensionen und ähnliche Verpflichtungen	147,24	152,43	160,07	227,16
=	**langfristiges Fremdkapital**	**255,59**	**320,93**	**329,11**	**243,49**
	Verbindlichkeiten (Restlaufzeit zwischen 1 und 5 Jahren) + Anleihe (USPP) + übrige sonstige Verbindlichkeiten + Verbindlichkeiten geg. Kreditinstituten + Wandelschuldverschreibungen	102,08	40,66	41,22	47,80
=	**mittelfristiges Fremdkapital**	**102,08**	**40,66**	**41,22**	**47,80**
	Verbindlichkeiten (Restlaufzeit < 1 Jahr) + Wandelschuldverschreibungen + Verbindlichkeiten geg. Kreditinstitute + Verbindlichkeiten aus Lieferungen und Leistungen + Verbindlichkeiten gegenüber verbunden Unternehmen + Verbindlichkeiten gegenüber Unternehmen, mit denen ein Beteiligungsverhältnis besteht + Verbindlichkeiten aus Steuern + Verbindlichkeiten im Rahmen der sozialen Sicherheit + übrige sonstige Verbindlichkeiten	163,60	149,45	209,40	180,54
+	zur Ausschüttung vorgesehener Betrag	0	0	48,04	0
+	erhaltene Anzahlungen auf Bestellungen	1,34	1,25	1,97	1,11
+	Steuerrückstellungen	6,56	1,94	6,83	5,83
+	sonstige Rückstellungen	103,91	124,24	153,98	106,29
-	Aufwandsrückstellungen	0	0	0	0
+	Rechnungsabgrenzungsposten	0,70	0	0	0
=	**kurzfristiges Fremdkapital**	**276,11**	**276,88**	**420,22**	**293,77**
	Bilanzanalytisches Fremdkapital	**633,78**	**686,51**	**742,51**	**585,06**
	Strukturbilanzsumme Passiva	**943,36**	**1.069,75**	**1.216,19**	**876,30**

Tab. 67: Strukturbilanz der Deutz AG – Passiva

Unter dem Posten **„bilanzanalytisches Fremdkapital"** werden alle Schulden (Verbindlichkeiten und Rückstellungen) des Unternehmens zusammengefasst.

Es umfasst diejenigen Teile der Passivseite der Bilanz, die Gläubigeransprüche darstellen.
Zur Erinnerung: Da zu einer aussagekräftigen Analyse der Kapitalstruktur neben der Eigenkapitalstruktur und der allgemeinen Fremdkapitalstruktur besonders auch die Fristigkeiten des Fremdkapitals eine große Rolle spielen, wird beim Fremdkapital unterschieden zwischen

- langfristigem (Restlaufzeit $\geq$ 5 Jahre),
- mittelfristigem (Restlaufzeit 1 bis 5 Jahre) und
- kurzfristigem Fremdkapital (Restlaufzeit $\leq$ 1 Jahr).

> **Achtung: Strukturbilanz**
> Die Strukturbilanz bildet die Grundlage für die Bilanzanalyse.

16.3 Aufbereitung der Gewinn- und Verlustrechnung – Strukturerfolgsrechnung

Die Gewinn- und Verlustrechnung (GuV) ist neben der Bilanz ein wesentlicher Teil des Jahresabschlusses bzw. der externen Rechnungslegung eines Unternehmens. Sie stellt Erträge und Aufwendungen eines Geschäftsjahres dar und weist dadurch die Art, Höhe und die Quellen des unternehmerischen Erfolges aus. Sie gibt Auskunft über die Erfolgslage des Unternehmens. Die in der GuV ausgewiesenen Periodenerfolgsveränderungen stellen immer Eigenkapitalveränderungen dar. Der Jahresüberschuss oder Jahresfehlbetrag wird aus der Gewinn- und Verlustrechnung in die Bilanz übernommen. Die für die Jahresabschlussanalyse aufbereitete GuV wird als Strukturerfolgsrechnung bezeichnet. Sie korrespondiert mit den Aufbereitungsmaßnahmen zur Entwicklung der Strukturbilanz.

Für **Kapitalgesellschaften** ist grundsätzlich die **Staffelform als Gliederungsschema** der GuV vorgeschrieben (§ 275 Abs. 1 HGB). Einzelunternehmen und Personengesellschaften können bei der Aufstellung der GuV zwischen der Staffelform und der Kontoform wählen. Bei der Staffelform können sachlich zusammengehörige Aufwands- und Ertragspositionen zusammengefasst und jeweilige

Zwischensummen (z. B. Betriebsergebnis, Finanzergebnis, Ergebnis der gewöhnlichen Geschäftstätigkeit, außerordentliches Ergebnis) ausgewiesen werden.

Grundsätzlich kann man bei der Staffelform zwischen dem Gliederungsschema nach dem **Gesamtkostenverfahren** und dem **Umsatzkostenverfahren** wählen (§ 275 Abs. 1 HGB). Beide Verfahren sind erfolgsspaltungsorientiert aufgebaut und führen zum gleichen Ergebnis. Es handelt sich bei den zwei Verfahren lediglich um eine unterschiedliche Darstellung der Zusammensetzung des Betriebsergebnisses. Detaillierte Informationen dazu finden Sie im Kapitel 3.

Mithilfe der Strukturerfolgsrechnung können eine Erfolgsquellenanalyse (Betriebsergebnis, Finanzergebnis und außerordentliches Ergebnis) und die Analyse der Aufwands- und Ertragsstruktur durchgeführt werden.

Wie bereits beschrieben, wird die Strukturerfolgsrechnung aus der GuV entwickelt. Je nachdem, nach welchem Verfahren die GuV entwickelt wurde, ergeben sich unterschiedliche Vorteile für die Jahresabschlussanalyse:

Vorteile des Gesamtkostenverfahrens:

- Die GuV-Rechnung kann auf der Grundlage einer in **Kostenarten** eingeteilten Buchführung erstellt werden.
- Es lässt sich die **Gesamtleistung** des Unternehmens errechnen (Umsatz +/- Bestandsveränderung – andere aktivierte Eigenleistung).
- Es werden die **wesentlichen Aufwandsarten**, wie z. B. Materialaufwand und Personalaufwand als wichtige Bestimmungsgröße für die Ertragskraft gesondert ausgewiesen.
- Die **Abschreibungen** werden offen ausgewiesen, wodurch die Selbstfinanzierungskraft des Unternehmens deutlicher wird.

Vorteile des **Umsatzkostenverfahrens:**

- Das Umsatzkostenverfahren führt zu einem **aussagefähigeren Betriebsergebnis**, insbesondere für die kurzfristige (z. B. monatliche) Erfolgsrechnung.

- Bei einer entsprechenden Gliederung der **Aufwendungen** nach den **Produktarten** kann der Erfolgsbeitrag einzelner Produktarten aufgezeigt werden.
- Der Zusammenhang zwischen Kosten und Leistung des Unternehmens wird sichtbar.
- Es erfolgt eine „verursachungsgerechte" Zuordnung von Aufwendungen zu den Funktionsbereichen des Unternehmens.
- Die internationale Vergleichbarkeit von Gewinn- und Verlustrechnungen wird erleichtert.
- Das Umsatzkostenverfahren entspricht dem Kalkulationsschema des Unternehmens.
- Das Umsatzkostenverfahren ist gut geeignet für Industriebetriebe mit Serienfertigung.

Der ermittelte Gewinn ist bei beiden Verfahren identisch.

16.3.1 Aufbau des Gesamt- bzw. Umsatzkostenverfahrens

Die folgende Tabelle zeigt die handelsrechtliche Gliederung der GuV nach dem Gesamtkostenverfahren und dem Umsatzkostenverfahren sowie die Abweichungen in der Nummerierung und dem Inhalt einiger Positionen. Bei allen in der Tabelle mit (*) versehenen Posten handelt es sich um gesetzlich vorgeschriebene Gliederungserweiterungen gemäß § 277 Abs. 3 Satz 2 HGB bzw. § 277 Abs. 5 HGB, bei allen mit (**) versehenen Posten um vorgeschriebene Angaben, die wahlweise als Gliederungserweiterung, Vorspaltenvermerk oder im Anhang vorgenommen werden müssen (§ 277 Abs. 3 Satz 1 HGB bzw. § 277 Abs. 5 HGB). Alle in Klammer [ ] gesetzte Posten sind nach dem BilMoG nicht mehr aufzuführen und in der GuV nur noch dann auszuweisen, wenn es sich um Altbestände handelt, für die es eine Übergangsvorschrift gibt.

Die GuV setzt sich bei großen Kapitalgesellschaften und Personengesellschaften i. S. d. § 275 HGB aus den nachfolgend aufgeführten Posten zusammen:

Gesamtkostenverfahren	Umsatzkostenverfahren
1. Umsatzerlöse 2. Erhöhung/Verminderung des Bestands an fertigen und unfertigen Erzeugnissen 3. andere aktivierte Eigenleistungen 4. sonstige betriebliche Erträge a) [Erträge aus der Auflösung des Sonderpostens mit Rücklageanteil] (**) b) Erträge aus der Währungsumrechnung (*) 5. Materialaufwand a) für Roh-, Hilfs- und Betriebsstoffe und bezogene Waren b) für bezogene Leistungen 6. Personalaufwand a) Löhne und Gehälter b) Sozialabgaben u. Altersversorgungsaufwand 7. Abschreibungen a) auf immaterielle Vermögensgegenstände des Anlagevermögens und Sachanlagen sowie aktivierte Aufwendungen für die Ingangsetzung und Erweiterung des Geschäftsbetriebs b) auf Vermögensgegenstände des Umlaufvermögens, soweit diese die in der Kapitalgesellschaft üblichen Abschreibungen überschreiten c) außerplanmäßige Abschreibungen auf immaterielle Vermögensgegenstände des Anlagevermögens und Sachanlagen (**) 8. sonstige betriebliche Aufwendungen a) [Einstellungen in den Sonderposten mit Rücklageanteil] (**) b) Aufwendungen aus Währungsumrechnung (*)	1. Umsatzerlöse 2. Herstellungskosten der zur Erzielung der Umsatzerlöse erbrachten Leistungen 3. **= Bruttoergebnis vom Umsatz** 4. Vertriebskosten 5. allgemeine Verwaltungskosten 6. sonstige betriebliche Erträge a) [Erträge aus der Auflösung des Sonderpostens mit Rücklageanteil] (**) b) Erträge aus der Währungsumrechnung (*) 7. sonstige betriebliche Aufwendungen a) außerplanmäßige Abschreibungen auf immaterielle Vermögensgegenstände des Anlagevermögens und Sachanlagen (**) b) [Abschreibungen auf Vermögensgegenstände des Umlaufvermögens zur Vorwegnahme künftiger Wertschwankungen] (**) c) [Einstellungen in den Sonderposten mit Rücklageanteil] (**) d) Aufwendungen aus Währungsumrechnung (*)
= Betriebsergebnis	

9. Erträge aus Beteiligungen, davon aus verbundenen Unternehmen	8. Erträge aus Beteiligungen, davon aus verbundenen Unternehmen
10. Erträge aus anderen Wertpapieren und Ausleihungen des Finanzanlagevermögens, davon aus verbundenen Unternehmen	9. Erträge aus anderen Wertpapieren und Ausleihungen des Finanzanlagevermögens, davon aus verbundenen Unternehmen
a) Erträge aus Gewinngemeinschaften, Gewinnabführungs- und Teilgewinnabführungsverträgen (*)	a) Erträge aus Gewinngemeinschaften, Gewinnabführungs- und Teilgewinnabführungsverträgen (*)
b) Erträge aus Verlustübernahme (*)	b) Erträge aus Verlustübernahme (*)
11. sonstige Zinsen und ähnliche Erträge, davon aus verbundenen Unternehmen	10. sonstige Zinsen und ähnliche Erträge, davon aus verbundenen Unternehmen
a) Erträge aus der Abzinsung (*)	a) Erträge aus der Abzinsung (*)
12. Abschreibungen auf Finanzanlagen und auf Wertpapiere des Umlaufvermögens	11. Abschreibungen auf Finanzanlagen und auf Wertpapiere des Umlaufvermögens
a) Abschreibungen auf Finanzanlagen (*)	a) Abschreibungen auf Finanzanlagen (*)
b) [Abschreibungen auf Wertpapiere des Umlaufvermögens zur Vorwegnahme künftiger Wertschwankungen] (**)	b) [Abschreibungen auf Wertpapiere des Umlaufvermögens zur Vorwegnahme künftiger Wertschwankungen] (**)
c) Aufgrund einer Gewinngemeinschaft, eines Gewinnabführungs- und Teilgewinnabführungsvertrages abgeführten Gewinn (*)	c) Aufgrund einer Gewinngemeinschaft, eines Gewinnabführungs- und Teilgewinnabführungsvertrages abgeführten Gewinn (*)
d) Aufwendungen aus Verlustübernahmen (*)	d) Aufwendungen aus Verlustübernahmen (*)
13. Zinsen und ähnliche Aufwendungen, davon aus verbundenen Unternehmen	12. Zinsen und ähnliche Aufwendungen, davon aus verbundenen Unternehmen
a) Aufwendungen aus der Abzinsung	a) Aufwendungen aus der Abzinsung
= **Finanzergebnis**	
14. = Ergebnis der gewöhnlichen Geschäftstätigkeit (Betriebs- + Finanzergebnis)	**13. = Ergebnis der gewöhnlichen Geschäftstätigkeit (Betriebs- + Finanzergebnis)**
15. außerordentliche Erträge	14. außerordentliche Erträge
16. außerordentliche Aufwendungen	15. außerordentliche Aufwendungen
17. = außerordentliches Ergebnis	**16. = außerordentliches Ergebnis**

18. Steuern vom Einkommen und Ertrag a) latente Steueraufwendungen b) latente Steuererträge 19. sonstige Steuern	17. Steuern vom Einkommen und Ertrag a) latente Steueraufwendungen b) latente Steuererträge 18. sonstige Steuern
20. = Jahresüberschuss/Jahresfehlbetrag	**19. = Jahresüberschuss/Jahresfehlbetrag**
21. Gewinnvortrag/Verlustvortrag aus dem Vorjahr 22. Entnahmen aus Kapitalrücklage a) Einstellung in die Kapitalrücklage nach den Vorschriften über die vereinfachte Kapitalherabsetzung (*) 23. Entnahmen aus den Gewinnrücklagen a) aus der gesetzlichen Rücklage b) aus der Rücklage für eigene Aktien c) aus satzungsmäßigen Rücklagen d) aus anderen Gewinnrücklagen e) Ertrag aus der Kapitalherabsetzung 24. Einstellung in Gewinnrücklagen a) in gesetzliche Rücklage b) in Rücklage für eigene Aktien c) in satzungsmäßigen Rücklagen d) in andere Gewinnrücklagen	20. Gewinnvortrag/Verlustvortrag aus dem Vorjahr 21. Entnahmen aus Kapitalrücklage a) Einstellung in die Kapitalrücklage nach den Vorschriften über die vereinfachte Kapitalherabsetzung (*) 22. Entnahmen aus den Gewinnrücklagen a) aus der gesetzlichen Rücklage b) aus der Rücklage für eigene Aktien c) aus satzungsmäßigen Rücklagen d) aus anderen Gewinnrücklagen e) Ertrag aus der Kapitalherabsetzung 23. Einstellung in Gewinnrücklagen a) in gesetzliche Rücklage b) in Rücklage für eigene Aktien c) in satzungsmäßigen Rücklagen d) in andere Gewinnrücklagen
25. Bilanzgewinn/Bilanzverlust	**24. Bilanzgewinn/Bilanzverlust**

Tab. 68: GuV-Gliederungsschema nach Gesamt- und Umsatzkostenverfahrens[234]

Im Rahmen der Erfolgsspaltung wird der Jahresüberschuss vor Steuern in:

- Betriebsergebnis,
- Finanzergebnis und
- außerordentliches Ergebnis

untergliedert.

[234] Coenenberg A. G. et al: Jahresabschluss und -analyse, 2009, S. 512 ff.

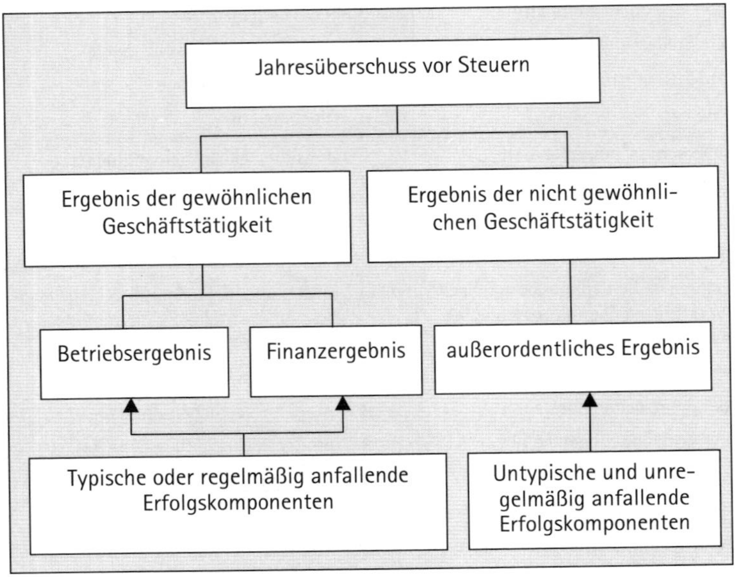

Abb. 32: Betriebswirtschaftliche Erfolgsspaltung[235]

Es ist ein wesentliches Ziel der Aufbereitung der Gewinn- und Verlustrechnung, das (ordentliche) Betriebsergebnis zu ermitteln. Das Betriebsergebnis beinhaltet die regelmäßigen Erfolgskomponenten, die auf die eigentliche Betriebstätigkeit zurückzuführen und unter konstanten Bedingungen auch zukünftig zu erwarten sind. Mittels der Erfolgsspaltung wird der Jahresüberschuss vor Steuern in seine Teilelemente aufgespaltet, um die Erfolgsquellen herauszustellen.
Die Vorgehensweise bei der Ermittlung der verschiedenen Erfolgsarten (ordentliches Betriebsergebnis, Finanzergebnis und außerordentliches Ergebnis) wird in den drei folgenden Kapiteln am Beispiel der Deutz AG dargestellt.

16.3.2 Ermittlung des ordentlichen Betriebsergebnisses

Wie bereits beschrieben, kann das ordentliche Betriebsergebnis zum einen nach dem Umsatzkostenverfahren und zum andern nach dem Gesamtkostenverfahren ermittelt werden.

[235] Baetge et al.: Bilanzen, 2009, S. 574.

Wird das **Umsatzkostenverfahren** angewendet, errechnet sich das **ordentliche Betriebsergebnis** folgendermaßen:[236]

Bezeichnung der Posten		GuV-Posten gem. § 275 Abs. 3 HGB
	Umsatzerlöse	1
-	Herstellungskosten der zur Erzielung der Umsatzerlöse erbrachten Leistungen	2
=	**Bruttoergebnis vom Umsatz**	**3**
-	Vertriebskosten	4
-	allgemeine Verwaltungskosten	5
+	sonstige betriebliche Erträge (soweit nicht dem außerordentlichen Ergebnis zuzurechnen)	6
-	sonstige betriebliche Aufwendungen (soweit nicht dem außerordentlichen Ergebnis zuzurechnen)	7
-	sonstige Steuern	19
=	**ordentliches Betriebsergebnis**	

Tab. 69: Berechnung ordentliches Betriebsergebnis nach Umsatzkostenverfahren

Wird das **Gesamtkostenverfahren** angewendet, errechnet sich das ordentliche Betriebsergebnis folgendermaßen:[237]

Bezeichnung der Posten		GuV-Posten gem. § 275 Abs. 2 HGB
	Umsatzerlöse	1
+/-	Bestandserhöhung/Bestandsverminderung an fertigen und unfertigen Erzeugnissen	2
+	andere aktivierte Eigenleistungen	3
=	**Gesamtleistung**	
+	sonstige betriebliche Erträge (soweit nicht dem außerordentlichen Ergebnis zuzurechnen)	4
-	Aufwendungen für Roh- Hilfs- und Betriebsstoffe und für bezogene Waren	5a
-	Aufwendungen für bezogene Leistungen	5b
-	Löhne und Gehälter	6a
-	soziale Abgaben u. Aufwendungen für die Altersversorgung u. für Unterstützung, davon für Altersversorgung	6b

[236] In Anlehnung an: Coenenberg et al: Jahresabschluss- und -analyse, 21. Auflage, 2009, S. 1107 und Schierenbeck/Wöhle: Grundzüge der Betriebswirtschaftslehre, 17. Auflage, 2009, S. 769.

[237] In Anlehnung an: Coenenberg et al: Jahresabschluss- und -analyse, 21. Auflage, 2009, S. 1106 und Schierenbeck/Wöhle: Grundzüge der Betriebswirtschaftslehre, 17. Auflage, 2009, S. 770.

-	Abschreibungen auf immaterielle Vermögensgegenstände des Anlagevermögens und Sachanlagen	7a
-	sonstige betriebliche Aufwendungen (soweit nicht dem außerordentlichen Ergebnis zuzurechnen)	8
-	sonstige Steuern	19
=	**ordentliches Betriebsergebnis**	

Tab. 70: Berechnung ordentliches Betriebsergebnis nach Gesamtkostenverfahren

Ermittlung des ordentlichen Betriebsergebnisses der Deutz AG

Die Deutz AG erstellte die GuV-Rechnung nach dem Gesamtkostenverfahren.

Ordentliches Betriebsergebnis der Deutz AG					
	Bezeichnung der Posten (Mio. €)	**2009**	**2008**	**2007**	**2006**
	Umsatzerlöse	795,50	1.417,00	1.443,10	1.103,00
+/-	Bestandserhöhung/Bestandsminderung an fertigen und unfertigen Erzeugnissen	- 18,50	- 0,10	13,10	9,10
+	andere aktivierte Eigenleistung	0,60	0,70	0,40	0,20
=	**(a) Gesamtleistung**	**777,60**	**1.417,60**	**1.456,60**	**1.112,30**
	sonstige betriebliche Erträge	100,70	87,20	78,90	74,20
-	Betrieblich-außerordentliche und periodenfremde Erträge - Auflösungen von sonstigen Rückstellungen - Auflösung von Wertberichtigungen	- 26,00	- 10,90	- 24,30	- 15,20
=	**(b) korrigierte sonstige betriebl. Erträge**	**74,70**	**76,30**	**54,60**	**59,00**
	Materialaufwand + Aufwendungen für Roh-, Hilfs- und Betriebsstoffe und für bezogene Waren + Aufwendungen für bezogene Leistungen	611,00	1.063,80	1.043,20	771,20
+	Personalaufwand + Löhne und Gehälter + soziale Abgaben und Aufwendungen für Altersversorgung und Unterstützung + Aufwendung für Altersversorgung	212,30	239,00	237,00	211,40
+	Abschreibungen + Aufwendungen für die Erweiterung des Geschäftsbetriebes + Immaterielle Vermögensgegenstände des Anlagevermögens + Sachanlagen	54,20	61,80	63,50	56,00
-	Abschreibungen für Ingangsetzung und Erweiterung	-10,38	- 10,38	- 10,38	- 10,38
+	sonstige betriebliche Aufwendungen	98,90	139,50	138,60	20,90
+	sonstige Steuern	1,10	0,80	0,60	0,70
=	**(c) Betriebsaufwand**	**967,12**	**1.494,52**	**1.472,52**	**1.149,82**
	a + b - c = ordentliches Betriebsergebnis	**- 114,82**	**- 0,62**	**38,68**	**21,48**

Tab. 71: Ordentliches Betriebsergebnis der Deutz AG

16.3.3 Ermittlung des Finanzergebnisses

Das Finanzergebnis resultiert aus Kapitalanlagen, Beteiligungen und aus Finanzierungsvorgängen. Es setzt sich i. d. R. aus folgenden Komponenten zusammen:

- Ertragskomponenten des Finanzergebnisses:[238]
  - Erträge aus Gewinngemeinschaften und Gewinnabführungsverträgen.
  - Laufende Erträge aus Beteiligungen, wie z. B. Dividenden, Gewinnanteile an Personengesellschaften und Erträge aus Beherrschungsverträgen. Einmalige Erträge aus dem Verkauf von Beteiligungen werden unter „sonstige betriebliche Erträge“ oder, soweit sie der Höhe nach ungewöhnlich sind, im „außerordentlichen Ergebnis“ ausgewiesen.
  - Erträge aus anderen Wertpapieren, z. B. Wertpapiere des Anlagevermögens und aus langfristigen Ausleihungen.
  - Sonstige Zinsen und ähnliche Erträge: Zinsen für Einlagen bei Kreditinstituten, Wechselforderungen, Zinsen und Dividenden aus Wertpapieren.
- Aufwandskomponenten des Finanzergebnisses:[239]
  - Zinsen und ähnliche Aufwendungen,
  - Aufwendungen aus Verlustübernahmen.

Das Finanzergebnis können Sie nach folgendem Schema ermitteln:

	Bezeichnung der Posten (Mio. €)	**Posten gem.**	
		GKV	**UKV**
	Erträge aus Beteiligungen, davon aus verbundenen Unternehmen	9	8
+	Erträge aus anderen Wertpapieren und Ausleihungen des Finanzanlagevermögens, davon aus verbundenen Unternehmen	10	9
+	sonstige Zinsen und ähnliche Erträge, davon aus verbundenen Unternehmen	11	10
-	Abschreibungen auf Finanzanlagen und auf Wertpapiere des Umlaufvermögens	12	11
-	Zinsen und ähnliche Aufwendungen, davon aus verbundenen Unternehmen	13	12
=	**Finanzergebnis (ordentliches betriebsfremdes Ergebnis)**		

Tab. 72: Schema zur Ermittlung des Finanzergebnisses

Ermittlung des Finanzergebnisses bei der Deutz AG

Da die Deutz AG ihre GuV nach dem Gesamtkostenverfahren erstellt, wird das Finanzergebnis folgendermaßen ermittelt:

---

[238] Endriss H. W.: Bilanzbuchhalter-Handbuch, 2009, 680 f.

[239] Endriss H. W.: Bilanzbuchhalter-Handbuch, 2009, 681.

Finanzergebnis der Deutz AG					
	Bezeichnung der Posten (Mio. €)	**2009**	**2008**	**2007**	**2006**
	Erträge aus Gewinnabführungsverträgen	1,59	1,57	1,49	1,34
+	Erträge aus Beteiligungen von verbundenen Unternehmen	4,56	11,88	11,06	8,40
+	Erträge aus Beteiligungen von übrigen Unternehmen	1,00	0,97	0,82	0,29
+	Erträge aus anderen Wertpapieren und Ausleihungen des Finanzanlagevermögens	1,84	1,85	1,85	1,85
+	sonstige Zinsen und ähnliche Erträge	14,40	24,27	12,91	4,98
-	sonstige Zinsen und ähnliche Aufwendungen	23,10	34,16	28,99	23,19
=	**Finanzergebnis**	**0,29**	**6,38**	**- 0,86**	**- 6,33**

Tab. 73: Finanzergebnis der Deutz AG

16.3.4 Ermittlung des außerordentlichen Ergebnisses

Dem außerordentlichen Ergebnis werden Tatbestände zugeordnet, die einmalig oder selten sind. Dazu gehören z. B. finanzielle Zuschüsse ohne Gegenleistung, Gewinne oder Verluste aus außergewöhnlichen Schadensfällen und Verluste aus der Stilllegung von Betriebsteilen. In der Praxis resultieren die wesentlichen Bestandteile des außerordentlichen Ergebnisses meist daraus, dass stille Reserven oder stillen Lasten beim Verkauf von Vermögenswerten aufgedeckt werden.[240]

Das außerordentliche Ergebnis kann nach folgendem Schema ermittelt werden:

	Bezeichnung der Posten	**Posten gem.**	
		GKV	**UKV**
	sonstige betriebliche Erträge (soweit nicht dem ordentlichen Betriebsergebnis zuzurechnen)	4	6
-	Abschreibungen auf Vermögensgegenstände des Umlaufvermögens, soweit diese die in der Kapitalgesellschaft üblichen Abschreibungen überschreiten	7b	fehlt
-	außerplanmäßige Abschreibungen auf immaterielle Vermögensgegenstände des Anlagevermögens und Sachanlagen	7c	7a
-	sonstige betriebliche Aufwendungen (soweit nicht dem ordentlichen Betriebsergebnis zuzurechnen)	8	7
+	außerordentliche Erträge	15	14
-	außerordentliche Aufwendungen	16	15
=	**außerordentliches Ergebnis**		

Tab. 74: Schema zur Ermittlung des außerordentlichen Ergebnisses

[240] Coenenberg A.G. et al.: Jahresabschluss und -analyse, 2009, S. 1111.

Ermittlung des außerordentlichen Ergebnisses der Deutz AG

Bei der Deutz AG lässt sich folgendes außerordentliches Ergebnis ermitteln:

Außerordentliches Ergebnis der Deutz AG					
	Bezeichnung der Posten (Mio. €)	2009	2008	2007	2006
	außerordentliche Erträge	0	0	119,52	12,00
+	ungewöhnliche Erträge + Auflösung von Steuerrückstellungen	0	4,20	0	0
+	sonstige außerordentliche Erträge	26,00	10,90	24,30	15,20
=	außerordentliche Erträge	26,00	15,10	143,82	27,20
-	außerordentliche Aufwendungen	- 25,87	- 17,83	0	0
=	**außerordentliches Ergebnis**	**0,13**	**- 2,73**	**143,82**	**27,20**

Tab. 75: Außerordentliches Ergebnis der Deutz AG

Wie bereits erläutert, setzt sich das Gesamtergebnis vor Steuern aus den drei Komponenten Betriebs-, Finanz- und außerordentliches Ergebnis zusammen:

Ermittlung des Jahresüberschusses/-fehlbetrags	
	Betriebsergebnis
+/-	Finanzergebnis
+/-	außerordentliches Ergebnis
=	**Gesamtergebnis vor Steuern**
-	Steuern vom Einkommen und Ertrag
=	**Jahresüberschuss/-fehlbetrag**

Tab. 76: Ermittlung des Gesamtergebnisses vor Steuern

Ermittlung des Jahresüberschusses/-fehlbetrags der Deutz AG

Folgender Jahresüberschuss konnte bei der Deutz AG ermittelt werden:

Jahresüberschuss/-fehlbetrag der Deutz AG					
	Bezeichnung der Posten (Mio. €)	2009	2008	2007	2006
	Betriebsergebnis	- 114,82	- 0,62	38,68	21,48
+/-	Finanzergebnis	0,29	6,38	- 0,86	- 6,33
+/-	außerordentliches Ergebnis	0,13	- 2,73	143,82	27,20
=	**Gesamtergebnis vor Steuern**	**- 114,40**	**3,03**	**181,64**	**42,35**
-	Steuern vom Einkommen und Ertrag[241]	- 7,30	+ 4,20	- 18,00	- 2,20
=	**Jahresüberschuss/-fehlbetrag**	**- 121,70**	**7,23**	**163,64**	**40,15**

Tab. 77: Jahresüberschuss/-fehlbetrag der Deutz AG

[241] Im Geschäftsjahr 2008 sind aufgrund von Auflösungen von Steuerrückstellungen für die Vorjahre Erträge in Höhe von 4, 2 Mio. € entstanden.

16.4 Berechnung von Grunddaten für die Jahresabschlussanalyse

Die Strukturbilanz (Kapitel 17.2) und die Strukturerfolgsrechnung (Kapitel 17.3) wurden für die Jahresabschlussanalyse schon erstellt. Daraus können wichtige Grunddaten abgelesen werden, wie z. B.:

- bilanzanalytisches Anlagevermögen,
- bilanzanalytisches Umlaufvermögen,
- bilanzanalytisches Eigenkapital,
- bilanzanalytisches Fremdkapital
  - langfristiges Fremdkapital
  - mittelfristiges Fremdkapital
  - langfristiges Fremdkapital
- Gesamtkapital = Strukturbilanzsumme

Für die Kennzahlenanalyse ist es hilfreich, wenn im Vorfeld weitere Grunddaten berechnet werden. Welche Posten häufig für die Kennzahlenanalyse benötigt werden und wie man sie ermittelt, sehen Sie in den folgenden Abschnitten.

Kurzfristige Forderungen

Die kurzfristigen Forderungen umfassen alle Forderungen, die eine Restlaufzeit von maximal einem Jahr haben. Dazu können die folgenden Positionen gehören:

- Forderungen aus Lieferungen und Leistungen,
- Forderungen gegenüber verbundenen Unternehmen,
- Forderungen gegenüber Unternehmen mit denen ein Beteiligungsverhältnis besteht und
- sonstige Vermögensgegenstände.

Kurzfristige Forderungen der Deutz AG

Durch die Addition der entsprechenden Positionen erhält man, wie die folgende Tabelle zeigt, die gesamten kurzfristigen Forderungen der Deutz AG.

Kurzfristige Forderungen der Deutz AG				
	Restlaufzeit bis zu einem Jahr (Mio. €)	2009	2008	2007
	Forderungen aus Lieferungen und Leistungen	80,39	74,49	125,34
+	Forderungen geg. verbundenen. Unternehmen	48,26	92,64	82,60
+	Forderungen gegen Unternehmen mit denen ein Beteiligungsverhältnis besteht	7,90	11,88	3,60
+	sonstige Vermögensgegenstände	19,65	37,04	54,45
=	**kurzfristige Forderungen**	**156,20**	**216,05**	**265,99**

Tab. 78: Kurzfristige Forderungen der Deutz AG

Die kurzfristigen Forderungen konnten von der Deutz AG jedes Jahr kontinuierlich reduziert werden. Dies wurde durch ein konsequentes Working Capital Management erreicht.

Finanzschulden

Unter Finanzschulden versteht man den verzinslichen Anteil des Fremdkapitals. Das verzinsliche Fremdkapital kann wie folgt berechnet werden:[242]

Berechnung des verzinslichen Fremdkapitals	
	Anleihen
+	Verbindlichkeiten gegenüber Kreditinstituten
+	Akzeptverbindlichkeiten
+	in den restlichen Schulden enthaltene verzinsliche Anteile (gewöhnlich ohne Pensionsrückstellungen)
=	**Finanzschulden (verzinsliche Anteile des Fremdkapitals)**
-	flüssige Mittel (Kasse, Bankguthaben etc.)
-	Wertpapiere des Umlaufvermögens
=	**Netto-Finanzschulden**

Tab. 79: Berechnung des verzinslichen Fremdkapitals

Finanzschulden der Deutz AG

Die Finanzschulden der Deutz AG setzen sich wie folgt zusammen:

[242] Vgl. Coenenberg A.G et al.: Jahresabschluss und -analyse, 2009, S. 1069.

Finanzschulden der Deutz AG				
	(Mio. €)	**2009**	**2008**	**2007**
	Wandelschuldverschreibung	0	0	2,85
+	Anleihe	203,23	203,23	203,23
+	Verbindlichkeiten gegenüber Kreditinstituten	0,03	0,42	1,96
+	Akzeptverbindlichkeiten	0	0	0
=	**Finanzschulden**	**203,26**	**203,65**	**208,04**
-	flüssige Mittel	210,50	200,20	298,10
-	Wertpapiere des UV	0	0	0
=	**Netto-Finanzschulden**	**- 7,24**	**3,45**	**- 90,06**

Tab. 80: Finanzschulden der Deutz AG

Unverzinsliches Fremdkapital

Dies ist der im Gegensatz zu den Finanzschulden nicht zinstragende Anteil am Fremdkapital. Für das unverzinsliche Fremdkapital muss das Unternehmen keine Zinsen bezahlen, es steht dem Unternehmen quasi kostenlos zur Verfügung.

Unverzinsliches Fremdkapital der Deutz AG

Nachfolgend sehen Sie das unverzinsliche und das kurzfristige unverzinsliche Fremdkapital der Deutz AG.

Unverzinsliches Fremdkapital der Deutz AG				
	(Mio. €)	**2009**	**2008**	**2007**
	Sonderposten mit Rücklageanteil	0	0	0
+	Verbindlichkeiten aus Lieferungen und Leistungen	115,64	117,37	170,04
+	sonstige kurzfristige Verbindlichkeiten	47,93	31,66	37,67
+	Rückstellungen	257,71	278,61	320,88
+	erhaltene Anzahlungen	1,34	1,25	1,97
+	passive RAP	0,70	0	0
+	Dividendenausschüttungen	0	0	48,04
=	**unverzinsliches Fremdkapital**	**423,32**	**428,89**	**578,60**

Tab. 81: Unverzinsliches Fremdkapital der Deutz AG

Die Informationen für das kurzfristige unverzinsliche Fremdkapital können dem Anlagenspiegel entnommen werden.

Kurzfristiges unverzinsliches Fremdkapital der Deutz AG				
	(Mio. €)	2009	2008	2007
+	Verbindlichkeiten aus Lieferungen und Leistungen	115,64	117,37	170,04
+	sonstige kurzfristigen Verbindlichkeiten	47,93	31,66	37,67
+	erhaltene Anzahlungen	0	0	0
+	sonstige Rückstellungen	103,91	124,24	153,98
+	Steuerrückstellungen	6,56	1,94	6,83
+	passive Rechnungsabgrenzungsposten	0,70	0	0
+	Dividendenausschüttungen	0	0	48,04
=	**kurzfristiges unverzinsliches Fremdkapital**	**274,74**	**275,21**	**416,56**

Tab. 82: Kurzfristiges unverzinsliches Fremdkapital der Deutz AG

Effektivverschuldung

Die Effektivverschuldung ist eine Kennzahl der bestandsorientierten Liquiditätsanalyse, die in der Literatur nicht einheitlich definiert ist. Sie berechnet sich, indem das kurzfristige monetäre Vermögen vom Fremdkapital subtrahiert wird. Somit gibt sie an, wie hoch die Verschuldung des Unternehmens ist, falls alle Schulden durch kurzfristige Vermögensgegenstände getilgt würden. Die Effektivverschuldung wird gemäß Baetge nach dem Schema berechnet,[243] das im Folgenden für die Deutz AG angewendet wird.

Effektivverschuldung der Deutz AG

Die Effektivverschuldung der Deutz AG sieht folgendermaßen aus:

Effektivverschuldung der Deutz AG				
	(Mio. €)	2009	2008	2007
	Verbindlichkeiten	374,03	358,61	419,66
+	Rückstellungen	257,71	278,61	320,88
-	Wertpapiere des Umlaufvermögens	0	0	0
-	Kassenbestand, Guthaben bei Kreditinstituten, Schecks	210,50	200,20	298,10
=	**Effektivverschuldung**	**421,24**	**437,02**	**442,44**

Tab. 83: Effektivverschuldung der Deutz AG

Eine so ermittelte Verschuldung weist die um die liquiden Vermögensteile bereinigte offene Schuldenlast des Unternehmens aus.[244]

---

[243] Baetge et al: Bilanzanalyse, 2004, S. 275.

[244] Coenenberg, A. G.: Jahresabschluss und -analyse, 2005, S. 1008.

Capital Employed

Die Kapitalgröße „Capital Employed“ spielt bei der Ermittlung von wertorientierten Rentabilitätskennzahlen eine wichtige Rolle. Sie stellt das zu Betriebszwecken eingesetzte Kapital dar. Das Capital Employed, auch gebundenes Kapital genannt, wird von der Passivseite der Bilanz her entwickelt und setzt sich zusammen aus den jeweiligen Durchschnittswerten ([Anfangs- + Endbestand] : 2) des Eigenkapitals, den Finanzschulden und den Pensionsrückstellungen.

Capital Employed	
	durchschnittliches Eigenkapital
+	durchschnittliche Pensionsrückstellungen
+	durchschnittliche Finanzschulden
=	**Capital Employed (gebundenes Kapital)**

Tab. 84: Berechnung Capital Employed

Capital Employed der Deutz AG

Das Capital Employed der Deutz AG berechnet sich folgendermaßen:

Capital Employed der Deutz AG				
	(Mio. €)	**2009**	**2008**	**2007**
	durchschnittliches Eigenkapital	370,43	428,46	358,44
+	durchschnittliche Pensionsrückstellungen	149,84	156,25	193,62
+	durchschnittliche Finanzschulden	203,46	205,85	130,05
=	**Capital Employed**	**723,72**	**790,56**	**682,10**

Tab. 85: Capital Employed der Deutz AG

Net Assets (gebundenes Vermögen)

Wird das gebundene Kapital über die Positionen der Aktivseite der Bilanz ermittelt, so spricht man vom Net Assets. Vom Vermögen wird das unverzinsliche Fremdkapital abgezogen. Die „Net Assets“ werden wie folgt errechnet:

Net Assets	
	durchschnittliches Umlaufvermögen
-	durchschnittliches unverzinsliches kurzfristiges Fremdkapital
=	**durchschnittliches Netto-Umlaufvermögen**
+	durchschnittliches Anlagevermögen
=	**Net Assets (gebundenes Vermögen)**

Tab. 86: Berechnung Net Assets

Net Assets der Deutz AG

Ebenso wie das Capital Employed haben sich auch die Net Assets der Deutz AG von 2008 auf 2009 verringert:

Net Assets der Deutz AG				
	(Mio. €)	2009	2008	2007
	durchschnittliches Umlaufvermögen	522,30	654,12	552,22
-	durchschn. unverz. kurzfr. Fremdkapital	274,98	345,89	339,53
=	**durchschn. Netto-Umlaufvermögen**	**247,33**	**308,23**	**212,17**
+	durchschnittliches Anlagevermögen	484,25	488,90	494,50
=	**Net Assets**	**731,58**	**797,13**	**706,67**

Tab. 87: Net Assets der Deutz AG

Ermittlung des betriebsnotwendigen Vermögens

Bei der Ermittlung des betriebsnotwendigen Vermögens müssen die Vermögensteile getrennt werden, die einerseits dem eigentlichen Betriebszweck, andererseits finanziellen Zwecken dienen. Die Differenz zwischen Gesamtvermögen und Finanzvermögen entspricht dem betriebsnotwendigen Vermögen. Bereinigt man das betriebsnotwendige Vermögen um die Verbindlichkeiten aus Lieferungen und Leistungen sowie die erhaltenen Anzahlungen, erhält man das betriebsnotwendige Kapital. Zur Ermittlung des betriebsnotwendigen Vermögens wird folgendes Schema verwendet:[245]

Betriebsnotwendiges Vermögen der Deutz AG					
	(Mio. €)	2009	2008	2007	2006
	Gesamtvermögen (Strukturbilanzsumme)	943,36	1.069,75	1.216,19	876,29
-	Finanzanlagevermögen	187,60	181,90	181,90	164,60
-	Wertpapiere des Umlaufvermögens	0	0	0	0
-	eigene Anteile	0	0	0	1,00
-	sonstige Vermögensgegenstände	19,65	37,04	54,45	47,91
=	**Betriebsnotwendiges Vermögen**	**736,11**	**850,81**	**979,84**	**662,78**

Tab. 88: Betriebsnotwendiges Vermögen der Deutz AG

Ermittlung der Nettoinvestitionen des Sachanlagevermögens

Bei der Ermittlung der Nettoinvestitionen des Sachanlagevermögens werden von den im Anlagenspiegel ausgewiesenen Zugängen von Sachanlagen des Ge-

[245] Vgl. Zdrowomyslaw, 2001, S. 704; Küting/Weber, 2001, S. 305.

schäftsjahres die zu Restbuchwerten bewerteten Abgänge des Geschäftsjahres abgezogen.[246] Die Nettoinvestitionen des Sachanlagevermögens werden wie folgt ermittelt:

Nettoinvestitionen des Sachanlagevermögens
Zugänge von Sachanlagen des Geschäftsjahres (laut Anlagenspiegel)
- Abgänge zu Restbuchwerten
= **Nettoinvestitionen des Sachanlagevermögens**

Tab. 89: Berechnung Nettoinvestitionen des Sachanlagevermögens

Da die Restbuchwerte der Abgänge des Sachanlagevermögens im Anlagenspiegel nicht explizit ausgewiesen sind, können diese zunächst nach folgendem Berechnungsschema ermittelt werden:

Ermittlung Sachanlagenabgänge zu Restbuchwerten der Deutz AG				
	(Mio. €)	**2009**	**2008**	**2007**
	Bilanzanfangsbestand zu Restbuchwerten (Restbuchwert Vorjahr im Anlagenspiegel)	279,44	280,07	303,73
+	Zugänge des Geschäftsjahres	36,32	42,44	56,38
+	Umbuchungen in das Sachanlagevermögen	0	0	0
+	Zuschreibungen des Geschäftsjahres	0	0	0
-	Abschreibungen des Geschäftsjahres	35,34	40,68	45,02
-	Umbuchungen aus dem Sachanlagevermögen	0,33	0,41	0,25
-	Bilanzbestand zu Restbuchwerten (Restbuchwert 31.12 im Anlagenspiegel)	276,42	279,44	280,07
-	Investitionszuwendungen	2,01	0,84	1,50
=	**Abgänge zu Restbuchwerten**	**1,66**	**1,14**	**33,27**

Tab. 90: Sachanlagenabgänge zu Restbuchwerten der Deutz AG

Nettoinvestitionen des Sachanlagevermögens der Deutz AG				
	(Mio. €)	**2009**	**2008**	**2007**
	Zugänge von Sachanlagen des Geschäftsjahres (laut Anlagenspiegel)	36,32	42,44	56,38
-	Abgänge zu Restbuchwerten	1,66	1,14	33,27
=	**Nettoinvestitionen des Sachanlagevermögens**	**34,66**	**41,30**	**23,11**

Tab. 91: Nettoinvestitionen des Sachanlagevermögens der Deutz AG

[246] Vgl. Coenenberg A.G. et al.: Jahresabschluss und -analyse, 2009, S. 1031.

17 Finanzwirtschaftliche Jahresabschlussanalyse

Während die Strukturbilanz lediglich die bestehenden Daten umordnet, liefern Ihnen die Kennzahlen differenzierte Auswertungsmöglichkeiten über die Lage und die Entwicklung des Unternehmens. Sie bilden den Kern der Jahresabschlussanalyse. Mithilfe der finanzwirtschaftlichen Analyse wird die finanzielle Lage des Unternehmens untersucht. Grundsätzlich unterscheidet man bei der finanzwirtschaftlichen Jahresabschlussanalyse zwischen der vertikalen und horizontalen Bilanzstrukturanalyse.

Ziel der finanzwirtschaftlichen Untersuchungen des Jahresabschlusses ist es, Erkenntnisse über die **Kapitalverwendung** (Vermögens- und Investitionsanalyse) und über die **Kapitalaufbringung** (Finanzierungs- und Liquiditätsanalyse) zu gewinnen.

Das folgende Schaubild zeigt Ihnen die drei Arten der finanzwirtschaftlichen Jahresabschlussanalyse:

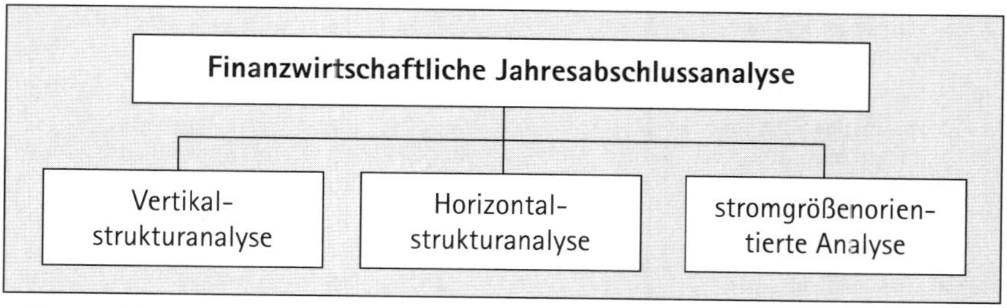

Abb. 33: Übersicht finanzwirtschaftliche Jahresabschlussanalyse

17.1 Vertikalstrukturanalyse

Die Analyse der Vertikalstruktur einer Bilanz umfasst die Vermögensstruktur auf der Aktivseite sowie die Kapitalstruktur auf der Passivseite. Es werden dabei, wie die Bezeichnung „vertikal" schon vermuten lässt, jeweils nur Bilanzpositionen einer Spalte zur Interpretation in ein Verhältnis gesetzt.[247] Die folgenden Kennzahlen können bei der vertikalen Strukturanalyse ermittelt werden:

Abb. 34: Vertikale Strukturanalyse

[247] Vgl. Wöltje, J.: Betriebswirtschaftliche Formelsammlung, 2011, S. 180 ff.

17.1.1 Analyse der Kapitalstruktur - Eigenkapital

Die Passivseite der Bilanz setzt sich aus dem Eigenkapital und dem Fremdkapital zusammen. Das Eigenkapital ist eine Sicherheit für das Fremdkapital, falls ein Unternehmen Verlust ausweist. Das Fremdkapital stellt eine Finanzierungsmöglichkeit dar, die dem Unternehmen i. d. R. nur für kürzere Zeit zur Verfügung gestellt wird.[248] Eine Analyse der Kapitalstruktur soll über die Zusammensetzung des Kapitals nach Art, Sicherheit und Fristigkeit Aufschluss geben, mit dem Ziel, die Finanzierungsrisiken abschätzen zu können.[249]

Das Eigenkapital kann seine Haftungsfunktion unter dem Gesichtspunkt der Verlustabsorptionsfähigkeit nur erfüllen, solange es nicht durch Verluste aufgezehrt wird oder an die Anteilseigner ausgeschüttet wird. Daher interessiert im Rahmen der Eigenkapitalstrukturanalyse vor allem die Zusammensetzung des Eigenkapitals.

Eigenkapitalquote (Equity Ratio)

Mit der Eigenkapitalquote kann die Finanzlage eines Unternehmens analysiert werden. Die Eigenkapitalquote zeigt Ihnen, wie hoch der Anteil des Eigenkapitals am Gesamtkapital ist, und trifft eine Aussage über die Dispositionsfreiheit des Unternehmens und die Kapitalreserven in schlechteren Zeiten. Mithilfe der Eigenkapitalquote lassen sich die finanzielle Stabilität, die Kreditwürdigkeit und die Unabhängigkeit des Unternehmens beurteilen. Das Eigenkapital steht dem Unternehmen langfristig zur Verfügung, denn es ist das Beteiligungskapital der Eigentümer. Die Eigenkapitalquote wird gemäß folgender Formel berechnet:

$$\text{Eigenkapitalquote} = \frac{\text{Eigenkapital}}{\text{Gesamtkapital}} \times 100$$

Je höher die Eigenkapitalquote ist, desto besser fällt in der Regel das Rating der Banken aus. Damit lassen sich bei Kreditgesprächen günstigere Kreditkonditionen aushandeln. Außerdem können zukünftige mögliche Verluste besser

[248] Vgl. Vollmuth, H. J.: Bilanzen, 2009, S. 193.

[249] Vgl. Coenenberg, A. G.: Jahresabschluss u. -analyse, 2005, S. 993.

aufgefangen und die Belastung des Unternehmens mit Zins- und Tilgungszahlungen reduziert werden. Häufig korrespondiert eine überdurchschnittliche Ertragskraft mit einer guten Eigenkapitalbasis. Die Eigenkapitalquote sollte mindestens 20 % betragen. Wünschenswert wäre eine Eigenkapitalquote zwischen 25 % und 30 % oder noch mehr.[250]

Achtung: Eigenkapitalquote

Als wichtige Kennzahl gibt die Eigenkapitalquote Aufschluss über die Kreditwürdigkeit eines Unternehmens.
Andererseits hat die Finanzierung mit Eigenkapital den Nachteil, dass die steuerliche Belastung höher ist und zusätzlich eine Risikoprämie in Form einer Dividende an die Anteilseigner zu zahlen ist. Dagegen hat die Fremdkapitalfinanzierung den Vorteil, dass sich die Zinsaufwendungen steuermindernd auswirken.

Da Eigenkapital Risikokapital darstellt, sollte es höher verzinst sein als das Fremdkapital. Eine hohe Eigenkapitalquote führt i. d. R. zu einer niedrigeren Eigenkapitalrentabilität als eine niedrigere Eigenkapitalquote (Leverage-Effekt).

Tipp: Eigenkapitalquote

Je höher die Anlagenintensität ist (vgl. Abschnitt: Analyse der Vermögensstruktur), desto höher sollte auch die Eigenkapitalquote sein. Zur Interpretation der Eigenkapitalquote sollten Sie auch unbedingt die Eigenkapitalrentabilität (= Gewinn : Eigenkapital) betrachten.

Rücklagenquote

Rücklagen stellen zusätzliches Eigenkapital dar, das dem Unternehmen zur Verfügung steht. Die Rücklagenquote ermöglicht Rückschlüsse auf die Stabilitätspolitik des Unternehmens, indem sie anzeigt, in welchem Maß das Unternehmen das haftende Eigenkapital durch Gewinnthesaurierung bzw. Kapitalzuführungen erhöht hat. Sie gibt an, wie hoch der Anteil der gesamten Rücklagen am Eigenkapital ist. Im Zeitvergleich liefert die Rücklagenquote in Verbindung mit der Eigenkapitalquote wertvolle Informationen über die Thesaurierungsfähigkeit und die Thesaurierungsbereitschaft eines Unternehmens.[251]

---

[250] Kralicek, P. et al.: Kennzahlen für Geschäftsführer, 2008, S. 96.

[251] Vgl. Baetge, J.; Kirsch, H.-J.; Thiele, S.: Bilanzanalyse, 2004, S. 239.

Sie zeigt außerdem, in welchem Umfang ein Unternehmen seine Haftungsbasis durch Gewinnthesaurierung oder Kapitalzuführung gestärkt hat. Die Rücklagenquote wird folgendermaßen ermittelt:

$$\text{Rücklagenquote} = \frac{\text{gesamte Rücklagen}}{\text{Eigenkapital}} \times 100$$

Tipp: Rücklagenquote

Die Rücklagenquote liefert gemeinsam mit der Eigenkapitalquote bei einem Zeitvergleich wertvolle Informationen über die Thesaurierungsfähigkeit und die Thesaurierungsbereitschaft eines Unternehmens.

Selbstfinanzierungsgrad

Dieser Wert gibt an, in welchem Umfang das Unternehmen in den vergangenen Jahren in der Lage war, Eigenkapital durch Einstellung in die Gewinnrücklagen zu bilden.[252] Der Selbstfinanzierungsgrad zeigt, wie hoch der Anteil der nicht ausgeschütteten bzw. nicht entnommenen Gewinne im Verhältnis zum gesamten Eigenkapital ist. An dieser Kennzahl kann sowohl die Thesaurierungsfähigkeit als auch die -bereitschaft gemessen werden. Darüber hinaus zeigt sie das mögliche Ausschüttungspotenzial. Je höher die Kennzahl ausfällt, desto positiver kann grundsätzlich die finanzielle Lage eines Unternehmens beurteilt werden. Mit folgender Formel kann der Selbstfinanzierungsgrad berechnet werden:

$$\text{Selbstfinanzierungsgrad} = \frac{\text{Gewinnrücklagen}}{\text{Eigenkapital}} \times 100$$

Der Selbstfinanzierungsgrad kann auch als Indiz für die Investitions- und/oder Expansionsabsichten eines Unternehmens interpretiert werden.

Bilanzkurs

Der Bilanzkurs stellt das Verhältnis zwischen bilanziertem Eigenkapital und Grundkapital dar. Mithilfe des Bilanzkurses kann auch der Wert einer Aktie

[252] Gräfer, H.: Bilanzanalyse, 2008, S. 86.

gemessen werden. Der Vergleich des Bilanzkurses mit dem Börsenkurs zeigt, in welcher Höhe stille Reserven, Goodwill und andere Wertfaktoren des Unternehmens im Kurs an der Börse ihren Niederschlag gefunden haben.[253]

$$\text{Bilanzkurs} = \frac{\text{bilanzielles Eigenkapital}}{\text{gezeichnetes Kapital der AG}} \times 100$$

Der Bilanzkurs steigt durch Gewinneinbehalte bzw. Zuschüsse an. Er zeigt, wie viel Rücklagen in der AG im Verhältnis zum gezeichneten Kapital vorhanden sind.

Börsenkurs

Der Börsenkurs stellt den Wert dar, den die Kapitalanleger der Aktie eines Unternehmens beimessen. Er ist das Ergebnis von Angebot und Nachfrage an der Börse und drückt die Erwartungen der Anleger aus. Hauptsächlich wird er durch die Ertragsaussichten und den Substanzwert eines Unternehmens bestimmt.[254]

Die Differenz zwischen dem Börsenkurs, der den Marktwert (= objektivierter Ertragswert einer AG) widerspiegelt, und dem Bilanzkurs kann als originärer Firmenwert angesehen werden, der den Betrag vorhandener stiller Reserven in einem weiten Sinne repräsentiert.

$$\text{Börsenkurs} = \frac{\text{Kurs der Aktie}}{\text{(rechnerischen) Nominalwert einer Aktie}} \times 100$$

> **Achtung: Bilanzkurs/Börsenkurs**
> Je höher der Börsenkurs im Vergleich zum Bilanzkurs ist, desto besser wird das Unternehmen bzw. dessen Ertragskraft bewertet.

[253] Vgl. Coenenberg et al: Jahresabschluss und -analyse, 2009, S. 1061.
[254] Vollmuth, H. J.: Bilanzen, 2009, S. 238.

Strukturanalyse des Eigenkapitals der Deutz AG			
(Mio. €)	2009	2008	2007
bilanzanalytisches Eigenkapital	309,58	431,28	425,64
gezeichnetes Kapital	309,00	309,00	307,00
Gewinnrücklagen[255]	0,00	79,09	79,09
Gesamtkapital	943,36	1.069,75	1.216,19
Kurs der Aktie	3,43 €/St.	2,38 €/St.	6,75 €/St.
Nominalwert der Aktie	2,56 €/St.	3,57 €/St.	3,54 €/St.
Eigenkapitalquote	**32,82 %**	**40,32 %**	**35,00 %**
Rücklagenquote	**0,19 %**	**24,56 %**	**24,74 %**
Selbstfinanzierungsgrad	**0,00 %**	**18,54 %**	**18,58 %**
Bilanzkurs	**100,19 %**	**139,58 %**	**138,65 %**
Börsenkurs	**133,91 %**	**66,70 %**	**190,44 %**

Tab. 92: Strukturanalyse des Eigenkapitals der Deutz AG

Die Eigenkapitalquote des Unternehmens ist zwar immer noch sehr gut, jedoch hat sie während des Vergleichszeitraumes kontinuierlich abgenommen. Das Unternehmen lebte quasi von der Substanz. Der Bilanzverlust wurde aus bilanzanalytischer Sicht mit den Rücklagen verrechnet, sodass die Gewinnrücklagen durch den hohen Verlust im Jahr 2009 bilanzanalytisch aufgezehrt wurden, dadurch sank auch der Bilanzkurs.

17.1.2 Analyse der Kapitalstruktur – Fremdkapital

Die folgenden Kennzahlen geben Aufschluss über die Struktur des Fremdkapitals eines Unternehmens.

Fremdkapitalquote (Anspannungskoeffizient)

Die Fremdkapitalquote zeigt – analog zur Eigenkapitalquote – den Anteil des Fremdkapitals am Gesamtkapital, d. h. die Verschuldung des Unternehmens. Je höher die Fremdkapitalquote ist, umso weniger sind die Banken bereit, Kredite zu gewähren, und desto geringer wird die Konkurrenzfähigkeit eingeschätzt.

Die Fremdkapitalquote wird folgendermaßen errechnet:

---

[255] Der Bilanzverlust betrug im Jahr 2009 105,3 Mio. €. Für die Bilanzanalyse wird der Bilanzverlust i. d. R. verrechnet mit einem Gewinnvortrag (nicht vorhanden), den Gewinnrücklagen und der restliche Verlust mit der Kapitalrücklage.

$$\text{Fremdkapitalquote} = \frac{\text{Fremdkapital}}{\text{Gesamtkapital}} \times 100$$

In Phasen hoher Zinsen und sinkender Erträge entsteht bei einer hohen Fremdkapitalquote ein Unternehmensrisiko, das nicht außer Acht gelassen werden darf.

Tipp: Fremdkapitalquote

Bei der Kapitalstrukturanalyse ist eine niedrige Fremdkapitalquote in gleicher Weise zu interpretieren wie eine hohe Eigenkapitalquote.

Statischer Verschuldungsgrad

Der statische Verschuldungsgrad wird in der Literatur auch als Verschuldungskoeffizient oder Kapitalanspannung bezeichnet. Er zeigt die Inanspruchnahme von Fremdkapital im Verhältnis zum Eigenkapital.[256]

$$\text{Statischer Verschuldungsgrad} = \frac{\text{Fremdkapital}}{\text{Eigenkapital}} \times 100$$

Der statische Verschuldungsgrad liefert eine Aussage über die Kreditwürdigkeit eines Unternehmens. Wenn er steigt, wächst die Abhängigkeit von Fremdkapitalgebern und die Möglichkeit, weiteres Fremdkapital aufzunehmen, nimmt ab. In Zeiten hoher Zinsen und nachlassender Erträge kann hieraus ein Unternehmensrisiko entstehen, das nicht unterschätzt werden sollte. Zudem steigt das Risiko einer Überschuldung, was sich negativ auf die Kreditkonditionen und langfristig auch negativ auf die Rendite auswirkt.

Investoren sollten daher auf einen niedrigen Verschuldungsgrad achten. Je höher der Verschuldungsgrad eines Unternehmens ist, desto höher wird das Risiko für ein Unternehmen, eine gute Rendite auf das gesamte eingesetzte Kapital zu erwirtschaften und ein langfristiges Wachstum zu sichern, da die Zinskosten i. d. R. steigen. Als optimaler Verschuldungsgrad wird derjenige bezeichnet, bei dem die durchschnittlichen Kapitalkosten gegenüber anderen Alternativen am geringsten sind (Leverage-Effekt).

[256] Vgl. Zdrowomyslaw, N.: Jahresabschluss und -analyse, 2001, S. 724.

Der Leverage-Effekt besagt, dass zwischen der Eigen- und der Gesamtkapitalrentabilität eine Hebelwirkung besteht. Solange die Fremdkapitalzinsen geringer sind als die Gesamtkapitalrentabilität kann mit einem steigenden Verschuldungsgrad (Zuführung von Fremdkapital) die Eigenkapitalrentabilität gesteigert werden (positiver Leverage-Effekt). Falls die Gesamtkapitalrentabilität niedriger ist als der Fremdkapitalzinssatz, dann sinkt die Eigenkapitalrentabilität mit zunehmendem Verschuldungsgrad (negativer Leverage-Effekt).

Die Eigenkapitalrentabilität aufgrund des Leverage-Effekts kann mit folgender Formel berechnet werden:

$$\text{Eigenkapitalrentabilität} = \text{GKR} + (\text{GKR} - \text{i}) \times \frac{\text{Fremdkapital}}{\text{Eigenkaptital}} \times 100$$

GKR = Gesamtkapitalrentabilität; i = Fremdkapitalzinssatz

Es folgt ein Beispiel zum Leverage-Effekt.

Beispiel: Leverage-Effekt

Ausgangsdaten: Verschuldungsgrad = 150 %, Gesamtkapitalrentabilität = 10 %, Fremdkapitalzinssatz = 6 %

Istzustand:

Bilanzsumme	100 T€	Fremdkapital	60 T€	Eigenkapital	40 T€
Gesamtertrag	10 T€	Fremdkapital-zinsen	3,6 T€	Gewinn	6,4 T€
Gesamtkapital-rentabilität	10 %	Zinssatz	6 %	Eigenkapital-rentabilität	16 %

Positiver Leverage-Effekt: Erhöhung des Fremdkapitalanteils, bei gleichbleibendem Fremdkapitalzinssatz

Bilanzsumme	100 T€	Fremdkapital	80 T€	Eigenkapital	20 T€
Gesamtertrag	10 T€	Fremdkapital-zinsen	4,8 T€	Gewinn	5,2 T€
Gesamtkapital-rentabilität	10 %	Zinssatz	6 %	Eigenkapital-rentabilität	26 %

Die Eigenkapitalrentabilität erhöhte sich von 16 % auf 26 %.

Negativer Leverage-Effekt: Erhöhung des Fremdkapitalanteils bei gleichzeitigem Anstieg des Fremdkapitalzinssatzes auf 12,5 %.

Bilanzsumme	100 T€	Fremdkapital	80 T€	Eigenkapital	20 T€
Gesamtertrag	10 T€	Fremdkapital-zinsen	10 T€	Gewinn	0 T€
Gesamtkapital-rentabilität	10 %	Zinssatz	12 %	Eigenkapital-rentabilität	0 %

Die Eigenkapitalrentabilität sank von 16 % auf 0 %.

Achtung: Eigenkapitalquote – Leverage-Effekt

Unter Betrachtung des Leverage-Effekts und unter bestimmten Voraussetzungen könnten aus Rentabilitätsgründen auch ein höherer Verschuldungsgrad bzw. eine geringe Eigenkapitalrentabilität positiv beurteilt werden. Deshalb muss man bei der Interpretation darauf achten, dass man diese beiden Kennzahlen nie isoliert, sondern in Verbindung mit der Ertragslage des Unternehmens betrachtet.

Tipp: Verschuldung des Unternehmens

Um die finanzielle Situation eines Unternehmens zu beurteilen, reicht die Interpretation des Verschuldungsgrades nicht aus. Vielmehr sind zusätzlich weitere Faktoren zu beachten: vorhandene stille Reserven, da sich dadurch das bilanzanalytische Vermögen und Eigenkapital erhöht, aber auch der Kreditspielraum des Unternehmens.

Rückstellungsquote

Die Rückstellungsquote gibt an, wie groß der Anteil der Rückstellungen in Relation zum Gesamtkapital ist. Dabei gilt: Je höher der Anteil der Rückstellungen ist (die als Fremdkapital angesehen werden müssen), desto nachteiliger ist dies für das Unternehmen, da es sich auf lange Sicht auf hohe Zahlungsverpflichtungen und entsprechende Liquiditätsabflüsse einstellen muss.

$$\text{Rückstellungsquote} = \frac{\text{Rückstellungen}}{\text{Gesamtkapital}} \times 100$$

Kurzfristige Verschuldungsintensität

Mit der Kennzahl kurzfristige Verschuldungsintensität lässt sich die finanzielle Stabilität eines Unternehmens beurteilen. Je höher der Anteil des kurzfristigen Kapitals am gesamten Fremdkapital ist, desto höher wird die finanzielle Anspannung und das Risiko eines finanziellen Ungleichgewichts eingeschätzt[257] – bzw., desto geringer ist seine finanzielle Stabilität. Es kann damit gerechnet werden, dass im nächsten Geschäftsjahr das gesamte kurzfristige Fremdkapital abfließt. Ein Unternehmen ist in einer solchen Situation unter sonst gleichen Umständen darauf angewiesen, Kredite zu verlängern oder neu aufzunehmen, da es ansonsten zu einer Finanzierungslücke kommt.

$$\text{kurzfristige Verschuldungsintensität} = \frac{\text{kurzfristiges Fremdkapital}}{\text{Fremdkapital}} \times 100$$

Anteil Finanzschulden am Fremdkapital

Die Kennzahl zeigt dem Analysten, wie abhängig ein Unternehmen von der Finanzierung über die Banken bzw. den Kapitalmarkt im Vergleich zu anderen Fremdfinanzierungsquellen ist. Je niedriger der Anteil des verzinslichen Fremdkapitals (Finanzschulden) am gesamten Fremdkapital ist, umso geringer sind die Zinsbelastungen für das Unternehmen.

$$\text{Anteil Finanzschulden am gesamten Fremdkapital} = \frac{\text{Finanzschulden}}{\text{Fremdkapital}} \times 100$$

Lang- und mittelfristige Finanzierungsquote

Diese Kennzahl zeigt die Intensität des lang- und mittelfristigen Kapitals. Erst wenn bekannt ist, wie lange das Fremdkapital im Unternehmen verbleibt, kann der Verschuldungsgrad zutreffend interpretiert werden. Je höher die Quote, desto sicherer ist die Finanzierung und die finanzielle Stabilität des Unternehmens.

---

[257] Schierenbeck, H. u. Wöhle, C.: Grundzüge der Betriebswirtschaftslehre, 2008, S. 763.

$$\text{lang- und mittelfristige Finanzierungsquote} = \frac{\text{lang- und mittel-fristiges Fremdkapital}}{\text{Gesamtkapital}} \times 100$$

Kurzfristige Finanzierungsquote

Die kurzfristige Finanzierungsquote zeigt das Verhältnis zwischen kurzfristigem Fremdkapital und dem Gesamtkapital.

$$\text{kurzfristige Finanzierungsquote} = \frac{\text{kurzfristiges Fremdkapital}}{\text{Gesamtkapital}} \times 100$$

Je höher der Anteil des kurzfristigen Fremdkapitals an der Bilanzsumme ist, desto schlechter ist es für das Unternehmen, da das Finanzierungsrisiko zunimmt und eventuelle Forderungsausfälle die Liquidität des Unternehmens negativ beeinflussen können.

Kreditorenziel in Tagen

Die Kennzahl „Kreditorenziel (Lieferantenziel) in Tagen“ informiert über die Zahlungsmoral des Unternehmens. Sie gibt an, wie viele Tage durchschnittlich Lieferantenkredite bis zur Zahlung der ausstehenden Rechnungen in Anspruch genommen werden. Ein hoher Kennzahlenwert deutet entweder auf Zahlungsprobleme des beschaffenden Unternehmens, die bewusste Ausschöpfung von Lieferantenkrediten oder gegebenenfalls die Nichtinanspruchnahme von Skonti hin.[258]

$$\text{Kreditorenziel in Tagen} = \frac{\text{durchschnittliche Verbindlichkeiten aLuL}}{\text{Materialeinsatz} + \text{Fremdleistungen}} \times 365\ \text{Tage}$$

Beim Gesamtkostenverfahren ist der Materialaufwand direkt aus der GuV ersichtlich. Bei mittelgroßen und großen Kapitalgesellschaften ist der Material-

---

[258] Vgl. Kirsch, H.: Finanz- und erfolgswirtschaftliche Jahresabschlussanalyse nach IFRS, 2007, S. 174.

aufwand beim Umsatzkostenverfahren gemäß § 285 Abs. 8 HGB im Anhang ersichtlich.

Ein Kreditorenziel von weniger als 40 Tagen ist bei Industrieunternehmen als positiv zu bewerten, dagegen ist ein Kreditorenziel von mehr als 100 Tagen als schlecht zu bewerten.[259]

Kapitalstruktur des Fremdkapitals der Deutz AG			
Deutz AG (Mio. €)	**2009**	**2008**	**2007**
Fremdkapital	633,78	638,47	790,55
kurzfristiges Fremdkapital	276,11	276,88	420,22
lang- und mittelfristiges Fremdkapital	357,67	361,59	370,33
Finanzschulden	203,26	203,65	208,04
Rückstellungen	257,71	278,61	320,88
Verbindlichkeiten aus Lieferunger und Leistungen	115,64	117,37	170,04
durchschnittliche Verbindlichkeiten aLuL	116,51	143,71	156,61
Materialeinsatz + Fremdleistungen	611,00	1.063,80	1.043,20
Eigenkapital	309,58	431,28	425,64
Gesamtkapital	943,36	1.069,75	1.216,19
Fremdkapitalquote	**67,18 %**	**59,68 %**	**65,00 %**
statischer Verschuldungsgrad	**204,72 %**	**148,04 %**	**185,73 %**
Rückstellungsquote	**27,32 %**	**26,04 %**	**26,38 %**
kurzfristige Verschuldungsintensität	**43,57 %**	**47,33 %**	**50,12 %**
Anteil Finanzschulden am Fremdkapital	**32,07 %**	**31,90 %**	**26,32 %**
lang- und mittelfristige Finanzierungsquote	**37,91 %**	**33,80 %**	**30,45 %**
kurzfristige Finanzierungsquote	**29,27 %**	**25,88 %**	**34,55 %**
Kreditorenziel in Tagen[260]	**69,60**	**49,31**	**54,80**

Tab. 93: Kennzahlen des Fremdkapitals

Die Fremdkapitalquote der Deutz AG hat sich ebenso wie der statische Verschuldungsgrad von 2007 auf 2009 erhöht. Außerdem hat der Anteil des verzinslichen Fremdkapitals, d. h. die Abhängigkeit von den Banken und dem Kapitalmarkt, zugenommen. Positiv zu bewerten ist, dass sich die mittel- und langfristige Finanzierungsquote im Vergleich zur kurzfristigen Finanzierungsquote verbessert hat. Die Zahlungsziele gegenüber den Lieferanten wurden stark ausgedehnt, von ca. 49 Tagen im Jahr 2008 auf 69 Tage im Jahr 2009.

[259] Kralicek, P. et al.: Kennzahlen für Geschäftsführer, 2008, S. 109.

[260] Für die Berechnung des Kreditorenziels werden die durchschnittlichen Verbindlichkeiten aLuL eingesetzt.

17.1.3 Analyse der Vermögensstruktur

Bei der Analyse der Vermögensstruktur eines Unternehmens geht es darum, Art und Zusammensetzung des Vermögens sowie die Dauer der Vermögensbindung zu analysieren. Hierbei ist zu berücksichtigen, ob und in welchem Umfang welche Vermögensgegenstände liquidierbar sind. Vermögensgegenstände des Umlaufvermögens (kurzfristiges Vermögen) sind in der Regel schneller zu liquidieren, als dies bei Vermögensgegenständen des Anlagevermögens (langfristiges Vermögen) der Fall ist. Daraus ergibt sich, dass mit steigendem Anteil des Anlagevermögens am Gesamtvermögen die Flexibilität hinsichtlich der Liquidität, die finanz- und erfolgswirtschaftliche Stabilität sowie die Kapazitätsausnutzung abnehmen.

Analyse der Vermögensintensität

Die folgenden Kennzahlen sind zum einen ein Indikator für die Dispositionselastizität und zum anderen zeigen sie, ob sich das Unternehmen im Rahmen des Branchenüblichen bewegt.

Vermögenskonstitution

Eine wichtige Kennzahl der Bilanzanalyse ist die Vermögenskonstitution, die sich aus dem Verhältnis von Anlagevermögen zu Umlaufvermögen ergibt.
Sie hilft dabei, einzuschätzen, wie flexibel ein Unternehmen auf Marktveränderungen reagieren kann, und zeigt damit seine finanz- und erfolgswirtschaftliche Stabilität – wobei das Unternehmen umso flexibler bzw. seine finanz- und erfolgswirtschaftliche Stabilität i. d. R. umso höher ist, je größer der Anteil des Umlaufvermögens ist.

$$\text{Vermögenskonstitution} = \frac{\text{Anlagevermögen}}{\text{Umlaufvermögen}} \times 100$$

Ein niedriges Anlagevermögen ist i. d. R. auch deshalb ein Kennzeichen für eine höhere **betriebliche Flexibilität**, weil Unternehmen mit geringem Anlagevermögen schneller in der Lage sind, sich Beschäftigungsschwankungen anzupassen, da sie zum einen

- weniger Kapital langfristig gebunden haben und zum anderen
- geringere fixe Kosten aufweisen.

Anlagenintensität

Die Anlagenintensität gibt Auskunft über den Vermögensaufbau eines Unternehmens. Sie zeigt, wie viel Prozent des Gesamtvermögens langfristig im Unternehmen gebunden sind.
Anlagen binden langfristig Kapital und verursachen damit erhebliche fixe Kosten (Abschreibungen, Wartungsverträge, Zinskosten etc.), die unabhängig von der Beschäftigungs- und Ertragslage des Unternehmens anfallen. Diese fixen Kosten zwingen das Unternehmen, sich um die Vollauslastung der Kapazitäten zu kümmern, damit die fixen Kosten des Anlagevermögens auf eine möglichst große Anzahl von Erzeugnissen verteilt und deshalb je Erzeugnis (Stückkosten) möglichst niedrig gehalten werden können. Es ist daher verständlich, dass eine hohe Anlagenquote auch die Anpassungsfähigkeit eines Unternehmens an Konjunkturschwankungen sowie Veränderungen in der Nachfrage vermindert. Je geringer die Anlagenquote ist, umso elastischer kann sich ein Unternehmen den veränderten Marktverhältnissen anpassen. Die Anlagenintensität ist daher zugleich ein Maßstab für die Anpassungsfähigkeit oder Flexibilität eines Unternehmens.

$$\text{Anlagenintensität} = \frac{\text{Anlagevermögen}}{\text{Gesamtvermögen (Bilanzsumme)}} \times 100$$

Die Höhe der Anlagenintensität ist branchenbezogen sehr unterschiedlich. Deshalb ist hier ein Branchenvergleich besonders interessant.

> **Achtung: Anlagenintensität**
> Mit zunehmender Anlagenintensität wächst das Unternehmensrisiko, da die Flexibilität des Unternehmens abnimmt. Jedoch können niedrige Werte auch vorgetäuscht werden, z. B. durch veraltete Anlagen und Leasing.

Umlaufintensität

Die Umlaufintensität, auch Arbeitsintensität genannt, zeigt das Verhältnis zwischen Umlaufvermögen und Gesamtvermögen. Der Anteil des Umlaufvermögens am Gesamtvermögen vermittelt ebenso wie die Anlagenintensität die Information, wie groß die Flexibilität eines Unternehmens sein kann. Je größer die Umlaufintensität ist, desto schneller kann eine Umstrukturierung des Vermögens stattfinden.

$$\text{Umlaufintensität} = \frac{\text{Umlaufvermögen}}{\text{Gesamtvermögen}} \times 100$$

In der Regel ist eine hohe Umlaufintensität positiv zu bewerten. Dadurch hat das Unternehmen die Möglichkeit, sich in stärkerem Umfang mit kurzfristigem Fremdkapital zu finanzieren, da das Umlaufvermögen eine kürzere Verweildauer im Unternehmen aufweist als das Anlagevermögen. Das Unternehmen ist also flexibler im Hinblick auf Marktveränderungen, Beschäftigungs- oder Konjunkturänderungen. Weiterhin ist der Fixkostenanteil tendenziell niedriger.

Je kleiner der Anteil des Anlagevermögens am Gesamtvermögen ist, desto intensiver werden die Anlagen des Unternehmens genutzt. Das bedeutet, dass mit steigender Umlaufintensität auch die Wirtschaftlichkeit des Unternehmens steigt. Allerdings könnte eine extrem hohe Umlaufintensität auch ein Indiz für überhöhte Forderungen, hohe Lagerbestände, ein zu breites Sortiment oder lange Fertigungszeiten sein. Eine Zunahme der Vorräte sowie Fertigung auf Lager tragen zur Steigerung dieser Kennzahl bei. Eine Just-in-time-Produktion hingegen senkt die Umlaufintensität.
Falls die Umlaufintensität deutlich über dem Branchendurchschnitt liegt, ist es wahrscheinlich, dass die Lagerhaltung zu umfangreich und somit zu teuer ist. Diese Kennzahl alleine reicht jedoch nicht, um das Umlaufvermögen zu beurteilen. Es müssen weitere Kennzahlen wie z. B. die Vorratsintensität berücksichtigt werden.

Kennzahlen der Vermögensintensität der Deutz AG			
(Mio. €)	**2009**	**2008**	**2007**
Anlagevermögen	482,31	486,20	491,50
Umlaufvermögen	461,05	583,55	724,69
Gesamtvermögen	943,36	1.069,75	1.216,19
Vermögenskonstitution	104,61%	83,32%	67,82%
Anlagenintensität	51,13%	45,45%	40,41%
Umlaufintensität	48,87%	54,55%	59,59%

Tab. 94: Kennzahlen der Vermögensintensität der Deutz AG

Das Unternehmen hat aufgrund rückläufiger Umsatzerlöse seine Vorräte abgebaut. Dadurch hat sich das Verhältnis Anlagevermögen zu Umlaufvermögen, also die Vermögenskonstitution, verschlechtert, d. h., die Kennzahl wurde größer. Das Anlagevermögen konnte nicht in gleichem Umfang abgebaut werden wie das Umlaufvermögen, dadurch hat sich die Anlagenintensität erhöht und die Umlaufintensität verringert. Die Anlagenintensität ist in jedem Jahr des Vergleichszeitraumes angestiegen.

Analyse der Vorräte und Forderungen

Im Rahmen des Working Capital Management spielen die Vorräte und die Forderungen eine große Rolle. Das Working Capital kann durch eine Verringerung der Forderungen und der Vorräte gesenkt werden, was zu einer geringeren Kapitalbindung führt.

Umschlagsdauer des Vorratsvermögens

Um die Bindungsdauer des im Vorratsvermögen investierten Kapitals zu untersuchen, wird die Umschlagsdauer des Vorratsvermögens ermittelt. Diese Kennzahl zeigt an, wie viele Tage das zur Finanzierung der Vorräte gebundene Kapital durchschnittlich im Unternehmen verbleibt, bis die Vorräte verbraucht werden.[261] Eine niedrige Umschlagsdauer wird positiv bewertet: Zum einen ist die Kapitalbindung im Vorratsvermögen gering. Zum anderen gilt: Je kürzer die Umschlagsdauer ist, desto weniger Lagerkosten (Zinsen, Schwund, Verwaltungskosten) fallen an.

Umschlagsdauer des Vorratsvermögens

$$= \frac{\text{durchschnittlicher Bestand an Vorräten}}{\text{Umsatz}} \times 365 \text{ Tage}$$

Vorratsintensität

Die Vorratsintensität (Vorratsquote) – auch als Grad der Lagerhaltung oder Lagerintensität bezeichnet – trifft eine Aussage über das Verhältnis des Vorrats- zum Gesamtvermögen. Die Kennziffer ermittelt, ob ein Unternehmen vorrats- oder forderungsintensiv ist, d. h., wie stark die Kapitalbindung in den Vorräten an Roh-, Hilfs- und Betriebsstoffen sowie an Halb- und Fertigfabrikaten ist.

[261] Vgl. Küting K. u. Weber C.-P.: Die Bilanzanalyse, 2009, S. 132.

$$\text{Vorratsintensität} = \frac{\text{durchschnittlicher Bestand an Vorräten}}{\text{Gesamtvermögen}} \times 100$$

Eine hohe Vorratsintensität bedeutet ein großes Lagerrisiko, da die Gefahr des Preisverfalls, der Veralterung und des Schwundes besteht. Außerdem steigen die Lagerhaltungskosten und die Kapitalbindungskosten mit steigendem Anteil an Vorräten im Vergleich zum Gesamtvermögen. Daher wird eine hohe Vorratsintensität im Allgemeinen negativ bewertet. Veränderungen können im Zeitvergleich erkannt werden.
Folgende Ursachen können für eine Erhöhung der Vorratsintensität verantwortlich sein:

- Einkauf von großen Mengen z. B. an Rohstoffen aufgrund günstiger Einkaufsbedingungen,
- schlechte Lagerorganisation und Lagerbuchhaltung,
- Absatzprobleme.

Achtung: Vorratsintensität
Eine Erhöhung der Vorratsintensität kann auf Absatzprobleme hindeuten, sofern keine bewusste Veränderung der Vorratspolitik betrieben wird.

Forderungsintensität

Die Forderungsintensität stellt den Quotienten der Forderungen zum Gesamtvermögen einer Unternehmung dar. Steigen die Forderungen an, so sinkt in der Regel die Liquidität.

$$\text{Forderungsintensität} = \frac{\text{durchschnittlicher Bestand an Forderungen}}{\text{Gesamtvermögen}} \times 100$$

Debitorenziel

Das Debitorenziel, auch Kundenziel genannt, gibt Auskunft über das durchschnittliche Zahlungsverhalten der Kunden, d. h. darüber, wie lange es dauert, bis die Umsatzerlöse in liquide Mittel umgewandelt werden oder in anderen

Worten, wie viele Tage das Unternehmen durchschnittlich auf die Begleichung seiner Rechnungen warten muss.

Im Rahmen der Jahresabschlussanalyse sollte mit besonderer Sorgfalt analysiert werden, wie gut die Kunden die Forderungen aus Lieferungen und Leistungen erfüllen. Die Ursache zahlreicher Insolvenzen liegt im Absatzbereich, beispielsweise, wenn die Forderungen nach Auslieferung der Ware zu spät oder gar nicht beglichen werden.[262] Wirtschaftliche Schwierigkeiten wichtiger Kunden verursachen eine Verlängerung des Debitorenziels. Die Verlängerung des Debitorenziels deutet auf eine Verschlechterung der Bonität der Kunden oder auf ein mangelhaftes Mahnwesen hin und erhöht somit das Risiko möglicher Zahlungsausfälle.

Das Debitorenziel können Sie nach der folgenden Formel ermitteln:

$$\text{Debitorenziel in Tagen} = \frac{\text{durchschnittlicher Bestand an Forderungen aLuL}}{\text{Umsatz}} \times 365 \text{ Tage}$$

Diese Kennzahl sollte möglichst niedrig gehalten werden. Bei Industrieunternehmen ist ein Debitorenziel von weniger als 30 Tagen ein guter Wert und ein Debitorenziel von mehr als 80 Tagen ein schlechter.[263]

Achtung: Debitorenziel

Je kürzer das Debitorenziel, umso besser ist die eigene Liquidität, auch die Zinsbelastung und das Forderungsausfallrisiko sind i. d. R. geringer.

Bei der Ermittlung des durchschnittlichen Bestands an Forderungen aus Lieferungen und Leistungen wird das arithmetische Mittel aus dem Anfangs- und Endbestand eines Geschäftsjahres errechnet.

[262] Vgl. Küting, K. u. Weber, C.-P.: Die Bilanzanalyse, 2009, S. 130.

[263] Kralicek, P. et al.: Kennzahlen für Geschäftsführer, 2008, S. 108.

Kennzahlen zu den Vorräten und Forderungen der Deutz AG			
(Mio. €)	**2009**	**2008**	**2007**
durchschnittlicher Vorratsbestand	120,55	153,81	131,21
durchschn. Bestand an Forderungen aLuL	77,44	99,92	94,13
Umsatzerlöse	795,50	1.417,00	1.443,10
Gesamtvermögen	943,36	1.069,75	1.216,19
Umschlagsdauer des Vorratsvermögens in Tagen	**55,31**	**39,62**	**33,19**
Vorratsintensität	**12,78 %**	**14,38 %**	**10,79 %**
Forderungsintensität	**8,21 %**	**9,34 %**	**7,74 %**
Debitorenziel in Tagen	**35,53**	**25,74**	**23,81**

Tab. 95: Kennzahlen zur Analyse der Vorräte und Forderungen der Deutz AG

Die Umschlagsdauer des Vorratsvermögens hat sich bei der Deutz AG verschlechtert, sie stieg von 2008 auf 2009 um ca. 40 %. Auch die Zahlungsmoral der Kunden hat sich von 2007 bis 2009 kontinuierlich verschlechtert. Von 2008 auf 2009 stieg sie um ca. 38 % an. Trotzdem kann ein durchschnittliches Debitorenziel von ca. 35 Tagen im Krisenjahr 2009 als noch gut bezeichnet werden. Dafür wurde die Vorratsintensität verringert, was als positiv zu bewerten ist.
Die Forderungsintensität ist im Vergleichszeitraum von 9,34 % auf 8,21 % gesunken, das entspricht einer Reduzierung von 12 %. In diesem Zusammenhang muss berücksichtigt werden, dass es weniger Forderungen aus Lieferungen und Leistungen gab, da die Umsatzentwicklung rückläufig war. Daher stellt dies keine positive Entwicklung dar.

Achtung: Umschlagshäufigkeit

Eine geringe Umschlagshäufigkeit bedeutet, dass die Kapitalbindung steigt. Je langsamer das Umlaufvermögen in liquide Mittel umgewandelt wird, umso höher ist der Kapitalbedarf des Unternehmens.

17.1.4 Kennzahlen zur Investitions- und Abschreibungspolitik

Mit diesen Kennzahlen möchte man Informationen über Unternehmenswachstumstendenzen bekommen. Der Anlagenabnutzungsgrad gibt Hinweise über notwendige Modernisierungsmaßnahmen.

Anlagenabnutzungsgrad

Die Altersstruktur des Sachanlagevermögens wird mit der Kennzahl Anlagenabnutzungsgrad untersucht. Es wird ermittelt, wie hoch das durchschnittliche Alter des Sachanlagevermögens ist und welcher Reinvestitionsbedarf eventuell besteht. Der Anlagenabnutzungsgrad spiegelt das Verhältnis der gesamten Abschreibungen auf das Sachanlagevermögen zu den historischen Anschaffungs- oder Herstellungskosten wider. Je niedriger die Kennzahl ist, desto neuer sind die Anlagen im Durchschnitt und besitzen somit entsprechende Technologievorteile. Je älter und abgenutzter die Anlagen sind, umso größer ist der Investitionsbedarf. Die Kennzahl zur Altersstruktur der Anlagen können Sie folgendermaßen berechnen:

$$\text{Anlagenabnutzungsgrad} = \frac{\text{kumulierte Abschreibungen auf das Sachanlagevermögen}}{\text{Sachanlagevermögen zu AHK am Periodenende}} \times 100$$

AHK = Anschaffungs- oder Herstellungskosten

Die historischen AHK können i. d. R. aus dem Anlagenspiegel entnommen werden. Ein hoher Anlagenabnutzungsgrad könnte eventuell auch auf ein dynamisches Unternehmen hindeuten, das die Abschreibungs- und Nutzungsdauer seiner Maschinen kurz wählt, um diese schnell durch neue, technologisch bessere Maschinen zu ersetzen. In einem solchen Fall wäre ein hoher Kennzahlenwert nicht negativ zu bewerten.[264]
Um die Investitionspolitik des Unternehmens weiter zu analysieren, können zwei weitere Kennzahlen, die Investitionsquote und die Abschreibungsquote, hinzugezogen werden.

Investitionsquote Sachanlagen

Die Investitionsquote gibt Aufschluss über die Investitionsneigung und die Zukunftsvorsorge des Unternehmens.[265] Sie gibt an, wie viel Prozent der historischen Anschaffungs- oder Herstellungskosten zu Beginn des Geschäftsjahres im betrachteten Jahr neu investiert wurden, d. h., wie viel Prozent der Sachanla-

[264] Baetge, J.: Bilanzanalyse, 2004, S. 208.
[265] Vgl. Küting, K. u. Weber, C.-P.: Die Bilanzanalyse, 2009, S. 128.

gengüter neu zum Sachanlagevermögen hinzugekommen sind. In einem Zeitreihenvergleich kann man feststellen, wie sich die langfristige Investitionstätigkeit entwickelt hat. Die sich im Zähler befindenden Nettoinvestitionen im Sachanlagevermögen wurden bereits im Rahmen der Aufbereitungsmaßnahmen ermittelt.[266]

$$\text{Investitionsquote} = \frac{\text{Nettoinvestitionen in das Sachanlagevermögen}}{\text{Sachanlagevermögen zu AHK zu Periodenbeginn}} \times 100$$

AHK = Anschaffungs- oder Herstellungskosten

Investitionen in das Sachanlagevermögen dienen dem eigentlichen Betriebszweck und sind somit als bedeutend für die zukünftige Entwicklung des Unternehmens anzusehen. Die Investitionsquote sollte zusammen mit der Abschreibungsquote interpretiert werden. Je größer die Kennzahl ist, desto höher ist die Investitionsneigung, und umso besser ist das Unternehmen auf die Zukunft vorbereitet.

Abschreibungsquote

Die Abschreibungsquote entspricht dem Verhältnis zwischen Jahresabschreibungen auf das Sachanlagevermögen und Sachanlagevermögen zu Anschaffungs- oder Herstellungskosten. Sie steht für die Abschreibungspolitik eines Unternehmens und zeigt, wie viel Prozent der historischen Anschaffungs- oder Herstellungskosten des Sachanlagevermögens zum Geschäftsjahresende im abgelaufenen Geschäftsjahr abgeschrieben wurden. Diese Kennzahl ist zur Beurteilung der Ertragskraft wichtig, da zwischen Abschreibungen und Gewinn eine Wechselwirkung besteht. Verdiente Abschreibungen sind ein wichtiger Faktor der Selbstfinanzierung. Sie stellen Aufwand aber keine Auszahlung dar.

$$\text{Abschreibungsquote} = \frac{\text{Jahresabschreibungen auf Sachanlagen}}{\text{Sachanlagevermögen zu AHK am Periodenende}} \times 100$$

AHK = Anschaffungs- oder Herstellungskosten

[266] Vgl. „Ermittlung der Nettoinvestitionen des Sachanlagevermögens", Kapitel 17.4.

Je höher die Abschreibungsquote ist, umso kürzer ist i. d. R. die Nutzungsdauer des Sachanlagevermögens und desto größer ist der Investitionsbedarf.

Tipp: Abschreibungsquote

Bei einem Zeitreihenvergleich deutet beispielsweise eine sinkende Abschreibungsquote darauf hin, dass die letzten Investitionen des Unternehmens bereits lange zurückliegen oder dass früher degressiv abgeschrieben wurde.

Eine weitere Kennzahl, die die Investitionspolitik eines Unternehmens analysiert, ist die Wachstumsquote.

Wachstumsquote

Die Wachstumsquote wird auch als Investitionsneigung bezeichnet. Sie misst, ob der Verschleiß der Anlagen durch regelmäßige Neuanschaffungen ersetzt wurde, um eine Veralterung der Anlagen zu verhindern. Zudem gibt sie an, ob die Jahresabschreibungen durch die Nettoinvestitionen kompensiert wurden. In diesem Zusammenhang kann man sehen, ob das Unternehmen wächst, stagniert oder schrumpft. Wenn ein Unternehmen über die Abschreibungen hinaus investiert, liegt echtes Wachstum vor. Die Wachstumsquote wird wie folgt ermittelt:[267]

$$\text{Wachstumsquote} = \frac{\text{Nettoinvestitionen in das Sachanlagevermögen}}{\text{Abschreibungen des GJ auf das Sachanlagevermögen}} \times 100$$

Liegt der Wert deutlich über 100 Prozent, so ist dies ein Indiz dafür, dass auch Erweiterungs- und oder Rationalisierungsinvestitionen durchgeführt wurden. Bei Werten unter 100 Prozent wurden nicht einmal die Wertminderungen der Sachanlagen ersetzt.

- Bei Erweiterungsinvestitionen: Wachstumsquote > 100 %
- Bei Ersatzinvestitionen: Wachstumsquote < 100 % (Inflation beachten)

Die Aussagekraft dieser Kennzahl kann durch Leasing erheblich beeinflusst werden.

[267] Coenenberg, A.G. et al.: Jahresabschluss und -analyse, 2009, S. 1053.

Kennzahlen zur Investitions- und Abschreibungspolitik der Deutz AG			
(Mio. €)	**2009**	**2008**	**2007**
kumulierte Abschreibungen auf das Sachanlagevermögen (SAV)	462,79	442,23	410,65
SAV zu AHK am Ende des Geschäftsjahrs	739,22	721,67	690,72
Nettoinvestitionen in SAV	34,64	41,30	23,11
SAV zu AHK zu Beginn des Geschäftsjahrs	721,67	690,72	694,40
Geschäftsjahres-Abschreibung auf SAV	35,34	40,68	45,02
Anlagenabnutzungsgrad	**62,61 %**	**61,28 %**	**59,45 %**
Investitionsquote SAV	**4,80 %**	**5,98 %**	**3,33 %**
Abschreibungsquote	**4,78 %**	**5,64 %**	**6,52 %**
Wachstumsquote	**98,08 %**	**101,52 %**	**51,33 %**

Tab. 96: Kennzahlen zur Investitions- und Abschreibungspolitik der Deutz AG

Der Anlagenabnutzungsgrad hat sich jedes Jahr ein wenig erhöht und die Wachstumsquote vom Jahr 2008 zum Jahr 2009 war rückläufig. Dies kann man auch daran erkennen, dass sich die Investitionsquote von 2008 zu 2009 um ca. 20 Prozent vermindert hat. Aus der Kapitalflussrechnung der Deutz AG kann man entnehmen, dass sich der Mittelabfluss aus Investitionstätigkeit um 43,2 Mio. € auf 38,2 Mio. € im Jahr 2009 (nach 81,4 Mio. € im Vorjahr) reduziert hat. Aus den Geschäftsberichten 2008 und 2009 ist zu entnehmen, dass sich die Investitionen in das Sachanlagevermögen wie folgt entwickelt haben:

- 2007: 55,1 Mio. €
- 2008: 42,5 Mio. €
- 2009: 36,3 Mio. €

Wegen der rückläufigen Investitionsbereitschaft in das Sachanlagevermögen haben sich auch die Jahresabschreibungen auf das Sachanlagevermögen verringert.

17.2 Horizontalstrukturanalyse

Die Analyse der horizontalen Bilanzstruktur stellt einen Zusammenhang zwischen der Kapitalstruktur und der Vermögensstruktur her. Aktiv- und Passivposten werden zueinander in Beziehung gesetzt, dadurch können Sie Aussagen über die zukünftige Zahlungsfähigkeit und die finanzielle Stabilität des Unternehmens treffen.

Im Vordergrund der horizontalen Bilanzstruktur steht der Grundsatz der Fristenkongruenz. Dieser fordert, dass die einzelnen Vermögensgegenstände jeweils mit solchen Mitteln finanziert werden sollen, die ebenso lange zur Verfügung stehen, wie das Kapital in den Vermögensteilen gebunden ist.

Zur Überprüfung dieser Forderung können Sie die **„Goldenen Finanzierungsregeln“** anwenden.

$$\text{Goldene Finanzierungsregel (langfristig)} = \frac{\text{langfristiges Kapital}}{\text{langfristiges Vermögen}} \geq 1$$

$$\text{Goldene Finanzierungsregel (kurzfristig)} = \frac{\text{kurzfristiges Kapital}}{\text{kurzfristiges Vermögen}} \leq 1$$

Die „Goldene Finanzierungsregel (langfristig)“ fordert, dass das Verhältnis von langfristigem Kapital zu langfristigem Vermögen größer oder gleich eins sein muss. Die zukünftige Zahlungsfähigkeit eines Unternehmens gilt umso gesicherter, je größer die Kennzahl ist.

Die folgende Abbildung illustriert die Kennzahlen der horizontalen Bilanzstrukturanalyse:

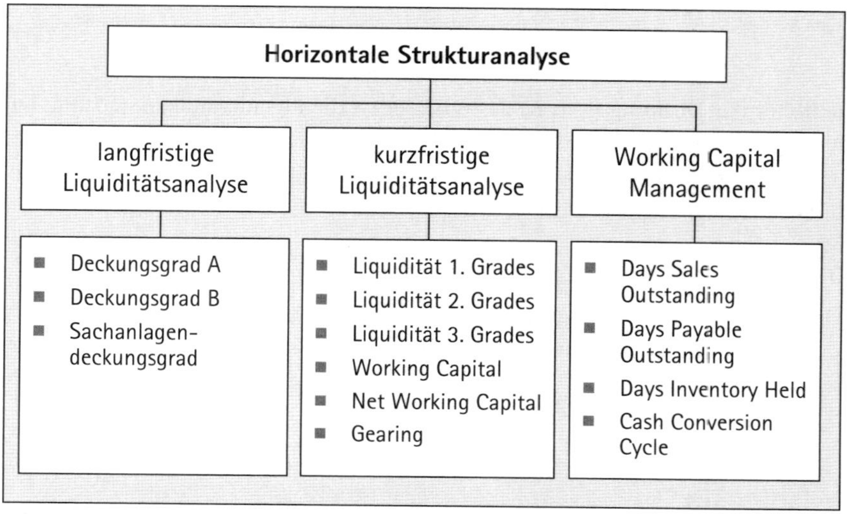

Abb. 35: Varianten der horizontalen Bilanzstrukturanalyse

17.2.1 Langfristige Liquiditätsanalyse

Bei der langfristigen Liquiditätsanalyse werden Deckungsrelationen, die sogenannten Deckungsgrade (Anlagendeckungsgrade), ermittelt. Dabei werden bestimmte Positionen der Passivseite mit bestimmten Positionen der Aktivseite der Bilanz verglichen.[268] Die Deckungsrelationen geben Auskunft über die finanzielle Stabilität des Unternehmens. Je höher die Prozentsätze ausfallen, desto besser ist die finanzielle Stabilität eines Unternehmens zu beurteilen.

Deckungsgrad A

Der (Anlagen-)Deckungsgrad A zeigt Ihnen, inwieweit das Anlagevermögen durch Eigenkapital gedeckt und inwieweit jederzeit eine fristenkongruente Finanzierung sichergestellt ist. Darüber hinaus signalisiert diese Kennzahl die Kreditwürdigkeit des Betriebs. Wünschenswert wäre ein Mindestwert von 100 % (Goldene Bankregel). In diesem Fall wäre das gesamte Anlagevermögen eigenfinanziert. In der Praxis wird dieser Wert jedoch häufig weit unterschritten. Je nach Branche sind auch niedrigere Werte akzeptabel, diese sollten allerdings nicht unter 50 % liegen.

$$\text{Deckungsgrad A} = \frac{\text{Eigenkapital}}{\text{Anlagevermögen}} \times 100$$

Je höher der Deckungsgrad A, desto besser ist die Eigenkapitalausstattung. Die Anlagendeckung sollten Sie nur zu Vergleichen innerhalb derselben Branche heranziehen. Ein Deckungsgrad A von mehr als 70 % ist z. B. bei Industrieunternehmen ein guter Wert.[269]

Deckungsgrad B

Der (Anlagen-)Deckungsgrad B ist die Erweiterung des Deckungsgrades A. Zusätzlich zum Eigenkapital wird noch das langfristige Fremdkapital hinzugerechnet. Insofern ist der Deckungsgrad B eine Gegenüberstellung von langfristigem Kapital zum Anlagevermögen.

---

[268] Vollmuth, H. J.: Bilanzen, 2009, S. 218.

[269] Kralicek, P. et al.: Kennzahlen für Geschäftsführer, 2008, S. 98.

Die **Goldene Bilanzregel** i. w. S. fordert, dass langfristig gebundenes Vermögen durch langfristig zur Verfügung stehendes Kapital finanziert werden soll. Daher sollte das Ergebnis dieser Kennzahl deutlich über 100 % liegen, ansonsten ist die Finanzierung des Unternehmens nicht optimal. Ein Deckungsgrad B von über 150 % stellt bei Industrieunternehmen einen guten Wert dar.[270]

$$\text{Deckungsgrad B} = \frac{\text{Eigenkapital} + \text{langfristiges Fremdkapital}}{\text{Anlagevermögen}} \times 100$$

Tipp: Deckungsgrad B

Nach der „Goldenen Bilanzregel" sollte das gesamte Anlagevermögen durch Eigenkapital und langfristiges Fremdkapital finanziert werden. Der Deckungsgrad B sollte daher unbedingt über 100 % betragen.

Sachanlagendeckungsgrad

Der Sachanlagendeckungsgrad untersucht, welcher Anteil des Sachanlagevermögens durch Eigenkapital und langfristiges Fremdkapital gedeckt ist.

$$\text{Sachanlagendeckungsgrad} = \frac{\text{Eigenkapital + langfr. Fremdkapital}}{\text{Sachanlagevermögen}} \times 100$$

Je größer der Sachanlagendeckungsgrad ist, desto solider ist die Finanzierung.

Kennzahlen zur langfristigen Liquiditätsanalyse der Deutz AG			
(Mio. €)	**2009**	**2008**	**2007**
Eigenkapital	309,58	431,28	425,64
Eigenkapital + langfristiges Fremdkapital	565,17	752,21	754,75
Anlagevermögen	482,31	486,20	491,51
Sachanlagevermögen	276,40	279,40	280,00
Deckungsgrad A	**64,19 %**	**88,70 %**	**86,60 %**
Deckungsgrad B	**117,18 %**	**154,71 %**	**153,56 %**
Sachanlagendeckungsgrad	**204,47 %**	**269,22 %**	**269,55 %**

Tab. 97: Kennzahlen zu den Deckungsgraden der Deutz AG

[270] Kralicek, P. et al.: Kennzahlen für Geschäftsführer, 2008, S. 100.

Alle Deckungsgrade der Deutz AG haben sich von 2008 auf 2009 verschlechtert. Dies ist auf die negativen Ergebnisse der Geschäftsjahre 2008 und 2009 zurückzuführen. Der Deckungsgrad B mit ca. 117 % liegt in einem gerade noch akzeptablen Bereich.

17.2.2 Kurzfristige Liquiditätsanalyse

Die Liquidität ist für jedes Unternehmen von großer Bedeutung. Die Liquiditätsanalyse ist somit ein wichtiges Instrument, mit dem die Fähigkeit eines Unternehmens, seinen Zahlungsverpflichtungen fristgerecht nachzukommen, beurteilt werden kann. Hierzu werden die sogenannten Liquiditätskennzahlen herangezogen. Man unterscheidet dabei nach zunehmender Fristigkeit zwischen der Liquidität ersten, zweiten und dritten Grades.

Bei der Liquiditätsanalyse kann man folgende Liquiditätszustände unterscheiden:

- **Optimale Liquidität:** Es können alle Verbindlichkeiten fristgerecht bezahlt werden, ohne dabei zu viele Zahlungsmittelbestände zu haben.
- **Überliquidität:** Darunter versteht man, dass alle kurzfristigen Verbindlichkeiten bedient werden können, darüber hinaus aber zu große Zahlungsmittelbestände ungenutzt sind. Sie sollten z. B. besser dazu verwendet werden, in das Anlage- oder das Umlaufvermögen zu investieren.
- **Unterliquidität:** Zeitweilig können fällige Verbindlichkeiten nicht gezahlt werden. Die Terminierung der Zahlungseingänge und Zahlungsausgänge passt nicht zusammen. Auf die Periode betrachtet sind allerdings genügend Zahlungsmittel vorhanden.
- **Illiquidität:** Sie stellt die Zahlungsunfähigkeit des Unternehmens dar, d. h., die erwarteten Zahlungseingänge reichen nicht aus, um die Verbindlichkeiten und Schulden zu bedienen.

Tipp: Steuerung der Liquidität

Eine **Unterliquidität** sollten Sie auf jeden Fall verhindern, da eine Unterliquidität zur **Illiquidität** führen kann, sei es als vorübergehende Zahlungsstockung oder Überschuldung. Eine Überliquidität sollten Sie ebenfalls vermeiden, denn sie führt zu Zinsverlusten und somit zu einer geringeren Rentabilität.

Die kurzfristige Liquiditätsanalyse befasst sich mit den Verhältnissen von liquiden Mitteln, kurzfristigen Forderungen und Vorräten zu kurzfristigem Fremdkapital.

Mit den einzelnen Liquiditätsgraden kann die Liquidität eines Unternehmens hinsichtlich seiner kurzfristigen Zahlungsverpflichtungen beurteilt werden. Es können die folgenden Liquiditätsgrade unterschieden werden:

Liquidität 1. Grades (Liquid Ratio)

Die Liquidität 1. Grades misst, in welchem Umfang die liquiden Mittel das kurzfristige Fremdkapital decken. Sie wird auch als Barliquidität bezeichnet. Die **liquiden Mittel** eines Unternehmens umfassen die flüssigen Mittel (Kassenbestand, kurzfristiges Bankguthaben, Scheckbestände) und die sofort veräußerbaren Wertpapiere.

$$\text{Liquidität 1. Grades} = \frac{\text{liquide Mittel}}{\text{kurzfristiges Fremdkapital}} \times 100$$

Nach der „one to five rule“ sollten die liquiden Mittel mindestens 20 % des kurzfristigen Fremdkapitals ausmachen. Das heißt, die Liquidität 1. Grades sollte somit über 20 % liegen.

Tipp: Zahlung von Lieferantenverbindlichkeiten

Bei der Liquidität 1. Grades sollte unbedingt berücksichtigt werden, dass die eingehenden liquiden Mittel möglichst schnell zur Bezahlung der kurzfristigen Verbindlichkeiten eingesetzt werden, damit die Lieferantenrechnungen mit Skontoabzug bezahlt werden können.

Liquidität 2. Grades (Quick Ratio)

Die Liquidität 2. Grades ist die wichtigste Liquiditätskennzahl. Sie stellt dar, ob das monetäre Umlaufvermögen das kurzfristige Fremdkapital deckt. Unter dem Begriff „monetäres Umlaufvermögen“ versteht man das kurz- und mittelfristig liquidierbare Vermögen. Es werden zu den flüssigen Mitteln die kurzfristigen Wertpapiere und die kurzfristigen Forderungen hinzugezählt.
Liegt der Prozentsatz über 100, so können alle Eingangsrechnungen ausgeglichen werden, liegt die Kennzahl unter 100, kann lediglich der entsprechende Rech-

nungsanteil beglichen werden. Das Ergebnis sollte zwischen 100 bis 120 % liegen und 50 % nicht unterschreiten.

Die Liquidität 2. Grades kann folgendermaßen errechnet werden:

$$\text{Liquidität 2. Grades} = \frac{\text{monetäres Umlaufvermögen}}{\text{kurzfristiges Fremdkapital}} \times 100$$

Falls die Liquidität 2. Grades unter 100 % liegt, könnte dies daran liegen, dass im Unternehmen Probleme bei der Wertschöpfung bestehen oder, dass zu viele Halb- und Fertigprodukte auf Lager liegen, weil sie noch nicht verkauft werden konnten.[271]

Tipp: Monetäres Umlaufvermögen

Das monetäre Umlaufvermögen können Sie wie folgt ermitteln:

	flüssige Mittel
+	kurzfristige Wertpapiere
+	kurzfristige Forderungen (innerhalb von 3 Monaten fällig)
=	**monetäres Umlaufvermögen**

Liquidität 3. Grades (Current Ratio)

Die Liquidität 3. Grades gibt das Verhältnis des Umlaufvermögens zum kurzfristigen Fremdkapital eines Unternehmens an. Dies bedeutet, dass hier die Vorräte mit einbezogen werden. Die Liquidität 3. Grades sollte mindestens 120 bis 150 % betragen. Liegt der Wert über 150 %, deutet dies auf ein zu großes Warenlager mit überhöhter Kapitalbindung hin. Ist sie kleiner als 100 %, wird ein Teil der kurzfristigen Verbindlichkeiten nicht durch das Umlaufvermögen gedeckt, d. h., es müsste im Extremfall Anlagevermögen zur Deckung der Verbindlichkeiten verkauft werden und das Unternehmen hätte ernsthafte Zahlungsschwierigkeiten.

[271] Vollmuth, H. J.: Bilanzen, 2009, S. 215.

Die Liquidität 3. Grades ergibt sich wie folgt:

$$\text{Liquidität 3. Grades} = \frac{\text{Umlaufvermögen}}{\text{kurzfristiges Fremdkapital}} \times 100$$

Die Berechnung der Liquidität 3. Grades bzw. des relativen Working Capitals gibt den prozentualen Anteil an, zu dem das kurzfristige Fremdkapital durch das Umlaufvermögen gedeckt ist.

Achtung: Aussagefähigkeit der Liquiditätsgrade

Die Aussagefähigkeit der Liquiditätsgrade ist allerdings begrenzt, da es sich um statische Kennzahlen handelt, die nur die Situation am Bilanzstichtag wiedergeben. Dabei wird nicht auf die Fälligkeit von Forderungen oder Verbindlichkeiten eingegangen. Außerdem könnten andere Verbindlichkeiten anfallen, die in der Bilanz nicht erkennbar sind, wie z. B. Lohn- und Steuerzahlungen.

Working Capital

Das Working Capital berechnet sich aus der Differenz von Umlaufvermögen und kurzfristigem Fremdkapital. Die Kennzahl ist ein Indikator für die Finanzkraft eines Unternehmens und sollte deshalb möglichst positiv sein. Das Ergebnis wird nicht wie bei den Liquiditätsgraden als Prozentsatz, sondern als absoluter Wert ausgedrückt.

Ein negatives Ergebnis würde bedeuten, dass das Umlaufvermögen nicht ausreicht, um das gesamte kurzfristige Fremdkapital zu decken. Ein Teil des Anlagevermögens wäre damit kurzfristig finanziert. Das Unternehmen könnte somit zukünftig in Liquiditätsschwierigkeiten geraten.

Je höher das Working Capital, desto gesicherter ist die Liquidität und damit auch die Beweglichkeit des Unternehmens. Das Unternehmen wird mit steigendem Working Capital besser eingestuft, da die Finanzierung solide ist.

Das Working Capital wird folgendermaßen berechnet:

$$\text{Working Capital} = \text{Umlaufvermögen} - \text{kurzfristiges Fremdkapital}$$

In einer Krisensituation, d. h. bei sinkender Nachfrage, kann das Working Capital zur Sicherung der Liquidität im Wesentlichen durch drei Maßnahmen gezielt reduziert werden:

- intensiveres Forderungsmanagement,
- aushandeln von längeren Zahlungszielen und
- Abbau von Vorräten.

Dadurch wird das gebundene Kapital freigesetzt und die Liquidität verbessert.

Tipp: Working Capital
Mithilfe dieser Kennzahl können die Liquidität und die Bonität eines Unternehmens beurteilt werden. Je größer das Working Capital, desto höher ist der Liquiditätsspielraum des Unternehmens.

Net Working Capital

Das Net Working Capital (Nettoumlaufvermögen) ist eine bei Finanzanalysten beliebte Kennzahl. Es zeigt, welcher Teil des Umlaufvermögens für das Unternehmen arbeitet (sprich Umsätze generiert), ohne im engeren Sinne Kapitalkosten zu verursachen. Es berechnet sich aus dem Umlaufvermögen abzüglich des kurzfristigen Fremdkapitals und der liquiden Mittel. Ein negatives Net Working Capital bedeutet, dass Lieferanten die Umsätze des Unternehmens vorfinanzieren.

$$\text{Net Working Capital} = \text{Umlaufvermögen} - (\text{liquide Mittel} + \text{kurzfristiges Fremdkapital})$$

Kreditanspannung

Die Kreditanspannung verdeutlicht, inwieweit ein Unternehmen den aufgenommenen Lieferantenkredit an seine Abnehmer weitergegeben bzw. den gewährten Lieferantenkredit durch eigene Verschuldung bei den Lieferanten finanziert hat.[272] Sie kann wie folgt berechnet werden:

$$\text{Kreditanspannung} = \frac{\text{Verbindlichkeiten aLuL} + \text{Wechselverbindlichkeiten}}{\text{Forderungen aus Lieferungen und Leistungen}} \times 100$$

[272] Ossola-Haring, C.: Handbuch Kennzahlen zur Unternehmensführung, 2006, S. 65.

Tipp: Kreditanspannung
Eine Erhöhung der Kreditanspannung durch ein relatives Ansteigen der Schulden könnte ein Hinweis auf künftige Liquiditätsprobleme sein.

Gearing

Als Gearing (Nettoverschuldungsgrad) bezeichnet man das Verhältnis von Nettoverschuldung zu Eigenkapital. Diese Kennzahl informiert über das Risiko, das von Eigentümern und Kreditoren eingegangen worden ist, und zeigt den Spielraum für eine mögliche Aufnahme von neuen Schulden. Je höher das Gearing, desto größer das Risiko und umso mehr steigt die Abhängigkeit des Unternehmens von seinen Fremdkapitalgebern. Somit wird es immer schwieriger, zusätzliches Kapital aufzunehmen. Ein Gearing von beispielsweise 25 % sagt aus, dass die Finanzverbindlichkeiten nach Abzug der liquiden Mittel lediglich 25 % des Eigenkapitals betragen. Eine steigende Verschuldung geht im Regelfall auch mit steigenden Fremdkapitalzinsen einher. Andererseits muss jedoch auch beachtet werden, dass sich ein zu niedriges Gearing negativ auf die Rentabilität eines Unternehmens auswirken kann, da Eigenkapital in der Regel wesentlich teurer ist als Fremdkapital.

$$\text{Gearing} = \frac{\text{verzinsliches Fremdkapital} - \text{liquide Mittel}}{\text{Eigenkapital}} \times 100$$

Das **verzinsliche Fremdkapital** setzt sich aus den folgenden Positionen zusammen:

	Verzinsliches Fremdkapital
	Anleihen
+	Verbindlichkeiten gegenüber Kreditinstituten
+	Pensionsrückstellungen
+	sonstige verzinslichen Verbindlichkeiten
=	**verzinsliches Fremdkapital**

Tab. 98: Verzinsliches Fremdkapital

In der folgenden Tabelle sehen Sie die Ergebnisse der bestandsorientierten Liquiditätsanalyse für die Deutz AG:

Kennzahlen zur bestandsorientierten Liquiditätsanalyse der Deutz AG			
(Mio. €)	**2009**	**2008**	**2007**
liquide Mittel	210,50	200,20	298,10
Verbindlichkeiten aus Lieferungen u. Leistungen	115,64	117,37	170,04
Forderungen aus Lieferungen und Leistungen	80,39	74,49	125,34
kurzfristiges Fremdkapital	276,11	276,88	420,22
verzinsliches Fremdkapital	350,50	356,08	368,11
monetäres Umlaufvermögen	375,51	423,50	569,71
Umlaufvermögen	461,05	583,55	724,69
Liquidität 1. Grades	**76,24 %**	**72,31 %**	**70,94 %**
Liquidität 2. Grades	**136,00 %**	**152,95 %**	**135,57 %**
Liquidität 3. Grades	**166,98 %**	**210,76 %**	**172,45 %**
Working Capital	**184,94**	**306,67**	**304,47**
Net Working Capital	**-25,56**	**106,47**	**6,36**
Kreditanspannung	**143,85 %**	**157,56 %**	**135,66 %**
Gearing	**45,22 %**	**36,14 %**	**16,45 %**

Tab. 99: Kennzahlen zu den Deckungsgraden

Die Liquidität des Unternehmens kann als sehr gut eingestuft werden, obwohl sich die Liquiditätsgrade verschlechtert haben. Alle Liquiditätsgrade liegen im Sollbereich. Auch das Working Capital ist im positiven Bereich, jedoch hat sich das Working Capital von Jahr zu Jahr verringert. Ebenso weist das Gearing aufgrund der sehr hohen Liquidität des Unternehmens gute Werte aus. Das Unternehmen konnte mit seinem konsequenten Sparprogramm und mit dem strikten Working Capital Management die hohe Liquidität sichern.

Tipp: Beobachtung der Kontoführung

Die Kontoführung stellt für Kreditinstitute eine Visitenkarte, d. h. einen Indikator zur Bonitätsbeurteilung eines Unternehmens dar. Eine Liquiditätsverschlechterung ist i. d. R. frühzeitig an einer verschlechterten Kontoführung sichtbar. Dagegen werden Ergebnisverschlechterungen erst im Nachhinein für Kreditinstitute durch die verspätete Vorlage von Jahresabschlüssen erkennbar.

Als Nächstes sehen Sie eine Checkliste mit Hinweisen auf eine Liquiditätsverschlechterung aus Sicht der Banken.

Checkliste: Hinweise für eine Liquiditätsverschlechterung aus Bankensicht	
Hinweise	**Erläuterung**
Stärkere Ausnutzung der Kreditlinien	Die durchschnittliche Inanspruchnahme der Kreditlinien steigt an d. h. die Elastizität der Kontokorrentinanspruchnahme sinkt.
Überziehung der Kreditlinie	Mit steigender Tendenz werden die Kreditlinien überzogen. Es wird der Wunsch nach Umschuldung von den Kreditnehmern geäußert.
Veränderung des Zahlungsverhaltens	▪ Warenlieferung von Lieferanten nur noch gegen Vorkasse ▪ Rückgang der Haben-Umsätze bei der bisherigen Haupt-Bank, daraus kann man auf eine neue Bankverbindung schließen ▪ Anstieg von Wechselverbindlichkeiten ▪ Anstieg von Auskunftsersuchen ▪ Verspätete Zahlung von Löhnen und Gehältern
Änderung des Verhaltens	▪ Verminderte Informationsbereitschaft des Bankkunden ▪ Unerreichbarkeit des Bankkunden ▪ Unzuverlässigkeit des Bankkunden, die vereinbarten Zusagen werden nicht eingehalten
Zins- und Tilgungsrückstände	Der Kapitaldienst für die laufenden Kredite wird durch die Erhöhung der Kontokorrentkreditinanspruchnahmen bestritten.

17.2.3 Working Capital Management

Das Working Capital Management (WCM) rückt durch die Verschärfung der Kreditvergaberegeln (Basel II) und häufig durch eine unbefriedigende Cashflow-Entwicklung in den Unternehmen in den Fokus des Managements. Beim Working Capital Management steht die gezielte Beeinflussung der Kennzahl „Working Capital" im Vordergrund.

Working Capital = Umlaufvermögen – kurzfristiges Fremdkapital

Die Ziele des Working Capital Managements sind, Liquidität freizusetzen, den operativen Cashflow zu verbessern sowie die Bilanzstruktur zu optimieren.

Da sich die Posten des Working Capitals über die gesamte Wertschöpfungskette ziehen, muss ein erfolgreiches „Working Capital Management" stets einen funktionsübergreifenden Charakter aufweisen. Das Zusammenspiel der drei Working Capital Komponenten „Days Sales Outstanding (DSO)", „Days Payables Outstanding (DPO)" sowie „Days Inventory Held (DIH)" und der dadurch entstehende Finanzmittelstrom zwischen den einzelnen Posten lässt sich im Cash Conversion Cycle (CCC) festhalten.

Zu den einzelnen Komponenten und dem CCC im Detail:

- Die Komponente **„Days Sales Outstanding (DSO)"** (Kundenziel) misst die durchschnittliche Forderungslaufzeit, d. h. die in Tagen ausgedrückte Zeitspanne von der Rechnungsstellung an den Kunden bis zum Zahlungseingang.
- Die Komponente **„Days Payables Outstanding (DPO)"** (Lieferantenziel) misst die durchschnittliche Verbindlichkeitslaufzeit in Tagen vom Rechnungseingang bis zur Zahlungsausführung an den Lieferanten.
- Die Komponente **„Days Inventory Held (DIH)"** (Lagerumschlagsdauer) misst die durchschnittliche Reichweite der Lagerbestände in Tagen, die als Maß für die Höhe der Lagerbestände herangezogen wird.
- Die aggregierte Kennzahl **„Cash Conversion Cycle (CCC)"** berechnet sich aus den Komponenten DSO + DIH - DPO. Der Cash Conversion Cycle beschreibt die Zeitspanne, in der liquide Mittel in den Working Capital Posten gebunden sind.

Die Days Sales Outstanding (DSO) zeigen die Liquidität, die in den Forderungen gebunden ist und dem Unternehmen zur Innenfinanzierung nicht zur Verfügung stehen.

$$\text{Days Sales Outstanding (Kundenziel)} = \frac{\text{durchschnittliche Forderungen aLuL}}{\text{Umsatzerlöse des Geschäftsjahres}} \times 365 \text{ Tage}$$

Die in der Formel anzusetzenden durchschnittlichen Forderungen aus Lieferungen und Leistungen sind wie folgt zu berechnen:

$$\text{durchschnittliche Forderungen aLuL} = \frac{\text{Forderungen aLuL zu Beginn der Periode} + \text{Forderungen aLuL am Ende der Periode}}{2}$$

Eine geringe durchschnittliche Forderungslaufzeit, die sich in einem niedrigen DSO ausdrückt, hat positive Auswirkungen auf das Working Capital. Umgekehrt wirkt sich eine lange durchschnittliche Forderungslaufzeit negativ auf das Working Capital aus. Die folgende Übersicht zeigt den Einfluss des DSO auf das Working Capital:

Einfluss des DSO auf das Working Capital	
hoher DSO	niedriger DSO
▪ hoher Forderungsbestand ▪ hohe Kapitalbindung ▪ niedrigere Liquidität/Liquiditätsengpass/zusätzliches Fremdkapital ▪ schlechtere Bonität ▪ schlechteres Rating ▪ höheres Ausfallrisiko	▪ höhere Liquidität ▪ geringerer Forderungsbestand ▪ niedrigere Kapitalbindung ▪ niedrigerer Kapitalbedarf
Negative Auswirkung auf das Working Capital	**Positive Auswirkung auf das Working Capital**

Tab. 100: Einfluss des DSO auf das Working Capital

Das Pendant zum Kundenziel ist die Kreditorenlaufzeit (Days Payable Outstanding). Sie gibt Auskunft darüber, in welchem Maß das Unternehmen durchschnittlich das von Lieferanten gewährte Zahlungsziel in Anspruch nimmt.

Days Payable Outstanding (DPO)

$$= \frac{\text{durchschnittliche Verbindlichkeiten aLuL}}{\text{Materialeinsatz} + \text{Fremdleistungen}} \times 365 \text{ Tage}$$

Mit der Kennzahl „Days Inventory Held“ berechnet man die Umschlagsdauer des Vorratsvermögens. Sie misst die durchschnittliche Reichweite der Lagerbestände in Tagen. Je niedriger die Lagerdauer ist, desto höher ist der Lagerumschlag und desto geringer ist die Kapitalbindung im Lager.

Days Inventory Held (DIH)

$$= \frac{\text{durchschnittlicher Bestand an Vorräten}}{\text{Materialaufwand}} \times 365 \text{ Tage}$$

Eine genaue Analyse des Working Capital liefert häufig Hinweise auf Schwachstellen in bestimmten Unternehmensprozessen.

Der „Cash Conversion Cycle" (= DSO + DHI – DPO) entspricht dem Zeitraum zwischen der (eigenen) Bezahlung von eingekauften Ressourcen und der Bezahlung der damit erstellten Leistung durch den Kunden. Die Kennzahl sagt aus, wie lange ein Unternehmen das Nettoumlaufvermögen von der Bezahlung der Rohstoffe bis zur Bezahlung der Endprodukte zwischenfinanzieren muss. Je höher die Kennzahl ist, desto negativer sind die Auswirkungen auf den Cashflow und die Liquidität.

Kennzahlen zum Working Capital Management			
(Mio. €)	**2009**	**2008**	**2007**
durchschnittliche Forderungen aLuL	77,44	99,92	94,13
Umsatzerlöse	795,50	1.417,00	1.443,10
durchschnittliche Verbindlichkeiten aLuL	116,51	143,71	156,61
Materialeinsatz + Fremdleistungen	611,00	1.063,80	1.043,20
durchschnittlicher Vorratsbestand	120,55	153,81	131,21
Days Sales Outstanding	**35,53**	**25,74**	**23,81**
Days Payable Outstanding	**69,60**	**49,31**	**54,80**
Days Inventory Held	**72,01**	**52,77**	**45,78**
Cash Conversion Cycle	**37,95**	**29,20**	**14,77**

Tab. 101: Kennzahlen zum Working Capital Management

Trotz eines guten Working Capital Managements hat sich der Cash Conversion Cycle verschlechtert. Ein striktes Sparprogramm des Unternehmens wirkte sich positiv auf die Liquiditätsentwicklung aus. Die Vorräte wurden abgebaut, sodass das Unternehmen im Geschäftsjahr 2009 teilweise von den Lagerbeständen des Vorjahres lebte und somit die Liquidität sichern konnte. Des Weiteren wurden die Zahlungsziele für die Lieferantenverbindlichkeiten ausgedehnt. Die Lieferantenverbindlichkeiten wurden zum Geschäftsjahresende um ca. 50 % reduziert.

17.3 Stromgrößenorientierte Liquiditätsanalyse

Die bestandsorientierte Liquiditätsanalyse hat das Manko, dass von Bestandsgrößen auf künftige Zahlungsgrößen, also Stromgrößen geschlossen wird. Die stromgrößenorientierte Liquiditätsanalyse hingegen bildet die Zahlungsströme in einem Unternehmen besser ab. Für sie wurden die Cashflow-Analyse und die Kapitalflussrechnung entwickelt. Die wichtigsten Kennzahlen der stromgrößenorientierten Liquiditätsanalyse sind:

- Cashflow
- dynamischer Verschuldungsgrad
- Innenfinanzierungsgrad
- Free Cashflow
- Cash-Burn-Rate

Eine zentrale Bedeutung bei der stromgrößenorientierten Liquiditätsanalyse hat der Cashflow.

17.3.1 Cashflow

Der Begriff Cashflow ist in der Praxis weitverbreitet und findet in jedem Unternehmen häufig Anwendung. Um den Cashflow zu ermitteln, gibt es verschiedene Methoden, die auch zu unterschiedlichen Ergebnissen führen.
Der Cashflow ist ein Instrument zur Analyse der Finanz- und Ertragskraft des Unternehmens, d. h., er dient der Ermittlung der sogenannten Innenfinanzierungskraft. Wenn entschieden werden soll, ob Investitionen getätigt, Schulden getilgt oder Gewinne ausgeschüttet werden, ist der Cashflow eine wichtige Entscheidungsbasis.
Der Vorteil dieser Kennzahl ist, dass sie von bilanzpolitischen Spielräumen unberührt bleibt und somit frei von manipulatorischen Einflüssen ist. Daher vermittelt sie ein vergleichsweise realitätsgetreues Abbild der Finanz- und Ertragslage.

Als Basis der Cashflow-Ermittlung werden die Daten der Gewinn- und Verlustrechnung (GuV) herangezogen, wobei diese um alle **auszahlungsunwirksamen** Aufwendungen und Erträge bereinigt werden, sodass tatsächlich nur das zahlungswirksame Unternehmensgeschehen berücksichtigt wird. Der Cashflow kann entweder mittels der direkten (progressiven) oder indirekten (retrograden) Methode berechnet werden.

Direkte Methode der Cashflow-Ermittlung

Bei der direkten Methode wird der Cashflow unmittelbar als Differenz zwischen den einzahlungswirksamen Erträgen eines Unternehmens und dessen auszahlungswirksamen Aufwendungen der relevanten Abrechnungsperiode gebildet. Er wird somit wie folgt berechnet:

Direkte Ermittlung des Cashflows	
	einzahlungswirksame Erträge
-	auszahlungswirksame Aufwendungen
=	**Cashflow**

Tab. 102: Direkte Ermittlung des Cashflows

Da die meisten externen Analysten jedoch nur Zugang zu externen Daten haben, bietet sich für sie die indirekte Methode zur Ermittlung des Cashflows an.

Indirekte Methode der Cashflow-Ermittlung

Bei der indirekten Methode wird der in der GuV-Rechnung ausgewiesene Jahresüberschuss/-fehlbetrag um bestimmte, in ihm enthaltene einzahlungs- bzw. auszahlungsunwirksame Erfolgsgrößen bereinigt. Dabei ist das Jahresergebnis um alle nicht auszahlungswirksamen Aufwendungen, die das Jahresergebnis gemindert haben, zu erhöhen und um alle nicht einzahlungswirksamen Erträge, die das Jahresergebnis erhöht haben, zu mindern.

Indirekte Ermittlung des Cashflows	
	Jahresüberschuss bzw. Jahresfehlbetrag
-	einzahlungs**un**wirksame Erträge
+	auszahlungs**un**wirksame Aufwendungen
=	**Cashflow**

Tab. 103: Indirekte Ermittlung des Cashflows

Über die Beurteilung der Finanz- und Ertragskraft hinaus wird der Cashflow häufig verwendet, um die Kreditwürdigkeit eines Unternehmens einzuschätzen. Der Cashflow wird in differenzierterer Form in der Kapitalflussrechnung dargestellt.

17.3.2 Kapitalflussrechnung

In der Gewinn- und Verlustrechnung werden Erträge und Aufwendungen gegenübergestellt. Dagegen werden in der Kapitalflussrechnung Zahlungsströme abgebildet. Einzahlungen und Auszahlungen werden also gegenübergestellt. Insofern wird der Cashflow auch in der Kapitalflussrechnung abgebildet.

Ausgangspunkt der Kapitalflussrechnung bildet die Bewegungsbilanz. In der Bewegungsbilanz werden alle Veränderungen zweier aufeinanderfolgender Bilanzen erfasst. In der dreiteiligen Ursachenrechnung der Kapitalflussrechnung werden die Veränderungen erläutert.

Die Kapitalflussrechnung setzt sich aus den folgenden drei Bereichen zusammen:

- Cashflow aus laufender Geschäftstätigkeit,
- Cashflow aus Investitionstätigkeit und
- Cashflow aus Finanzierungstätigkeit.

Der **Cashflow aus Investitionstätigkeit** gibt an, wie viel Geld innerhalb eines Geschäftsjahres in das Anlagevermögen investiert wurde bzw. durch den Verkauf von Teilen des Anlagevermögens eingenommen wurde. Der Saldo aus den Einzahlungen und Auszahlungen der verschiedenen Investitionen/Desinvestitionen ergibt den Cashflow aus Investitionstätigkeit. Dieser Cashflow informiert darüber, inwieweit Investitionen für Ressourcen getätigt wurden, mit denen künftige Erträge und Cashflows im betrieblichen Bereiche erwirtschaftet werden können.
Der **Cashflow aus Finanzierungstätigkeiten** zeigt auf, welche Ein- und Auszahlungen an Eigen- und Fremdkapital während des Geschäftsjahres im Rahmen der Außenfinanzierung getätigt wurden.
Schließlich gibt es noch den **Cashflow aus laufender Geschäftstätigkeit**. Unter der laufenden Geschäftstätigkeit versteht man die erlöswirksamen Geschäftsvorfälle des Unternehmens, die nicht aus der Investitions- oder Finanzierungstätigkeit hervorgehen. Zum Cashflow aus der laufenden Geschäftstätigkeit gehören z. B. die Auszahlungen bzw. Einzahlungen aus dem Verkauf bzw. Einkauf von Gütern und Dienstleistungen oder Auszahlungen für die Löhne und Gehälter. Der Cashflow aus der laufenden Tätigkeit ist ein Schlüsselindikator dafür, in welchem Umfang es durch die Unternehmenstätigkeit gelungen ist, Zahlungsmittelüberschüsse zu erwirtschaften, die ausreichen, um Verbind-

lichkeiten zu tilgen, die Leistungsfähigkeit des Unternehmens zu erhalten, Dividendenzahlungen zu leisten und Investitionen zu tätigen, ohne dabei auf Quellen der Außenfinanzierung angewiesen zu sein.

Die folgende Tabelle zeigt Ihnen die verkürzte Form der Kapitalflussrechnung.

	Kapitalflussrechnung
	betriebliche Einzahlungen
-	betriebliche Auszahlungen
=	**Cashflow aus laufender Geschäftstätigkeit (1)**
	Desinvestitionseinzahlungen
-	Investitionsauszahlungen
=	**Cashflow aus Investitionstätigkeit (2)**
	Finanzierungseinzahlungen
-	Finanzierungsauszahlungen
=	**Cashflow aus Finanzierungstätigkeit (3)**
	Veränderung des Finanzmittelfonds [(1)+(2)+(3)]

Tab. 104: Kapitalflussrechnung

Erstellen einer Kapitalflussrechnung

Die beschriebenen Cashflows können mithilfe einer Kapitalflussrechnung aus den Angaben der Bilanz und der GuV-Rechnung ermittelt werden. Diese Daten stehen auch externen Analysten zur Verfügung.

Bei der Erstellung der Kapitalflussrechnung sollten Sie schrittweise vorgehen. Hierzu bieten sich die Stufen der Kapitalflussrechnung nach Küting an:[273]

- Ermittlung der Beständedifferenzenbilanz
- Ermittlung der Veränderungsbilanz/Bewegungsbilanz
- Erweiterung der Bewegungsbilanz um die Kontenbewegungen des Anlagevermögens
- Erweiterung der Bewegungsbilanz um die Veränderungen des Eigenkapitals
- Erweiterung der Bewegungsbilanz um die GuV
- Saldierung der erweiterten Bewegungsbilanz
- Umgliederung der Posten zur Kapitalflussrechnung

Die einzelnen Arbeitsschritte sind in der folgenden Abbildung dargestellt:[274]

[273] Küting, K. und Weber, C-P.: Die Bilanzanalyse, 2009, S. 181 ff.

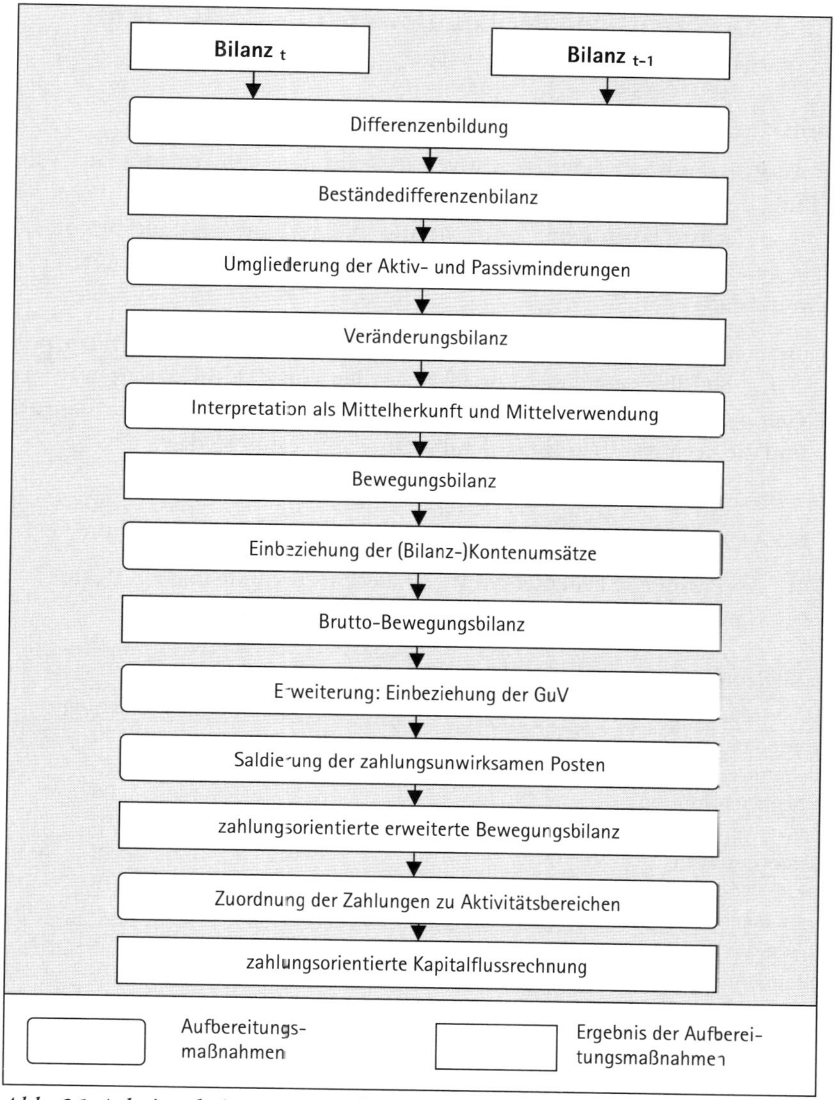

Abb. 36: Arbeitsschritte zur Erstellung einer Kapitalflussrechnung

[274] In Anlehnung an Coenenberg et al., 2009; Baetge et al., 2004 u. Küting et al., 2009.

17.3.3 Die Ermittlung der Cashflows der Deutz AG für das Geschäftsjahr 2009

Schritt 1: Ermittlung der Beständedifferenzenbilanz

Die Ausgangsbasis bei einer derivativen (Ableitung aus Bilanz und GuV) Ermittlung der Kapitalflussrechnung stellt die Beständedifferenzenbilanz dar. Sie ist die einfachste Form einer Zeitrechnung, die auf einem Vergleich von Bilanzbeständen beruht, und stellt gleichzeitig die Grundlage für die Kapitalflussrechnung dar.

Die Beständedifferenzenbilanz zeigt die Bruttoveränderungen der Bilanzposten, d. h., die Bilanzwerte des Vorjahres werden von den Bilanzwerten des zu analysierenden Jahres subtrahiert. Die positiven Beträge sind Bestandsmehrungen und die negativen Beträge stellen Bestandsminderungen dar.

Alle Differenzen sind mit einen Plus- oder Minuszeichen zu versehen:

- Ein **A+** bedeutet eine Aktivzunahme und eine **A-** eine Aktivabnahme.
- Auf der Passivseite bedeutet ein **P+** eine Passivzunahme und ein **P-** eine Passivabnahme.

Beständedifferenzenbilanz für das Geschäftsjahr 2009 der Deutz AG		
Aktiva (Mio. €)	**Veränderung**	
Aufwendungen für die Erweiterung des Geschäftsbetriebs	-10,40	A-
Immaterielle Vermögensgegenstände	-6,60	A-
Sachanlagen	-3,00	A-
Finanzanlagen	+5,70	A+
Anlagevermögen	-3,90	A-
Vorräte	-71,70	A-
Forderungen und sonstige Vermögensgegenstände	-58,30	A-
Flüssige Mittel	+10,30	A+
Umlaufvermögen	-119,70	A-
Rechnungsabgrenzungsposten	-2,90	A-
Bilanzsumme	**-136,90**	

Beständedifferenzenbilanz für das Geschäftsjahr 2009 der Deutz AG		
Passiva (Mio. €)		
Gezeichnetes Kapital	0,00	-
Kapitalrücklagen	0,00	-
Gewinnrücklagen	0,00	-
Gesetzliche Rücklagen	0,00	-
Andere Rücklagen	0,00	-
Bilanzgewinn/-verlust	-132,10	P-
Eigenkapital	-132,10	P-
Wandelgenussrechte	0,00	-
Rückstellungen	-20,90	P-
Verbindlichkeiten	+15,40	P+
Rechnungsabgrenzungsposten	+0,70	P+
Bilanzsumme	**-136,90**	

Tab. 105: Beständedifferenzbilanz 2009 der Deutz AG

Schritt 2: Ermittlung der Veränderungsbilanz/Bewegungsbilanz

Durch Umgliederung der Aktivzunahmen und Passivabnahmen bzw. Passivzunahmen und Aktivabnahmen wird die Beständedifferenzenbilanz nach folgendem Schema zu einer Veränderungsbilanz.

Veränderungsbilanz	
Aktivmehrung (A+)	Passivmehrung (P+)
Passivminderung (P-)	Aktivminderung (A-)
Summe (Netto-)Veränderung	**Summe (Netto-)Veränderung**
Klassifizierung: Mittelverwendung A+, P- und Mittelherkunft P+, A-	

Tab. 106: Schema Veränderungsbilanz

Die Seite der Aktivmehrung/Passivminderung (linke Seite) wird als **Mittelverwendung** interpretiert und die Seite der Passivmehrung/Aktivminderung (rechte Seite) als **Mittelherkunft.**

Die Veränderungsbilanz liefert keine zusätzlichen Informationen. Sie dient lediglich als Zwischenschritt zur Bewegungsbilanz. Die folgende Abbildung zeigt die Veränderungsbilanz. Auch bei der Veränderungsbilanz sind die Summen auf beiden Seiten gleich.

Veränderungsbilanz/Bewegungsbilanz der Deutz AG 2009			
Mittelverwendung (Mio. €)		Mittelherkunft (Mio. €)	
Aktivzunahmen		**Passivzunahmen**	
Finanzanlagen	5,70	Verbindlichkeiten	15,40
Flüssige Mittel	10,30	Rechnungsabgrenzungsposten	0,70
Passivabnahmen		**Aktivabnahmen**	
Bilanzgewinn/-verlust	132,10	Aufwendungen für die Erweiterung des Geschäftsbetriebs	10,40
Rückstellungen	20,90	Immaterielle Vermögensgegenstände	6,60
		Sachanlagen	3,00
		Vorräte	71,70
		Forderungen und sonstige Vermögensgegenstände	58,30
		Rechnungsabgrenzungsposten	2,90
Summe Bestandsveränderungen	**169,00**	**Summe Bestandsveränderungen**	**169,00**

Tab. 107: Veränderungsbilanz/Bewegungsbilanz der Deutz AG

Anmerkung:

Durch eine Zunahme des Bestandes an flüssigen Mitteln, der Finanzanlagen und durch die Abnahme des Bilanzgewinnes/-verlustes wird Kapital benötigt. Dieses Kapital wurde hauptsächlich durch Reduzierung der Vorräte und der Forderungen freigesetzt.

Schritt 3: Erweiterung der Bewegungsbilanz um die Kontenbewegungen des Anlagevermögens

Um sämtliche liquiditätswirksamen und liquiditätsunwirksamen Bewegungen aller Bilanzposten ersichtlich zu machen, werden in der erweiterten Bewegungsbilanz die Kontenumsätze der Bestandskonten hinzugefügt. Dies ermöglicht eine genauere Betrachtung und Interpretation der Mittelverwendung und Mittelherkunft.

Die Kontenbewegungen des Anlagevermögens kann man dem Anlagenspiegel entnehmen.

Anlagenspiegel der Deutz AG 2009						
(Mio. €)	Bruttowerte der Anschaffungs- oder Herstellungskosten					
	01.01.	Zugänge[275]	Investitionszuwendungen	Abgänge	Umbuchungen	31.12.
Aufwendungen für die Erweiterung des Geschäftsbetriebs	41,51	0,0	0,0	41,51	0,0	0,0
Immaterielle Vermögensgegenstände	91,36	9,47	-2,0	7,87	0,33	91,29
Sachanlagen	721,67	36,32	-2,0	16,44	-0,33	739,22
Finanzanlagen	255,69	7,00	0,0	1,35	0,0	261,34

Tab. 108: Anlagenspiegel Teil 1 der Deutz AG

Anlagenspiegel der Deutz AG 2009						
(Mio. €)	Bruttowerte Abschreibungen				Restbuchwerte	
	01.01.09	Zugänge	Abgänge	31.12.09	31.12.09	31.12.08
Aufwendungen für die Erweiterung des Geschäftsbetriebs	31,13	10,38	41,51	0,0	0,0	10,38
Immaterielle Vermögensgegenstände	66,50	14,10	7,61	72,99	18,30	24,86
Sachanlagen	442,22	35,34	14,77	462,79	276,42	279,44
Finanzanlagen	73,78	0,0	0,0	73,78	187,56	181,90

Tab. 109: Anlagenspiegel Teil 2 der Deutz AG

Die Abgänge im Anlagenspiegel müssen gemäß HGB nur nach den historischen Anschaffungs- oder Herstellungskosten ausgewiesen werden. Der Anlagenspiegel liefert jedoch die benötigten Informationen, um die Abgänge zu einem Restbuchwert zu ermitteln.

Folgende Vorgehensweise können Sie anwenden:

[275] Die Investitionszuwendungen sind in den Zugängen enthalten.

Ermittlung der Abgänge zu Restbuchwerten der Deutz AG 2009				
	(Mio. €)	Immaterielle Vermögens-gegenstände	Sachan-lagen	Finanz-anlagen
	Buchwert zu Beginn des Geschäftsjahrs	24,9	279,4	181,9
+	Zugänge des Geschäftsjahrs	9,5	36,3	7,0
-	Investitionszuwendungen	2,0	2,0	0,0
-	Abschreibungen des Geschäftsjahrs	14,1	35,3	0,0
+	Zuschreibungen des Geschäftsjahrs	0,0	0,0	0,0
-	Buchwert am Ende des Geschäftsjahrs	18,3	276,4	187,6
+/-	Umbuchungen	0,3	-0,3	0,0
=	**Abgänge zum Restbuchwert**	**0,3**	**1,7**	**1,3**

Tab. 110: Ermittlung der Abgänge zu Restbuchwerten

Mithilfe der Abgänge zu Restbuchwerten kann die Bewegungsbilanz um die Kontenbewegungen des Anlagevermögens erweitert werden. Dies geschieht, indem die Seiten der Mittelherkunft und Mittelverwendung der Bewegungsbilanz durch die entsprechenden Bilanzpositionen (immaterielle Vermögensgegenstände, Sachanlagen, Finanzanlagen) ergänzt werden. Abgänge und Abschreibungen des Anlagevermögens werden hierbei als Mittelherkunft und Zugänge sowie Zuschreibungen als Mittelverwendung interpretiert.

Die Bilanzierungshilfe „Aufwendungen für Ingangsetzung und Erweiterung des Geschäftsbetriebs“ wurde vollständig im Geschäftsjahr 2009 abgeschrieben und wird ebenfalls in die Brutto-Bewegungsbilanz aufgenommen.
In der folgenden Tabelle wird die erweiterte Bewegungsbilanz mit sämtlichen Positionen aus dem Anlagenspiegel der Deutz AG aufgestellt:

Kontenbewegungen des Anlagevermögens der Deutz AG 2009					
	Delta Buchwert	Abschreibungen	Zuschreibungen	Zugänge[276]	Abgänge
Aufwendungen für die Erweiterung des Geschäftsbetriebs	- 10,40	10,40	0	0	0
Immaterielle Vermögensgegenstände	- 6,60	14,10	0	7,80	0,30
Sachanlagen	- 3,00	35,30	0	34,00	1,70
Finanzanlagen	5,70	0	0	7,00	1,30

Tab. 111: Kontenbewegungen des Anlagevermögens

[276] Zugänge = Zugänge – Investitionszuwendungen +/- Umbuchungen

Bruttobewegungsbilanz der Deutz AG 2009			
Mittelverwendung		**Mittelherkunft**	
Aktivzunahmen		**Passivzunahmen**	
Zugänge immaterielle Vermögensgegenstände	7,80		15,40
		Verbindlichkeiten	
Zugänge Sachanlagen	34,00	Rechnungsabgrenzungsposten	0,70
Zugänge Finanzanlagen	7,00		
Flüssige Mittel	10,30		
Passivabnahmen		**Aktivabnahmen**	
Bilanzgewinn/-verlust	132,10	Abgänge immaterielle Vermögensgegenstände	0,30
Rückstellungen	20,90	Abgänge Sachanlagen	1,70
		Abgänge Finanzanlagen	1,30
		Vorräte	71,70
		Forderungen und sonstige Vermögensgegenstände	58,30
		Rechnungsabgrenzungsposten	2,90
		Abschreibungen auf immaterielle Vermögensgegenstände	14,10
		Abschreibungen auf Sachanlagen	35,30
		Abschreibungen für die Erweiterung des Geschäftsbetriebes	10,40
Summe Nettoveränderungen	**212,10**	**Summe Nettoveränderungen**	**212,10**

Tab. 112: Bruttobewegungsbilanz der Deutz AG

Schritt 4: Erweiterung der Bewegungsbilanz um die Veränderungen des Eigenkapitals

Im nächsten Schritt wird die in der Bewegungsbilanz ausgewiesene Veränderung des Bilanzgewinns/-verlusts in den Jahresüberschuss/-fehlbetrag, die Veränderungen der Rücklagen und die Dividendenausschüttung aufgespalten.
Falls die Bilanzen nach teilweiser vollständiger Gewinnverwendung aufgestellt wurden, sind zunächst alle Gewinnverwendungsbuchungen rückgängig zu machen, um ein für die Bewegungsbilanz und die GuV-Rechnung identisches Ergebnis zu erhalten. Dabei gilt folgender Zusammenhang:[277]

[277] Küting, K. (Hrsg.): Saarbrücker Handbuch der betriebswirtschaftlichen Beratung, 2008, S. 695.

Aufspaltung des Bilanzgewinns/-verlusts	
	Jahresergebnis des Geschäftsjahres
+/-	Rücklagenveränderung gegenüber dem Vorjahr
-	Ausschüttung des Bilanzgewinns des Vorjahrs
+/-	Veränderungen des Anteils der anderen Gesellschafter am Konzernergebnis
=	Veränderung des Bilanzgewinns gegenüber dem Vorjahr

Tab. 113: Aufspaltung des Bilanzgewinns/-verlusts

Bruttobewegungsbilanz mit Veränderungen des Eigenkapitals der Deutz AG 2009			
Mittelverwendung		**Mittelherkunft**	
Aktivzunahmen		**Passivzunahmen**	
Zugänge immaterielle Vermögensgegenstände	7,80		15,40
		Verbindlichkeiten	
Zugänge Sachanlagen	34,00	Rechnungsabgrenzungsposten	0,70
Zugänge Finanzanlagen	7,00		
Flüssige Mittel	10,30		
Passivabnahmen		**Aktivabnahmen**	
Jahresfehlbetrag	132,10	Abgänge immaterielle Vermögensgegenstände	0,30
Rückstellungen	20,90	Abgänge Sachanlagen	1,70
		Abgänge Finanzanlagen	1,30
		Vorräte	71,70
		Forderungen und sonstige Vermögensgegenstände	58,30
		Rechnungsabgrenzungsposten	2,90
		Abschreibungen auf immaterielle Vermögensgegenstände	14,10
		Abschreibungen auf Sachanlagen	35,30
		Abschreibungen für die Erweiterung des Geschäftsbetriebes	10,40
Summe	**212,10**	**Summe**	**212,10**

Tab. 114: Bruttobewegungsbilanz mit Veränderungen des Eigenkapitals

Schritt 5: Erweiterung der Bewegungsbilanz um die GuV

In einem weiteren Schritt wird die Bewegungsbilanz um die Aufwendungen und die Erträge der GuV ergänzt. Die Einbeziehung der GuV ist eine Voraussetzung für eine zahlungsstromorientierte Kapitalflussrechnung, damit zahlungsunwirksame Posten isoliert und anschließend saldiert werden können.

Erweiterung der Bewegungsbilanz um die GuV der Deutz AG 2009			
Mittelverwendung		**Mittelherkunft**	
Aktivzunahmen		**Passivzunahmen**	
Zugänge immaterielle Vermögensgegenstände	7,80	Verbindlichkeiten	15,40
Zugänge Sachanlagen	34,00	Rechnungsabgrenzungsposten	0,70
Zugänge Finanzanlagen	7,00		
flüssige Mittel	10,30		
Passivabnahmen		**Aktivabnahmen**	
Rückstellungen	20,90	Abgänge immaterielle Vermögensgegenstände	0,30
		Abgänge Sachanlagen	1,70
		Abgänge Finanzanlagen	1,30
		Vorräte	71,70
		Forderungen und sonstige Vermögensgegenstände	58,30
		Rechnungsabgrenzungsposten	2,90
		Abschreibungen auf immaterielle Vermögensgegenstände	14,10
		Abschreibungen auf Sachanlagen	35,30
		Abschreibungen für die Erweiterung des Geschäftsbetriebes	10,40
Aufwendungen		**Erträge**	
Bestandsveränderung der Erzeugnisse	18,50	Umsatzerlöse	795,50
Materialaufwand	611,00	sonstige betriebliche Erträge	100,70
Personalaufwand	212,30	andere aktivierte Eigenleistungen	0,60
Abschreibungen	54,20	Beteiligungsergebnis	7,10
sonst. betriebliche Aufwendungen	98,90		
Zinsergebnis	6,90		
außerordentliches Ergebnis	25,80		
Steuern vom Einkommen und vom Ertrag	7,30		
sonstige Steuern	1,10		
Summe	1.116,00	**Summe**	1.116,00

Tab. 115: Erweiterung der Bewegungsbilanz um die GuV

Saldierung der erweiterten Bewegungsbilanz

Für die Ermittlung der Kapitalflussrechnung werden im nächsten Schritt die Posten der Bewegungsbilanz nach Saldierung und Zuordnung entsprechend dem Gliederungsschema der Kapitalflussrechnung umgegliedert.

Saldierung der erweiterten Bewegungsbilanz der Deutz AG 2009			
Mittelverwendung		**Mittelherkunft**	
Aktivzunahmen		**Passivzunahmen**	
Zugänge immaterielle Vermögensgegenstände	7,80	Verbindlichkeiten	15,40
- andere aktivierte Eigenleistungen	-0,60		
Zugänge Sachanlagen	34,00		
Zugänge Finanzanlagen	7,00		
flüssige Mittel	10,30		
Passivabnahmen		**Aktivabnahmen**	
		Abgänge immaterielle Vermögensgegenstände	0,30
		Abgänge Sachanlagen	1,70
		Abgänge Finanzanlagen	1,30
Aufwendungen		**Erträge**	
		Umsatzerlöse	795,50
Materialaufwand	611,00	+ Forderungen und sonstige Vermögensgegenstände	58,30
- Abnahme Vorräte	-71,70	sonstige betriebliche Erträge	100,70
+ Bestandsveränderung	+18,50		
Personalaufwand	212,30	- Rückstellungen	-20,90
sonstige betriebliche Aufwendungen	98,90	+ Zunahme passiver RAP	+0,70
Zinsergebnis	6,90	+ Abnahme aktiver RAP	+2,90
Außerordentliches Ergebnis	25,80	Beteiligungsergebnis	7.10
- außerplanmäßige Abschreibungen	-5,60		
Steuern vom Einkommen und vom Ertrag	7,30		
sonstige Steuern	1,10		
Summe	**963,00**	**Summe**	**963,00**

Tab. 116: Saldierung der erweiterten Bewegungsbilanz

Umgliederung der Posten zur Kapitalflussrechnung

Ein weiterer Schritt zur Kapitalflussrechnung ist die Saldierung und die Umgliederung der Bewegungsbilanz. Da zahlungsunwirksame Vorgänge, nach der Erweiterung der Bewegungsbilanz, um die GuV doppelt erfasst wurden, können die Abschreibungen sofort aus der Mittelverwendungs- und Mittelherkunftsseite entfernt werden. Dasselbe gilt für die Zuschreibungen.

Kapitalflussrechnung für die Deutz AG 2009			
(Mio. €)	2009	2008	2007
Gewöhnliche Geschäftstätigkeit			
Umsatzeinzahlungen	853,80	1.465,30	1.401,00
sonstige betriebliche Einzahlungen	83,40	44,90	59,20
Beteiligungseinzahlungen	7,10	14,40	13,40
Materialauszahlungen	- 557,80	- 1.069,70	- 1.096,40
Personalauszahlungen	- 212,30	- 239,00	- 237,00
sonstige betriebliche Aufwendungen	- 98,90	- 139,50	- 138,60
Finanzauszahlungen	- 6,90	- 8,10	- 14,30
Steuerauszahlungen	- 8,40	3,40	- 18,60
außerordentliches Ergebnis	- 20,20	- 16,50	121,60
Cashflow aus laufender Geschäftstätigkeit	**39,80**	**55,21**	**116,49**
Investitionsbereich			
Zugänge immaterielle Vermögensgegenstände	- 7,20	- 8,40	- 9,90
Zugänge Sachanlagen	- 34,00	- 42,80	- 54,60
Zugänge Finanzanlagen	- 7,00	0	- 77,20
Abgänge immaterielle Vermögensgegenstände	0,30	1,70	0
Abgänge Sachanlagen	1,70	2,80	32,70
Abgänge Finanzanlagen	1,30	0	59,90
Cashflow aus Investitionsbereich	**- 44,90**	**- 46,70**	**- 49,10**
Finanzierungsbereich			
Erhöhung gezeichnetes Kapital	0	2,00	14,69
Verbindlichkeiten	15,40	- 61,10	175,00
sonstige Verbindlichkeiten	0	0,60	4,26
Dividenden		- 48,00	0
Cashflow aus Finanzierungsbereich	**15,40**	**- 106,50**	**193,95**
flüssige Mittel zu Beginn der Periode	200,20	298,10	36,70
Veränderung flüssige Mittel	10,30	- 97,99	261,34
flüssige Mittel am Ende der Periode	210,50	200,11	298,04

Tab. 117: Kapitalflussrechnung für die Deutz AG

Die Ergebnisse dieser Kapitalflussrechnung, die aus der Bilanz und Gewinn- und Verlustrechnung abgeleiteten wurden, weichen innerhalb der Gruppierungen „Cashflow aus laufender Geschäftstätigkeit", „Cashflow aus dem Investitionsbereich" und „Cashflow aus dem Finanzierungsbereich" von den Ergebnissen in den Geschäftsberichten ab. Gründe dafür können beispielsweise sein, dass es verschiedene betriebsnotwendige interne Umbuchungen gab, bzw. dass der Zinsaufwand nicht im operativen Ergebnis, sondern im Finanzergebnis berücksichtigt wurde oder dass in den Verbindlichkeiten aus Lieferungen und Leistungen Positionen enthalten sind, die dem Investitionsbereich zu zuordnen sind. Aufgrund der Abweichungen werden bei den weiteren Berechnungen der Jahresabschlussanalyse, die den Cashflow betreffen, die Daten aus den Geschäftsberichten der Deutz AG direkt übernommen.

Achtung: Genauigkeit der Kapitalflussrechnung

Die Genauigkeit der Kapitalflussrechnung hängt von der Auflösung der zahlungsunwirksamen Positionen ab. Da diese in der externen Kapitalflussrechnung unmöglich vollständig aufzulösen sind, kann der externe Analyst nur eine weniger genaue Kapitalflussrechnung erstellen.

Ohne ergänzende Informationen können die zusammenhängenden Posten zwischen der Bewegungsbilanz und der Gewinn- und Verlustrechnung nicht immer eindeutig ermittelt werden. Auch kann es Zuordnungsschwierigkeiten geben für Sachverhalte, die weder zahlungs- noch erfolgswirksam sind und lediglich in der Bewegungsbilanz ausgewiesen werden.

Achtung: Cashflow

Der Cashflow spielt für die Banken bei der Kreditvergabe eine wesentliche Rolle. Die Banken überprüfen, ob die Unternehmen einen ausreichenden Cashflow erwirtschaften, damit die Zinsen und die Tilgungen bezahlt werden können.

Im Folgenden werden die weiteren Cashflow-Kennzahlen erläutert und berechnet.

Schuldentilgungsdauer (dynamischer Verschuldungsgrad)

Im Vergleich zum statischen Verschuldungsgrad hat der dynamische Verschuldungsgrad eine weitaus größere Bedeutung für die Jahresabschlussanalyse, da er anzeigt, in wie viel Jahren die Nettoverschuldung aus dem Cashflow zurückgezahlt werden kann. Er ist ein Maßstab für die Schuldendeckungsfähigkeit.

Der dynamische Verschuldungsgrad (Schuldentilgungsdauer) gibt Auskunft über die Verschuldungskapazität und die Schuldentilgungskraft einer Unternehmung. Er zeigt, wie lange (wie viele Jahre) ein Unternehmen theoretisch brauchen würde, um seine Effektivverschuldung mittels des selbst erwirtschafteten Cashflows aus laufender Geschäftstätigkeit in voller Höhe zurückzuzahlen. Dies stimmt jedoch nur unter der Annahme, dass der gesamte Cashflow eines Jahres zur Schuldentilgung verwendet wird. Das heißt, dass während dieser Zeit keine Investitionen und Gewinnausschüttungen getätigt werden sollten.

$$\text{Dynamischer Verschuldungsgrad} = \frac{\text{Effektivverschuldung}}{\text{operativer Cashflow}}$$

Je kleiner der **dynamische Verschuldungsgrad** ist, desto kürzer ist die Rückzahlungszeit der Schulden und umso geringer das Risiko. Ein geringer Wert des dynamischen Verschuldungsgrades gilt als ein positives Zeichen für die finanzielle Stabilität eines Unternehmens. Je kürzer die Schuldentilgungsdauer ist, desto kreditwürdiger ist ein Unternehmen. Bei Industrieunternehmen stellt eine Schuldentilgungsdauer von weniger als fünf Jahren einen guten Wert dar.[278]

Achtung: Cashflow

Der Cashflow ist primär für die Finanzierung von Investitionen vorgesehen und nicht für die Rückzahlung von Schulden.

Innenfinanzierungsgrad

Der Innenfinanzierungsgrad ist eine Kennzahl zur finanziellen Deckung und zeigt an, inwieweit die für den Erhalt der Konkurrenzfähigkeit notwendigen Neuinvestitionen aus dem Cashflow, also aus eigener Kraft, getätigt werden können.

Diese Kennzahl kann nur berechnet werden, wenn dazu Angaben aus dem Anlagenspiegel vorliegen. Mithilfe des Innenfinanzierungsgrads kann beurteilt werden, zu welchem Prozentsatz die Investitionen aus eigenen Liquiditätszuflüssen realisiert werden konnten. Laut Formel wird der Cashflow in Bezug zu den Zugängen des langfristigen Vermögens betrachtet. Das stellt implizit die Prämisse auf, dass der Cashflow ausschließlich für diese Neuinvestitionen ver-

[278] Kralicek, P. et al.: Kennzahlen für Geschäftsführer, 2008, S. 110

wendet wird, d. h. keine Schulden getilgt oder Gewinne ausgeschüttet werden. Je höher der Prozentsatz des Innenfinanzierungsgrades ist, desto unabhängiger sind die Investitionen von der Außenfinanzierung. Der Cashflow als Indikator der Innenfinanzierungskraft kann wie folgt errechnet werden:

$$\text{Innenfinanzierungsgrad} = \frac{\text{operativer Cashflow}}{\text{Nettoinvestitionen in Anlagevermögen}} \times 100$$

Der operative Cashflow entspricht dem Cashflow aus laufender Geschäftstätigkeit. Der Nenner sollte aus den Buchwerten des Anlagenspiegels abgeleitet werden. Je höher der Innenfinanzierungsgrad ist, desto günstiger zeigt sich die finanzwirtschaftliche Situation. Sollte die Kennzahl größer 100 Prozent sein, hat der Cashflow ausgereicht, um die Investitionen zu finanzieren. Je größer der Prozentsatz, desto größer ist die Unabhängigkeit von Außenfinanzierungsmaßnahmen.

Free Cashflow

Der Free Cashflow beschreibt die Mittel, die dem Unternehmen zur freien Verfügung stehen. Für Kapitalgeber (Eigen- und Fremdkapital) ist er eine wichtige Kenngröße, da dieser Wert das Potenzial darstellt, aus dem Dividenden gezahlt, Gewinne thesauriert, Zinsen bezahlt sowie Kredite getilgt werden können. Je höher der Free Cashflow, desto finanziell flexibler ist das Unternehmen und desto leichter fällt es dem Unternehmen, die Nettoverschuldung abzubauen. Der Free Cashflow ergibt sich aus der Summe des Cashflows aus laufender Tätigkeit und des Cashflows aus Investitionstätigkeit:

Ermittlung des Free Cashflows	
	Cashflow aus laufender Geschäftstätigkeit
+	Cashflow aus Investitionstätigkeit
=	Free Cashflow

Tab. 118: Ermittlung des Free Cashflows

Der Free Cashflow kann insbesondere zur Selbstfinanzierung verwendet werden.

Cash-Burn-Rate

Die „Cash-Burn-Rate" wird häufig im Zusammenhang mit Start-up-Unternehmen in Verbindung gebracht, die bei einem sehr hohen Risiko überdurchschnittlich hohe Gewinnchancen bieten. Die Cash-Burn-Rate (deutsch: Geldverbrennungsrate) gibt dabei die Geschwindigkeit an, mit der sich die finanziellen Mittel eines Unternehmens verringern. In der Anfangsphase hat ein Start-up-Unternehmen eine große Menge laufender fixer und variabler Kosten (z. B. Marketingausgaben für die Bekanntmachung, Personalkosten, Kosten für die Geschäftsausstattung etc.), obwohl Umsatz und Gewinn praktisch noch nicht vorhanden sind.

Anhand der Cash-Burn-Rate lässt sich ermitteln, wann dem Unternehmen bei einem negativen Cashflow aus der laufenden Geschäftstätigkeit das Geld ausgehen wird, wenn es in gleicher Art und Weise wie bisher das Geld „verbrennt". Um die Zeitdauer zu ermitteln, die einem Unternehmen bei sonst gleichen Bedingungen bis zur Illiquidität bleibt, kann die sogenannte Cash-Burn-Rate herangezogen werden.[279] Der Bemessungszeitraum für eine Burn Rate schwankt zwischen einem Monat und einem Jahr.[280]

$$\text{Cash Burn Rate} = \frac{\text{liquide Mittel} + \text{geldnahe Mittel}}{\text{negativen Cashflow}}$$

Die Cash-Burn-Rate ermittelt die Überlebensfähigkeit eines Unternehmens als Zeitdauer, in der die von Eigen- und Fremdkapitalgebern zur Verfügung gestellten Mittel durch die zunächst negativen Cashflows verbraucht würden.[281]

Die folgende Tabelle zeigt die Ergebnisse der Kapitalflussrechnung, die aus den Geschäftsberichten der Deutz AG entnommen wurden.

[279] Vgl. Coenenberg, A. G.; Meyer, M. A.: Kapitalflussrechnung als Instrument der Unternehmensanalyse, 2004, S. 182.
[280] http://www.boersenverlag.de/wissen/lexikon.php3?start=c&id=2162.
[281] Vgl. Coenenberg A. G.: Jahresabschluss und -analyse, 2005, S. 1021.

Übersicht verkürzte Kapitalflussrechnungen der Deutz AG			
(Mio. €)	**2009**	**2008**	**2007**
Cashflow aus laufender Geschäftstätigkeit	61,70	48,70	8,00
Cashflow aus Investitionstätigkeit	- 38,20	- 81,40	156,90
Cashflow aus Finanzierungstätigkeit	-13,20	-65,20	166,10

Tab. 119: Ergebnisse der verkürzten Kapitalflussrechnungen der Deutz AG

Für die folgenden Berechnungen werden die Daten direkt aus den Geschäftsberichten der Deutz AG verwendet.

Cashflow Kennzahlen der Deutz AG			
(Mio. €)	**2009**	**2008**	**2007**
Cashflow aus laufender Geschäftstätigkeit	61,70	48,70	8,00
Cashflow aus Investitionstätigkeit	- 38,20	- 81,40	156,90
Effektivverschuldung	421,24	437,02	442,44
Nettoinvestitionen ins Anlagevermögen	45,52	47,33	48,94
Dynamischer Verschuldungsgrad	**6,83**	**8,97**	**55,30**
Free Cashflow	**23,50**	**- 32,70**	**164,90**
Innenfinanzierungsgrad	**135,54 %**	**102,89 %**	**16,35 %**

Tab. 120: Cashflow Kennzahlen der Deutz AG

Das Unternehmen hatte 2009 einen sehr hohen Innenfinanzierungsgrad. Alle Investitionen konnten über den Cashflow finanziert werden. Da kein negativer operativer Cashflow vorliegt, konnte die Cash-Burn-Rate nicht berechnet werden. Infolge des konsequenten Abbaus von Vorräten konnte das Unternehmen einen positiven Cashflow aus laufender Geschäftstätigkeit erzielen.

18 Erfolgswirtschaftliche Jahresabschlussanalyse

Die erfolgswirtschaftlichen Kennzahlen sollen einen Einblick in die Ertragskraft des Unternehmens gewähren. Der Erfolg eines Unternehmens wird in der Fähigkeit, gegenwärtig und zukünftig Gewinne zu erzielen, bemessen.

In diesem Kapitel werden Kennzahlen zur Analyse der Aufwands- und Ertragsstruktur sowie der Rentabilität vorgestellt und ermittelt:

Erfolgswirtschaftliche Jahresabschlussanalyse

Erfolgsquellenanalyse	Pro-Forma-Kennzahlen	Rentabilitätsanalyse	Aufwandsstrukturanalyse	Wertorientierte Kennzahlen
▪ Jahresergebnis	▪ EBT	▪ Eigenkapitalrentabilität	▪ Materialintensität	▪ ROCE
▪ Rohertragsmarge	▪ EBIT	▪ Gesamtkapitalrentabilität	▪ Personalintensität	▪ RONA
▪ prozentuale Veränderung des Jahresergebnisses	▪ EBITDA	▪ ROI	▪ Abschreibungsintensität	▪ ROIC
▪ Anteil Betriebsergebnis		▪ EBIT-Marge	▪ F&E-Quote	▪ CFROI
▪ Anteil Finanzergebnis		▪ EBITDA-Marge	▪ Steuerquote	▪ EVA
▪ Anteil außerordentliches Ergebnis		▪ Debt-Multiple		▪ (NOPAT)
▪ Kurs-Gewinn-Verhältnis		▪ Umsatzrentabilität I		▪ (WACC)
		▪ Umsatzrentabilität II		
		▪ Cashflow-Marge		
		▪ Betriebsrentabilität		
		▪ Umsatz je Mitarbeiter		

Abb. 37: Kennzahlen der erfolgswirtschaftlichen Jahresabschlussanalyse

18.1 Erfolgsquellenanalyse

Eines der wichtigsten Ziele für jedes Unternehmen ist die Erwirtschaftung von Gewinn. Der Gewinn nach Steuern eines Unternehmens entspricht nach HGB dem Jahresüberschuss.
Der Bilanzgewinn ist der Teil des Gewinns, der bei der Hauptversammlung zur Disposition steht. Die Hauptversammlung entscheidet über die Ausschüttung oder Thesaurierung des Bilanzgewinns. Er ist ungeeignet, um den Erfolg eines Unternehmens zu beurteilen.
Daher werden im folgenden Abschnitt die dafür geeigneten Erfolgsgrößen Jahresergebnis, Betriebsergebnis, Finanzergebnis und außerordentliches Ergebnis betrachtet. Wie diese Größen berechnet werden, haben Sie bereits im Abschnitt „Aufbereitung der Gewinn- und Verlustrechnung – Strukturerfolgsrechnung" erfahren.

18.1.1 Jahresergebnis

Ein positives Jahresergebnis (Jahresüberschuss) kann in die Gewinnrücklagen einer AG eingestellt werden und somit im Unternehmen verbleiben oder im Rahmen einer Dividendenzahlung an die Aktionäre ausgeschüttet werden. Das Jahresergebnis setzt sich aus den im Folgenden beschriebenen Größen zusammen.

Betriebsergebnis

Das Betriebsergebnis weist die nachhaltigen sowie betrieblichen Erfolgsbestandteile, die aus der eigentlichen Geschäftstätigkeit eines Unternehmen entstehen, wie z. B. Umsatzerlöse, Materialaufwand, Personalaufwand und Abschreibungen aus. Es ist daher für die Jahresabschlussanalyse von besonderer Bedeutung und stellt den wichtigsten Indikator der Ertragskraft eines Unternehmens dar.

Finanzergebnis

Das Finanzergebnis ist neben dem Betriebsergebnis und dem außerordentlichen Ergebnis ein Teil der Gewinn- und Verlustrechnung (GuV) eines Unternehmens. Unter das Finanzergebnis fallen z. B. Zinserträge und -aufwendungen, Beteiligungserträge und -aufwendungen sowie Erträge und Aufwendungen aus anderen Wertpapieren des Finanzanlagevermögens.

Außerordentliches Ergebnis

Das außerordentliche Ergebnis resultiert nur zum Teil aus den „außerordentlichen Erträgen“ und „außerordentlichen Aufwendungen“ laut GuV. Zusätzlich sind darüber hinaus folgende Positionen der GuV als außerordentlich zu qualifizieren:

- Sonstige betriebliche Erträge: Erträge aus dem Abgang vom Anlagevermögen und von der Zuschreibung zum Anlagevermögen, Erträge aus der Auflösung von Rückstellungen.
- Übrige betriebliche Erträge: auch in dieser Position können außerordentliche Posten enthalten sein (siehe jeweils im Anhang), z. B. Erträge aus Kursdifferenzen, Schadensfällen etc.
- Erträge aus dem Abgang und der Zuschreibung zum Finanzanlagevermögen (z. B. Verkauf von Wertpapieren)
- Abschreibungen von Finanzanlagevermögen (z. B. Abwertung von Wertpapieren aufgrund von Kursverlusten)

18.1.2 Weitere Kennzahlen der Erfolgsquellenanalyse

Im folgenden Abschnitt werden Ihnen weiter Kennzahlen der Erfolgsquellenanalyse vorgesellt.

Rohertragsmarge

Die Rohertragsmarge sagt aus, wie viel Prozent der Umsatzerlöse dem Unternehmen als Rohertrag (Gesamtleistung abzüglich des Materialaufwands) zur Verfügung stehen. Sie ermöglicht Rückschlüsse darauf, wie kosteneffizient ein Unternehmen produziert.
Im Handel wird auch von der Handelsspanne gesprochen. Die Entwicklung dieser Kennzahl zeigt, wie sich die Beschaffungspreise eines Unternehmens verändern. Außerdem gibt die Kennzahl unter anderem Aufschluss darüber, wie groß der mögliche Preissenkungsspielraum ist, falls sich die Wettbewerbssituation verschärft.

$$\text{Rohertragsmarge} = \frac{\text{Rohertrag}}{\text{Umsatzerlöse}} \times 100$$

Prozentuale Änderung des Jahresergebnisses nach Steuern

Bei dieser Kennzahl wird die Differenz der Jahresüberschüsse bzw. -fehlbeträge der aktuellen und der vergangenen Periode ins Verhältnis zum Jahresergebnis der vergangenen Periode gesetzt, wodurch eine prozentuale Änderung ausgewiesen wird.

Prozentuale Änderung des Jahresüberschusses (nach Steuern)

$$= \frac{\text{Änderung Jahresüberschusses/ - fehlbetrag}}{\text{Jahresüberschuss/fehlbetrag Vorjahr}} \times 100$$

Prozentuale Änderung des Jahresergebnisses vor Steuern

Diese Kennzahl entspricht im Wesentlichen der vorherigen Kennzahl, allerdings werden hier die Steuern berücksichtigt.

Prozentuale Änderung des Jahresergebnisses vor Steuern

$$= \frac{\text{Änderung Jahresüberschuss/ - fehlbetrag vor Steuern}}{\text{Jahresüberschuss/ - fehlbetrag vor Steuern Vorjahr}} \times 100$$

Anteil des Betriebsergebnisses

Bei dieser Kennzahl wird das Betriebsergebnis ins Verhältnis zum Gesamtergebnis gesetzt. Das ordentliche Betriebsergebnis enthält alle Erträge und Aufwendungen, die auf den unmittelbaren Betriebszweck zurückzuführen sind und i. d. R. regelmäßig anfallen, d. h., die mit der operativen Tätigkeit des Unternehmens nachhaltig erwirtschaftet werden können. Falls der Jahresüberschuss konstant bleibt oder sogar steigt, aber das Betriebsergebnis sinkt, ist das ein Alarmsignal: Es müssen Kompensationen in anderen Ergebnissen erfolgt sein.[282]

[282] Gräfer, H.; Schneider, G.: Bilanzanalyse, 2010, S. 29.

$$\text{Anteil des Betriebsergebnisses} = \frac{\text{Betriebsergebnis}}{\text{Gesamtergebnis}} \times 100$$

Gesamtergebnis = Jahresüberschuss vor Steuern

Anteil des Finanzergebnisses

Diese Kennzahl gibt den Anteil des Finanzergebnisses am Gesamtergebnis an. Im Finanzergebnis werden die Finanzerträge und die Finanzaufwendungen saldiert, die bei einer zunehmenden Konzernverflechtung eine immer größere Bedeutung haben.

$$\text{Anteil des Finanzergebnisses} = \frac{\text{Finanzergebnis}}{\text{Gesamtergebnis}} \times 100$$

Anteil des außerordentlichen Ergebnisses

Setzt man das außerordentliche Ergebnis ins Verhältnis zum Gesamtergebnis, erhält man den Anteil des außerordentlichen Ergebnisses. Typisch für die außerordentlichen/aperiodischen Erträge und Aufwendungen des außerordentlichen Ergebnisses ist, dass sie nach ihrer Art und Höhe ungewöhnlich sind und/oder selten anfallen, also mit denen nicht regelmäßig gerechnet werden kann.

$$\text{Anteil des außerordentlichen Ergebnisses} = \frac{\text{außerordentliches Ergebnis}}{\text{Gesamtergebnis}} \times 100$$

Ergebnis je Aktie

Das Ergebnis je Aktie (Gewinn je Aktie) zeigt, wie viel Gewinn eine Aktiengesellschaft bezogen auf eine Aktie erwirtschaftet hat. Sie stellt eine besondere Form der Eigenkapitalrentabilität dar. Sie kann bei Stückaktien[283] folgendermaßen errechnet werden:

$$\text{Ergebnis je Aktie} = \frac{\text{Jahresüberschuss/-fehlbetrag}}{\text{Anzahl der Aktien}}$$

283 Stückaktien sind Aktien, die keinen Nennwert haben.

Falls die Aktien mit Nennbetrag ausgegeben wurden, wird der Jahresüberschuss je Aktie als Verhältnis des Jahresüberschusses zum durchschnittlichen Nominalwert des Grundkapitals einer Aktiengesellschaft ermittelt:

$$\text{Ergebnis je Aktie} = \frac{\text{Jahresüberschuss/ - fehlbetrag} \times \text{Nennbetrag je Aktie}}{\text{Grundkapital}}$$

Einige Aktiengesellschaften geben in Ihrem Geschäftsbericht auf freiwilliger Basis den Gewinn je Aktie an.

Kurs-Gewinn-Verhältnis (KGV)

Das Kurs-Gewinn-Verhältnis ist eine Kennzahl zur Beurteilung von Aktien. Es dient zur Beurteilung der Ertragskraft und -entwicklung eines Unternehmens. Das KGV wird auch Price-Earnings-Ratio (PER) genannt. Es stellt das Verhältnis zwischen dem Gesamtgewinn, bezogen auf eine einzige Aktie, und dem Kurs dieser Aktie her.[284] Hierbei handelt es sich um eine gängige Kennziffer in der Aktienanalyse. Um das KGV zu berechnen, wird der Aktienkurs durch den Reingewinn je Aktie dividiert. Im Prinzip ist das KGV eine Amortisationsrechnung: Es sagt aus, wie viele Jahre ein Unternehmen benötigt, um durch den Gewinn den Kurs zu verdienen. Als Regel gilt dabei: Je niedriger das KGV, desto günstiger ist eine Aktie bewertet.

$$\text{Kurs - Gewinn - Verhältnis} = \frac{\text{Börsenkurs je Aktie}}{\text{Gewinn je Aktie}}$$

Das Kurs-Gewinn-Verhältnis drückt aus, mit dem Wievielfachen des heutigen Gewinns das Unternehmen an der Börse bewertet wird. Unternehmen, die ein hohes Umsatz- und Gewinnwachstum haben, haben häufig auch ein sehr hohes KGV.

[284] Vgl. Boersenlexikon.

Kennzahlen der Gewinnanalyse der Deutz AG			
(Mio. €)	**2009**	**2008**	**2007**
Jahresergebnis nach Steuern	-121,70	7,23	163,64
Jahresergebnis vor Steuern	-114,40	3,03	181,64
Betriebsergebnis	-114,82	-0,62	38,68
Finanzergebnis	0,29	6,38	-0,86
außerordentliche Ergebnis	0,13	-2,73	143,82
Rohertrag	166,60	353,80	413,40
Umsatz	795,50	1.417,00	1.443,10
Ausschüttung	0,00	0,00	48,04
Börsenkurs je Aktie	3,43	2,38	6,75
Gewinn je Aktie	-1,01	0,06	1,36
Rohertragsmarge	20,94 %	24,97 %	28,65 %
prozentuale Änderung des Jahresergebnisses nach Steuern	-1.783,26 %	-95,58 %	307,57 %
prozentuale Änderung des Jahresergebnisses vor Steuern	-3.875,58 %	-98,33 %	328,90 %
Anteil des Betriebsergebnisses	-100,37 %	-20,46 %	21,29 %
Anteil des Finanzergebnisses	+0,25 %	210,56 %	-0,47 %
Anteil des außerordentlichen Ergebnisses	+0,11 %	-90,10 %	79,18 %
Kurs-Gewinn-Verhältnis	- 3,41	39,79	4,95

Tab. 121: Kennzahlen zur Gewinnanalyse der Deutz AG

Aufgrund der schlechten Ertragslage im Jahr 2009 haben sich die Gewinnkennzahlen verschlechtert.

18.2 Pro-forma-Kennzahlen: Die „Before ... Familie"

Pro-forma-Kennzahlen werden gerne von Finanzanalysten, Wirtschaftsjournalisten und in der Unternehmensberichtserstattung verwendet. Sie stellen Ergebnisgrößen dar, die ein nach handelsrechtlichen Rechnungslegungsvorschriften ermitteltes Ergebnis um Aufwendungen erhöhen/korrigieren und daher mit der Bezeichnung „Earnings Before" (EB) beginnen. Bei den drei am häufigsten verwendeten Pro-forma-Kennzahlen handelt es sich um:

- EBT (Earnings before Taxes),
- EBIT (Earnings before Interest and Taxes) und
- EBITDA (Earnings before Interest, Taxes, Depreciation and Amortization).

Diese Earnings-Before-Kennzahlen sind jedoch nicht eindeutig definiert. Sie werden aus der Gewinn- und Verlustrechnung ableiten.

EBT

Das EBT steht für das Jahresergebnis vor Steuern und ermöglicht einen von der unternehmensindividuellen Steuerquote unabhängigen (internationalen) Vergleich der Ertragskraft eines Unternehmens. Bereinigt man den Jahresüberschuss nach Steuern um die Ertragssteuern, so erhält man das EBT. Falls der Jahresüberschuss zusätzlich noch um das außerordentliche Ergebnis und den GuV-Posten „Sonstige Steuern" korrigiert wird, so ist das EBT mit dem Ergebnis der gewöhnlichen Geschäftstätigkeit gleichzusetzen. Das EBT eliminiert folgende Störfaktoren beim Unternehmensvergleich:[285]

- unterschiedliche Kapitalstrukturen,
- unterschiedliche Hebesätze für die Gewerbesteuer,
- Steuernachzahlungen und Steuererstattungen sowie
- Unterschiede zwischen der Besteuerung von Personen- und Kapitalgesellschaften.

Das EBT wird wie folgt berechnet:

Berechnung des EBT	
	Jahresüberschuss nach Steuern (After-Tax Profit)
+/-	Ertragssteuern (Income Taxes)
=	**EBT** in engeren Sinne **(Ergebnis vor Steuern) (Pre-Tax Profit)**
+/-	außerordentliches Ergebnis (Extraordinary Items, Discontinued Operations)
=	**EBT** im weiteren Sinne **(Ergebnis der gewöhnlichen Geschäftstätigkeit)**

Tab. 122: Berechnung des EBT

Für die Bildung von Erfolgskennzahlen, die nicht von der Kapitalstruktur beeinflusst sind, wird der Gewinn vor Abzug von Zinsen und Steuern, der sogenannte EBIT, verwendet.

EBIT

Da das EBIT nicht eindeutig definiert ist, kann es alternativ vorkommen, dass das EBT um das gesamte Finanzergebnis (= Finanzerträge - Finanzaufwendun-

[285] Gräfer, H. und Schneider G.: Bilanzanalyse, 2010, S. 56.

gen) korrigiert wird, um das EBIT zu berechnen. Bei dieser alternativen Ermittlung entspricht das EBIT dem Betriebsergebnis.
Bei der Kreditvergabe spielt die Kennzahl „EBIT" für die Kreditkonditionen auch eine wichtige Rolle. Die Kreditkonditionen sind abhängig von den Bilanzrelationen, z. B. vom Verhältnis des EBIT zu den Fixkosten (Coverage Convenants[286]) oder vom Verhältnis des EBIT zur Verschuldung (Leverage Convenants).

Das EBIT wird wie folgt berechnet:

Berechnung des EBIT	
	Jahresüberschuss nach Steuern (After-Tax Profit)
+/-	Ertragssteuern (Income Taxes) [Steueraufwand (+)/Steuerertrag (-)]
+/-	außerordentliches Ergebnis (Extraordinary Items, Discontinued Operations)
+	Zinsaufwand (Interest Expenses)
=	**EBIT**

Tab. 123: Berechnung des EBIT

Das EBIT ermöglicht einen direkten Vergleich des betrieblichen Ergebnisses verschiedener Geschäftsjahre, Quartale oder, da die Ergebnisse keiner Verzerrung durch unterschiedliche Steuersätze, Zinsaufwendungen oder sonstigen außerordentlichen Faktoren unterliegen.

EBITDA

Die Kennzahl EBITDA ist ebenfalls eine modifizierte Ergebnisgröße, die sich aus dem Jahresergebnis vor Steuern, vor dem Zinsergebnis, vor dem außerordentlichen Ergebnis und vor den Abschreibungen zusammensetzt. Das EBITDA zeigt die operative Ertragskraft eines Unternehmens, unabhängig von dessen Kapitalstruktur oder Investitionsneigung. Unterschiedliche Reporting Standards, nationale Steuergesetze oder Rechnungslegungen werden ausgeblendet, somit haben Analytiker die Möglichkeit, Informationen über die Ertragslage des Unternehmens zu erhalten.

[286] Convenants: Zusatz- oder Nebenvereinbarungen in Kreditverträgen. Der Kreditnehmer verpflichtet sich bestimmte Kennzahlen einzuhalten. Bei Nichteinhaltung der Vereinbarungen kann es zu einer Vertragskündigung vonseiten des Kreditgebers kommen.

Gegenüber dem EBIT können insofern die Unternehmensergebnisse zwischen verschiedenen (internationalen) Unternehmen besser verglichen werden, da Abschreibungseffekte aus einer unterschiedlichen Vermögensstruktur oder die damit verbundene Bewertungspolitik ausgeschlossen werden.
Das EBITDA wird gerne bei Unternehmen verwendet, bei denen hohe Abschreibungen zu einem niedrigen oder negativen Jahresergebnis führen. Jedoch besteht die Gefahr, dass durch Eliminierung zahlreicher Aufwandspositionen ein ungerechtfertigt hoher Wert ausgewiesen wird. Aus diesem Grund wird der **EBITDA** hauptsächlich verwendet, um Unternehmen mit unterschiedlichen Vermögensstrukturen und Akquisitionsstrategien vergleichbar zu machen.[287]

Tipp
Das **EBITDA** wird besonders gerne in Unternehmen mit hohem Goodwill verwendet, der abgeschrieben werden muss, was das Ergebnis belastet. Deshalb wird diese Kennzahl häufig bei jungen, wachstumsstarken Unternehmen, die teilweise einen Verlust ausweisen, verwendet.

Das EBITDA wird ausgehend vom EBIT wie folgt berechnet:

Berechnung des EBDITA	
=	**EBIT** (Earnings before Interest and Taxes)
+	Abschreibungen auf Sachanlagen (Depreciation)
+	Abschreibungen auf Goodwill (Amortization)
=	**EBITDA** (Earnings before Interest, Taxes, Depreciation and Amortization)

Tab. 124: Berechnung des EBITDA

Achtung: EBITDA
Die Kennzahl EBITDA macht eine ähnliche Aussage wie der Cashflow. Der EBITDA zeigt den Finanzmittelzufluss aus dem operativen Geschäft.

Mithilfe der Pro-forma-Kennzahlen kann das Perioden- oder Jahresergebnis in die folgenden Zwischenergebnisse aufgeteilt werden:

[287] Nicolini, H. J.: Jahresabschlussanalyse, 2008, S. 156 ff.

Pro-forma-Kennzahlen	
	Jahresüberschuss nach Steuern (After-Tax Profit)
+/-	Ertragssteuern (Income Taxes)
=	**Jahresüberschuss vor Steuern (Pre-Tax Profit)**
+/-	außerordentliches Ergebnis (Extraordinary Items, Discontinued Operations)
=	**Ergebnis der gewöhnlichen Geschäftstätigkeit (EBT** bzw. Earnings before Taxes**)**
+	Zinsaufwand (Interest Expenses)
=	**Gewinn vor Zinsen und Steuern (EBIT** bzw. Earnings before Interest and Taxes**)**
+	Abschreibungen auf Sachanlagen (Depreciation)
+	Abschreibungen auf Goodwill (Amortization)
=	**Gewinn vor Zinsen, Steuern und Abschreibungen (EBITDA** bzw. Earnings before Interest, Taxes, Depreciation and Amortization**)**

Tab. 125: Pro-forma-Kennzahlen

Die Pro-forma-Kennzahlen der Deutz AG:

Die Berechnung erfolgt anhand der Daten der Strukturerfolgsrechnung.

	Posten (Mio. €)	2009	2008	2007	2006
	Jahresüberschuss/-fehlbetrag	- 121,70	7,23	163,64	40,15
+	Ertragssteuern	+ 7,30	- 4,20	+ 18,00	+ 2,20
+/-	außerordentliches Ergebnis	- 0,13	+ 2,73	- 143,82	- 27,20
=	**EBT**	**- 114,53**	**5,76**	**37,82**	**15,15**
+	Zinsaufwand	23,10	34,16	28,99	23,19
=	**EBIT**	**- 91,43**	**39,92**	**66,81**	**38,34**
+	Abschreibungen auf Sachanlagen	33,32	40,16	43,47	37,04
+	Abschreibungen auf Goodwill	0	0	0	0
=	**EBITDA**	**- 58,11**	**80,08**	**110,28**	**75,38**

Tab. 126: Pro-forma-Kennzahlen der Deutz AG

Alle Pro-forma-Kennzahlen haben sich von 2007 bis 2009 erheblich verschlechtert. Das negative EBIT und EBITDA des Jahres 2009 resultieren im Wesentlichen aus dem erheblichen Umsatzeinbruch und dem Restrukturierungsprogramm (zusätzliche einmalige Aufwendungen durch: Vorruhestandsregelungen, Personalabbau, Anpassung der Produktionskapazitäten).

18.3 Rentabilitätsanalyse

Die absoluten Erfolgsgrößen sind zur Beurteilung der Leistungsfähigkeit eines Unternehmens nur bedingt geeignet, da sie keine Aussage darüber erlauben, wie effizient die Mittel eingesetzt wurden. Ein bestimmter erwirtschafteter Gewinn ist umso höher einzuschätzen, je geringer der dafür erforderliche Mitteleinsatz war. Die Ergebnisse der Rentabilitätsanalyse werden in **relativen Zahlen** ausgewiesen. Dies ermöglicht eine gute Vergleichbarkeit mit anderen Unternehmen oder mit der Branche, da es bei einer relativen Betrachtung keine Rolle spielt, ob die verglichenen Unternehmen unterschiedlich groß sind. Anteilseigner und Investoren können somit die Rentabilität verschiedener Unternehmen einfach miteinander vergleichen.

Die Rentabilitätsanalyse zeigt Ihnen, in welcher Höhe sich das eingesetzte Kapital eines Unternehmens in der betrachteten Periode verzinst hat. Unter Rentabilität versteht man eine Beziehungszahl, bei der eine Ergebnisgröße (z. B. der Jahresüberschuss oder das Betriebsergebnis) zu einer mit diesem Ergebnis im Zusammenhang stehenden Größe (z. B. Umsatz) in Relation gesetzt wird. Als solche Einflussgrößen kommen für die Rentabilitätsanalyse einerseits das zur Ergebniserzielung eingesetzte Kapital oder Vermögen, andererseits der das Ergebnis bewirkende Umsatz in Betracht.[288]

Folgende Kennzahlen werden anhand des Jahresabschlusses der Deutz AG vorgestellt und berechnet.

- Eigenkapitalrentabilität (Return on Equity)
- Gesamtkapitalrentabilität (Return on Asset)
- Return on Investment (ROI)
- EBIT-Marge
- EBITDA-Marge
- Debt Multiple
- Umsatzrentabilität (Return on Sales)
- Cashflow-Marge
- Betriebsrentabilität
- Umsatz je Mitarbeiter

[288] Vgl. Coenenberg et al.: Jahresabschluss und -analyse, 2009, S. 1134.

18.3.1 Eigenkapitalrentabilität (Return on Equity)

Die Eigenkapitalrentabilität gibt die prozentuale Verzinsung des von den Eigenkapitalgebern investierten Kapitals an. Das eingesetzte Eigenkapital sollte dabei eine gewisse Mindestverzinsung erfahren, die sich aus dem landesüblichen Kapitalmarktzinssatz, einer Risikoprämie und einer Kapitalerhaltungsprämie zusammensetzt, da dann eine Investition in das Unternehmen sinnvoller ist als in eine alternative Anlagemöglichkeit am Kapitalmarkt. Je höher die Verzinsung ist, um so eher sind die Eigentümer motiviert, ihr Kapital im Unternehmen zu belassen bzw. noch mehr Geld zu investieren. Ist die Verzinsung zu niedrig, werden sie ihr Kapital anderweitig investieren.
Die Eigenkapitalrentabilität vor Steuern bzw. der Return on Equity (RoE) hat die folgende Formel:

$$\text{Eigenkapitalrentabilität} = \frac{\text{Jahresergebnis vor EE-Steuern}}{\text{durchschnittliches Eigenkapital}} \times 100$$

$$\text{durchschnittliches Eigenkapital} = \frac{(\text{EK Jahresanfang}) + (\text{EK Jahresende})}{2}$$

Jahresergebnis = Jahresüberschuss/-fehlbetrag

Die Höhe der Eigenkapitalrentabilität hängt wesentlich von der Gesamtkapitalrentabilität des Unternehmens, von der Zinsbelastung des Fremdkapitals sowie vom Verschuldungsgrad ab.[289]

In diesem Zusammenhang muss unbedingt der Leverage-Effekt berücksichtigt werden. Dieser besagt, dass sich mit steigendem Verschuldungsgrad die Eigenkapitalrentabilität erhöhen lässt, solange die Gesamtkapitalrentabilität größer als der Fremdkapitalzinssatz ist.

[289] Coenenberg, A. G. et al.: Jahresabschluss und -analyse, 2009, S. 1135.

Beispiel: Leverage-Effekt

Ausgangsdaten: Das Gesamtkapital eines Unternehmens beträgt 1.000 T€, dies setzt sich aber in drei Fällen unterschiedlich zusammen:

	Fall A	Fall B	Fall C
Eigenkapital	600 T€	400 T€	100 T€
Fremdkapital	400 T€	600 T€	900 T€
Gesamtkapital	1.000 T€	1.000 T€	1.000 T€
Fremdkapitalzins atz	8 %	8 %	8 %
Gewinn des Gesamtkapitals (Kapitalgewinn = Gewinn + Fremdkapitelzinsen)	100 T€	100 T€	100 T€
Zinsen für das Fremdkapital	32 T€	48 T€	72 T€
Gewinn nach Zinsen	68 T€	52 T€	28 T€
Eigenkapitalrentabilität	11,3 %	13 %	28 %

Die Eigenkapitalrentabilität erhöht sich mit zunehmendem Verschuldungsgrad bei gleichbleibendem Gesamtkapital, bei gleichbleibendem Kapitalgewinn und trotz einer steigenden Zinslast von 11,3 % in Fall A (EK-Quote = 60 %), auf 13 % Fall B (EK-Quote = 40 %) und auf 28 % in Fall C (EK-Quote = 10 %).

Bei der Analyse der Eigenkapitalrentabilität ist daher wegen des Leverage-Effekts (Hebelwirkung) bei der Betrachtung immer die Eigenkapitalquote (Eigenkapital : Gesamtkapital) mit heranzuziehen.
Beim Leverage-Effekt muss jedoch beachtet werden, dass sich die Bedingungen sehr schnell ändern können, denn bei einem höheren Verschuldungsgrad verlangt der Fremdkapitalgeber (Kreditinstitut) i. d. R. einen höheren Fremdkapitalzinssatz und die Ertragskraft des Unternehmens ist bei einer schlechteren Bonität häufig auch geringer, sodass sich der positive Leverage-Effekt in einen negativen Leverage-Effekt (sinkende Eigenkapitalrendite) wandeln kann.

Tipp: Eigenkapitalrentabilität

Die Eigenkapitalrentabilität sollte auf jeden Fall erheblich über dem marktüblichen Zinssatz für langfristige Kapitalanlagen liegen, da der Gewinn zusätzlich eine Vergütung für das Risiko der Eigenkapitalgeber (Unternehmer) enthalten muss.

18.3.2 Gesamtkapitalrentabilität (Return on Assets)

Die Gesamtkapitalrentabilität wird auch als Return on Asset (RoA) bezeichnet. Sie ist eine der bedeutendsten Finanzkennzahlen und bildet den Ausgangspunkt für die Rentabilitätsanalysen und stellt die Verzinsung des Gesamtkapitals (Eigen- und Fremdkapital) dar.

Für die Berechnung dieser Kennzahl müssen die Fremdkapitalzinsen dem Jahresergebnis hinzugerechnet werden, da die Gesamtkapitalrentabilität die Verzinsung des Fremdkapitals einschließt. Dadurch ist ein Vergleich von Unternehmen mit unterschiedlichen Finanzstrukturen möglich. Die Gesamtkapitalrentabilität wird folgendermaßen errechnet:

$$\text{Gesamtkapitalrentabilität} = \frac{\text{Jahresergebnis vor EE-Steuern} + \text{Fremdkapitalzinsen}}{\text{durchschnittliches Gesamtkapital}} \times 100$$

$$\text{durchschnittliches Gesamtkapital} = \frac{(\text{GK Anfang des Jahres}) + (\text{GK Ende des Jahres})}{2}$$

Achtung: Bedeutung der Gesamtkapitalrentabilität

Für die Beurteilung eines Unternehmens ist die Gesamtkapitalrentabilität wesentlich aussagekräftiger als die Eigenkapitalrentabilität, da sie die Verzinsung des gesamten im Unternehmen investierten Kapitals angibt. Die Zielvorgabe für die Gesamtkapitalrentabilität liegt zwischen 10 und 12 %.[290]

18.3.3 Return on Investment (ROI)

Eine bedeutende Kennzahl für die Bilanzanalyse und Bilanzkritik ist der ROI. Der ROI setzt sich aus zwei Erfolgsfaktoren (Umsatzrentabilität und Kapitalumschlag) zusammen und hat somit eine hohe Aussagekraft im Hinblick auf die Rentabilität bzw. die Ertragskraft des Unternehmens.

[290] Vollmuth, H. J.: Bilanzen, 2009, S. 206.

Der ROI ist das Produkt aus Umsatzrentabilität und Kapitalumschlag.

- Die Umsatzrentabilität (Kapital 19.2.7) gibt die Verzinsung des Umsatzes an.
- Der Kapitalumschlag misst, wie häufig das im Unternehmen eingesetzte Kapital genutzt wird, und informiert über die Produktivität des eingesetzten Kapitals.

$$\text{ROI} = \text{Umsatzrentabilität} \times \text{Kapitalumschlag}$$

Der folgende Ausschnitt des Du-Pont Kennzahlenschemas veranschaulicht die Berechnung des ROI:

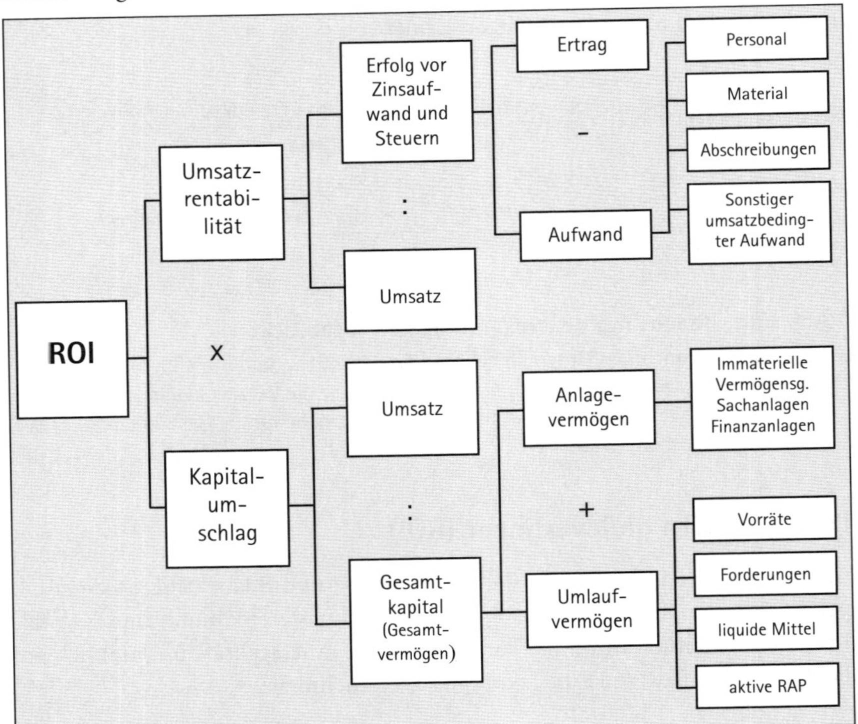

Abb. 38: Return on Investment[291]

[291] In Anlehnung an Bea, F. X.; et al.: Allgemeine Betriebswirtschaftslehre, 2005, S. 285.

Beim ROI wird der Gewinn/Verlust (operatives Ergebnis vor Steuern) einer Periode dem Gesamtkapital gegenübergestellt. Er trifft damit eine Aussage darüber, wie sich das eingesetzte Kapital im Laufe eines Geschäftsjahres verzinst hat.
Der ROI wird nach der folgenden Formel ermittelt:

$$ROI = \frac{\text{Ergebnis der gewöhnlichen Geschäftstätigkeit} + \text{Fremdkapitalzinsen}}{\text{durchschnittliches Gesamtkapital}} \times 100$$

Der ROI spaltet die Umsatzrentabilität und den Kapitalumschlag auf einzelne Größen auf. Durch diese Darstellung werden die Zahlen transparenter und es lassen sich dabei bestimmte Veränderungen schneller und besser erkennen.
Die analytische Betrachtungsweise erlaubt eine detaillierte Ursachenanalyse einer geänderten Rendite oder eine Abweichung der Rentabilität bis auf die Änderungen der einzelnen Posten, in dem man von links nach rechts durch das Kennzahlensystem geht.[292]

Tipp: ROI
Der ROI erhöht sich, wenn die Umsatzrentabilität und/oder die Kapitalumschlagshäufigkeit gesteigert wird.

18.3.4 EBIT-Marge

Die EBIT-Marge ist eine Umsatzrentabilitätskennziffer. Sie wird auch EBIT-Umsatzrendite genannt und ist als relative operative Kennzahl sehr gut dazu geeignet, die EBIT-Ertragskraft verschiedener Unternehmen miteinander zu vergleichen bzw. die Renditeentwicklung im Zeitablauf über mehrere Perioden zu analysieren. Bei der EBIT-Marge wird das EBIT ins Verhältnis zum Umsatz gesetzt. Sie gibt die durchschnittliche aus dem Umsatz erwirtschaftete Marge an. Durch die Eliminierung von nationalen Steuern und Finanzierungsbedingungen ist ein internationaler Vergleich der Ertragskraft von Unternehmen möglich. Da es für diese Kennzahl keine Richtwerte gibt, gilt: „Je höher desto besser."

[292] Vgl. Coenenberg, A. G. et al.: Jahresabschluss und -analyse, 2009, S. 1156 f.

$$\text{EBIT-Marge} = \frac{\text{EBIT}}{\text{Umsatzerlöse}} \times 100$$

18.3.5 EBITDA-Marge

Analog zur zuvor berechneten Kennzahl ist die Bezugsgröße der EBITDA-Marge ebenfalls der Umsatz. Die Verwendung der um die Abschreibungen bereinigten Erfolgsgröße EBITDA zur Berechnung der Marge wird oft von jüngeren Technologieunternehmen angewandt, da diese teilweise noch keine Gewinne erwirtschaften. Eine positive EBITDA-Marge kann als Indikator für ein funktionsfähiges Geschäftsmodell interpretiert werden. Die Kennzahl EBITDA-Marge kann aber auch für Gesellschaften von Vorteil sein, die z. B. nach einer Übernahme einen hohen Abschreibungsbedarf am Geschäfts- oder Firmenwert haben. Diese relative Kennzahl ist prädestiniert, um die EBITDA-Ertragskraft verschiedener Unternehmen miteinander zu vergleichen.

$$\text{EBITDA-Marge} = \frac{\text{EBITDA}}{\text{Umsatzerlöse}} \times 100$$

18.3.6 Debt Multiple

Die Stabilität der Finanzierungsstruktur wird im angloamerikanischen Bereich häufig mit dem „Debt Multiple" beurteilt. Das Debt Multiple gibt den Verschuldungsgrad eines Unternehmens an und analysiert, inwieweit eine Entschuldung aus dem betrieblichen Cashflow möglich ist. Der Debt Multiple wird folgendermaßen berechnet:

$$\text{Debt Multiple} = \frac{\text{verzinsliches Fremdkapital}}{\text{EBITDA}}$$

Das verzinsliche Fremdkapital setzt sich aus den folgenden Positionen zusammen:

Zusammensetzung verzinsliches Fremdkapital	
	Anleihen
+	Verbindlichkeiten gegenüber Kreditinstituten
+	Pensionsrückstellungen
+	sonstige verzinsliche Verbindlichkeiten
=	**verzinsliches Fremdkapital**

Tab. 127: Verzinsliches Fremdkapital

18.3.7 Umsatzrentabilität (Return on Sales)

Die Umsatzrentabilität wird auch als Umsatzrendite oder als Return on Sales (ROS) bezeichnet und ist eine der meistverwendeten Kennzahlen. Sie stellt die Verzinsung des Umsatzes im Unternehmen dar. Eine Rendite von 10 % bedeutet, dass mit einem Euro zehn Cent erwirtschaftet wurden. Diese Kennzahl zeigt, wie erfolgreich die betriebliche Tätigkeit bzgl. dem Verkauf der hergestellten Produkte und der betrieblichen Leistungen war. In der Literatur gibt es verschiedene Varianten der Umsatzrentabilität:

Umsatzrentabilität I

Für die Beurteilung des operativen Geschäfts eignet sich die Umsatzrentabilität I. Sie setzt das Betriebsergebnis in Relation mit dem Umsatz. Die Umsatzrentabilität I zeigt, wie groß der betriebliche Gewinnanteil bezogen auf die Umsatzerlöse ist. Sie wird wie folgt ermittelt:

$$\text{Umsatzrentabilität I} = \frac{\text{Betriebsergebnis}}{\text{Umsatzerlöse}} \times 100$$

Umsatzrentabilität II

Die Umsatzrentabilität II stellt das Verhältnis zwischen dem erzielten Jahresergebnis vor Steuern und dem Umsatz dar. Sie gibt somit an, wie erfolgreich das Unternehmen seiner Geschäftstätigkeit nachgekommen ist, d. h., wie viel Gewinn mit 1 EUR Umsatz erzielt wurde. Die Berechnung ergibt sich wie folgt:

$$\text{Umsatzrentabilität II} = \frac{\text{Jahresergebnis vor EE-Steuern}}{\text{Umsatzerlöse}} \times 100$$

Eine Umsatzrentabilität, welche innerhalb eines Jahres gestiegen ist, deutet (sofern der Verkaufspreis nahezu unverändert bleibt) auf eine zunehmende Produktivität im Unternehmen hin. Dagegen weist eine sinkende Umsatzrentabilität (unter der gleichen Prämisse wie oben) auf eine sinkende Produktivität und damit auf steigende Kosten hin.

Tipp: Umsatzrentabilität
Im Reingewinn sind neben dem Betriebsergebnis auch Gewinnanteile aus dem Finanzergebnis und außerordentlichen Ergebnis enthalten. Daher ist die Berechnung der Umsatzrentabilität mit dem Betriebsergebnis die bessere Variante.

18.3.8 Cashflow-Marge

Die Cashflow-Marge, auch als Cashflow-Umsatzrentabilität bezeichnet, ist eine wichtige Kennzahl zur Beurteilung der Selbstfinanzierungskraft. Mithilfe der Cashflow-Marge kann man die operative Ertrags- und Finanzkraft von Unternehmen miteinander vergleichen. Sie gibt an, wie viel Prozent der Umsatzerlöse als liquide Mittel dem Unternehmen für Investitionen, Schulden und Ausschüttungsauszahlungen zur Verfügung stehen. Es wird der verdiente Cashflow aus operativer Geschäftstätigkeit in Beziehung zum Umsatz gesetzt. Sie zeigt an, wie viel Cashflow mit beispielsweise 100 € Umsatz erwirtschaftet wurde.

$$\text{Cashflow-Marge} = \frac{\text{Cashflow aus operativer Geschäftstätigkeit}}{\text{Umsatz}} \times 100$$

Diese Kennzahl eignet sich auch für die Beurteilung von Kreditengagements, ob die Kredite von den Kreditnehmern ordnungsgemäß getilgt werden können.

Tipp: Cashflow-Marge
Sie sagt aus, welchen Anteil des Umsatzes ein Unternehmen als Einnahmeüberschuss aus seiner operativen Geschäftstätigkeit erzielt hat und welcher Anteil aus den Umsatzerlösen für die Innenfinanzierung zu Verfügung steht.

18.3.9 Betriebsrentabilität

Die Betriebsrentabilität zeigt die Rentabilität, die nachhaltig durch die Verfolgung des Betriebszwecks erwirtschaftet wird. Um zufällige Schwankungen auszuschließen, ist es sinnvoll, die Einflüsse des außerordentlichen Ergebnisses sowie des Finanz- und Beteiligungserfolgs zu eliminieren. Daher wird bei der Betriebsrentabilität als Gewinngröße im Zähler das Betriebsergebnis eingesetzt. Die Betriebsrentabilität auf Basis des betriebsnotwendigen Vermögens (Berechnung: siehe Kapital 17.4) kann wie folgt errechnet werden:

$$\text{Betriebsrentabilität} = \frac{\text{Betriebsergebnis}}{\text{durchschn. betriebsnotwendiges Vermögen}} \times 100$$

18.3.10 Umsatz je Mitarbeiter

Diese Kennzahl gibt an, wie viel Umsatz pro Mitarbeiter erwirtschaftet wurde. Beim Betriebsvergleich muss darauf geachtet werden, dass die Strukturen der betrachteten Unternehmen vergleichbar sind. Denn Unternehmen aus verschiedenen Branchen und mit unterschiedlichen Fertigungstiefen weisen vollständig verschiedene Kennzahlen aus. Die Kennzahl errechnet man, indem man den Umsatz durch die durchschnittliche Anzahl der Mitarbeiter dividiert.

$$\text{Umsatz je Mitarbeiter} = \frac{\text{Umsatz}}{\text{durchschn. Anzahl Mitarbeiter ohne Auszubildende}}$$

Achtung: Umsatz je Mitarbeiter

Zu beachten ist hier, dass auch mit dem Anteil zugekaufter Waren und Leistungen der Umsatz je Mitarbeiter steigt.

In der folgenden Tabelle sind die Ergebnisse der Rentabilitätsanalyse zusammengefasst.

Rentabilitätskennzahlen der Deutz AG			
(Mio. €)	**2009**	**2008**	**2007**
Jahresergebnis vor Steuern	- 114,40	3,03	181,64
Ergebnis der gewöhnlichen Geschäftstätigkeit	-114,53	5,76	37,82
durchschnittliches Eigenkapital	370,43	428,46	358,44
Fremdkapitalzinsen	23,10	34,16	28,99
durchschnittliches Gesamtkapital	1.006,56	1.142,97	1.046,66
EBIT	- 91,43	39,92	66,81
EBITDA	- 58,11	80,08	110,28
Umsatzerlöse	795,50	1.417,00	1.443,10
Cashflow aus laufender Geschäftstätigkeit	61,70	48,70	8,00
verzinsliches Fremdkapital	350,50	356,08	368,11
Betriebsergebnis	- 114,82	- 0,62	38,68
durchschnittliches betriebsnotwendiges Vermögen	793,46	915,33	822,23
durchschnittliche Anzahl der Mitarbeiter ohne Auszubildende	3.356	3.707	3.510
Eigenkapitalrentabilität	**- 30,88 %**	**0,71 %**	**50,68 %**
Gesamtkapitalrentabilität	**- 9,07 %**	**3,25 %**	**20,12 %**
ROI	**- 9,08 %**	**3,49 %**	**6,39 %**
EBIT-Marge	**- 11,49 %**	**2,82 %**	**4,63 %**
EBITDA-Marge	**- 7,30 %**	**5,65 %**	**7,64 %**
Debt-Multiple	**- 6,03**	**4,45**	**3,34**
Umsatzrentabilität I	**- 14,43 %**	**-0,04 %**	**2,68 %**
Umsatzrentabilität II	**- 14,38 %**	**0,21 %**	**12,59 %**
Cashflow-Marge	**7,76 %**	**3,44 %**	**0,55 %**
Betriebsrentabilität	**- 14,47 %**	**-0,07 %**	**4,71 %**
Umsatz je Mitarbeiter ohne Azubis (in T€)	**237,04**	**382,25**	**411,14**

Tab. 128: Rentabilitätskennzahlen der Deutz AG

Die Rendite-Kennzahlen haben sich alle im Vergleichszeitraum erheblich verschlechtert. Ebenso war der Umsatz je Mitarbeiter sehr stark rückläufig.

18.4 Analyse der Aufwandsstruktur

Mithilfe der Aufwandsstrukturanalyse werden verschiedene Aufwandsarten in Relation zum Umsatz (beim Umsatzkostenverfahren) bzw. zur Gesamtleistung (beim Gesamtkostenverfahren) gesetzt. Mit den Kennzahlen Materialintensität,

Personalintensität und der Abschreibungsintensität werden die Produktionsverhältnisse des Unternehmens analysiert. Die Ertragsteuerquote spielt bei der Standortwahl eines Unternehmens eine wichtige Rolle.

Materialintensität

Die Kennzahl Materialintensität (Materialaufwandsquote) zeigt, ob ein Unternehmen material- oder lohnintensiv ist. Zwischen dem Materialaufwand und dem Personalaufwand bestehen entsprechende Wechselwirkungen: Die Abhängigkeit von Lieferanten nimmt mit steigendem Materialaufwand zu, wohingegen das Beschäftigungsrisiko geringer wird. Einem hohen Materialaufwand steht i. d. R. ein niedrigerer Personalaufwand gegenüber, weil das betreffende Unternehmen z. B. im großen Umfang vorgefertigte Teile für seine Produktion bezieht.
Üblicherweise ist ein Handelsunternehmen lohnintensiv, während Produktionsunternehmen eine höhere Materialintensität aufweisen. Die Materialintensität zeigt den Anteil des Materialaufwands an der Gesamtleistung. Der Materialaufwand kann aus der Gewinn- und Verlustrechnung (beim GKV) als „Aufwand für Roh-, Hilfs- und Betriebsstoffe" zuzüglich „Aufwendungen für bezogene Leistungen" oder gemäß § 285 Absatz 8a HGB aus dem Anhang (beim UKV) entnommen werden.

$$\text{Materialintensität} = \frac{\text{Materialaufwand}}{\text{Gesamtleistung}} \times 100 \text{ (beim GKV)}$$

$$\text{Materialintensität} = \frac{\text{Materialaufwand}}{\text{Umsatz}} \times 100 \text{ (beim UKV)}$$

Je höher die Materialintensität, desto höher ist der Prozentsatz der zugekauften Teile und desto geringer ist die Fertigungstiefe. Veränderungen der Materialintensität gegenüber dem Vorjahr können unterschiedliche Gründe haben, z. B.:[293]

[293] Gräfer, H. und Schneider, G.: Bilanzanalyse, 2010, S. 48.

- Preiserhöhungen oder Preissenkungen beim Material- oder Wareneinkauf,
- Bildung und Auflösung von stillen Reserven im Vorratslager,
- erhöhter Materialverbrauch durch Ausschuss.

Mit steigender Materialintensität wächst die Anfälligkeit gegenüber Wert- und Mengenschwankungen der Einsatzfaktoren.

Tipp: Materialintensive Betriebe
Eine wesentliche Aufgabe der Materialdisposition vor allem bei materialintensiven Betrieben besteht darin, die Beschaffungsplanung so auszurichten, dass keine Überdimensionierung der Lager und dadurch zu hohe Kapitalbindungskosten entstehen.

Personalintensität

Die Personalintensität ermittelt die Wirtschaftlichkeit des Produktionsfaktors Arbeit. Sie zeigt das Verhältnis der Personalaufwendungen zur Gesamtleistung bzw. zum Umsatz. Die Personalaufwendungen werden entweder in der GuV (beim GKV) als „Löhne und Gehälter" sowie „soziale Abgaben und Aufwendungen für Altersversorgung und für Unterstützung" oder im Anhang (beim UKV) ausgewiesen. Die Personalintensität zeigt, in welchem Ausmaß die betriebliche Gesamtleistung/Umsatz auf Personalaufwendungen beruht. Sie wird wie folgt ermittelt:

$$\text{Personalintensität} = \frac{\text{Personalaufwand}}{\text{Gesamtleistung}} \times 100 \text{ (beim GKV)}$$

$$\text{Personalintensität} = \frac{\text{Personalaufwand}}{\text{Umsatz}} \times 100 \text{ (beim UKV)}$$

Eine im Zeitablauf gesunkene Personalintensität könnte ein Indiz für erfolgreiche Restrukturierungsmaßnahmen und Produktivitätssteigerungen im Unternehmen sein, oder es erfolgte ein teilweiser Verzicht auf Eigenerzeugung zugunsten fremdbezogener Lieferungen und Leistungen. Ein im Zeitablauf steigender Prozentsatz zeigt, dass die Zunahme des Personalaufwands größer gewesen ist als die Ausweitung des Umsatzes. Eine überproportionale Steigerung der Personalintensität könnte entweder auf erforderliche Rationalisierungsmaßnahmen hinweisen oder es könnten auch Zuführungen zu den Pensionsrückstellungen sein, die nachgeholt wurden. Im letzteren Fall sind sie dann kein Hinweis auf Unwirtschaftlichkeiten, sondern als Vorsorgemaßnahme zu werten.

Achtung: Personalintensität

Je höher die Personalintensität ist, desto höher ist das Risiko bei Beschäftigungsschwankungen, dies betrifft vor allem die Personalfixkosten.

Abschreibungsintensität

Diese Kennzahl zeigt den Anteil der Abschreibungen an der Gesamtleistung bzw. an den Umsatzerlösen des Unternehmens. Die Abschreibungsintensität ist abhängig von der Investitionstätigkeit, der Intensität der Nutzung der Produktionskapazitäten (z. B. Mehrschichtbetrieb) und der angewandten Abschreibungsverfahren (linear oder degressiv). Sie wird wie folgt berechnet:

$$\text{Abschreibungsintensität} = \frac{\text{Abschreibungsaufwand}}{\text{Gesamtleistung}} \times 100 \text{ (beim GKV)}$$

$$\text{Abschreibungsintensität} = \frac{\text{Abschreibungsaufwand}}{\text{Umsatz}} \times 100 \text{ (beim UKV)}$$

Eine gestiegene Abschreibungsintensität kann im Zeitvergleich ein Signal für vermehrte bilanzwirksame Investitionen und/oder die Bildung stiller Reserven sein. Eine abnehmende Abschreibungsintensität kann auf die Auflösung stiller Reserven hindeuten und/oder ein Signal für verringerte bilanzwirksame Investitionen sein.

Eine Verringerung der Abschreibungsintensität könnte auch ein Alarmsignal dafür sein, dass das Unternehmen das Betriebsergebnis durch Änderungen der Abschreibungspolitik „verschönern" will. Es könnte aber auch sein, dass das Unternehmen vermehrt Vermögensgegenstände nicht mehr kauft, sondern least, dadurch verringern sich die Abschreibungsaufwendungen.

Tipp: Abschreibungsintensität
Sie kann zusammen mit der Personalintensität wichtige Hinweise auf den Rationalisierungsgrad eines Unternehmens liefern. Eine geringe Personalintensität und eine hohe Abschreibungsintensität sind Anhaltspunkte für einen hohen Rationalisierungsgrad.

Forschungs- und Entwicklungsaufwandsquote

Die Forschungs- und Entwicklungsaufwandsquote zeigt, wie viel Prozent vom Umsatz des Unternehmens in die Forschung und Entwicklung investiert wurde. Die F&E-Aufwandsquote gibt Hinweise auf die Wettbewerbsfähigkeit und die Zukunftschancen des Unternehmens. Ein Vergleich der F&E-Aufwandsquote ist vor allem innerhalb einer Branche interessant.

$$\text{F\&E-Aufwandsquote} = \frac{\text{Forschungs- und Entwicklungsaufwand}}{\text{Umsatzerlöse}} \times 100$$

Ertragsteuerquote

Die Ertragsteuerquote beschreibt den prozentualen Anteil der Einkommens- und Körperschaftssteuern am Jahresergebnis vor Steuern. Sie zeigt die Relation der Ertragssteuern zum Vorsteuerergebnis, um die relative Ergebnisbelastung durch die Besteuerung darzustellen.[294] Es ist jedoch zu beachten, dass sowohl Erträge aus dem Finanzbereich als auch Liquidations- und Bewertungserträge die Ertragsteuerquote beeinflussen.[295] Bei der Wahl des Standortes spielt die Ertragsteuerquote im internationalen Wettbewerb eine wichtige Rolle.

$$\text{Ertragsteuerquote} = \frac{\text{Steuern vom Einkommen und Ertrag}}{\text{Ergebnis vor Steuern (EBT)}} \times 100$$

Die nachfolgende Tabelle stellt verschiedene Aufwandsposten der Deutz AG und deren Aufwandsquoten dar.

[294] Wiehle, U.: 100 Finanzkennzahlen, 2010, S. 27.
[295] Vgl. Coenenberg, A.G.: Jahresabschluss und -analyse, 2005, S. 1.077.

Kennzahlen zur Aufwandsstruktur der Deutz AG			
(Mio. €)	**2009**	**2008**	**2007**
Materialaufwand	611,00	1.063,80	1.043,20
Personalaufwand	212,30	239,00	237,00
Abschreibungsaufwand	54,20	61,80	63,50
F&E-Aufwand	104,60	90,30	52,10
Gesamtleistung	777,60	1.417,60	1.456,60
Umsatzerlöse	795,50	1.417,00	1.443,10
Steuern vom Einkommen unc Ertrag	+7,30	-4,20	+18,00
Ergebnis vor Steuern	-114,40	3,03	181,64
Materialintensität	**78,58 %**	**75,04 %**	**71,62 %**
Personalintensität	**27,30 %**	**16,86 %**	**16,27 %**
Abschreibungsquote	**6,97 %**	**4,36 %**	**4,36 %**
F&E-Aufwandsquote	**13,45 %**	**6,37 %**	**3,58 %**
Steuerquote	**-6,38 %**	**138,61 %**	**9,91 %**

Tab. 129: Kennzahlen zur Aufwandsstruktur der Deutz AG

Der Materialaufwand im Jahr 2009 ist im Vergleich zum Jahr 2008 um 42,5 Prozent gesunken. Hierbei ist zu beachten, dass die Umsatzerlöse ebenfalls um 43,8 Prozent gesunken sind. Obwohl der Materialaufwand stark gesunken ist, ist die Materialintensität angestiegen. Der Personalaufwand konnte um 11 Prozent verringert werden. Das Unternehmen sollte für eine kommende Phase des Aufschwungs gerüstet sein. Positiv zu bewerten ist daher auf jeden Fall die Steigerung der F&E-Aufwendungen um ca. 111 Prozent. Denn mit neuen innovativen Entwicklungen ist ein Unternehmen i. d. R. wesentlich wettbewerbsfähiger als mit alten Produkten.

Die niedrigeren Abschreibungen im Jahr 2009 lassen darauf schließen, dass Investitionen zurückgehalten wurden. Die Ertragsteuerquote fällt negativ aus, da das Unternehmen aufgrund einer Betriebsprüfung Steuernachzahlungen zu leisten hatte. Daher ist eine Aussage hinsichtlich der Steuerquote nicht möglich, zumal es im Jahr 2008 eine Steuererstattung gab. Die Personalintensität ist von 16,86 % im Jahr 2008 auf 27,30 % im Jahr 2009 gestiegen, da die Personalkosten nicht in gleicher Höhe gesenkt werden konnten, wie der Umsatz zurückging.

18.5 Wertorientierte Kennzahlen

Wertorientierte Kennzahlen dienen dazu, den tatsächlichen Unternehmenswert und den Anteil der einzelnen Bereiche am Erfolg darzustellen. Damit ein Unternehmen am Kapitalmarkt erfolgreich ist, muss der Unternehmenswert gesteigert werden. Nur ein kontinuierlich und nachhaltig steigender Unternehmenswert sichert den Fortbestand und stärkt somit die Position am Kapitalmarkt. Ein Unternehmen ist immer dann erfolgreich, wenn die erreichte Vermögensrendite die Kapitalkosten übersteigt. In der Praxis werden häufig die nachfolgenden wertorientierten Kennzahlen benutzt.

18.5.1 ROCE (Return on Capital Employed)

Der ROCE stellt eine Weiterentwicklung der Gesamtkapitalrentabilität dar. Er zeigt die operative Leistungsfähigkeit und die Rentabilität des eingesetzten Kapitals. Beim ROCE wird der Gewinn um die Fremdkapitalzinsen und Steuern bereinigt, sodass die Kennzahl finanzierungs- und steuersystemunabhängige Vergleiche zulässt. Damit wird ein Vergleich von Unternehmen aus verschiedenen Branchen erleichtert.

Der ROCE (Return on Capital Employed) stellt das EBIT dem verzinslich zur Verfügung stehenden Kapital (Capital Employed) gegenüber. Für die Berechnung des ROCE wird das Capital Employed als Durchschnittswert zugrunde gelegt. Der ROCE berechnet sich mit folgender Formel:

$$\text{ROCE} = \frac{\text{EBIT}}{\text{durchschnittliches Capital Employed}} \times 100$$

Das Capital Employed wird von der Passivseite her als Summe von Eigenkapital, Pensionsrückstellungen und verzinslichem Fremdkapital[296] nach folgendem Schema ermittelt:

[296] Wöltje, J.: Betriebswirtschaftliche Formelsammlung, 2011, S. 223.

Ermittlung des Capital Employed	
	durchschnittliches Eigenkapital
+	durchschnittliche Pensionsrückstellungen
+	durchschnittliche Finanzschulden
=	**durchschnittliches Capital Employed**

Tab. 130: Passivisches Ermittlungsschema des Capital Employed

Die Finanzschulden werden auf folgende Weise ermittelt (s. auch Kapitel 17.4):

Ermittlung der Finanzschulden	
	Anleihen
+	Verbindlichkeiten gegenüber Kreditinstituten
+	Akzeptverbindlichkeiten
+	in den restlichen Schulden enthaltene verzinsliche Anteile (gewöhnliche ohne Pensionsrückstellungen)
=	**Finanzschulden**

Tab. 131: Ermittlung der Finanzschulden

Die nächste Tabelle zeigt die Entwicklung des ROCE der Deutz AG.

Ermittlung des ROCE der Deutz AG				
	(Mio. €)	**2009**	**2008**	**2007**
	Wandelschuldverschreibungen	0	0	2,85
+	Anleihen	203,23	203,23	203,23
+	Verbindlichkeiten gegenüber Kreditinstituten	0,03	0,42	1,96
+	Akzeptverbindlichkeiten	0	0	0
=	**Finanzschulden**	**203,26**	**203,65**	**208,04**
	durchschnittliches Eigenkapital	370,43	428,46	358,44
+	durchschnittliche Pensionsrückstellungen	149,84	156,25	193,61
+	durchschnittliche Finanzschulden	203,46	205,85	130,05
=	**durchschnittliches Capital Employed**	**723,72**	**790,56**	**682,10**
	EBIT	- 91,43	39,92	66,81
:	durchschnittliches Capital Employed	723,72	790,56	682,10
=	**ROCE**	**-12,63%**	**5,05 %**	**9,79 %**

Tab. 132: Ermittlung des ROCE der Deutz AG

Es lässt sich deutlich erkennen, dass sich der ROCE von 2007 bis 2009 stark verschlechtert hat.

18.5.2 Return on Net Assets (RONA)

Der RONA ist eine weitere Variante der Gesamtkapitalrentabilität. Er ist ein Rentabilitätsmaß und steht für eine in einer Periode erzielte Gesamtrendite. Es ist eine Kennzahl, die die durchschnittliche Verzinsung des betriebsnotwendigen Vermögens in einer Periode angibt. Das betriebsnotwendige Vermögen trägt der Tatsache Rechnung, dass nur solche Vermögenspositionen der Bilanz betrachtet werden, die zur Erfüllung der Kernkompetenzen erforderlich sind.

Der RONA wird nach folgender Formel berechnet:

$$\text{RONA} = \frac{\text{EBIT}}{\text{Net Assets}} \times 100$$

Das gebundene Vermögen, die Net Assets, können Sie, wie nachfolgend beschrieben, errechnen.

Net Assets

Bei der Berechnung der „Net Assets" ist von der bilanzierenden Aktiva das unverzinsliche kurzfristige Fremdkapital abzuziehen.

Ermittlung der Net Assets	
	Umlaufvermögen
-	unverzinsliches kurzfristiges Fremdkapital
=	**Netto-Umlaufvermögen**
+	Anlagevermögen
=	**Net Assets (gebundenes Netto-Vermögen)**

Tab. 133: Ermittlung der Net Assets

Die nächste Tabelle zeigt die Vorgehensweise bei der Ermittlung des „RONA".

Ermittlung des RONA der Deutz AG				
	(Mio. €)	**2009**	**2008**	**2007**
	durchschnittliches Umlaufvermögen	522,30	654,12	551,80
-	durchschn. unverzinsliches kurzfr. FK	274,98	345,89	339,63
=	**durchschn. Netto-Umlaufvermögen**	**247,33**	**308,23**	**212,17**
+	durchschnittliches Anlagevermögen	484,25	488,90	494,50
=	**Net Assets**	**731,58**	**797,13**	**706,67**
	EBIT	- 91,43	39,92	66,81
:	Net Assets	731,58	797,13	706,67
=	**RONA**	**-12,50 %**	**5,01 %**	**9,45 %**

Tab. 134: RONA der Deutz AG

18.5.3 Return on Invested Capital (ROIC)

Die Kennzahl ROIC ist ein Maß für die operative Rentabilität. Sie zeigt die Verzinsung des betriebsnotwendigen Vermögens. Bei dieser Kennzahl werden unterschiedliche Finanzierungsstrukturen berücksichtigt, daher wird für die Berechnung der Kennzahl der NOPAT den Net Assets gegenübergestellt.

Net Operating Profit after Taxes (NOPAT)

Der Net Operating Profit After Taxes (NOPAT) bezeichnet den operativen Gewinn nach Steuern. In der Praxis wird der NOPAT für die Beurteilung und Steuerung der Ertragslage eines Unternehmensbereichs eingesetzt. Durch seinen operativen Charakter stellt er eine interne Ergebniskennzahl dar. Er kann sowohl für das gesamte Unternehmen als auch für Teilbereiche ermittelt werden. Eine korrekte Ableitung des NOPAT erfordert es, etliche Anpassungen durchzuführen. Für den externen Analysten ist dies mit besonderen Schwierigkeiten verbunden, daher wird diese Kennzahl in der Praxis in vielen Fällen näherungsweise ermittelt. Die Berechnung des NOPAT zeigt das folgende Schema:

Berechnung des NOPAT	
	EBIT
-	Ertragsteuern
=	**NOPAT**

Tab. 135: Berechnung des NOPAT

In der nächsten Tabelle sehen Sie die Berechnung des NOPAT der Deutz AG.

Berechnung des NOPAT der Deutz AG				
	(Mio. €)	**2009**	**2008**	**2007**
	EBIT	- 91,43	39,92	66,81
-	Ertragsteuern	- 7,30	4,20	- 18,00
=	**NOPAT**	**- 98,73**	**44,12**	**48,81**

Tab. 136: NOPAT der Deutz AG

Der ROIC wird wie folgt berechnet:

$$\text{ROIC} = \frac{\text{NOPAT}}{\text{Net Assets}} \times 100$$

Der ROIC besagt, dass ein Unternehmen nur Werte für die Shareholder (Aktionäre) schafft, sofern der ROIC höher ist als die Kapitalkostensatz[297] (Weighted Average Cost of Capital) des Unternehmens ist.

Ermittlung des ROIC der Deutz AG			
(Mio. €)	2009	2008	2007
NOPAT	- 98,73	44,12	48,81
: Net Assets	731,58	797,13	706,67
= ROIC	**-13,50 %**	**5,53 %**	**6,91 %**

Tab. 137: ROIC der Deutz AG

Der ROIC sollte immer höher sein als z. B. die Rendite einer mittelfristigen Bundesanleihe. Er gibt einem potenziellen Investor die Information, ob es sich lohnt in ein Unternehmen zu investieren, oder ob es besser ist, das Geld direkt am Aktienmarkt anzulegen.

Kapitalkostensatz - Weighted Average Cost of Capital (WACC)

Der Kapitalkostensatz ist als gewogener durchschnittlicher Zinssatz aus den Verzinsungswünschen der Fremdkapitalgeber und Eigenkapitalgeber abzuleiten. Der Mischzinssatz wird als Weighted Average Cost of Capital (WACC) bezeichnet. Er wird benötigt, um die Untergrenze der geforderten Mindestverzinsung (Rentabilität) zu berechnen, die beim Kapitaleinsatz erreicht werden muss. Falls diese Mindestrendite nicht erreicht wird, lohnt sich der Einsatz des Kapitals für den Investor nicht und der Marktwert des Unternehmens sinkt.
Für die Ermittlung des WACC sollte die Zielkapitalstruktur des Unternehmens angesetzt werden. Der **Kapitalkostensatz (WACC)** stellt den gewogenen durchschnittlichen Zinssatz aus den Zinssätzen der Fremdkapitalgeber (r_{FK}) und der Verzinsungsanforderungen der Eigenkapitalgeber (r_{EK}) dar.

[297] Kapitalkostensatz: Der Kapitalkostensatz (engl. Bezeichnung: Weighted Average Cost of Capital (WACC)) spiegelt den Verzinsungsanspruch der Kapitalgeber in Bezug auf das im Unternehmen gebundene Kapital wider. Er wird als gewichteter Durchschnitt der Eigen- und Fremdkapitalkosten ermittelt, wobei die Eigenkapitalkosten mit den Renditeerwartungen der Aktionäre korrelieren und die Fremdkapitalkosten die langfristigen Finanzierungskonditionen des Unternehmens darstellen.

Der Eigenkapitalkostensatz (r_{EK}) des Unternehmens wird wie folgt berechnet:

$$r_{EK} = \text{risikofreier Zinssatz} + \text{Marktriskoprämie} \times \text{Beta-Faktor} (\beta)$$ [298]

Der WACC wird unternehmensindividuell nach folgender Formel ermittelt:

$$WACC = r_{FK} \times (1 - St_U) \times \frac{FK^{(M)}}{GK} + r_{EK} \times \frac{EK^{(M)}}{GK}$$

r_{FK} = Fremdkapitalkostensatz des Unternehmens
St_U = Ertragsteuersatz des Unternehmens
$EK_{(M)}$ = Marktwert des Eigenkapitals (Unternehmenswert)
$FK_{(M)}$ = Marktwert des Fremdkapitals
GK = Gesamtkapital
r_{EK} = Eigenkapitalkostensatz des Unternehmens

Teileweise wird der WACC von den Unternehmen im Geschäftsbericht veröffentlicht. Die Deutz AG machte in ihren Geschäftsberichten keine Angaben zum WACC, daher wird an dieser Stelle beispielhaft die Vorgehensweise der Berechnung des WACC anhand eines Maschinenbauherstellers, der „Gildemeister AG" vorgestellt.

Die Berechnung des WACC der Gildemeister AG des Geschäftsjahrs 2009 können Sie anhand des folgenden Beispiels nachvollziehen.[299]

Beispiel: Berechnung des WACC bei der Gildemeister AG 2009

Kapitalkosten (WACC)		
	2009	**2008**
Risikoloser Zinssatz	3,9 %	3,7 %
Marktrisikoprämie	5,0 %	5,0 %
Beta-Faktor	1,0	1,0
Eigenkapitalkosten nach Steuern	**8,9 %**	**8,7 %**

[298] Beta-Faktor: Der Beta-Faktor zeigt die Beziehung zwischen der Kursentwicklung einer Aktie und einem Index und gibt die Sensitivität des Aktienkurses auf die Veränderung des Indexstands an.

[299] Gildemeister AG, Geschäftsbericht 2009, S. 36.

Fremdkapitalkosten vor Steuern	5,8 %	8,3 %
Steuersatz (28,8 %)	1,7 %	2,4 %
Fremdkapitalkosten nach Steuern	**4,1 %**	**5,9 %**
Anteil Eigenkapital (Buchwert)	33 %	27 %
Anteil Fremdkapital (Buchwert)	67 %	73 %
Kapitalkostensatz nach Steuern	5,7 %	6,7 %
Steuersatz	28,8 %	28,8 %
Kapitalkostensatz vor Steuern (WACC)	**8,0 %**	**9,4 %**

Für die Jahresabschlussanalyse der Deutz AG setzen wir aus Vereinfachungsgründen einen durchschnittlichen Kapitalkostensatz ein, der von der KPMG für eine Vielzahl von Unternehmen im Jahr 2009 erhoben wurde. Der durchschnittliche Kapitalkostensatz (WACC) über alle Branchen beträgt für die Jahre:

- 2007: 8,1 %
- 2008: 8,0 %[300]

Für das Jahr 2009 nehmen wir aus Vereinfachungsgründen einen WACC von 8,0 %, d. h. denselben Zinssatz wie im Jahr 2008, an.

Kapitalkostensatz: angenommener WACC für Deutz AG			
	2009	2008	2007
WACC	8,00 %	8,00 %	8,10 %

Tab. 138: Angenommener WACC für die Jahre 2007 bis 2009 der Deutz AG

18.5.4 Cash Flow Return on Investment (CFROI)

Eine weitere Kennzahl, die die Rentabilität darstellt, ist der CFROI. Er ist eine Renditegröße, die als interner Zinsfuß eines Unternehmens oder Geschäftsbereichs berechnet wird. Der CFROI legt für seine Berechnung die historischen Anschaffungs- oder Herstellungskosten das am Ende der Betrachtungsperiode vorhandene Sachanlagevermögen unter Berücksichtigung der Desinvestitionen zugrunde. Durch die Betrachtung der Anschaffungswerte des Sachanlagevermögens anstelle der bilanzierten Buchwerte werden Unternehmen „mit älteren Aktiva und entsprechend niedrigerem Buchwert nicht mehr bevorzugt, wie dies

[300] KPMG: Kapitalkosten und Impairment Test-Studie 2009, 2010, S. 44.

z. B. bei der Gesamtkapitalrendite der Fall ist." Ein Unternehmen, das den Cashflow nicht für Reinvestitionen verwendet, konnte bei den traditionellen Rendite-Kennzahlen (Eigenkapital- und Gesamtkapitelrentabilität) aufgrund der geringeren Kapitalgröße eine höhere Rentabilität ausweisen.
Der Vorteil dieser Kennzahl gegenüber anderen Rendite-Kennzahlen ist die Bereinigung um Verfälschungen, basierend auf unternehmensspezifischer Abschreibungspolitik, Finanzierung und Lebensdauercharakteristik. Ein weiterer Vorteil dieser Kennzahl ist die Vergleichbarkeit von Unternehmen mit unterschiedlicher Altersstruktur der Vermögensgegenstände, da die Abschreibungen enthalten sind.
Der CFROI bildet das Verhältnis der in der Periode erwirtschafteten Zahlungsüberschüsse (Brutto-Cashflow) zum eingesetzten Vermögen (Bruttoinvestitionswert) ab und stellt somit die Rentabilität per Periode dar. Es gibt unterschiedliche Methoden, den CFROI zu berechnen. Aus Vereinfachungsgründen wird im Folgenden der CFROI als Quotient aus dem EBITDA, d. h. dem Jahreserfolg vor Zinsen, Steuern und Abschreibungen und der Bruttoinvestitionsbasis (dem durchschnittlichen Anlage- und Netto-Umlaufvermögen), d. h. dem in das Unternehmen investierten Kapital zu Wiederbeschaffungswerten errechnet:

$$\text{CFROI} = \frac{\text{EBITDA}}{\text{Bruttoinvestitionsbasis (BIB)}}$$

Ermittlung der Bruttoinvestitionsbasis

Die Bruttoinvestitionsbasis stellt das gesamte, zu einem bestimmten Zeitpunkt in das Unternehmen oder eine selbstständige Geschäftseinheit investierte Kapital abzüglich des unverzinslichen Fremdkapitals dar. Dabei sollte idealerweise von Wiederbeschaffungswerten ausgegangen werden.
Die Bruttoinvestitionsbasis setzt sich somit aus den planmäßig abschreibbaren Vermögensgegenständen und den nicht abnutzbaren Vermögensgegenständen zusammen. Für die nicht abnutzbaren Vermögensgegenstände werden die Buchwerte als Basis verwendet. Dazu werden die kumulierten Abschreibungen zum Buchwert des abnutzbaren Anlagevermögens addiert und auf den Betrachtungszeitpunkt inflationiert. Zur Bruttoinvestitionsbasis sollten auch ge-

leaste Gegenstände in Form von kapitalisierten Mietaufwendungen hinzugezählt werden. Das unverzinsliche Fremdkapital wird abgezogen. Aus Vereinfachungsgründen wird bei der externen Analyse sowohl auf die Einbeziehung der geleasten Vermögensgegenstände als auch auf die Berücksichtigung der Inflationsrate verzichtet. Die Bruttoinvestitionsbasis kann von der Aktiv- oder der Passivseite der Bilanz berechnet werden. Zunächst wird die aktivische Berechnung der Bruttoinvestitionsbasis vorgestellt:

Berechnung der Bruttoinvestitionsbasis	
	Buchwert des immateriellen Anlagevermögens
+	Buchwert des Sachanlagenvermögens
+	kumulierte Abschreibungen auf Sachanlagen und immaterielle Vermögensgegenstände
=	**Wert des abnutzbaren Vermögens (1)**
	Buchwert der Finanzanlagen
+	Buchwert des Umlaufvermögens
+	Buchwert des aktiven Rechnungsabgrenzungspostens
=	**Wert des nicht abnutzbaren Vermögens (2)**
= (1 + 2)	**Wert des gesamten Vermögens**
-	Abzugskapital ■ Buchwert der unverzinslichen Rückstellungen ■ Buchwert der Verbindlichkeiten aLuL ■ Buchwert der erhaltenen Anzahlungen ■ Buchwert des passiven Rechnungsabgrenzungspostens
=	**Bruttoinvestitionsbasis**

Tab. 139: Aktivische Berechnung der Bruttoinvestitionsbasis

Die Bruttoinvestitionsbasis kann aber auch von der Passivseite wie folgt berechnet werden.

Berechnung der Bruttoinvestitionsbasis	
	Capital Employed
+	kumulierte Abschreibungen auf Sachanlagen und immaterielle Vermögensgegenstände
=	**Bruttoinvestitionsbasis**

Tab. 140: Passivische Berechnung der Bruttoinvestitionsbasis

Die folgende Abbildung zeigt Ihnen, die aktivische und passivische Ermittlung der Bruttoinvestitionsbasis.

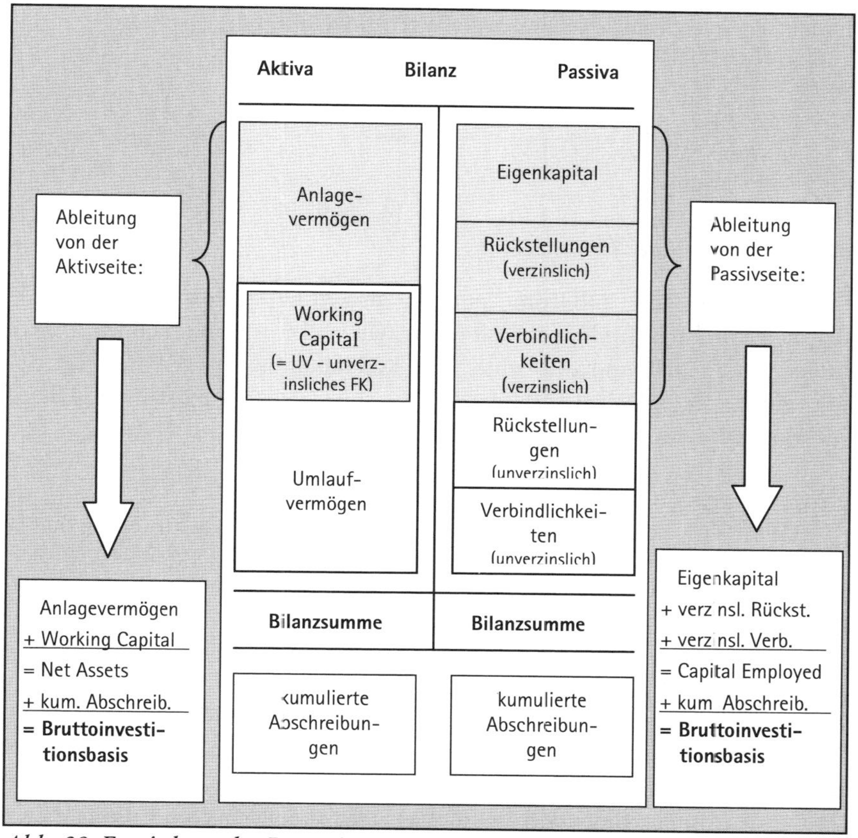

Abb. 39: Ermittlung der Bruttoinvestitionsbasis

Die Bruttoinvestitionsbasis für die Deutz AG wird passivisch folgendermaßen errechnet:

Berechnung der Bruttoinvestitionsbasis der Deutz AG				
	(Mio. €)	**2009**	**2008**	**2007**
	Capital Employed	723,72	790,56	682,10
+	kumulierte Abschreibungen auf immaterielle Vermögensgegenstände und auf Sachanlagen	535,78	508,73	488,45
=	**Bruttoinvestitionsbasis**	**1.259,50**	**1.299,29**	**1.170.55**

Tab. 141: Bruttoinvestitionsbasis der Deutz AG

In der folgenden Tabelle sehen Sie die Werte des CFROI der Deutz AG:

Berechnung des CFROI der Deutz AG			
(Mio. €)	2009	2008	2007
EBITDA	- 58,11	80,08	110,28
: Bruttoinvestitionsbasis	1.259,50	1.299,29	1.170,55
= **CFROI**	**-4,61 %**	**6,16 %**	**9,42 %**

Tab. 142: CFROI der Deutz AG

Betrachtet man den CFROI im Vergleich zu dem Kapitalkostensatz (WACC), der die geforderte Mindestverzinsung darstellt, so kann man erkennen, dass er in den Jahren 2008 und 2009 unter dem Kapitalkostensatz (WACC) liegt. Somit wurden Werte vernichtet, da die tatsächlichen Zahlungsströme, die zurückflossen, kleiner waren als die entstandenen Kapitalkosten.

Tipp: CFROI

Vergleicht man den CFROI mit dem durchschnittlichen Kapitalkostensatz (WACC[301]) eines Unternehmens, kann man feststellen, ob das Unternehmen Werte schafft oder vernichtet. Ist der CFROI größer als der Kapitalkostensatz (WACC), so sind im betrachteten Zeitraum Werte geschaffen, andernfalls Werte vernichtet worden.

18.5.5 Economic Value Added (EVA®)[302]

Die Unternehmensberatung Stern Stewart & Co. entwickelte das EVA Konzept mit dem Ziel, eine periodische Kennzahl zu generieren, die das Ziel der Verbesserung des Unternehmenswertes für die Eigenkapitalgeber operationalisieren sollte.[303] Der Economic Value Added beschreibt die Wertsteigerung innerhalb einer bestimmten Periode erwirtschaftet. Ein Mehrwert, d. h. ein positiver EVA®, wird erreicht, wenn das betriebliche Ergebnis einer Periode die angefallenen Kapitalkosten übersteigt. Die Kapitalkosten entsprechen der erwarteten Verzinsung des eingesetzten Kapitals (Net Operating Assets (NOA)).

301 WACC = Weighted Average Cost of Capital, wird im folgenden Kapitel erläutert.

302 EVA® Ist eine eingetragene Marke der Stern Stewart & Co.

303 Vgl. Weber, J.: Wertorientierte Unternehmenssteuerung, 2004, S. 55.

Net Operating Asset (NOA)

Die Net Operating Assets (NOA) stellen das in ein Unternehmen oder in eine Geschäftseinheit investierte Kapital dar. Vereinfacht ausgedrückt handelt es sich um das Anlagevermögen ohne Finanzanlagevermögen zuzüglich eines Teils des Umlaufvermögens abzüglich des nicht verzinslichen Fremdkapitals. Sie werden nach dem folgenden Schema berechnet:

Berechnung der Net Operating Asset (NOA)	
	Immaterielle Vermögensgegenstände
+	Sachanlagen
+	Vorräte
+	Forderungen aLuL
+	liquide Mittel für das operative Geschäft
-	kurzfristiges unverzinsliches Fremdkapital (Verbindlichkeiten aLuL, erhaltene Anzahlungen, passive Rechnungsabgrenzungsposten und kurzfristige Rückstellungen)
=	**Net Operating Assets (Netto-Betriebsvermögen)**

Tab. 143: Net Operating Assets (NOA)

In der nächsten Tabelle sehen Sie die Berechnung der NOA der Deutz AG.

Berechnung der Net Operating Assets der Deutz AG				
	(Mio. €)	2009	2008	2007
	Immaterielle Vermögensgegenstände	18,30	24,90	29,60
+	Sachanlagen	276,40	279,40	280,00
+	Vorräte	84,74	156,35	151,27
+	Forderungen aLuL	165,00	223,30	271,60
+	liquide Mittel für das operative Geschäft	210,50	200,20	298,10
-	kurzfristiges unverzinsliches Fremdkapital	- 274,74	- 275,21	- 416,56
=	**Net Operating Assets (NOA)**	**480,22**	**608,94**	**614,02**

Tab. 144: Net Operating Assets (NOA) der Deutz AG

Zusammenfassend besagt die Kernaussage des Economic Value Added, dass ein Unternehmen nur dann einen ökonomischen Mehrwert erzeugt, wenn das bereinigte, betriebliche Ergebnis (NOPAT) die Kapitalkosten, d. h. die vom Kapitalmarkt geforderte Verzinsung des investierten Kapitals (NOA), übersteigt. Der Vorteil gegenüber traditionellen Renditekennzahlen besteht darin, dass die EVA-Kennzahl die Risikostruktur des Unternehmens durch den gewichteten Kapitalkostensatz (WACC) berücksichtigt.

Zur Berechnung des Economic Value Added sind die drei folgenden Komponenten erforderlich: WACC, NOPAT und NOA.

Der EVA wird nach folgender Formel berechnet:

EVA = NOPAT – Kapitalkosten = NOPAT – (WACC x NOA)

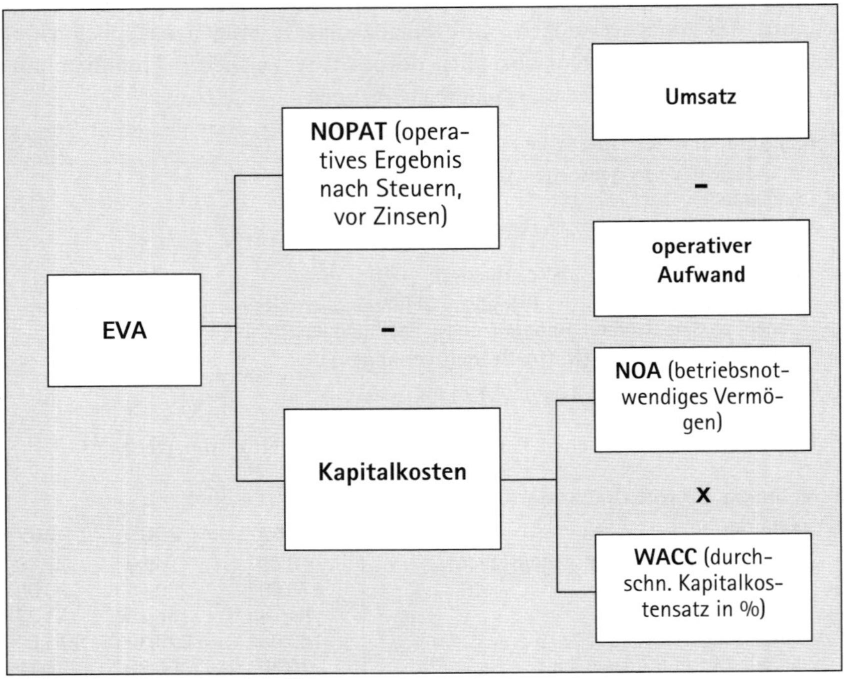

Abb. 40: Das EVA-System[304]

Die nächste Tabelle zeigt den Economic Value Added der Deutz AG.

Ermittlung des Economic Value Added der Deutz AG			
(Mio. €)	**2009**	**2008**	**2007**
NOPAT	- 98,73	44,12	48,81
WACC	8,00 %	8,00 %	8,10 %
NOA	480,22	608,94	614,02
EVA	**- 137,15**	**- 4,60**	**- 0,93**

Tab. 145: EVA der Deutz AG

[304] Meyer, C.: Betriebswirtschaftliche Kennzahlen und Kennzahlensysteme, 2008, S. 166.

Es wurde in den vergangenen drei Geschäftsjahren keine Übergewinne erwirtschaftet, da der EVA negativ war. Der bereinigte Gewinn deckte die Kapitalkosten nicht. Zudem ist eine fallende Tendenz zu beobachten. Dies ist als ein negatives Zeichen für die Entwicklung des Unternehmens zu bewerten.

Achtung: Economic Value Added
Ein Unternehmensmehrwert wird erzielt, wenn das bereinigte, betriebliche Ergebnis (NOPAT) die Kapitalkosten übersteigt.

18.6 Moderne Verfahren der Jahresabschlussanalyse

18.6.1 Quicktest

Der Quicktest[305] (von Kralicek) ist ein einfaches und schnelles Verfahren, bei dem mit nur vier Kennzahlen eine grundsätzliche Aussage über die wirtschaftliche Lage eines Unternehmens ermöglicht wird. Diese Methode ist besonders für Analysten in kleinen und mittelgroßen Unternehmen geeignet.
Aus den zentralen Analysebereichen der traditionellen Jahresabschlussanalyse wird aus den Bereichen Finanzierung, Liquidität, Rentabilität und Erfolg jeweils eine aussagekräftige Kennzahl ausgewählt. Hierfür muss jedoch möglicherweise das Zahlenmaterial aufbereitet werden.
Nach Berechnung[306] der jeweiligen Kennzahlen werden diese anhand einer Beurteilungsskala mit einer Note bewertet. Die Noten werden schließlich in die Bereiche finanzielle Stabilität und Ertragslage zusammengefasst. Der Durchschnitt dieser beiden Noten ergibt eine Gesamtnote für das Unternehmen.

Die nachfolgenden Abbildungen verdeutlichen die Vorgehensweise und die vier Kennzahlen dieser Methode:

---

[305] Vgl. Kralicek, P., S. 69 ff., 2008.

[306] In Anlehnung an Zdrowomyslaw, N.: Jahresabschluss u. -analyse, 2001, S. 788-793.

Analyse-bereich	Kennzahl	Formel		Aussage über
1. Finanzierung	Eigenkapital-quote	$\frac{\text{Eigenkapital}}{\text{Gesamtkapital}}$	x 100	Kapitalkraft
2. Erfolg	Cashflow-Leistungsrate	$\frac{\text{Cashflow}}{\text{Betriebsleistung}^{307}}$	x 100	finanzielle Leis-tungsfähigkeit
3. Rentabilität	Gesamtkapital-rentabilität	$\frac{\text{EGT}^{308} + \text{FK-Zinsen}}{\text{Bilanzsumme}}$	x 100	Rendite
4. Liquidität	Schuldentil-gungsdauer in Jahren	$\frac{\text{Effektivverschuldung}}{\text{Cashflow}}$		Verschuldung
Betriebsleistung = Gesamtleistung				

Tab. 146: Kennzahlen des Quicktests[309]

Die Ergebnisse dieser Kennzahlen werden über den folgenden Schlüssel in Noten von 1 bis 5 umgerechnet.

Kennzahl	Beurteilungsskala (Note)				
	sehr gut (1)	gut (2)	mittel (3)	schlecht (4)	insolvenz-gefährdet (5)
1. Eigenkapitalquote in %	> 30 %	> 20 %	> 10 %	< 10 %	negativ
2. Schuldentilgungsdauer in Jahren	< 3 Jahre	< 5 Jahre	< 12 Jahre	> 12 Jahre	> 30 Jahre
Ergebnis finanzieller Stabilität	**arithmetischer Durchschnitt aus Eigenkapitalquote und Schuldentilgungsdauer**				
3. Gesamtkapital-rentabilität in %	> 15 %	> 12 %	> 8 %	< 8 %	negativ
4. Cashflow Leistungsrate in %	> 10 %	> 8 %	> 5 %	< 5 %	negativ
Ergebnis der Ertragskraft	**arithmetischer Durchschnitt aus Gesamtkapitalrentabilität und Cashflow-Betriebsleistung**				
Gesamtbeurteilung	**arithmetischer Durchschnitt aus den Ergebnissen der vier Kennzahlen**				

Tab. 147: Beurteilungsskala für den Quicktest[310]

307 Die Betriebsleistung entspricht der Gesamtleistung.

308 EGT = Ergebnis der gewöhnlichen Geschäftstätigkeit.

309 Vgl. Kralicek, P. et al.: Kennzahlen für Geschäftsführer, 2008, S. 71.

Im Folgenden wird der Quicktest am Fallbeispiel der Deutz AG durchgeführt. Zunächst wird die Effektivverschuldung ermittelt.

Berechnung der Effektivverschuldung der Deutz AG			
Effektivverschuldung:	**2009**	**2008**	**2007**
Verbindlichkeiten	374,03	358,61	419,66
+ Rückstellungen	257,71	278,61	320,88
- Wertpapiere des UV	0	0	0
- flüssige Mittel	210,50	200,20	298,10
= **Effektivverschuldung**	**421,24**	**437,02**	**442,44**

Tab. 148: Berechnung der Effektivverschuldung

Als Nächstes wird der Cashflow für den Quicktest berechnet. Die einfachste Grundform der Cashflow-Berechnung beschränkt sich auf die Bereinigung der Anlagenabschreibungen sowie die Dotierung langfristiger Rückstellungen. Hierfür wird folgendes Ermittlungsschema verwendet:

Berechnung des Cashflows für den Quicktest
Ergebnis der gewöhnlichen Geschäftstätigkeit
+ Abschreibungen auf Anlagevermögen
- Zuschreibungen auf Anlagevermögen
+ Erhöhung von langfristigen Rückstellungen
- Verminderungen von langfristigen Rückstellungen
+ Zuführung zum Sonderposten mit Rücklageanteil
- Auflösung des Sonderpostens mit Rücklageanteil
= **Cashflow**

Tab. 149: Ermittlung des Cashflows nach der Praktikerformel

Cashflow der Deutz AG

Für die vereinfachte Cashflow-Berechnung werden die Daten aus den Geschäftsberichten der Deutz AG verwendet.

[310] Vgl. Kralicek, P. et al.: Kennzahlen für Geschäftsführer, 2008, S. 72.

Ermittlung des Cashflows für den Quicktest der Deutz AG			
(Mio. €)	**2009**	**2008**	**2007**
Ergebnis der gewöhnlichen Geschäftstätigkeit	-97,90	7,00	52,30
+ Abschreibungen auf das Anlagevermögen	59,82	63,15	65,1
+ außerplanmäßige Abschreibung, Wertminderungsaufwand	0	0	0
- Zuschreibung auf Anlagevermögen/Wertaufholungen	0	0	0
+ Zuführung langfristiger Rückstellungen (einschl. Pensionsrückstückstellungen)	0	0	0
- Auflösung langfristiger Rückstellungen (einschl. Pensionsrückstellungen)	-5,19	-7,64	-67,09
+ Zuführung zum Sonderposten mit Rücklageanteil	0	0	0
- Auflösung des Sonderpostens mit Rücklageanteil	0	0	0
= **Cashflow**	-43,27	62,51	50,31

Tab. 150: Ermittlung des Cashflows für den Quicktest der Deutz AG

Durch die alleinige Berücksichtigung zahlungswirksamer Vorgänge können bilanzpolitische Gestaltungsmaßnahmen, denen zahlungsunwirksame Aufwendungen und Erträge unterliegen (können), eliminiert werden. Der Cashflow spiegelt die finanzielle Leistungsfähigkeit, die Existenz und die Höhe des Zahlungsmittelüberschusses eines Unternehmens wider. Die jährlich erwirtschafteten Geldmittel stehen in Form von Bankguthaben, Vorräten oder Forderungen zusätzlich pro Geschäftsjahr zur Verfügung und erweitern somit die Handlungsbasis des Unternehmens. Durch die Bereinigung von Sondereinflüssen kann die Vergleichbarkeit über mehrere Jahre gewährleistet werden.

Die folgende Tabelle zeigt den Quicktest für die Deutz AG der Geschäftsjahre 2009, 2008 und 2007:

Quicktest der Deutz AG			
Analysebereich: Finanzierung			
Eigenkapitalquote =	Eigenkapital / Gesamtkapital		
(Mio. €)	**2009**	**2008**	**2007**
Eigenkapital	309,58	431,28	425,54
: Gesamtkapital	943,36	1.069,75	1.216,19
= **Eigenkapitalquote**	**32,82 %**	**40,32 %**	**35,00 %**
Note	**1**	**1**	**1**

Analysebereich: Erfolg			
Cashflow-Leistungsrate =	Cashflow / Gesamtleistung		
(Mio. €)	**2009**	**2008**	**2007**
Cashflow	- 43,27	62,51	50,31
: Gesamtleistung	777,60	1.417,60	1.456,60
= **Cashflow-Leistungsrate**	**-5,56 %**	**4,41 %**	**3,45 %**
Note	**5**	**4**	**4**
Analysebereich: Rentabilität			
Gesamtkapitalrentabilität =	EGT + Zinsaufwand / Gesamtkapital		
(Mio. €)	**2009**	**2008**	**2007**
EGT	- 114,53	5,76	37,82
+ Zinsaufwand	23,10	34,16	28,99
: Gesamtkapital	943,36	1.069,75	1.216,19
= **GK-Rentabilität**	**-9,69 %**	**3,73 %**	**5,49 %**
Note	**5**	**4**	**3**
Analysebereich: Liquidität			
Schuldentilgungsdauer in Jahren =	Effektivverschuldung / Cashflow		
(Mio. €)	**2009**	**2008**	**2007**
Effektivverschuldung	421,24	437,02	442,44
: Cashflow	-43,27	62,51	50,31
= **Schuldentilgungsdauer**	**-9,74**	**6,99**	**8,79**
Note	**5**	**3**	**3**

Tab. 151: Quicktest der Deutz AG der Geschäftsjahre 2007 bis 2009

Die Eigenkapitalquote und die Schuldentilgungsdauer bilden die finanzielle Stabilität ab, die Gesamtkapitalrentabilität und die Cashflow-Leistungsrate die Ertragslage.

Um eine Aussage über die finanzielle Stabilität und die Ertragslage der Unternehmung machen zu können, werden für die finanzielle Stabilität der Durchschnitt der Noten der Bereiche Finanzierung und Liquidität, und für die Beurteilung der Ertragslage der Deutz AG der Durchschnitt der Noten der Bereiche Erfolg und Rentabilität gebildet. Die Gesamtnote wiederum errechnet sich aus dem Durchschnitt dieser beiden Werte.

Die nächste Tabelle zeigt Ihnen die Auswertung des Quicktests.

Quicktest: Bewertung der Geschäftsjahre 2009 bis 2007 der Deutz AG				
Analysebereich	**Kennzahl**	**Note 2009**	**Note 2008**	**Note 2007**
1. Finanzierung	Eigenkapitalquote	1	1	1
4. Liquidität	Schuldentilgungsdauer in Jahren	5	3	3
Finanzielle Stabilität		**3**	**2**	**2**
2. Erfolg	Cashflow-Leistungsrate	5	4	4
3. Rentabilität	Gesamtkapitalrentabilität	5	4	3
Ertragslage		**5**	**4**	**3,5**
Gesamtnote		**4**	**3**	**2,75**

Tab. 152: Quicktest – Bewertung der Geschäftsjahre 2009 bis 2007 der Deutz AG

Allgemeine Interpretations-Hinweise:

- Die Eigenkapitalquote sollte hoch genug sein, sodass ein Unternehmen ca. 3 bis 4 Verlustjahre abdecken kann. Dies bedeutet, dass 3 % der Betriebsleistung jährlich als möglicher Verlust verkraftet werden sollten, was bei einem Kapitalumschlag von 2 (d. h. Umsatz ist doppelt so hoch wie die Bilanzsumme) eine Mindesteigenkapitalquote zwischen 18 % und 24 % ergibt.
- Die Schuldentilgungsdauer sollte keinesfalls größer als 12 Jahre sein, da dann eine Verstärkung der Eigenkapitalbasis (durch Einlagen bzw. geringere Ausschüttungen) und/oder eine Verbesserung der Ertragskraft anzustreben ist. Bei sehr guten Unternehmen liegt die Schuldentilgungsdauer unter drei Jahren.
- Je höher die Gesamtkapitalrentabilität, desto günstiger ist die Effizienz des Unternehmens.

Was können Unternehmen tun, wenn der Quicktest nicht gut ausfällt?

Bei schlechten Ergebnissen sollten folgende Maßnahmen ergriffen werden:

Maßnahmen bei schlechten Quicktest-Ergebnis	
Eigenkapitalquote geringer als 5 %:	
Kennzahlen überprüfen	Maßnahmen überlegen
▪ Entschuldungsdauer ▪ Fremdkapitalzinsen in Prozent des Umsatzes ▪ Umsatzrentabilität ▪ Privatentnahmen und ▪ Gewinnausschüttung überprüfen	▪ Aufnahme von neuen Gesellschaftern prüfen ▪ Gewinnverbesserung anstreben ▪ Privatentnahmen und/oder Ausschüttung vermindern
Schuldentilgungsdauer länger als 15 Jahre:	
Kennzahlen überprüfen	Maßnahmen überlegen
▪ Eigenkapitalquote ▪ Cashflow in Prozent vom Umsatz	▪ Gewinnverbesserung anstreben ▪ Privatentnahme und/oder Ausschüttung verhindern ▪ Eigenkapitalbindung forcieren
Cashflow-Leistungsrate geringer als 3 %:	
Kennzahlen überprüfen	Maßnahmen überlegen
▪ Waren- und Materialintensität ▪ Personalintensität ▪ Fremdkapitalzinsen in Prozent des Umsatzes ▪ Abschreibungen in Prozent des Umsatzes	▪ Marketingkonzept prüfen ▪ überhöhte Lagerbestände abbauen ▪ attraktive Lieferantenskonti ausnutzen
Gesamtkapitalrentabilität kleiner als 5 %:	
Kennzahlen überprüfen	Maßnahmen überlegen
▪ Umsatzrentabilität ▪ Kapitalumschlagshäufigkeit ▪ Debitorenziel in Tagen ▪ Lagerdauer ▪ Fremdkapitalzinsen in Prozent des Umsatzes	▪ Outsourcing forcieren ▪ Lagersenkungsmaßnahmen einleiten ▪ Lagerbestand der A-Artikel überwachen ▪ Mahnwesen verbessern

Tab. 153: Maßnahmen bei schlechtem Quicktest-Ergebnis

Der Quicktest eignet sich für eine erste grobe Beurteilung eines Unternehmens. Wenn man jedoch Ursachen der Entwicklungen und mögliche Fehlerquellen aufdecken möchte, sollten weitere Kennzahlen hinzugenommen werden.

18.6.2 Saarbrücker Modell[311]

Das Saarbrücker Modell[312] dient ebenfalls zur Unternehmensbeurteilung. Mit dem Saarbrücker Modell wird versucht, die von einem Unternehmen vorgenommene Bilanzpolitik in die Beurteilung dieses Unternehmens einzubeziehen. Die quantitative Analyse des Saarbrücker Modells erfolgt anhand von vier um bilanzpolitische Einflüsse bereinigte Kennzahlen. Im quantitativen Teil des Saarbrücker Modells erfolgt die Beurteilung der Ertragsstärke eines Unternehmens mithilfe eines Scoringverfahrens. Hierzu nutzt das Rechenwerk die folgenden vier, um bilanzpolitische Einflüsse bereinigte Kennzahlen:

- Eigenkapitalquote (EQ),
- Return on Investment (ROI),
- Cashflow zu Umsatz (CFU) und
- Cashflow zu Gesamtkapital (CFK).

Damit diese vier Kennzahlen möglichst ohne bilanzpolitische Beeinflussung ermittelt werden können, müssen die Ausgangsgrößen modifiziert werden. Für die Kennzahlen werden die folgenden fünf modifizierten Ausgangsgrößen eingesetzt:

- das korrigierte Eigenkapital,
- das korrigierte Gesamtkapital,
- der Cashflow (Cash Earnings),
- das korrigierte Jahresergebnis und
- der Umsatz.

Die **fünf Ausgangsgrößen** für die Ertragsstärkeberechnung der vier Kennzahlen werden wie folgt ermittelt:

---

311 Vgl. „Handelsblatt Firmencheck 2006“, Institut für Wirtschaftsprüfung, Universität des Saarlandes.

312 Küting, K. u. Weber, C.P.: Die Bilanzanalyse, 2009, S. 423 ff.

Ermittlung: Korrigiertes Eigenkapital (Werte aus der Strukturbilanz)	
	Eigenkapital laut Bilanz mit Minderheitenanteile
-	ausstehende Einlagen auf das gezeichnete Kapital
+	70 % des Sonderpostens für Zuwendungen
-	geplante bzw. vorgeschlagene Dividendenausschüttung des Unternehmens
=	**korrigiertes Eigenkapital**

Tab. 154: Ermittlung korrigiertes Eigenkapital

Korrigiertes Eigenkapital der Deutz AG				
(Mio. €)	2009	2008	2007	2006
Korrigiertes Eigenkapital	309,58	431,28	425,64	291,24

Tab. 155: Korrigiertes Eigenkapital der Deutz AG

Ermittlung: Korrigiertes Gesamtkapital (Werte aus der Strukturbilanz)	
	Bilanzsumme
-	ausstehende Einlagen auf das Eigenkapital
=	**korrigiertes Gesamtkapital**

Tab. 156: Ermittlung korrigiertes Gesamtkapital

Korrigiertes Gesamtkapital der Deutz AG				
(Mio. €)	2009	2008	2007	2006
korrigiertes Gesamtkapital	943,36	1.069,75	1.216,19	877,14

Tab. 157: Korrigiertes Gesamtkapital der Deutz AG

Cashflow des Saarbrücker Modells	
	Jahresüberschuss vor Steuern vom Einkommen und vom Ertrag
+	Abschreibungen des Geschäftsjahres
-	Zuschreibungen des Geschäftsjahres
+	Zunahme der Pensionsrückstellungen und ähnliche Verpflichtungen
-	Abnahme der Pensionsrückstellungen und ähnliche Verpflichtungen
+	Dotierung von CTA/Pension Trusts laut Kapitalflussrechnung
+	Zunahme des Sonderpostens für Zuwendungen
-	Abnahme des Sonderpostens für Zuwendungen
=	**Cashflow des Saarbrücker Modells**

Tab. 158: Cashflow des Saarbrücker Modells

Für die Cashflow-Berechnung werden die Daten aus den Geschäftsberichten der Deutz AG genommen.

Ermittlung des Cashflows für das Saarbrücker Modell der Deutz AG			
(Mio. €)	**2009**	**2008**	**2007**
Jahresüberschuss/-fehlbetrag	-132,10	-7,40	153,20
+/- Steuern vom Einkommen und Ertrag	7,30	-4,20	18,00
+ Abschreibungen des Geschäftsjahres	59,87	63,32	65,05
- Zuschreibung des Geschäftsjahres	0	0	0
+ Zuführung zu Pensionsrückstellungen	0	0	0
- Verminderung von Pensionsrückstellungen	-5,19	-7,64	-67,09
+ Zuführung zum Sonderposten mit Rücklageanteil	0	0	0
- Auflösung des Sonderpostens mit Rücklageanteil	0	0	0
= **Cashflow**	**-70,12**	**44,08**	**169,16**

Tab. 159: Ermittlung des Cashflows für das Saarbrücker Modell der Deutz AG

Ermittlung des korrigierten Jahresergebnisses
Jahresüberschuss vor Steuern vom Einkommen und vom Ertrag
+ Zinsaufwendungen
= **korrigiertes Jahresergebnis**

Tab. 160: Ermittlung des korrigierten Jahresergebnisses

Ermittlung des korrigierten Jahresergebnisses für das Saarbrücker Modell der Deutz AG			
(Mio. €)	**2009**	**2008**	**2007**
Jahresüberschuss/-fehlbetrag	-132,10	-7,40	153,20
+/- Steuern vom Einkommen und Ertrag	7,30	-4,20	18,00
+ Zinsaufwendungen	23,10	34,16	28,99
= **korrigiertes Jahresergebnis**	**-101,70**	**22,56**	**200,19**

Tab. 161: Ermittlung des korrigierten Jahresergebnisses für das Saarbrücker Modell der Deutz AG

Umsatz

Der Umsatz entspricht den Umsatzerlösen aus der Gewinn- und Verlustrechnung.

Umsatzerlöse für das Saarbrücker Modell der Deutz AG			
(Mio. €)	**2009**	**2008**	**2007**
Umsatzerlöse	**795,50**	**1.417,00**	**1.443,10**

Tab. 162: Umsatzerlöse für das Saarbrücker Modell der Deutz AG

Aus diesen fünf Ausgangsgrößen werden durch Quotenbildung die vier Kennzahlen des Saarbrücker Modells berechnet. Diese vier Kennzahlen sind grundsätzlich als rechnungslegungsnormenunabhängig anzusehen.

Eigenkapitalquote

Diese Kennzahl stellt die relative Ausstattung des Unternehmens mit bilanziellem Eigenkapital dar.

$$\text{Eigenkapitalquote} = \frac{\text{korrigiertes Eigenkapital}}{\text{korrigiertes Gesamtkapital}} \times 100$$

Return on Investment (ROI)

Mit dieser Kennzahl lässt sich die unternehmerische Verzinsung des eingesetzten Kapitals ableiten.

$$\text{Return on Investment} = \frac{\text{korrigiertes Jahresergebnis}}{\text{korrigiertes Gesamtkapital}} \times 100$$

Cashflow zu Umsatz

Mit dieser Kennzahl kann eine Aussage darüber getroffen werden, welcher Anteil der Umsatzerlöse sich tatsächlich – nach Berücksichtigung der zahlungswirksamen Aufwendungen – positiv auf die Gesamtliquidität des Unternehmens auswirkt. Der Cashflow zu Umsatz zeigt die Innenfinanzierungskraft des Unternehmens aus der betrieblichen Tätigkeit.

$$\text{Cashflow zu Umsatz} = \frac{\text{Cashflow}}{\text{Nettoumsatzerlöse}} \times 100$$

Cashflow zu Gesamtkapital

Mit dieser Kennzahl wird ermittelt, welchen Liquiditätszufluss aus dem operativen Geschäft das eingesetzte Kapital erzielt.

$$\text{Cashflow zu Gesamtkapital} = \frac{\text{Cashflow}}{\text{korrigiertes Gesamtkapital}} \times 100$$

Diese vier Ertragsstärkekennzahlen werden im Saarbrücker Modell gleich gewichtet. Es wurden für jede Kennzahl Ergebnisintervalle festgelegt, denen eine Ertragsstärkepunktzahl zugeordnet wird. Die vergebenen Punktzahlen werden für jede Kennzahlenausprägung in einem Intervall von 0 bis maximal 250 Punkten jeweils in 25-Punkte-Schritten gestaffelt:

Punktzahlen im Saarbrücker Modell				
Ausprägung der Kennzahlen				Punktzahl
EQ	ROI	CFU	CFK	
EQ ≤ 5	ROI ≤ 1	CFU ≤ 2	CFK ≤ 1	0
5 < EQ ≤12	1 < ROI ≤ 3	2 < CFU ≤ 5	1 < CFK ≤ 3	25
12 < EQ ≤ 19	3 < ROI ≤ 5	5 < CFU ≤ 8	3 < CFK ≤ 5	50
19 < EQ ≤ 26	5 < ROI ≤ 7	8 < CFU ≤ 11	5 < CFK ≤ 7	75
26 < EQ ≤ 33	7 < ROI ≤ 9	11 < CFU ≤ 14	7 < CFK ≤ 9	100
33 < EQ ≤ 40	9 < ROI ≤ 11	14 < CFU ≤ 17	9 < CFK ≤ 11	125
40 < EQ ≤ 47	11 < ROI ≤ 13	17 < CFU ≤ 20	11 < CFK ≤ 13	150
47 < EQ ≤ 55	13 < ROI ≤ 15	20 < CFU ≤ 23	13 < CFK ≤ 15	175
55 < EQ ≤ 70	15 < ROI ≤ 17	23 < CFU ≤ 26	15 < CFK ≤ 17	200
70 < EQ ≤ 85	17 < ROI ≤ 19	26 < CFU ≤ 29	17 < CFK ≤ 19	225
EQ > 85	ROI >19	CFU > 29	CFK > 19	250

Tab. 163: Punktzahlen im Saarbrücker Modell[313]

Es können maximal 1.000 Punkte erreicht werden. Entsprechend der erreichten Punktzahl kann eine Einteilung des untersuchten Unternehmens in die fünf Ertragsstärkeklassen des Saarbrücker Modells erfolgen:

Ausprägung der Gesamtpunktzahl	Ertragsstärkeklasse
GP ≤ 250	außergewöhnlich ertragsschwach
250 < GP ≤ 400	unterdurchschnittlich ertragsstark
400 < GP ≤ 600	durchschnittlich ertragsstark
600 < GP ≤ 800	überdurchschnittlich ertragsstark
800 < GP ≤ 1.000	außergewöhnlich ertragsstark

Tab. 164: Ertragsstärkeklassen im Saarbrücker Modell[314]

Anhand des Fallbeispiels der Deutz AG werden die Kennzahlen des Saarbrücker Modells berechnet.

[313] Küting, K. u. Weber, C.P.: Die Bilanzanalyse, 2009, S. 425.
[314] Küting, K. u. Weber, C.P.: Die Bilanzanalyse, 2009, S. 425.

Kennzahlen des Saarbrücker Modells der Deutz AG			
Analysebereich: Eigenkapitalquote			
Eigenkapitalquote =	korrigiertes Eigenkapital / Korrigiertes Gesamtkapital		
(Mio. €)	**2009**	**2008**	**2007**
korrigiertes Eigenkapital	309,58	431,38	425,64
: korrigiertes Gesamtkapital	943,36	1.069,75	1.216,19
= **Eigenkapitalquote**	**32,82 %**	**40,32 %**	**35,00 %**
Punkte	**100**	**150**	**125**
Analysebereich: Rentabilität			
Return on Investment =	korrigiertes Jahresergebnis / korrigiertes Gesamtkapital		
(Mio. €)	**2009**	**2008**	**2007**
korrigiertes Jahresergebnis	- 101,70	22,56	200,19
: korrigiertes Gesamtkapital	943,36	1.069,75	1.216,19
= **ROI**	**-10,78 %**	**2,11 %**	**16,46 %**
Punkte	**0**	**25**	**200**
Analysebereich: Erfolg			
Cashflow zu Umsatz =	Cashflow / Nettoumsatzerlöse		
(Mio. €)	**2009**	**2008**	**2007**
Cashflow	- 70,12	44,08	169,16
: Nettoumsatzerlöse	795,50	1.417,00	1.443,10
= **Cashflow zu Umsatz**	**-8,81 %**	**3,11 %**	**11,72 %**
Punkte	**0**	**25**	**100**
Analysebereich: Cashflow zu Gesamtkapital			
Cashflow zu Gesamtkapital =	Cashflow / korrigiertes Gesamtkapital		
(Mio. €)	**2009**	**2008**	**2007**
Cashflow	- 70,12	44,08	169,16
: korrigiertes Gesamtkapital	943,36	1.069,75	1.216,19
= **Cashflow zu Gesamtkapital**	**-7,43 %**	**4,12 %**	**13,91 %**
Punkte	**0**	**50**	**175**

Tab. 165: Kennzahlen des Saarbrücker Modells der Deutz AG

Die nächste Tabelle fasst die Bewertung des Unternehmens nach dem Saarbrücker Modell zusammen.

Auswertung des Saarbrücker Modells für die Deutz AG			
Kennzahlen	**Punkte 2009**	**Punkte 2008**	**Punkte 2007**
Eigenkapitalquote (EQ):	100	150	125
Return on Investment (ROI):	0	25	200
Cashflow zu Umsatz (CFU):	0	25	100
Cashflow zu Gesamtkapital (CFK):	0	50	175
Gesamtsumme der Punkte	**100**	**250**	**600**

Tab. 166: Auswertung des Saarbrücker Modells für die Deutz AG

Anhand der ermittelten Gesamtpunktzahl erfolgt die Einstufung in eine der fünf Ertragsklassen. Im Jahr 2007 ist das Unternehmen noch als ertragsstark einzustufen. Aufgrund der rückläufigen Umsätze im Rahmen der weltweiten Finanz- und Wirtschaftskrise, und den damit verbundenen schlechteren Ergebnissen, ist das Unternehmen in den Jahren 2008 und 2009 als ertragsschwach einzustufen.

19 Grenzen der Jahresabschlussanalyse

Die externe Jahresabschlussanalyse soll zu einer der Realität entsprechenden Beurteilung eines Unternehmens durch den jeweiligen Adressaten führen. Jedoch gibt es für die Aussagekraft der im Jahresabschluss enthaltenen Informationen Einschränkungen, die sowohl in den anwendbaren Analyseinstrumenten als auch in den im Unternehmen angewandten Rechnungslegungsgrundsätzen begründet sind. Bevor man mit der Jahresabschlussanalyse beginnt, sollte man sich der Grenzen bewusst sein, um von vornherein auszuschließen, dass die Möglichkeiten der Jahresabschlussanalyse falsch eingeschätzt werden.

19.1 Grenzen der zur Verfügung gestellten Informationen

Das Risiko, die Situation und die Zukunftsaussichten eines Unternehmens trotz eingehender Jahresabschlussanalyse falsch einzuschätzen, hängt in hohem Maße mit der Tauglichkeit der in der Bilanz publizierten Informationen zusammen. Diese Problematik ist im Wesentlichen auf folgende Charakteristika der Jahresabschlussinformationen zurückzuführen:

- **Mangelnde Zukunftsbezogenheit der Daten:** Jahresabschlüsse bestehen aus Daten einer bereits abgeschlossenen Berichtsperiode. Zukunftsaspekte werden nur vereinzelt berücksichtigt, beispielsweise durch die Bildung von Rückstellungen und die Schätzung von Nutzungsdauern der abnutzbaren Vermögensgegenstände. Zusätzlich ergibt sich die Problematik, dass zwischen dem Bilanzstichtag und der Veröffentlichung eines Jahresabschlusses ein längerer Zeitraum liegt. Anhand eines Zeitvergleichs mit früheren Perioden wird oftmals versucht, vergangene Trends in die Zukunft zu projizieren. Aufgrund der Dynamik des unternehmerischen Umfelds und der internationalen Märkte ist diese Vorgehensweise jedoch nicht immer erfolgreich.

- **Mangelnde Vollständigkeit der Daten:** Ein Jahresabschluss besteht, abgesehen von den im Anhang, im Lagebericht und in der Segmentberichterstattung veröffentlichten qualitativen Angaben, ausschließlich aus der Aufzeichnung tatsächlicher Geschäftstransaktionen. So bleiben wichtige Aspekte wie die Qualität des Managements, die Marktstellung des Unternehmens oder verfügbare Kreditlinien bei Kreditinstituten im Jahresabschluss unberücksichtigt.[315] Auch fehlen Informationen über Mietverpflichtungen aus Leasingverträgen (Liquidität), Scheckobligos, Sicherungsübereignungen, Eigentumsvorbehalten etc. Über die Auftragsbestände findet man i. d. R. wenig Information.

19.2 Grenzen der Kennzahlenrechnung

Trotz der enormen Wichtigkeit, die das Instrument der Kennzahlenrechnung für eine Jahresabschlussanalyse besitzt, weisen Kennzahlen gewisse Einschränkungen auf, derer sich der Analyst bei seiner Arbeit immer bewusst sein sollte. Bei Nichtbeachtung dieser Grenzen besteht die Gefahr einer falschen Interpretation von Kennzahlen, was zu gravierenden Fehleinschätzungen der analysierten Unternehmen führt.

Informationsverlust: Kennzahlen stellen ein vereinfachtes, stark komprimiertes Bild von Sachverhalten dar. Bei der Kennzahlenbildung werden zunächst mehrere Einzelposten zu Sammelposten zusammengefügt, wodurch Details der Einzelposten verloren gehen. Komplizierte Sachverhalte werden so auf eine Nenner- und eine Zählergröße sowie auf das Ergebnis des Quotienten reduziert. So können beispielsweise einige Komponenten des Zählers oder Nenners sehr hoch, andere dafür außergewöhnlich niedrig sein. Ein zusammengefügter Posten lässt dies jedoch nicht erkennen.

Fehldeutung: Es besteht eine Gefahr der Fehlinterpretation von Kennzahlen, indem Zähler- oder Nenner-Größen von Vergleichszahlen sowie Zusammenhänge zwischen den Größen falsch gedeutet oder fehlerhafte Schlussfolgerungen über einen Quotienten gezogen werden, sofern die Zahlen isoliert von der gesamten Entwicklung des Unternehmens betrachtet werden.
So wird beispielsweise die Kennzahl Vorratsintensität, die sich aus dem Quotienten „Vorratsvermögen/Gesamtvermögen“ bildet, umso positiver einge-

[315] Vgl. Coenenberg, A.G.: Jahresabschluss und -analyse, 2003, S. 923.

schätzt, je niedriger sie ist. Eine Erhöhung des Quotienten wird oft negativ gedeutet, obwohl dies nicht zwingend auf eine schlechte Material- und Warenwirtschaft zurückzuführen ist. Die Vorratsintensität kann zum Beispiel aufgrund von Erweiterungen der Geschäftsfelder durch zusätzliche Anschaffungskosten für Rohstoffe oder saisonale Nachfrageschwankungen steigen.[316]

[316] Vgl. Küting, K., Weber, C.-P.: Die Bilanzanalyse, 2006, S. 75.

20 Fazit

Dieses Buch möchte dem Leser nicht nur einen umfassenden Überblick über die Bilanzierung, die Bilanzpolitik sowie den Jahresabschlussanalyse geben, es möchte darüber hinaus auch ein grundlegendes Verständnis dafür vermitteln. Die Bestandteile des Jahresabschlusses werden ausführlich im Teil A des Buches behandelt. Es wurden jeweils die für die Gliederung der GuV gemäß § 275 HGB zulässigen Gesamtkosten- und Umsatzkostenverfahren getrennt dargestellt.
Nur, wenn man weiß, welche Bedeutung die einzelnen Posten in der Bilanz und GuV haben und wie sie sich zusammensetzen, hat man eine Chance, die Bilanzpolitik eines Unternehmens zu erkennen und den Jahresabschluss zu analysieren.
Die Ausführungen im Teil B „Bilanzpolitik“ zeigen, dass für die Beeinflussung des Jahresabschlusses diverse bilanzpolitische Instrumente zur Verfügung stehen. Es bestehen einige bilanzpolitische Freiräume, wie z. B. das Aktivierungswahlrecht bei den immateriellen Vermögensgegenständen des Anlagevermögens, aber auch die Rückstellungen bilden eine bilanzpolitische Spielwiese. Die Ermittlung der auszuweisenden Werte der Rückstellungen bieten ebenfalls bilanzpolitische Spielräume, da der Erfüllungsbetrag unter vernünftiger kaufmännischer Beurteilung weitestgehend auf Schätzungen zurückzuführen ist.
Dennoch gibt es zahlreiche Restriktionen bei der Bilanzpolitik. Die Jahresabschlussanalyse, die im Teil C des Buches beschrieben ist, stellt eine dieser Restriktionen dar, denn mithilfe der Jahresabschlussanalyse kann man die bilanzpolitischen Maßnahmen erkennen.
Für die Jahresabschlussanalyse stehen verschiedene Instrumente und Kennzahlen als Hilfsmittel zur Verfügung, die in der Praxis angewendet werden, um die Vermögens-, Finanz- und Ertragslage des Unternehmens sowie die angewandte Bilanzpolitik festzustellen, aber auch, um hinter die Kulissen des Unternehmens zu schauen.
Es wurden viele Kennzahlen für eine systematische externe Jahresabschlussanalyse vorgestellt, aufbereitet und die praktische Durchführung an einem Beispielunternehmen exemplarisch aufgezeigt. Zahlreiche Berechnungen wurden durchgeführt, die einfach nachvollzogen werden können.

Trotz allem sollte man sich bewusst sein, dass, je nach Bilanzpolitik, Vorgehensweise und Interpretation der Ergebnisse, eine falsche Aussage über die wirtschaftliche Lage des Unternehmens getroffen werden könnte. Nicht nur die Art und Weise der Vorgehensweise zur Analyse und Interpretation können zu Fehlaussagen führen, sondern auch unzureichende Informationen oder fehlerhafte Datenquellen sind Ursachen von Fehlinterpretationen. Besonders stark tritt dieses Problem bei externen Analytikern auf, die auf die Publikationen von Unternehmen angewiesen sind.

Es sollte Ihnen immer bewusst sein, dass es sich bei einem Jahresabschluss um vergangenheitsbezogene Daten handelt, aus denen lediglich eine Prognose für künftige Entwicklungen des Unternehmens abgeleitet werden kann.

Abkürzungsverzeichnis

Abb.	Abbildung
Abs.	Absatz
a. F.	alte Fassung
AfA	Absetzung für Abnutzung
AfaA	Absetzung für außergewöhnliche Absetzung
AG	Aktiengesellschaft
AK	Anschaffungskosten
AK/HK	Anschaffungs- oder Herstellungskosten
AHK	Anschaffungs- oder Herstellungskosten
AktG	Aktiengesetz
aLuL	aus Lieferungen und Leistungen
allg.	allgemein
AO	Abgabenordnung
Art.	Artikel
AV	Anlagevermögen
BBK	Zeitschrift für Buchführung, Bilanzierung, Kostenrechnung
BetrAVG	Gesetz zur betrieblichen Altersversorgung
BFH	Bundesfinanzhof
BGB	Bürgerliches Gesetzbuch
BIB	Bruttoinvestitionsbasis
BilKoG	Bilanzkontrollgesetz
BilMoG	Bilanzrechtsmodernisierungsgesetz
BilReG	Bilanzrechtsreformgesetz
BiRiLiG	Bilanzrichtliniengesetz
BMF	Bundesministerium der Finanzen
BMJ	Bundesministerium der Justiz
BWA	betriebswirtschaftliche Auswertung
BWL	Betriebswirtschaftslehre
CAPM	Capital Asset Pricing Model
CFROI	Cash Flow Return on Investment
d. h.	das heißt

DRS	Deutscher Rechnungslegungsstandard
DRSC	Deutscher Rechnungslegungs Standards Committee e.V.
DSR	Deutscher Standardisierungsrat
EBIT	Earnings Before Interest and Taxes
EBITA	Earnings Before Interest, Taxes and Amortization
EBITDA	Earnings Before Interest, Taxes, Depreciation and Amortization
EBT	Earnings before Taxes
EG	Europäische Gemeinschaften
EGHGB	Einführungsgesetz zum Handelsgesetzbuch
EGT	Ergebnis der gewöhnlichen Geschäftstätigkeit
EHUG	Gesetz über elektronische Handelsregister und Genossenschaftsregister sowie das Unternehmensregister
EK	Eigenkapital
EStG	Einkommensteuergesetz
EStR	Einkommensteuerrichtlinien
EU	Europäische Union
EVA	Economic Value Added
f.	folgende
ff.	fortfolgende
Fifo	first in – first out (Bewertungsverfahren)
FK	Fremdkapital
F&E	Forschung und Entwicklung
gem.	gemäß
Gen	Genossenschaft
GewStG	Gewerbesteuergesetz
ggf.	gegebenenfalls
GJ	Geschäftsjahr
GK	Gesamtkapital
GKV	Gesamtkostenverfahren
GmbH	Gesellschaft mit beschränkter Haftung
GmbHG	Gesetz betreffend die Gesellschaften mit beschränkter Haftung
GoB	Grundsätze ordnungsmäßiger Buchführung
GP	Gesamtpunktzahl
GuV	Gewinn- und Verlustrechnung
GWG	geringwertige Wirtschaftsgüter
HFA	Hauptfachausschuss des Instituts der Wirtschaftsprüfer

HGB	Handelsgesetzbuch
HK	Herstellungskosten
HRefG	Handelsrechtsreformgesetz
Hrsg.	Herausgeber
HWP	Höchstwertprinzip
IAS	International Accounting Standards
i. d. R.	in der Regel
IDW	Institut der Wirtschaftsprüfer
IFRIC	International Financial Reporting Interpretations Committee
IFRS	International Financial Reporting Standards
InvG	Investmentgesetz
i. S. d.	im Sinne des
i. V. m.	in Verbindung mit
KapAEG	Kapitalaufnahmeerleichterungsgesetz
KG	Kommanditgesellschaft
KGaA	Kommanditgesellschaft auf Aktien
KonTraG	Gesetz zur Kontrolle und Transparenz im Unternehmensbereich
KSt	Körperschaftssteuer
KStG	Körperschaftsteuergesetz
Lifo	last in – first out (Bewertungsverfahren)
LKW	Lastkraftwagen
MDAX	Midcap-Index
MW	Marktwert
Mio.	Million(en)
NA	Net Assets
ND	Nutzungsdauer
n. F.	neue Fassung
NOA	Net Operating Assets
NOPAT	Net Operating Profit after Taxes
NWP	Niederstwertprinzip
OHG	offene Handelsgesellschaft
OTC	Over-the-Counter
p. a.	per annum
PHG	Personenhandelsgesellschaft
PublG	Gesetz über die Rechnungslegung von bestimmten Unternehmen und Konzernen (Publizitätsgesetz)

RAP	Rechnungsabgrenzungsposten
RefE	Referentenentwurf
RegE	Regierungsentwurf
RHB-Stoffe	Roh-, Hilfs- und Betriebsstoffe
RIC	Rechnungslegungs Interpretations Committee
RLZ	Restlaufzeit
ROCE	Return on Capital Employed
ROI	Return on Investment
RONA	Return on Net Assets
ROS	Return on Sales
S.	Seite(n)
SAV	Sachanlagevermögen
SDAX	Small Cap DAX
SWOT	Strengths, Weaknesses, Opportunities, Threats
T.	Tausend
Tab.	Tabelle
u. a.	unter anderem
UFE	unfertige Erzeugnisse
UKV	Umsatzkostenverfahren
USt	Umsatzsteuer
UV	Umlaufvermögen
VG	Vermögensgegenstand
WACC	Weighted Average Cost of Capital (gewichteter Kapitalkostensatz)
WpHG	Wertpapierhandelsgesetz
www	World Wide Web
z. B.	zum Beispiel

Abbildungsverzeichnis

Tabellenverzeichnis

Literaturverzeichnis

Bücher

Baetge, J.; Kirsch, H.-J.; Thiele, S.: Bilanzanalyse, 2. Auflage, Düsseldorf, 2004.

Baetge, J.; Kirsch, H.-J.; Thiele, S.: Bilanzen, 10. Auflage, Düsseldorf, 2009.

Baetge, J.; Kirsch, H.-J.; Thiele, S.: Bilanzen, 8. Auflage, Düsseldorf, 2005.

Bea, F. X.; Friedl, B.; Schweitzer, M.: Allgemeine Betriebswirtschaftlehre Band 2: Führung, 9. Auflage, Stuttgart, 2005.

Beck´scher Bilanz-Kommentar: Handels- und Steuerbilanz, 7. Auflage, München, 2010.

Beck-Texte: Handelsgesetzbuch, 50. Auflage, München, 2010.

Behr, G.; Leibfried, P.: Rechnungslegung, 2. Auflage, Zürich, 2010.

Bertram, K.; Brinkmann, R.; Kessler, H.; Müller, S.: HGB Bilanz Kommentar §§ 238-342e HGB, Freiburg/München/Berlin/Würzburg, 2009.

Bieg, H.; Kußmaul, H.; Petersen, K.; Waschbusch, G.; Zwirner, C.: Bilanzrechtsmodernisierungsgesetz, München, 2009.

Brösel, G.: Bilanzanalyse, 13. Auflage, Berlin, 2010.

Buchholz, R.: Internationale Rechnungslegung, 8. Auflage, Berlin, 2009.

Coenenberg, A. G.; Haller, A.; Mattner, G.; Schultze, W.: Einführung in das Rechnungswesen, 3. Auflage, Stuttgart, 2009

Coenenberg, A. G.; Haller, A.; Schultze, W.: Jahresabschluss und Jahresabschlussanalyse: Betriebswirtschaftliche, handelsrechtliche, steuerrechtliche und internationale Grundsätze – HGB, IFRS, US-GAAP, 21. Auflage, Stuttgart, 2009.

Coenenberg, A. G.; Meyer, M. A.: Kapitalflussrechnung als Instrument der Unternehmensanalyse, in: Spezialisierung und Internationalisierung, Entwicklungstendenzen der deutschen Betriebswirtschaftslehre, Festschrift für Günter Wöhe, München, 2004.

Coenenberg, A.G.: Jahresabschluss und Jahresabschlussanalyse. Betriebswirtschaftliche, handelsrechtliche, steuerrechtliche und internationale Grundsätze – HGB, IAS/IFRS, US-GAAP, DRS, 19. Auflage, 2003.

Coenenberg, A.G.: Jahresabschluss und Jahresabschlussanalyse. Betriebswirtschaftliche, handelsrechtliche, steuerrechtliche und internationale Grundsätze – HGB, IFRS und US-GAAP, 20. Auflage, Stuttgart, 2005.

Ditges, J.; Arendt, U.: Bilanzen, 13. Auflage, Ludwigshafen, 2010.

Endriss H. W. (Hrsg.): Bilanzbuchhalter-Handbuch, 7. Auflage, Herne, 2009.

Faiss, K.; Lang, M.; Notheis, K.; Schmid, H.: Kommunales Wirtschaftsrecht in Baden-Württemberg, 7. Auflage, 2002.

Falk & Co. (Hrsg.): Jahresabschluss kompakt – Der praxisorientierte Ratgeber zur effizienten Jahresabschluss-Erstellung nach HGB, Herne, 2009.

Freidank, C.-C.; Velte, P.: Rechnungslegung und Rechnungslegungspolitik, Stuttgart, 2007.

Geyer, H.: BWL kompakt, Planegg, 2007.

Gräfer, H. und Schneider, G.: Bilanzanalyse, 11. Auflage, Herne, 2011.

Gräfer, H.: Bilanzanalyse, 10. Auflage, Herne/Berlin, 2008.

Gräfer, H.: Bilanzanalyse, 9. Auflage, Herne/Berlin, 2005.

Groll, K.H.: Das Kennzahlensystem zur Bilanzanalyse, München/Wien, 2000.

Hahn, K.: BilMoG Kompakt, Stuttgart, 2009.

Handelsgesetzbuch ohne Seehandelsrecht, mit Publizitätsgesetz, Wertpapierhandelsgesetz, Wechselgesetz und Scheckgesetz, 49., überarbeitete Auflage, Stand: 1. August 2009, Deutscher Taschenbuch Verlag.

Harms, J. E.; Marx, F. J.: Bilanzrecht in Fällen, 10 Auflage, Herne, 2010.

Hauschildt, J.: Erfolgs- und Finanz-Analyse. Fragengeleitete, computergestützte Analyse der „Vermögens-, Finanz- und Ertragslage des Unternehmens" nach dem Bilanzrichtlinien-Gesetz, 3. Auflage, Köln, 1996.

Heesen, B.: Bilanzgestaltung: Fallorientierte Bilanzerstellung und Beratung, Wiesbaden, 2008.

Heesen, B.; Gruber, W.: Bilanzanalyse und Kennzahlen: Fallorientierte Bilanzoptimierung, 2. Auflage, Wiesbaden, 2009.

Heyd, R.; Kreher, M.: BilMoG – Das Bilanzrechtsmodernisierungsgesetz/Neuregelungen und ihre Auswirkungen auf Bilanzpolitik und Bilanzanalyse, 1. Auflage, München, 2010.

Hilke, W.: Bilanzpolitik, 5. Auflage, Wiesbaden, 2000.

Hoffmann, W.-D.; Lüdenbach, N.: NWB Kommentar Bilanzierung: Handels- und Steuerrecht, 1. Auflage, Herne, 2009.

Hoffmann, W.-D.; Lüdenbach, N.: NWB Kommentar Bilanzierung: Handels- und Steuerrecht, 2. Auflage, Herne, 2011.

Hofmann, R.: Bilanzkennzahlen, Industrielle Bilanzanalyse und Bilanzkritik, 4. Auflage, Wiesbaden, 1977.

Jahrmann, F.-U.: Außenhandel, 12. Auflage, Ludwigshafen/Leipzig, 2007.

Jossé, G.: Bilanzen aber locker!, 6. Auflage, Hamburg, 2005.

Jossé, G.: Buchführung aber locker!, 9. Auflage, Hamburg, 2005.

Kessler, H.; Leinen, M.; Strickmann, M.: Bilanzrechtsmodernisierungsgesetz – Die neue Handelsbilanz, Freiburg/Berlin/München, 2008.

Kessler, H.; Leinen, M.; Strickmann, M.: Handbuch BilMoG – Der praktische Leitfaden zum Bilanzrechtsmodernisierungsgesetz, Freiburg/Berlin/München, 2009.

Kirsch, H.: Finanz- und erfolgswirtschaftliche Jahresabschlussanalyse nach IFRS, 2. Auflage; München, 2007.

Kralicek, P.: Kursbuch Betriebswirtschaft, Frankfurt/Wien, 2003.

Kralicek, P.; Böhmdorfer, F.: Kralicek, G.: Kennzahlen für Geschäftsführer, 5. Auflage, München, 2008.

Krause, H.-U.; Arora, D.: Controlling-Kennzahlen, München, 2008.

Kresse, W.; Leuz, N. (Hrsg.): Rechnungswesen – Kostenrechnung, Finanzwirtschaft, Buchführung, Bilanzierung, 12. Auflage, Stuttgart, 2010.

Küting, K,; Pfitzer, N.; Weber, C.-P.: Handbuch der Rechnungslegung Einzelabschluss, 5. Auflage, Stuttgart, 2010

Küting, K. (Hrsg.): Saarbrücker Handbuch der Betriebswirtschaftlichen Beratung, 4. Auflage, Herne, 2008.

Küting, K.; Pfitzer, N.; Weber, C.-P.: Das neue deutsche Bilanzrecht/Handbuch zur Anwendung des BilMoG, 2. Auflage, Stuttgart, 2009.

Küting, K.; Weber, C.-P.: Die Bilanzanalyse, 8. Auflage, Stuttgart, 2006.

Küting, K.; Weber, C.-P.: Die Bilanzanalyse, 9. Auflage, Stuttgart, 2009.

Lachnit, L.: Bilanzanalyse, Wiesbaden, 2004.

Langenbeck, J.: Bilanzanalyse, 3. Auflage, Ludwigshafen, 2007

Littkemann, J.; Krehl, H.: Krisendiagnose durch Bilanzanalyse, 2.Auflage, Köln, 2000.

Merkle, E.: Betriebswirtschaftliche Formeln und deren betriebswirtschaftliche Relevanz, 1982.

Meyer, C.: Betriebswirtschaftliche Kennzahlen und Kennzahlen-Systeme, 5. Auflage, Sternenfels, 2008.

Nicolini, H. J.: Jahresabschlussanalyse, 3. Auflage, München, 2008.

Ossloa-Haring C.: Handbuch Kennzahlen zur Unternehmensführung, 3. Auflage, Landsberg am Lech, 2006.

Peemöller, V. H.: Bilanzanalyse und Bilanzpolitik. Einführung in die Grundlagen, 3. Auflage, Wiesbaden, 2003.

Perridon, L.; Steiner, M.: Finanzwirtschaft der Unternehmung, 14. Auflage, München, 2007.

Perridon, L.; Steiner, M.: Finanzwirtschaft der Unternehmung, 15. Auflage, München, 2009.

Petersen, K.; Zwirner, C.; Künkele, K. P.: Bilanzanalyse und Bilanzpolitik nach BilMoG, 2. Auflage, Herne, 2010.

Probst, H. J.: Bilanzen lesen leicht gemacht: GuV: gerätselt und verstanden, 1. Auflage, Wien/Frankfurt, 2000.

Probst, H.-J.: Bilanzen lesen leicht gemacht/Zahlen richtig analysieren und interpretieren, 3. Auflage, München, 2008.

Quick, R.; Wolz, M.: Bilanzierung in Fälle: Grundlagen, Aufgaben und Lösungen nach HGB und IFRS, 4. Auflage, Stuttgart, 2009.

Scherrer, G.: Rechnungslegung nach dem neuen HGB, 2. Auflage, München 2009.

Schierenbeck H.; Wöhle, B. C.: Grundzüge der Betriebswirtschaftslehre, 17. Auflage, München, 2008.

Schmidt, A.: Kostenrechnung, 5. Auflage, Stuttgart/Berlin/Köln, 2008.

Schmidt, H.: Bilanztraining – Bilanzen sicher im Griff, 10. Auflage, Planegg/München, 2002.

Schult, E.: Bilanzanalyse – Möglichkeiten und Grenzen externer Unternehmensbeurteilung, 11. Auflage, Berlin, 2003.

Schult, E; Brösel, G.: Bilanzanalyse. Unternehmensbeurteilung auf der Basis von HGB- und IFRS-Abschlüssen, 12. Auflage, Berlin, 2008.

Theile, C.: Bilanzrechtsmodernisierungsgesetz, 2 Auflage, Herne, 2009.

Theile, C.: Bilanzrechtsmodernisierungsgesetz, Herne, 2008.

Thommen, J.-P.; Achleitner, A.-K.: Allgemeine Betriebswirtschaftslehre, 5. Auflage, Wiesbaden, 2006.

Thommen, J.-P.; Achleitner, A.-K.: Allgemeine Betriebswirtschaftslehre, 6. Auflage, Wiesbaden, 2009.

Veit, K.- R.: Bilanzpolitik, München, 2002.

Vollmuth, J. H.: Bilanzen – richtig lesen, besser verstehen, optimal gestalten, 9. Auflage, Planegg, 2009.

Von Eitzen, B.; Zimmermann, M.: Bilanzierung nach HGB und IFRS, Weil im Schönbuch, 2010.

Weber, J.: Wertorientierte Unternehmenssteuerung, Wiesbaden 2004.

Wehrheim, M.; Schmitz T.: Jahresabschlussanalyse. Instrumente, Bilanzpolitik, Kennzahlen. 3. Auflage, Stuttgart, 2009.

Wiehle, U.; Diegelmann, M.; Deter, H.; Schömig, P.; Rolf. M.: 100 Finanzkennzahlen, Sonderausgabe, Wiesbaden, 2010.

Wöhe, G.: Einführung in die allgemeine Betriebswirtschaftslehre, 22. Auflage, München, 2005.

Wöhe, G.: Einführung in die allgemeine Betriebswirtschaftslehre, 23. Auflage, München, 2008.

Wöltje, J.: Betriebswirtschaftliche Formeln, 2. Auflage, Planegg, 2010.

Wöltje, J.: Betriebswirtschaftliche Formelsammlung, 5. Auflage, Freiburg/Berlin/München, 2011.

Wöltje, J.: Buchführung und Jahresabschluss, 2. Auflage Rinteln, 2010.

Wöltje, J.: Buchführung und Jahresabschluss, Stuttgart/Berlin/Köln, 2001.

Wöltje, J.: Investitions- und Finanzmanagement: Eine praxisorientierte Einführung, Troisdorf, 2002.

Wöltje. J.: ABC des Finanz- und Rechnungswesens, Planegg, 2010.

Wöltje; J.: Schnelleinstieg Rechnungswesen, Freiburg/Berlin/München, 2008.

Zdrowomyslaw, N.: Jahresabschluss und Jahresabschlussanalyse, München/ Wien, 2001.

Sammelbände

Dehmer, H.; Michel, S.: Bilanzierung von Eigenkapital und Verbindlichkeiten/Lektion 6, 1. Auflage, Haufe Akademie & Co. KG, Freiburg, 2009.

Lorenz, K.: Bilanzierung von Finanzanlagen und Sicherungsbeziehungen/Lektion 5, 1. Auflage, Haufe Akademie & Co. KG, Freiburg, 2009.

Scherfer, A.: Bilanzierung von immateriellen Vermögensgegenständen und Sachanlagen nach neuem HGB/Lektion 3, 1. Auflage, Haufe Akademie & Co. KG, Freiburg, 2009.

Scherfer, A.: Bilanzierung von Pensionsverpflichtungen und sonstigen Rückstellungen/Lektion 7, Haufe Akademie & Co. KG, Freiburg, 2009.

Wöltje, J.: Darstellung des Jahresabschlusses nach dem „neuen HGB“, Haufe Akademie & Co. KG, Freiburg, 2009.

Wöltje, J.: Jahresabschlussanalyse und Bewertungsunterschiede, 2. Auflage, Haufe Akademie & Co. KG, Freiburg, 2010.

Zickgraf, U.: Bilanzierung des Umlaufvermögens/Lektion 4, 1. Auflage, Haufe Akademie & Co. KG, Freiburg, 2009.

Zickgraf, U.: Latente Steuern/Lektion 8, 1. Auflage, Haufe Akademie & Co. KG, Freiburg, 2009.

Zeitschriften, Skripte etc.

Bertram, K.; Brinkmann, R.; Kessler, H.; Müller, S.: Die größte HGB-Reform seit 20 Jahren: Überblick und unternehmerischer Anpassungsbedarf zu BilMoG, in: Bilanz und Buchhaltung 2009, Heft 10/2009, S. 11-21, 2009.

Freidank, C.-C.; Velte, P.: Rechnungslegung nach dem Bilanzrechtsmodernisierungsgesetz (BilMoG), Steuer und Studium, S. 318-321, 2009.

Kümpel, T.; Wimmers, J.: Goodwill-Bilanzierung nach BilMoG, in: Bilanz und Buchhaltung 2009, Heft 10/2009, S. 22-24.

Künkele, P.; Zwirner, C.: BilMoG: Handelsrechtliche Reform mit steuerrechtlichen Konsequenzen? – Übersicht über die Änderungen durch das BilMoG und die steuerlichen Folgen, in DStR 2009, Heft 25, S. 1277-1283.

Lütke-Uhlenbrock, C.: Bilanzpolitische Überlegungen zur Vorbereitung auf das BilMoG, in: Finanzierung im Mittelstand 2009, Heft 02/2009, S. 20-22.

Petersen, K.; Zwirner, C.; Künkele, K.-P.: Umstellung auf das neue deutsche Bilanzrecht: Fallstudie zu den Auswirkungen des Überganges auf die Rechnungslegungsvorschriften nach dem BilMoG in: Kapitalmarktorientierte Rechnungslegung, Heft 9, S. 1-99.

Pfleger, G.: Ihre Steuersparstrategie zum 31.12.2003, Spezialausgabe zu: Bilanz und Buchhaltung 2003, Spezialausgabe November 2003 (E1769), Offenburg: VPW, 2003.

Püttner. R.: Geringwertige Wirtschaftsgüter ab 2010, in BBK, 2/2010, S. 66 – 71.

Zingel, H.: Einführung in das Rechnungswesen (REWE), S. 1-14, 2009.

Zingel, H.: Übersicht zur Bilanzrechtsmodernisierung 2009/10, S. 1-17, 2009.

Internetadressen

boerse.ard.de. Anleger-Lexikon. Stichwort: Freier Cashflow, http://boerse.ard.de/lexikon.jsp?p=150&key=lexikon_46405&letter=F, Stand: 21.06.2010, Abruf vom 21.06.2010. (Kurzbezeichnung: boerse.ard.de)

Börse Frankfurt. Stichwort: Loewe AG, http:// www.boerse-frankfurt.de, Stand: 09.07.2010, Abruf vom 09.07.2010. (Kurzbezeichnung: Börse Frankfurt, Stichwort: Loewe AG)

Börsenlexikon: http://www.boersenlexikon.faz.net/kursgewi.htm

Bundesministerium für Finanzen: Mobilien-Leasing-Erlass, Schreiben vom 19.04.1971, in: bdl-leasing-verband.de

Bundesministerium für Finanzen: Teilamortisationserlass Mobilien-Leasing, Schreiben vom 22.12.1975, in: bdl-leasing-verband.de

Bundesregierung: Gesetzesentwurf zur Modernisierung des Bilanzrechts, Drucksache 16/10067, Entwurf vom: 30.07.2008, in: bmj-bund.de

Bundesverband Deutscher Leasing-Unternehmen: www.bdl-leasing-verband.de

Controllingportal: www.controllingportal.de/Fachinfo/Grundlagen/Die-Kapitalflussrechnung.html, Abruf vom 20.01.2010

CyBio AG: Jahresabschluss 2009 in: www.cybio-ag.com

dax-indices.com. http://dax-indices.com/DE/index.aspx?pageID=25&ISIN=DE000 8469008, Stand: 09.07.2010, Abruf vom 09.07.2010. (Kurzbezeichnung: dax-indices, Stichwort: DAX)

Deutz AG: Jahresabschluss 2006 in: www.deutz.de

Deutz AG: Jahresabschluss 2007 in: www.deutz.de

Deutz AG: Jahresabschluss 2008 in: www.deutz.de

Deutz AG: Jahresabschluss 2009 in: www.deutz.de

Gabler Verlag. Gabler Wirtschaftslexikon. Stichwort: Bilanzanalyse, http://wirtschaftslexikon.gabler.de/definition/bilanzanalyse.html, Stand: Version 5, Abruf vom 20.03.2010. (Kurzbezeichnung: wirtschaftslexikon.gabler.de)

Gabler Wirtschaftslexikon: www.wirtschaftslexikon.gabler.de

Grammer AG: Jahresabschluss 2008 in: www.grammer.com

http://jahresabschluss.pro/jahresabschluss/bilanz/kassenbestand-bundesbankguthaben-guthaben-bei-kreditinstituten-und-schecks.html, Abruf vom 03.01.2010

http://www.deutz.de/live_deutz_com/html/default/ssod-6x5c8y

http://www.kpmg.at/de/files/2009_Kapitalkosten-und_Impairment__Test-studie.pdf, Abruf vom 14.08.2010

KPMG: Kapitalkosten und Impairment Test-Studie 2009

Kraus&Partner: www.kraus-und-partner.de/457/Capital-employed

Rechtslexikon: www.rechtslexikon-online.de

Wikepedia: www.wikipedia.org

Wirtschaftslexikon24.net. Stichwort: Beziehungszahl, http://www.wirtschaftslexikon 24.net/d/beziehungszahl/beziehungszahl.htm, Stand: 25.03.2010, Abruf vom 25.03.2010. (Kurzbezeichnung: wirtschaftslexikon24.net)

www.bdl-leasing-verband.de/download/presse/publikationen/pdf/ 1.5.1_erlass_1971_mobilien-leasing.pdf?PHPSESSID= 1bc4f67d00b71f13083b8e2450a33519

www.bdl-leasing-verband.de/download/presse/publikationen/pdf/ 1.5.3_ erlass _1975_teilamortisation.pdf?PHPSESSID=1bc4f67d00b71f13083b8e2450a33519

www.bmj.bund.de/files/-/3152/RegE_bilmog.pdf

www.grammer.com/fileadmin/user_upload/ressourcen/images/investorrelatons/finanzber/090331_Jahresabschluss_GRAMMER_AG_2008.pdf

www.infoscore.de, Abruf vom 03.01.2010

Stichwortverzeichnis